普通高等教育“十二五”规划教材

单片机原理与开发技术（第2版）

主　编　王卫星

副主编　邓小玲　许童羽

中国水利水电出版社
www.waterpub.com.cn

内 容 提 要

本书以MCS-51单片机系列89C51为例，深入浅出地介绍单片机的原理及开发技术，共十章。分别为单片机概述、MCS-51单片硬件结构和指令系统、汇编语言程序设计、单片机的内部功能、MCS-51系统扩展技术以及单片机接口技术，单片机原理方面重点突出中断系统、定时器、串口以及并行I/O口的使用方法；单片机接口技术方面重点讲解键盘接口、显示器包含液晶显示器的接口以及串行扩展总线如SPI总线的接口，单片机开发流程、C语言开发技术以及应用实例，并结合作者的开发案例以及课程设计实例进行讲解。

本书可以作为高等院校工科类专业的单片机课程教材，也可以作为从事单片机研究和产品开发工程技术人员的参考用书。

图书在版编目（CIP）数据

单片机原理与开发技术 / 王卫星主编. -- 2版. -- 北京 : 中国水利水电出版社, 2012.8(2018.8重印)
普通高等教育“十二五”规划教材
ISBN 978-7-5170-0093-8

Ⅰ. ①单… Ⅱ. ①王… Ⅲ. ①单片微型计算机—高等学校—教材 Ⅳ. ①TP368.1

中国版本图书馆CIP数据核字(2012)第195260号

书　名	普通高等教育“十二五”规划教材 **单片机原理与开发技术**（第2版）
作　者	主编　王卫星　副主编　邓小玲　许童羽
出版发行	中国水利水电出版社 （北京市海淀区玉渊潭南路1号D座　100038） 网址：www.waterpub.com.cn E-mail：sales@waterpub.com.cn 电话：（010）68367658（营销中心）
经　售	北京科水图书销售中心（零售） 电话：（010）88383994、63202643、68545874 全国各地新华书店和相关出版物销售网点
排　版	中国水利水电出版社微机排版中心
印　刷	北京虎彩文化传播有限公司
规　格	184mm×260mm　16开本　18.5印张　438千字
版　次	2009年1月第1版　2009年1月第1次印刷 2012年8月第2版　2018年8月第2次印刷
定　价	**36.00**元

编写人员

主　编　王卫星

副主编　邓小玲　许童羽

参　编　俞　龙　吴　敏　代　芬　李　震　姜　晟
孙道宗　李征明

主　审　洪添胜

第 2 版前言

单片机是微型机的一个主要分支，结构上是把 CPU、存储器、定时器和多种输入/输出接口电路集成在一块超大规模集成电路芯片上。单片机有一系列优点，包括：优异的性能价格比，集成度高、体积小，控制功能强、有很高的可靠性，低功耗、低电压，系统扩展和系统配置较典型、规范等。因此，单片机已极其广泛地应用于智能仪表、家用电器、机电一体化产品以及各行各业的实时控制中。近年来，全国大学生电子设计竞赛的大多数作品也普遍采用了单片机作为控制核心。所以，学好单片机、掌握单片机应用开发技术，对高等学校工科类专业学生完成学业、走向社会显得越来越重要。

本书是在《单片机原理与应用开发技术》基础上修改的，针对原教材的使用情况，本书参照学生的使用反馈意见，进一步做了修改完善。本书以 89C51 单片机为例，阐述其结构、工作原理、指令系统以及系统的应用开发技术，使读者能尽快掌握单片机的系统设计和应用开发技能。

本书由王卫星主编，邓小玲、许童羽为副主编。其中，第一章由王卫星编写，第二章由俞龙编写，第三章由吴敏编写，第四章由许童羽编写，第五章由邓小玲编写，第六章由代芬编写，第七章由李征明编写，第八章由姜晟编写，第九章由李震编写，第十章由孙道宗编写。全书由王卫星教授统稿、定稿。

洪添胜教授对全书内容进行了详尽的审核，并提出了许多有益的建议和意见。在编写本书的过程中，编者参阅和借鉴了其他同志编写出版的教材和资料，在此一并表示感谢！

由于编者水平有限，编写时间仓促，书中错误和疏漏之处在所难免，敬请广大读者批评指正。

编者

2012 年 1 月

第1版前言

单片机是微型机的一个主要分支，在结构上把CPU、存储器、定时器和多种输入/输出接口电路集成在一块超大规模集成电路芯片上。单片机具有优异的性能价格比；集成度高、体积小；控制功能强、有很高的可靠性；低功耗、低电压；系统扩展和系统配置较典型、规范等一系列优点。因此，单片机已极其广泛地应用于智能仪表、家用电器、机电一体化产品以及各行各业的实时控制中。近年来全国大学生电子设计竞赛的大多数作品也普遍采用了单片机作为控制核心。所以，学好单片机、掌握单片机应用开发技术，对高等学校工科类专业学生完成学业、走向社会显得越来越重要。

本书以89C51单片机为例，阐述其结构、工作原理、指令系统以及系统的应用开发技术，使读者能尽快掌握单片机的系统设计和应用开发技能。

本书由王卫星主编，邓小玲、代芬为副主编。本书第一章、第五章由俞龙同志编写，第二章由吴敏同志编写，第三、第四章由代芬同志编写，第六、第七章由邓小玲同志编写，第八章由孙道宗同志编写，第九章由姜晟同志编写。全书由王卫星教授统一定稿、统稿。

洪添胜教授对全书内容进行了详尽的审核，并提出了许多有益的建议和意见。在编写本书的过程中，编者参阅和借鉴了其他同志编写出版的教材和资料，在此一并表示感谢。

由于编者水平有限，编写时间仓促，书中错误和疏漏之处在所难免，敬请广大读者批评指正。

编者

2008年12月

目　录

第一部分

基　础　篇

第一章　单 片 机 概 述

第一节　单片机的特点及发展概况

单片机又称为"微控制器 MCU"，是采用超大规模集成电路技术将中央处理器（Central Processing Unit，CPU），存储器（Memory），定时器（Timer），输入/输出接口（Input/Output，I/O）电路等一些计算机的主要功能部件集成在一块集成电路芯片上的小而完善的微型计算机系统。中文"单片机"的称呼是由英文名称"Single Chip Microcomputer"直接翻译而来的。

一、单片机的特点及发展概况

（一）单片机的特点

（1）集成度高、体积小、可靠性高。单片机把各功能部件集成在一块芯片上，内部采用总线结构，减少了各芯片之间的连线，许多信号的通道均在一个芯片内，大大提高了单片机的可靠性与抗干扰能力。另外，由于其体积小，对于强磁场环境易于采取屏蔽措施，适合在恶劣环境下工作。系统软件（如：程序指令、常数、表格）固化在 ROM 中，不易受病毒破坏，因此运作时系统稳定可靠。

（2）控制能力强。为了满足工业控制的要求，一般单片机的指令系统中均有极丰富的控制转移、I/O 口逻辑操作以及位处理等指令。单片机的逻辑控制功能及运行速度均高于同一档次的微机。

（3）系统结构简单，便于扩展。单片机片内具有计算机正常运行所必需的部件，片外有很多供扩展用的管脚（总线，并行和串行的输入/输出），很容易组成一定规模的计算机应用系统。外部总线增加了 I^2C（Inter-Integrated Circuit）及 SPI（Serial Peripheral Interface）等串行总线方式，进一步缩小了体积，简化了结构。

（4）功能强，有丰富的内置资源，容易实现模块化。

（5）实用性好。低功耗、低电压，便于生产便携式产品。

（二）单片机的发展概况

单片机作为微型计算机的一个重要分支，应用面广，发展快。以 8 位单片机的推出为起点，单片机的发展历史大致可分为以下几个阶段。

（1）芯片化探索阶段（1972～1978 年）。1972 年 4 月，霍夫等人开发出第一个 8 位微处理器 Intel 8008；1973 年 Intel 公司研制出 8 位的微处理器 8080，主频 2MHz 的 8080 芯片运算速度比 8008 快 10 倍，可存取 64KB 存储器，使用了基于 6μm 技术的 6000 个晶体管，处理速度为 0.64MIPS（Million Instructions Per Second）；1976 年 Intel 公司研制出 MCS-48 系列单片型微型计算机，它包括计算机的三个基本单元，成为真正意义的单片微机。MCS48 单片机系列的推出标志着 MCU 在工业控制领域进入到智能化嵌入式应用的芯片形态计算机的探索阶段。这一时期的特点是：

1）嵌入式计算机系统的芯片集成设计。

2）少资源、无软件，只保证基本控制功能。

（2）结构体系的完善阶段（1978～1982年）。1980年，Intel推出了典型MCS-51系列8位单片机。MCS-51系列单片机的推出，标志单片机体系结构的完善。它在以下几个方面奠定了典型通用总线型单片机的体系结构。

1）完善的外部总线。MCS-51设置了经典的8位单片机的总线结构，包括8位数据总线、16位地址总线、控制总线及具有多机通信功能的串行通信接口。

2）CPU外围功能单元的集中管理模式。

3）体现工控特性的位地址空间及位操作方式。

4）指令系统趋于丰富和完善，并且增加了许多突出控制功能的指令。

（3）单片机向微控制器发展阶段（1982～1990年）。1983年Intel公司推出的MCS-96系列16位单片机，将一些用于测控系统的模数转换器（ADC）、程序运行监视器（WDT）、脉宽调制器（PWM）、高速I/O口等纳入片中，体现了单片机的微控制器特征。8位单片机的巩固发展及16位单片机的推出，是单片机向微控制器发展的阶段。测控系统中使用的电路技术、接口技术、可靠性技术被许多电气商应用到单片机中，单片机内外围功能电路得到增强，呈现智能控制器特征。微控制器（Microcontrollers）成为单片机较为准确表达的名词，其特点是：

1）满足嵌入式应用要求的外围扩展，如WDT、PWM、ADC、DAC、高速I/O口等。

2）众多计算机外围功能集成，如：提供串行扩展总线SPI、I^2C、BUS；配置现场总线接口CAN BUS等。

3）CMOS（Complementary Metal Oxide Semiconductor ，互补金属氧化物半导体）化，提供功耗管理功能。

4）提供OTP（One Time Programmable一次性可编程）供应状态，利于大规模和批量生产。

（4）MCU的“百花齐放”阶段（1990年至今）。近年来，单片机在各个领域全面深入地发展和应用，出现了高速、大寻址范围、强运算能力的8位/16位/32位通用型单片机，以及小型廉价的专用型单片机。这一时期的特点为：

1）大力发展专用单片机。专用型单片机是针对某一类产品甚至某个产品需要而设计、生产的单片机。

2）综合品质高。单片机在体系结构、电磁兼容性能、开发环境和编程方式、功耗管理等诸方面得到了提高。

3）广泛支持C语言。单片机普遍支持C语言编程，为后来者学习和应用单片机提供了方便。

二、单片机的发展趋势

目前，单片机正朝着高性能和多品种方向发展，呈现出进一步向着CMOS化、低功耗、小体积、大容量、高性能、低价格和外围电路内装化等几个方面发展的趋势。

(1) 低功耗CMOS化。出于对低功耗的普遍要求，目前各大厂商推出的各类单片机产品都采用了CHMOS工艺。80C51系列单片机采用两种半导体工艺生产：一种是HMOS工艺（High-density Short-channel，MOS；高密度短沟道MOS工艺)。另外一种是CHMOS工艺，即互补金属氧化物的HMOS工艺。CHMOS是CMOS和HMOS的结合，除保持了HMOS的高速度和高密度的特点之外，还具有CMOS低功耗的特点。例如，8051的功耗为630mw，80C51的功耗只有120mw，而新型的MSP430系列单片机最小功耗可低至0.1μA。在便携式、手提式或野外作业仪器设备上，低功耗是非常有意义的。因此，在这些产品中必须使用CHMOS的单片机芯片。

(2) 微型单片化。随着集成电路技术的快速发展和“以人为本”思想在单片机设计上的体现，很多单片机生产厂家充分考虑到用户的需求，将一些常用的功能部件，如A/D（模/数转换器)、D/A（数/模转换器)、PWM以及LCD驱动器等集成到芯片内部，尽量做到单片化；同时，用户还可以提出要求，由厂家量身定做（System-on-a-Chip，SOC）或自行设计。

(3) 共性与个性共存。在单片机家族中，51系列是其中的佼佼者，20世纪80年代后期，Intel公司将其MCS-51系列中的80C51内核使用权以专利互换或出售形式转让给全世界许多著名IC制造厂商，如Philips、NEC、Atmel、AMD、华邦等，这些公司都在保持与80C51单片机兼容的基础上改善和丰富了80C51的许多特性，使80C51成为有众多制造厂商支持的、发展出上百品种的单片机大家族，统称为80C51系列，成为单片机发展的主流。其次，个性化的产品如专用单片机等在满足用户需求方面得到了广泛认可，在应用领域大有后来居上的架势；它们由于先天的优势，在80C51的基础上扬长避短，以用户需要为根本，在市场上受到了欢迎。总之，80C51作为共性的代表与个性化的产品相互依存，共同发展，将会给用户带来更大的实惠与方便。

(4) 大容量化。以往单片机内的ROM为1KB～4KB，RAM为64～128B。但在需要复杂控制的场合，该存储容量是不够的，必须进行外接扩充。为了适应这种领域的要求，须运用新的工艺，使片内存储器大容量化。目前51系列单片机内ROM容量可达128KB，RAM容量达到2KB。

(5) 高性能化。主要是指进一步改进CPU的性能，加快指令运算的速度和提高系统控制的可靠性。采用精简指令集（RISC）结构和流水线技术，可以大幅度提高运行速度。目前指令速度最高者已达100MIPS，并加强了位处理功能、中断和定时控制功能。这类单片机的运算速度比标准的单片机高出100倍以上。由于这类单片机有极高的指令速度，就可以用软件模拟其I/O功能，由此引入了虚拟外设的新概念。

第二节 单片机的应用

单片机以其卓越的性能和高性价比，已渗透到人们生活的各个领域。自动控制领域的机器人、智能仪表，医疗器械以及各种智能机械，导弹的导航装置，飞机上各种仪表的控制，计算机的网络通信与数据传输，工业自动化过程的实时控制和数据处理，广泛使用的各种智能IC卡，汽车的安全保障系统，录像机、摄像机、全自动洗衣机的控制，以及程控玩具、电子宠物等都离不开单片机。

一、在智能仪器仪表上的应用

用单片机微处理器改良原有的测量控制仪表，能使仪表数字化、智能化、多功能化、综合化，功能比起采用电子或数字电路更加强大，且测量仪器中的误差修正、线性化等问题也可迎刃而解，例如精密的测量设备（功率计，示波器，各种分析仪）。

二、在工业控制中的应用

单片机的实时数据处理能力和控制功能，可使系统保持在最佳工作状态，提高系统的工作效率和产品质量。用单片机可以构成形式多样的控制系统和数据采集系统，例如工厂流水线的智能化管理、电梯智能化控制、各种报警系统，以及与计算机联网构成二级控制系统等。

三、单片机在家庭生活中的应用

自从单片机诞生以后，它就步入了人类生活，如洗衣机、电冰箱、电子玩具、电饭煲、空调等家用电器配上单片机后，提高了智能化程度，增加了功能，备受人们喜爱。单片机将使人类生活更加方便、舒适、丰富多彩。

四、在计算机网络和通信领域中的应用

现代的单片机普遍具备通信接口，可以很方便地与计算机进行数据通信，为在计算机网络和通信设备间的应用提供了极好的物质条件。现在的通信设备基本上都实现了单片机智能控制，如手机、电话机、小型程控交换机、楼宇自动通信呼叫系统、列车无线通信。

五、单片机在医用设备领域中的应用

单片机在医用设备中的用途亦相当广泛，例如医用呼吸机、各种分析仪、监护仪、超声诊断设备及病床呼叫系统等。

此外，单片机在工商、金融、科研、教育、国防航空航天等领域都有着十分广泛的用途。

第三节 常用单片机系列介绍与比较

一、80C51 单片机

虽然目前单片机的品种很多，但其中最具代表性的当属 Intel 公司的 MCS－51 单片机系列。MCS－51 以其典型的结构、完善的总线、SFR 的集中管理模式、位操作系统和面向控制功能的丰富的指令系统，为单片机的发展奠定了良好的基础。MCS－51 系列的典型芯片是 80C51（CHMOS 型的 8051）。为此，众多的厂商都介入了以 80C51 为代表的 8 位单片机的发展，如 Philips、Siemens（Infineon）、Dallas、ATMEL 等公司，这些公司生产的与 80C51 兼容的单片机统称为 80C51 系列。近年来，80C51 系列又有了许多发展，推出了一些新产品，主要是改善单片机的控制功能，如内部集成了高速 I/O 口、ADC、PWM、WDT 等，以及低电压、微功耗、电磁兼容、串行扩展总线、控制网络总线性能等。

ATMEL 公司研制的 89CXX 系列是将 Flash Memory（EEPROM）集成在 80C51 中，

作为用户程序存储器，并不改变80C51的结构和指令系统。

Philips公司的83/87C7XX系列不改变80C51结构、指令系统，省去了并行扩展总线，属于非总线的廉价型单片机，特别适合于家电产品。

Infineon（原Siemens半导体）公司推出的C500系列单片机在保持与80C51兼容的前提下，增强了各项性能，尤其是增强了电磁兼容性能，增加了CAN总线接口，特别适用于工业控制、汽车电子、通信和家电领域。

二、AVR单片机简介

ATMEL公司是世界上有名的生产高性能、低功耗、非易失性存储器和各种数字模拟IC芯片的半导体制造公司。在单片机微控制器方面，ATMEL公司有AT89、AT90和ARM三个系列的单片机产品。ATMEL公司在其单片机产品中，融入了先进的E^2PROM电可擦除和Flash ROM闪速存储器技术，使得该公司的单片机具备了优秀的品质，在结构、性能和功能等方面都有明显的优势。

由于近年来各种采用新型结构和新技术的单片机的不断涌现，目前单片机市场呈现出"百花齐放"的发展趋势。ATMEL在强大市场压力下，发挥其在Flash存储器技术方面的特长，于1997年研发并推出了全新配置的、采用精简指令集RISC（Reduced Instruction Set CPU）结构的AT90系列单片机，简称AVR单片机。

AVR单片机的特点如下：

（1）工作电压范围为2.7～6.0V，电源抗干扰性能强。

（2）片内集成可擦写10000次以上的Flash程序存储器。由于AVR采用16位指令，其程序存储器的存储单元为16位。AVR的数据存储器还是以8个bit（位）为一个单元，因此AVR还是属于8位单片机。

（3）采用精简指令RISC结构。AVR系列单片机是基于新的精简指令RISC结构的。这种结构是在20世纪90年代开发出来的，是综合了半导体集成技术和软件性能的新结构。这种结构使AVR单片机在8位微处理器市场上具有最高的MIPS（Million Instruction Per Seconds，即兆指令每秒）/MHz能力。

（4）超功能精简指令。传统的基于累加器的结构单片机，如8051，需要大量的程序代码，以实现在累加器和存储器之间的数据传送。而在AVR单片机中，采用32个通用工作寄存器组成快速存取寄存器组，用32个通用工作寄存器代替了累加器，从而避免了在传统结构中累加器和存储器之间数据传送造成的瓶颈现象。

（5）采用CMOS工艺技术，具有高速度（50ns）、低功耗（μA）、SLEEP（休眠）功能。AVR的指令执行速度可达50ns（20MHz），而耗电则在1μA～25mA之间（典型功耗，WDT关闭时为100nA）。

（6）哈佛总线结构。单片机的程序存储器和数据存储器是分开组织和寻址的，寻址空间分别为可直接访问8M字节的程序存储器和8M字节的数据存储器。AVR运用Harvd结构概念，具有预取指令的特性，即对程序存储和数据存取使用不同的存储器和总线。当执行某一指令时，下一指令被预先从程序存储器中取出，这使得指令可以在每一个时钟周期内执行。

（7）AVR单片机可重新设置启动复位。AVR也有内部电源上电启动计数器，可将低电平复位（RESET）直接接到 Vcc 端。当系统上电时，利用内部的 RC 看门狗定时器可延迟 MCU 的启动及执行系统程序。这种延时可使 Vcc 口稳定后再执行程序，提高了单片机工作的可靠性，同时也省略了外加的复位延时电路。

(8) 具有串行异步通信 UART 硬件接口电路，采用单独的波特率发生器，并不占用定时器。具有 SPI 传输功能，可以在一般标准整数频率下工作，波特率可达 576kbit/s。

(9) 除了并行 I/O 口输入/输出特性与 PIC 的 HI/LOW 输出及三态高阻抗 HI－Z 输入相同外，还设定与 8051 系列内部有上拉电阻的输入端功能相似的功能，以便适应各种实际应用特性所需（多功能 I/O 口）。只有 AVR 才具有真正的 I/O 口，能正确反映 I/O 口的输入/输出真实情况。

(10) 高档 AVR 单片机 MEGA 系列的性能更加强大。如 ATInega640/1280/2560 有更大容量的存储器（Flash 64/128/256KB、E^2PROM 4KB、RAM 8KB），86 个 I/O 端口、57 个中断源、8 个外部中断、1 个 SPI 接口、4 个可编程的 USART 接口、1 个 I^2C 接口、2 个 8 位定时器、4 个 16 位定时器、4 个 8 位 PWM 接口和 12 个精度为 2 到 16 位可调的 PWM 接口，以及看门狗定时器、实时时钟 RTC、模拟比较器、16 路 10 位 A/D、可在线编程（ISP）和在应用自编程（IAP）、片内有 RC 振荡器、上电复位延时电路和可编程的欠电压检测电路等，工作电压为 2.7～5.5V。AVR 单片机还在片内集成了可擦写 100000 次的 EEPROM 数据存储器，等于又增加了一个芯片，可用于保存系统的设定参数、固定表格和掉电后的数据，既方便了使用，减小了系统的空间，又大大提高了系统的保密性。

AVR 系列单片机部分型号芯片的硬件资源如表 1－1 所示。

表 1－1　　AVR 单片机系列部分型号芯片的硬件资源

内部资源	AT Mega 8L	AT Mega 16	AT Mega 32	AT Mega 64	AT Mega 128	AT Mega 640	AT Mega 1280	AT Mega 2560
FIash（KB）	8	16	32	64	128	64	128	256
EEPROM（B）	512	512	1K	2K	4K	4K	4K	4K
RAM（B） 快速寄存器	1K 32	1K 32	2K 32	4K 32	4K 32	8K 32	8K 32	8K 32
指令条数	130	130	130	133	133	135	135	135
I/O 引脚	23	32	32	53	53	86	86	86
中断数	18	20	20	34	34	57	57	57
外部中断数	2	3	3	8	8	8	8	8
SPI	1	1	1	1	1	1	1	1
UART	1	1	1	2	2	4	4	4
TWI	1	1	1	1	1	1	1	1
硬件乘法器	Y	Y	Y	Y	Y	Y	Y	Y
8 位定时器	2	2	2	2	2	2	2	2

续表

内部资源	AT Mega 8L	AT Mega 16	AT Mega 32	AT Mega 64	AT Mega 128	AT Mega 640	AT Mega 1280	AT Mega 2560
16 位定时器	1	1	1	2	2	4	4	4
PWM	3	4	4	6+2	6+2	12+4	12+4	12+4
看门狗定时器	Y	Y	Y	Y	Y	Y	Y	Y
实时时钟	Y	Y	Y	Y	Y	Y	Y	Y
模拟比较器	Y	Y	Y	Y	Y	Y	Y	Y
10 位 A/D 通道	6/8	8	8	8	8	16	16	16
片内振荡器	Y	Y	Y	Y	Y	Y	Y	Y
BOD	Y	Y	Y	Y	Y	Y	Y	Y
在线编程（ISP）	Y	Y	Y	Y	Y	Y	Y	Y
自编程（SPM）	Y	Y	Y	Y	Y	Y	Y	Y
Vcc（V） （最低） （最高）	 2.7 5.5	 4.5 5.5	 4.5 5.5	 4.5 5.5	 4.0 5.5	 2.7 5.5	 2.7 5.5	 4.5 5.5
系统时钟（MHZ）	0～8	0～16	0～16	0～16	0～16	0～16	0～16	0～16
封装形式	28-Pin DIP 32-Pin MLF TQFP	40-Pin DIP 44-Pin MLF TQFP	40-Pin DIP 44-Pin MLF TQFP	64-Pin TQFP MLF	64-Pin TQFP MLF	100-lead TQFP 100-ball CBGA	100-lead TQFP 100-ball CBGA	100-lead TQFP 100-ball CBGA

三、PIC 单片机简介

PIC（Periphery Interface Chip）系列单片机是美国 Microchip 公司生产的产品。Microchip 公司是一家专门致力于单片机开发、研制和生产的制造商，其产品设计起点高，技术领先，性能优越。PIC 系列单片机不是在一般微型计算机 CPU 的基础上加以改造，而是独树一帜，采用全新的流水线结构、单字节指令体系、嵌入式闪存以及 10 位 A/D 转换器，性能卓越，代表着单片机发展的新方向。

PIC 系列单片机具有如下特点。

1. 哈佛总线结构

PIC 系列单片机采用哈佛总线结构，数据总线和指令总线分离，允许采用不同的字节宽度。处理器采用流水线作业方式，即在执行一条指令的同时，对下一条指令进行取指操作。

2. RISC 技术

PIC 系列单片机的指令系统采用 RISC 技术。PIC16F877 指令集系统只有 35 条指令。

此外，PIC 系列单片机全部采用单字节指令，而且除 4 条条件跳转指令外均为单周期指令，执行速度较高。

3. 寻址方式简单、寻址空间独立

寻址方式是指令中给出操作数的方法。PIC 系列单片机只有 4 种寻址方式：寄存器间接寻址、立即数寻址、直接寻址和位寻址，它们都比较容易掌握。PIC 系列单片机的程序、数据和堆栈三者各自采用互相独立的地址空间。

4. 功耗低

PIC 系列单片机采用 CMOS 结构，其功率消耗极低，是目前世界上最低功耗的单片机品种之一。其中有些型号在 4MHz 时钟下，耗电不超过 2mA；而在睡眠模式下，耗电可低到 1μA 以下。因此，PIC 系列单片机尤其适用于野外移动仪表的控制以及户外免维护的控制系统。

5. 驱动能力强

PIC 系列单片机 I/O 端口驱动负载的能力较强，每个输出引脚可以驱动多达 20～25mA 的负载。既能够用高电平也可以用低电平来直接驱动发光二极管 LED 、光电耦合器和小型继电器等。

6. I^2C 和 SPI 串行总线端口

PIC 系列单片机的某些型号具有同步串行口，可以满足 I^2C（Inter Integrated Circuit，主控/从动）和 SPI（Serial Peripheral Interface，主控）总线要求。I^2C 和 SPI 分别是 Philips 公司和 Motorola 公司研制的两种广泛流行的串行总线标准，是一种在芯片之间实现同步串行数据传输的技术。利用 PIC 单片机串行总线端口可以方便而灵活地扩展外围器件。

7. 外接电路简洁

PIC 系列单片机内集成了上电复位电路、I/O 引脚上拉电路、看门狗定时器等，可以最大程度地减少或免用外接器件。

Microchip 可提供的 PIC 单片机系列，按其指令的位数可分为 3 类：初级产品、中级产品和高级产品，每种产品包含多种型号，如表 1－2 所示。

PIC16FWX（A）系列单片机是一种具有 FLASH 程序存储器的 8 位 CMOS 单片机，各方面的功能均具有代表性，如表 1－3 所示。

表 1－2　　PIC 单片机系列部分型号芯片的硬件资源

级别层次	系列名称	子系列名称	芯片型号
初级产品	PIC12CXXX 单片机	PIC12C5XX 单片机	PIC12C508（A）、PIC12C509（A）
		PIC12CE5XX 单片机	PIC12CE518（A）、PIC12CE519（A）
	PIC16C5XX 单片机	PIC16C5X 单片机	PIC16C54（A，C）、PIC16CR54（A，C）、PIC16C55（A）、PIC1666（A）、PIC16C57（C）、PIC16CR56A、PIC16CR57A、PIC16CR57C、PIC16C58（B）、PIC16CR58B
		PIC16C505 单片机	PIC16C505
		PIC16HV540 单片机	PIC16HV540

续表

级别层次	系列名称	子系列名称	芯片型号
中级产品	PIC12CXXX 单片机	PIC12C6XX 单片机	PIC12C671、PIC12C672
		PIC12CE6XX 单片机	PIC12CE673、PIC12CE674（无）
			PIC12F629/675
	PIC16CXXX 单片机	PIC16C55X 单片机	PIC16C554、PIC16C558
		PIC16C43X 单片机	PIC16C432 PIC16C433
		PIC16C6X 单片机	PIC16C62、PIC16C63、PIC16CR63、PIC16C64A、PIC16CR64、 PIC16C65A、PIC16CR65、PIC16C66、PIC16C67 PIC16C62B PIC16C63A、PIC16C65B
		PIC16C62X/64X/66X 单片机	PIC16C620（A）、PIC16C621（A）、PIC16C622（A） PIC16C662
		PIC16CE62X 单片机	PIC16CE623、PIC16CE624、PIC16CE625
		PIC16F62X 单片机	PIC16F627、PIC16F628
		PIC16F63X/67X 单片机	PIC16F630/676
		PIC16C71X 单片机	PIC16C71、PIC16C710、PIC16C711、PIC16C715 PIC16C712、PIC16C716 PIC16C717
		PIC16C7X 单片机	PIC16C72、PIC16CR72 PIC16C72A PIC16C73（B）、PIC16C74（B） PIC16C73A、PIC16C74A、PIC16C76、PIC16C77
		PIC16F7X 单片机	PIC16F73、PIC16F74、PIC16F76、PIC16F77
		PIC16C77X 单片机	PIC16C770、PIC16C771 PIC16C773、PIC16C774
		PIC16C7X5 单片机	PIC16C745、PIC16C765
		PIC16C78X 单片机	PIC16C781、PIC16C782
		PIC16F8X 单片机	PIC16F83、PIC16CR83、PIC16F84、PIC16CR84 PIC16F84A PIC16F85（无 DATASHEET）、PIC16F86（无）
		PIC16F81X 单片机	PIC16F812（无）、PIC16F816（无）、PIC16F818/819
		PIC16F87X 单片机	PIC16F870、PIC16F871、PIC16F872、PIC16F873、PIC16F874、 PIC16F876、PIC16F877、PIC16F873A、PIC16F876A、 PIC16F874A、PIC16F877A
		PIC16C9XX 单片机	PIC16C923、PIC16C924 PIC16C925、PIC16C926
		PIC14000 单片机	PIC14000

续表

级别层次	系列名称	子系列名称	芯 片 型 号
高级产品	PIC17CXXX 单片机	PIC17C4X 单片机	PIC17C42、PI17C42A、PIC17C43、PIC17CR43、PIC17C44
		PIC17C7XX 单片机	PIC17C752、PIC17C756A PIC17C762、PIC17C766
	PIC18C/FXXX 单片机	PIC18CX01 单片机	PIC18C601、PIC18C801
		PIC18FOXO 单片机	PIC18FO10、PIC18FO20 PIC18F012、PIC18FO22（无 DATASHEET） PIC18F232、PIC18F242、PIC18F252
		PIC18C/FXX2 单片机	PIC18C432、PIC18C442、PIC18C452 PIC18F6520、PIC18F8520 PIC18F6620、PIC18F6720、PIC18F8720、PIC18F8620 PIC18F258、PIC18F248
		PIC18C/FXX8 单片机	PIC18F448、PIC18F458 PIC18C658、PIC18C858

表 1-3　　PIC16FWX（A）系列单片机部分型号芯片的硬件资源

型号	振荡	FLASH 程序区 (bit)	FLASH 数据区 (B)	RAM/B	电压/V	中断	I/O	定时器	复位锁定	A/D 10 位	并行口	串行口	CPP 模块	封装
16F187	DC～20M	2K×14	64	128	2.5～5.5	13	22	3	有	5		USART	1	28SP/28SO/28SS
16F871	DC～20M	2K×14	64	128	2.5～5.5	13	22	3	有	8		USART	1	40
16F872	DC～20M	2K×14	64	128	2.5～5.5	13	22	3	有	5		MICC/SPI	1	28SP，28SO
16F873 16F873A	DC～20M	2K×14	128	192	2.0～5.5	13	22	3	有	5	无	USART/ICC/SPI	2	28SP，28SO
16F874 16F874A	DC～20M	2K×14	128	192	2.0～5.5	14	33	3	有	8	有	USART/ICC/SPI	2	40P，44L，44PT
16F876 16F876A	DC～20M	2K×14	256	368	2.0～5.5	13	22	3	有	5	无	USART/ICC/SPI	2	28SO，28SP
16F877 16F877A	DC～20M	2K×14	256	368	2.0～5.5	14	33	3	有	8	有	USART/ICC/SPI	2	40P，44L，44PT，44PQ

四、MSP430 单片机

MSP430 系列单片机是美国德州仪器（TI）1996 年开始推向市场的一种 16 位超低功耗混合信号处理器（Mixed Signal Processor）。该款单片机主要针对实际应用需求，把许多模拟电路、数字电路和微处理器集成在一个芯片上，以提供“单片”解决方案。MSP430 系列由于具有 Flash 存储器，在系统设计、开发调试及实际应用上都表现出较明显的优点。

MSP430 单片机的特点如下：

（1）MSP430 单片机是 16 位的单片机，采用了精简指令集（ RISC ）结构，只有 27 条指令，大量的指令则是模拟指令，众多的寄存器以及片内数据存储器都可参加多种运算。这些内核指令均为单周期指令，功能强，运行速度快。

(2) 在运算速度方面，MSP430 系列单片机能在 8MHz 晶体的驱动下，实现 125ns 的指令周期。16 位的数据宽度，125ns 的指令周期以及多功能的硬件乘法器（能实现乘加）相配合，能实现数字信号处理的某些算法（如 FFT 等）。

(3) MSP430 系列单片机的电源电压采用 1.8～3.6V。在 1MHz 的时钟条件下运行时，芯片的电流在 200～400μA 左右，时钟关断模式的最低功耗只有 0.1μA。在 MSP430 系列中有两个不同的时钟系统：基本时钟系统和锁频环（FLL 和 FLL+）时钟系统或 DCO 数字振荡器时钟系统。有的使用一个晶体振荡器（32768Hz），有的使用两个晶体振荡器。由系统时钟系统产生 CPU 和各功能所需的时钟，并且这些时钟可以在指令的控制下打开和关闭，从而实现对总体功耗的控制。由于系统运行时打开的功能模块不同，即采用不同的工作模式，芯片的功耗有着显著的不同。在系统中共有一种活动模式（AM）和五种低功耗模式（LPM0～LPM4）。在等待方式下，耗电为 0.7μA，在节电方式下，最低可达 0.1μA。

(4) MSP430 系列其基本架构是 16 位的，同时在其内部的数据总线经过转换还存在 8 位的总线，再加上本身就是混合型的结构，形成开放型的架构，无论扩展 8 位的功能模块，还是 16 位的功能模块，包括扩展模/数转换或数/模转换这类的功能模块都是很方便的。MSP430 系列单片机的各成员都集成了较丰富的片内外设。它们分别是看门狗（WDT）、模拟比较器 A、定时器 A（Timer _ A）、定时器 B（Timer _ B）、串口 0、1（USART0、1）、硬件乘法器、液晶驱动器、10 位/12 位 ADC、I^2C 总线直接数据存取（DMA）、端口 O（P0）、端口 1～6（P1～P6）、基本定时器（Basic Timer）等的一些外围模块的不同组合。MSP430 系列单片机的这些片内外设为系统的单片解决方案提供了极大的方便。

(5) 对于 MSP430 系列而言，由于引进了 Flash 型程序存储器和 JTAG 技术，不仅使开发工具变得简便，而且价格也相对低廉，并且还可以实现在线编程。

(6) 适应工业级运行环境，MSP430 系列器件均为工业级的，运行环境温度为－40～＋85℃，所设计的产品适合用于工业环境下。

MSP430 单片机系列部分型号芯片的硬件资源如表 1－4 所示。

表 1－4　　MSP430 单片机系列部分型号芯片的硬件资源

型　号	FLASH	RAM	AD	DA	DMA	LCD 段数	USART	比较器 A	硬件乘法器	定时器	封闭类型	I/O
MSP430F1101A	1KB	128B	slope				软件	√		4	20SOIC，TSSOP	14
MSP430F1111A	2KB	128B	slope				软件	√		4	20SOIC，TSSOP	14
MSP430F1121A	4KB	256B	slope				软件	√		4	20SOIC，TSSOP	14
MSP430F1122	4KB	256B	10bit				软件			4	20SOIC，TSSOP	14

续表

型 号	FLASH	RAM	AD	DA	DMA	LCD段数	USART	比较器A	硬件乘法器	定时器	封闭类型	I/O
MSP430F1132	8KB	256B	10bit				软件			4	20TSSOP	14
MSP430F1222	4KB	256B	10bit				硬件			4	28SOIC，TSSOP	22
MSP430F123	8KB	256B	slope				硬件	√		4	28SOIC，TSSOP	22
MSP430F1232	8KB	256B	10bit				硬件 1			4	28SOIC，TSSOP	22
MSP430F133	8KB	256B	12bit				硬件 1	√		7	64LQFP	48
MSP430F135	16KB	256B	12bit				硬件 1	√		7	64LQFP	48
MSP430F147	32KB	1KB	12bit				硬件 2	√	√	11	64LQFP	48
MSP430F1471	32KB	1KB	slope				硬件 2	√	√	11	64LQFP	48
MSP430F148	48KB	1KB	12bit				硬件 2	√	√	11	64LQFP	48
MSP430F1481	48KB	2KB	slope				硬件 2	√	√	11	64LQFP	48
MSP430F149	60KB	2KB	12bit				硬件 2	√	√	11	64LQFP	48
MSP430F1491	60KB	2KB	slope				硬件 2	√	√	11	64LQFP	48
MSP430F155	16KB	512B	12bit	12bit	√		硬件 1	√		11	64LQFP	48
MSP430F156	24KB	512B	12bit	12bit	√		硬件 1	√		11	64LQFP	48
MSP430F157	32KB	1KB	12bit	12bit	√		硬件 1	√		11	64LQFP	48
MSP430F167	32KB	1KB	12bit	12bit	√		硬件 2	√	√	11	64LQFP	48
MSP430F168	48KB	2KB	12bit	12bit	√		硬件 2	√	√	11	64LQFP	48
MSP430F169	60KB	2KB	12bit	12bit	√		硬件 2	√	√	11	64LQFP	48
MSP430F412	4KB	256B	slope			96	软件	√		5	64LQFP	48
MSP430F413	8KB	256B	slope			96	软件	√		5	64LQFP	48
MSP430FE423	8KB	256B	16bit			128	硬件 1	√	√	5	64QFP	14
MSP430FE425	16KB	512B	16bit			128	硬件 1	√	√	5	64QFP	14
MSP430FE427	32KB	1KB	16bit			128	硬件 1	√	√	5	64QFP	14
MSP430FW423	8KB	512B	16bit			96	软件	√		10	64QFP	48
MSP430FW425	16KB	512B	16bit			96	软件	√		10	64QFP	48
MSP430FW427	32KB	1KB	16bit			96	软件	√		10	64LQFP	48
MSP430F435	16KB	512B	12bit			160	硬件 1	√		8	80，100LQFP	48
MSP430F436	24KB	1KB	12bit			160	硬件 1	√		8	80，100LQFP	48
MSP430F437	32KB	1KB	12bit			160	硬件 1	√		8	80，100LQFP	48
MSP430F447	32KB	1KB	12bit			160	硬件 2	√	√	12	100LQFP	48
MSP430F448	48KB	2KB	12bit			160	硬件 2	√	√	12	100LQFP	48
MSP430F449	60KB	2KB	12bit			160	硬件 2	√	√	12	100LQFP	48

五、凌阳单片机

凌阳科技股份有限公司（Sunplus Technology Co.，Ltd.）是全球知名的芯片设计公司，致力于开发高品质的集成电路芯片。凌阳科技在单片微处理器的核心技术上，发展了从 8 位系列微控制器到 μ'nSP 系列 16 位微控制器、32 位微控制器等核心技术；同时，形成完整的 IC 产品线，应用在电子词典、计算机外设、智能家电控制器、数码相机、VCD、DVD 播放器和来电显示器等产品领域。

SPMC65 系列单片机是由凌阳科技设计开发的 8 位通用单片机系列产品。该系列单片机具有较高的抗干扰能力、丰富易用的资源以及优良的结构，是非常适合于家用电器、工业控制和仪器仪表等方面应用的工业级微控制器。SPMC65 系列单片机针对家用电器、工业控制应用，设计了工业级芯片，并为其应用领域做了具有针对性的增强设计。如：加强 I/O 端口以提高 I/O 端口的驱动能力和抗干扰能力；采用增强的复位系统提高系统的可靠性，提供可靠而且完整的 CCP 功能的定时器/计数器等。

SPMC65 系列单片机的特点如下。

1. SPMC65CPU 内核

（1）支持 182 条指令。

（2）CPIJ 最高频率 8MHz。

（3）支持位操作指令。

2. I/O 端口

（1）最多 6 组 8 位通用 I/O 端口。

（2）可设置为上拉/下拉/悬浮输入口，或者输出口。

（3）具有复用功能的双向 I/O 端口。

3. 时钟管理（Clock）

（1）3 种时钟源：RC 振荡器、晶体和外部时钟输入。

（2）具备时钟频率输出能力。

4. 省电模式

两种省电模式（STOP 和 HALT）。

5. 模拟外设

（1）9 通道带一个内部参考电压的 10 位 ADC；或 8 通道带内/外部参考电压的 10 位 ADC。

（2）4.0V 或 2.5V 可选的低电压复位系统。

（3）1 通道 10 位 DAC，最大输出电流为 3.3mA。

（4）2 个模拟电压比较器。

6. 3 个 16 位定时/计数器（类型 I，Timer0、Timer2 和 Timer4）

（1）8 位/16 位定时、计数功能。

（2）捕获功能（8 位脉宽/周期测量、16 位脉宽测量）。

（3）8 位/16 位比较输出。

（4）8 位 PWM 输出。

7. 2个16位定时/计数器（类型Ⅱ，Timer1、Timer3）

(1) 8位/16位定时/计数器，事件计数模式。

(2) 捕获功能（8位脉宽/周期测量，16位脉宽测量）。

(3) 8位/16位比较输出。

(4) 12位PWM输出。

8. 1个16位定时/计数器（类型Ⅲ，Timer5）

(1) 8位/16位定时/计数器，事件计数模式。

(2) 捕获功能（8位脉宽/周期测量，16位脉宽/周期测量）。

(3) 8位/16位比较输出。

(4) 16位PWM输出。

9. 时基

频率选择1KHz～2MHz@8MHz。

10. 串行总线接口

(1) SPI总线。

(2) UART总线。

(3) I^2C总线。

为了方便二次的开发，凌阳科技有限公司还开发了一款仿真芯片ECMC653，专门用于SPMC65系列单片机的仿真。ECMC653芯片内集成了SPMC65系列单片机全部的资源，具有928B的RAM和16KB的SRAM。同时还集成了1个时基、1个看门狗定时/计数器、6个16位定时 / 计数器和9个通道的ADC等。为了缩短开发周期，便于发现程序中隐藏的错误，芯片内部集成了专用的IKB的PC Trace用于记录程序的运行路径，这样就可以从中了解到 程序是否正确执行。

SPMC65系列单片机系列部分型号芯片的硬件资源，如表1-5所示。

表1-5　　SPMC65单片机系列部分型号芯片的硬件资源

型　号		SPMC65P2104A	SPMC65P2204A	SPMC65P2404A	SPMC65P2408A
内部存储器	OTP(ROM)/KB	4	4	4	8
	Data(RAM)/B	128	192	192	256
最大工作频率（MHz）		8	8	8	8
指令集		182条指令支持位操作（置1，清零，取反，测试）			
I/O端口		13	15/11	15/23	23/27
A/D转换器		4通道/10位	9通道/10位	8通道/10位	8通道/10位
SPI		无	无	1个	1个
UART		无	无	无	1个
定时/计数器		1个16位定时/计数器	1个8位定时/计数器 1个16位定时/计数器	2个8位定时/计数器 2个16位定时/计数器	2个8位定时/计数器 2个16位定时/计数器
时基		1个	1个	1个	1个
看门狗定时器		1个	1个	1个	1个
蜂鸣器输出		1个 1kHz～2MHz	1个 1kHz～2MHz	1个 1kHz～2MHz	1个 1kHz～2MHz
工作电压		3～5.5	3～5.5	3～5.5	3～5.5
引脚/封装		18 PIN PDIP/SOP	20/16 PIN PDIP/SOP	20/28 PIN PDIP/SOP	28/32 PIN PDIP/SOP

本 章 小 结

单片机是将中央处理器、存储器、定时器、输入/输出接口电路等一些计算机的主要功能部件集成在一块芯片上的小而完善的微型计算机系统。本章简要介绍了单片机的特点和发展概况，单片机的主要应用领域以及目前市场上常用的单片机系列。

思 考 与 练 习 题

1. 单片机主要包括哪些组成部分？
2. 单片机有何特点？
3. 51 系列单片机与 MSP430 系列单片机之间有哪些差异？

第二章　MCS－51 单片机硬件结构

MCS－51 系列单片机是 Intel 公司于 1980 年推出的 8 位通用型单片机。至今 30 多年来，51 系列单片机经久不衰，并得到了极其广泛的应用。属于这一系列的单片机芯片有很多种，如普通型 80C31、80C51、87C51 和 89C51 等，增强型 80C32、80C52、87C52 和 89C52 等。它们的基本组成、基本性能和指令系统都是相同的，主要差别只是片内程序存储器的构造不同而已。80C31 片内没有程序存储器，80C51 内部设有 4KB 的掩膜 ROM（Read Only Memory）程序存储器，87C51 是将 80C51 片内的 ROM 换成 EPROM（Erasable Programmable ROM），89C51 则换成 4KB 的闪速 E^2PROM（Electrically Erasable Programmable ROM）。通常以 8xC51 代表这一系列的单片机，其中

$$x=\begin{cases}0 & \text{掩膜 ROM}\\ 7 & \text{EPROM/OTPROM}\\ 9 & \text{FlashROM}\end{cases}$$

89 系列单片机已经在片内增加 4KB 或 8KB 的 Flash ROM，而且整个 89C51/89C52 芯片比 87C51 便宜得多，所以现在已经没有人使用 80C31 或 87C51 开发产品了。

近些年来，世界上很多大半导体公司都生产以 8051 为内核的单片机，如 ATMEL/PHILIPS/SST 公司的 AT89/P89/STC89 系列和 AT87/P87 系列单片机，越来越多地得到广泛应用。

本章以 89C51（AT89C51）单片机为例，介绍 MCS－51 系列单片机的内部硬件资源、各个功能部件的结构及工作原理。

第一节　MCS－51 单片机结构

ATMEL、PHILIPS 和 SST 等公司生产的低功耗、高性能 8 位单片机 89C51 具有比 80C31 更丰富的硬件资源，且与 80C51 兼容，特别是其内部增加的闪速可电改写存储器给单片机的开发及应用带来了很大的方便，并且芯片的价格非常便宜，因此，近年来得到了极其广泛的应用。以其作为典型机加以介绍，既可以涵盖 MCS－51 单片机的基本硬件结构和软件特征，又与实际应用紧密结合。

一、MCS－51 单片机芯片内部结构及特点

（一）MCS－51 单片机的基本组成

89C51 单片机系统结构框图如图 2－1 所示。

单片机结构主要组成包括以下内容：

（1）一个 8 位的 89C51 微处理器 CPU（Central Processing Unit）。

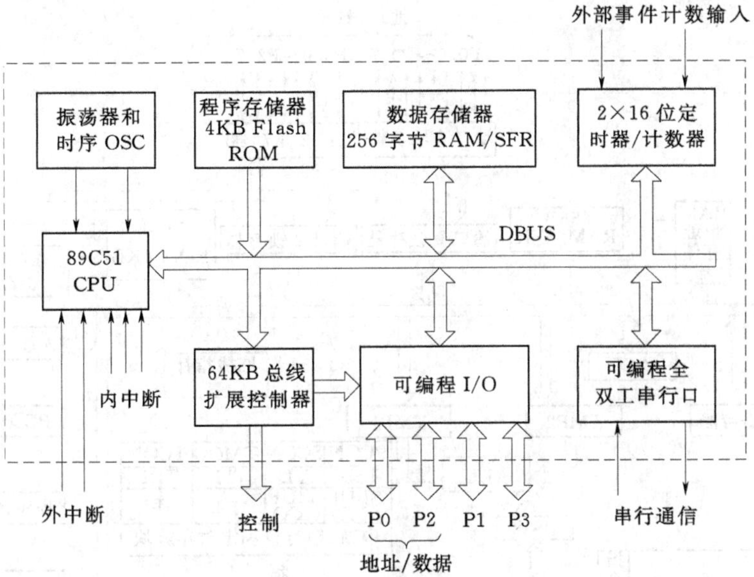

图 2-1　89C51 单片机结构框图

(2) 片内 256 字节数据存储器 RAM/SFR (Random Access Memory/Special Function Register)。

(3) 片内 4KB 程序存储器 Flash ROM (Read Only Memory)。

(4) 四个 8 位并行 I/O 端口 P0～P3，每个端口既可以用作输入，也可以用作输出。

(5) 两个 16 位的定时/计数器，每个定时/计数器都可以设置成计数方式，用以对外部事件进行计数，也可以设置成定时方式。

(6) 具有五个中断源、两个中断优先级的中断控制系统。

(7) 一个全双工 UART (Universal Asynchronous Receiver/Transmitter) 的串行 I/O 口，用于实现单片机之间或单片机与 PC 机之间的串行通信。

(8) 片内振荡器和时钟产生电路，最高允许振荡频率为 24MHz。

(9) 89C51 单片机与 8051 相比，具有节电工作方式，即休闲方式及掉电方式。

以上各个部分通过片内 8 位数据总线 DB (Data Bus) 相连接。

(二) MCS-51 单片机芯片的内部结构

89C51 单片机的内部结构如图 2-2 所示。

由图 2-2 可见，89C51 单片机是由中央处理器、片内存储器 RAM/ROM、P0～P3 组成的 I/O 端口以及各种存储器组成的特殊功能寄存器 SFR 和串行接口、定时/计数器、中断系统、振荡器等构成。

1. 中央处理单元 (CPU)

中央处理单元简称 CPU，是单片机的核心部分，由运算器和控制器组成，主要完成运算和控制功能。89C51 单片机的 CPU 能处理 8 位二进制数和代码。

运算器包括算术/逻辑运算单元 ALU (Arithmetic Logic Unit)、累加器 ACC (Accumulator)、寄存器 B、暂存寄存器 (TMP1、TMP2)、程序状态字寄存器 PSW (Program

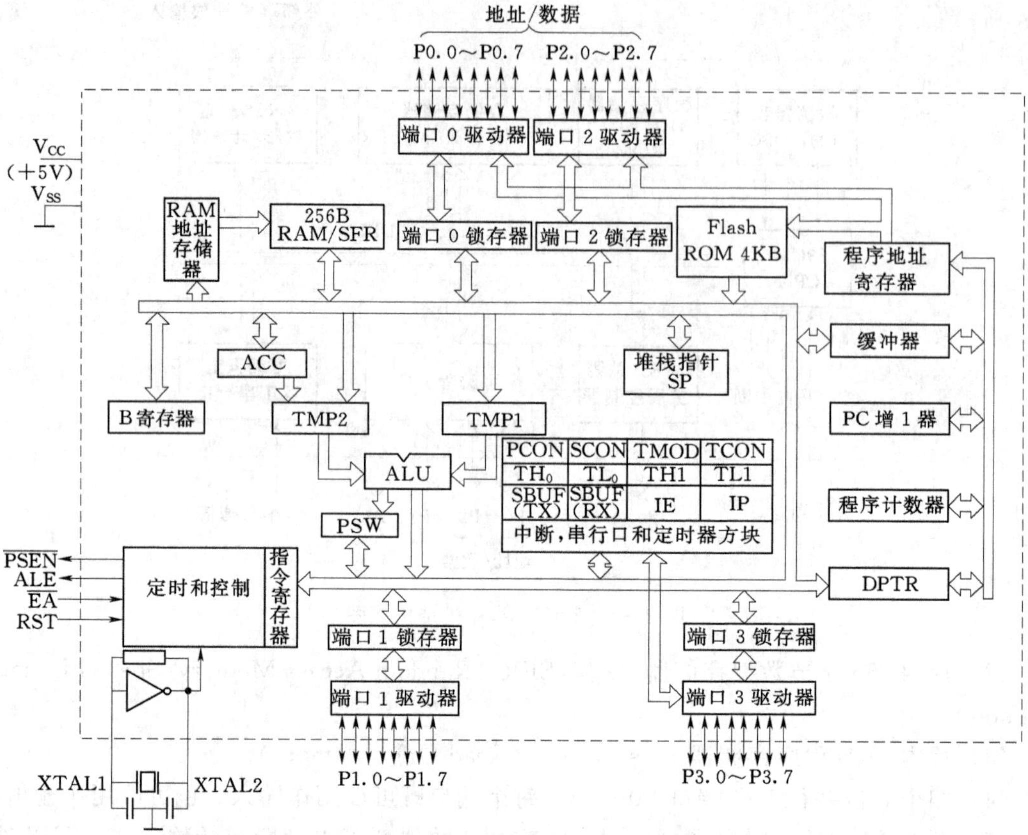

图 2－2 89C51 单片机芯片内部结构图

Status Word）等。主要用于实现数据的算术运算、逻辑运算、位处理和数据传送操作。

控制器包括指令寄存器 IR（Instruction Register）、指令译码器 ID（Instruction Decoder）、定时及控制逻辑电路，程序计数器 PC（Program Counter）等。主要用于保证单片机各部分能够自动而协调地工作。

2. 内部数据存储器（片内 RAM）

数据存储器用于存放可读写的中间结果、数据或标志。89C51 芯片内共有 256 个 RAM 单元，其中高 128 个单元被特殊功能寄存器 SFR 占用，能作为数据存储器供用户使用的只是低 128 个单元，地址范围是 00H～7FH。

3. 内部程序存储器（片内 ROM）

程序存储器为只读存储器（简称 ROM），存放程序指令、常数及数据表格。89C51 芯片内共有 4KB 的 EPROM，地址范围是 0000H～0FFFH。

4. 定时/计数器

89C51 芯片中共有两个 16 位的定时/计数器，用于实现定时或计数功能，并以其定时或计数结果（查询或中断方式）对单片机进行控制，以满足控制应用的需要。

5. 并行 I/O 口

89C51 芯片中共有四个 8 位的并行 I/O 口（P0～P3），主要用于实现与外部设备或接口中数据的并行输入/输出，每个并行口既可以用作输入，也可以用作输出。有些 I/O 口还具有第二功能。

6. 串行口

89C51 单片机有一个全双工通用异步串行口 UART，用于单片机和其他数据设备之间的异步串行数据传送。该串行口功能较强，既可作为全双工异步通信收发器使用，也可作为同步移位寄存器使用。

7. 中断控制系统

中断系统的主要功能是对外部或者内部的中断请求进行管理。89C51 共有五个中断源，即两个外部中断源 INT0 和 INT1，三个内部中断源，即两个定时/计数中断，一个串行口中断。全部中断分为高优先级和低优先级共两个优先级别。

8. 片内振荡器和时钟电路

OSC（OSCillator）是控制器的心脏，时钟电路为单片机控制器产生时钟脉冲序列，用于协调和控制单片机的工作。89C51 芯片的内部有时钟电路，但需要外接石英晶体和微调电容。振荡脉冲频率范围为 0～24MHz。

从上述内容可以看出，MCS－51 单片机虽然是一个单片机芯片，但是它包括了作为计算机应该具有的所有基本部件，因此，实际上它已经是一个简单的微型计算机了。

二、MCS－51 单片机的引脚及功能

89C51 是标准的 40 引脚双列直插封装 DIP（Double In－line Package）方式的集成电路芯片，其引脚如图 2－3 所示。

由于工艺及标准化等原因，芯片的引脚数目实际上是有限制的。然而，实现其所有功能所需要的信号数目却远多于此限制数目，为此单片机采用了复用的形式，即给一些信号引脚赋予第二功能。第二功能信号的定义主要集中在 P3 口线，另外再加上其他几条信号线。

89C51 的引脚按其功能可分为电源、时钟、控制和 I/O 接口四大部分。

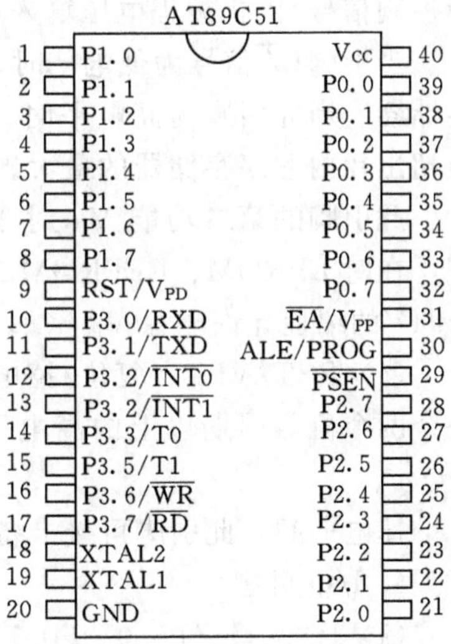

图 2－3　89C51 芯片引脚图

1. 电源引脚

（1）V_{CC}：芯片主电源，外接＋5V。

（2）GND：电源地线。

2. 时钟引脚

XTAL1 和 XTAL2 是外接晶体引线端，当使用芯片内部时钟时，这两个引线端用于外接石英晶体和微调电容。当使用外部时钟时，用于接外部时钟脉冲信号。

（1）XTAL1：接外部晶体和微调电容的一端。

在 89C51 片内，它是振荡电路反相放大器的输入端。当采用外部时钟时，该引脚输入外部时钟脉冲。

（2）XTAL2：接外部晶体和微调电容的另一端。在 89C51 片内，它是振荡电路反相放大器的输出端，振荡电路的频率就是晶体的固有频率。当采用外部时钟电路时，该引脚

应悬空不接。

3. 控制引脚

(1) ALE/$\overline{\text{PROG}}$ (Address Latch Enable/Programming)：地址锁存允许信号端/编程脉冲输入端。

当 CPU 访问片外存储器时，ALE 输出信号是锁存低 8 位地址的控制信号，用于控制把 P0 口输出的低 8 位地址锁存起来，以实现低 8 位地址和数据的隔离。此时 P0 口是作为数据、地址复用口线，ALE 输出脉冲的下降沿用于低 8 位地址的锁存信号。

当 89C51 上电正常工作时，ALE 引脚不断向外输出正脉冲信号，其频率为振荡器频率 f_{OSC}的 1/6，因而 ALE 信号可以用作对外输出时钟或定时信号。如果想确认 89C51 芯片的好坏，可用示波器查看 ALE 端是否有脉冲信号输出。若有脉冲信号输出，则 89C51 基本上是好的。

ALE 端的负载驱动能力为八个 LS 型 TTL（低功耗甚高速 TTL）负载。

此引脚的第二功能$\overline{\text{PROG}}$对于片内含 EPROM、EEPROM 或 Flash ROM 的单片机进行编程写入（固化程序）时，作为编程脉冲的输入端。

(2) $\overline{\text{PSEN}}$ (Program Store Enable)：片外程序存储器允许输出信号端。

当 CPU 向片外程序存储器读取指令或常数期间，每个机器周期$\overline{\text{PSEN}}$两次低电平有效。当访问外部数据存储器或 I/O 接口时，该$\overline{\text{PSEN}}$两次低电平有效信号将不出现。

$\overline{\text{PSEN}}$端可以驱动八个 LS 型 TTL 负载。

(3) $\overline{\text{EA}}$/V_{PP} (Enable Address/Voltage Pulse of Programming)：访问程序存储器选择控制信号/固化编程电压输入端。

当引脚$\overline{\text{EA}}$信号为低电平时，单片机只访问片外程序存储器，而不管片内是否有程序存储器。当此引脚为高电平时，单片机访问片内的程序存储器，如果 PC（程序计数器）值超出片内程序存储器的最大地址时，自动转到片外程序存储器开始顺序读取指令。

此引脚的第二功能 V_{PP}对于片内含 EPROM、EEPROM 或 Flash ROM 的单片机而言，在对 EPROM、EEPROM 或 Flash ROM 编程期间，此引脚用于施加一个＋12V 或＋21V的编程允许电源 V_{PP}（如果选用＋12V 或＋21V 编程）。

(4) RST/VPD：复位/掉电保护信号输入端。在振荡器运行时，如果在此引脚加上一个两个机器周期以上的高电平信号，就能使单片机回到初始状态，即进行复位（Reset）。

掉电期间，此引脚可接上备用电源（VPD），以保持内部 RAM 中的数据。

4. I/O 引脚

(1) P0 端口（P0.0～P0.7）：P0 端口是一个漏极开路的 8 位准双向并行 I/O 端口。

在扩展片外存储器或 I/O 端口时，P0 端口作为低 8 位地址总线和 8 位数据总线的分时复用端口。

P0 端口的输出可带八个 LS 型 TTL 负载。

(2) P1 端口（P1.0～P1.7）：P1 端口是一个带有内部上拉电阻的 8 位准双向并行 I/O 端口。

P1 端口的每一位都可以独立设置成输入或输出位。

P1 端口可以驱动四个 LS 型 TTL 电路。

(3) P2 端口 (P2.0～P2.7)：P2 端口是一个带有内部上拉电阻的 8 位准双向并行 I/O 端口。

扩展外部存储器时，P2 端口作为高 8 位地址输出端口。

P2 端口可以驱动四个 LS 型 TTL 电路。

(4) P3 端口 (P3.0～P3.7)：P3 端口是一个带有内部上拉电阻的 8 位准双向并行 I/O 端口。

除了与 P1 端口有一样的 I/O 功能外，P3 端口的每一个引脚还肩负第二功能，如表 2-1 所示。

表 2-1　　P3 端口各引脚对应的第二功能

P3.0	P3.1	P3.2	P3.3	P3.4	P3.5	P3.6	P3.7
RXD	TXD	$\overline{INT0}$	$\overline{INT1}$	T0	T1	$\overline{WR}$	$\overline{RD}$

P3 端口可以驱动四个 LS 型 TTL 电路。

P3 端口的第二功能信号都是单片机的重要控制信号。因此，在实际使用单片机时，都是先按需要选用第二功能信号，剩下的才以第一功能的身份作为通用 I/O 口使用。

P1～P3 端口片内均有固定的上拉电阻，故称为准双向并行 I/O 端口。P0 端口片内无固定的上拉电阻，由两个 MOS (Metal - Oxide Semiconductor 金属氧化物半导体) 管串接，既可以开路输出，又可以处于高阻的"悬空"状态，故称为准双向三态并行 I/O 端口。

以上把 89C51 单片机芯片全部 40 个信号引脚的定义及功能作一简单说明。至于其他型号的芯片，引脚的第一功能信号都是相同的，不同的只是引脚的第二功能信号。

三、MCS - 51 单片机的时钟电路与时序

时钟电路用于产生单片机工作所需要的时钟信号，而时序研究的是指令执行中各信号之间的相互关系。单片机本身就如同一个复杂的同步时序电路，为了保证同步工作方式的实现，电路应在唯一的时钟信号控制下严格地按时序进行工作。

(一) 振荡器和时钟电路

1. 时钟电路的产生

在 MCS - 51 单片机芯片内部有一个高增益反相放大器，其输入端为芯片引脚 XTAL1，其输出端为引脚 XTAL2。而在芯片的外部，XTAL1 和 XTAL2 之间跨接晶体振荡器和微调电容，再利用芯片内部的振荡电路形成反馈电路，从而构成一个稳定的自激振荡器，即单片机的时钟电路，如图 2-4 所示。

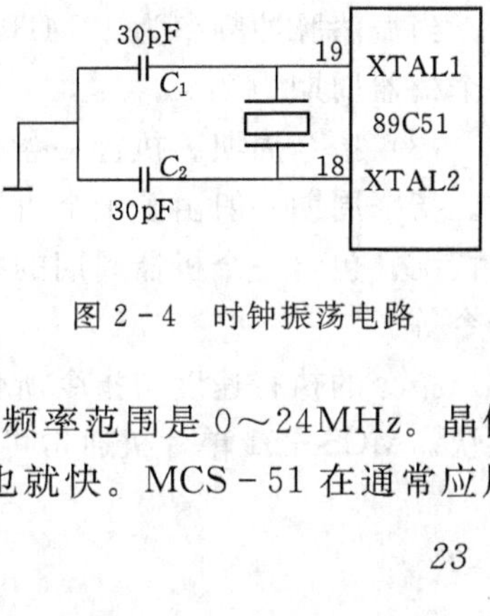

图 2-4　时钟振荡电路

时钟电路产生的振荡脉冲经过单片机内部的触发器进行二分频之后，才成为单片机的时钟脉冲信号。

一般地，微调电容 C_1 和 C_2 取 30pF 左右，晶体的振荡频率范围是 0～24MHz。晶体振荡频率高，则系统的时钟频率也高，单片机运行的速度也就快。MCS - 51 在通常应用情况下，使用的振荡频率为 6MHz 或 12MHz。

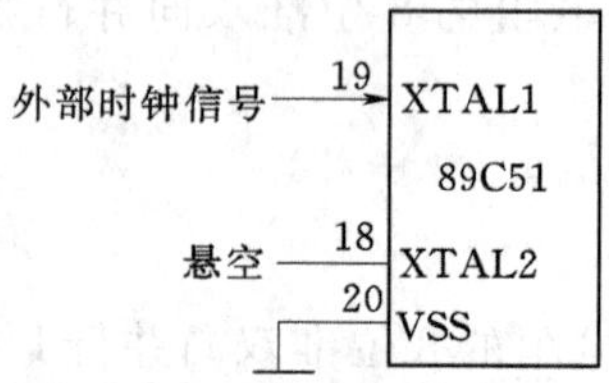

图 2-5 外部时钟源接法

2. 引入外部脉冲信号

在由多个单片机组成的系统中，为了使各单片机之间的时钟信号同步，应当引入唯一的公用外部脉冲信号作为单片机的振荡脉冲。这时，外部的脉冲信号接至 XTAL1 引脚，XTAL2 悬空，如图 2-5 所示。

（二）时序及有关概念

CPU 执行一系列动作都是在统一的时钟脉冲控制下进行的。这个脉冲是由单片机控制器中的时序电路发出的。由于指令的字节数不同，取这些指令所需要的时间也不同，即使字节数相同的指令，由于执行操作有较大差别，所以不同的指令执行时间也不相同，即所需要的节拍数不同。为了便于对 CPU 的时序进行分析，人们按指令的执行过程规定了几种周期，即时钟周期、机器周期和指令周期，这也被称为时序定时单位。

1. 时序

时序是用定时单位来说明的。MCS-51 的时序单位共有四个，从小到大依次是：节拍、状态、机器周期和指令周期，其时序如图 2-6 所示。下面分别加以说明。

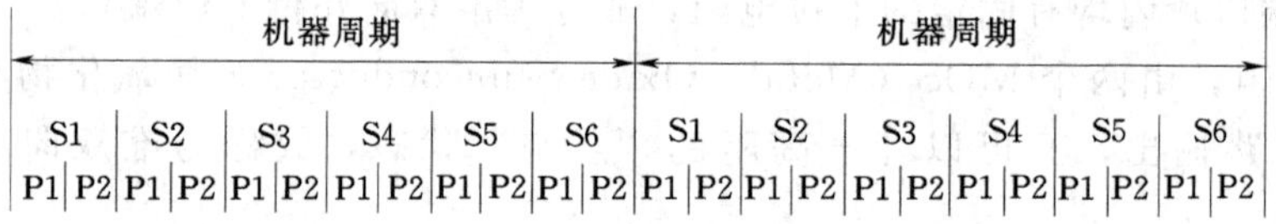

图 2-6 CPU 时序单位

（1）节拍与状态。单片机中把振荡脉冲的周期定义为节拍（Phase，用 P 表示）。振荡脉冲经过二分频后，就是单片机的时钟信号，把时钟信号的周期定义为状态（State，用 S 表示）。这样，一个状态就包含两个节拍，其前半周期对应的节拍叫节拍 1（P1），后半周期对应的节拍叫节拍 2（P2）。

（2）机器周期。MCS-51 采用定时控制方式，因此它有固定的机器周期。规定一个机器周期的宽度为六个状态，并依次表示为 S1～S6。由于一个状态包括两个节拍，因此，一个机器周期总共有十二个节拍，分别记作 S1P1、S1P2、…、S6P2。由于一个机器周期共有十二个振荡脉冲周期，因此机器周期就是振荡脉冲的十二分频。

当振荡脉冲频率为 12MHz 时，一个机器周期为 1μs；当振荡脉冲频率为 6MHz 时，一个机器周期为 2μs。

（3）指令周期。执行一条命令所需要的时间称为指令周期，它是最大的时序定时单位。指令周期一般由若干个机器周期组成，不同的指令所需要的机器周期数也不相同。通常情况，包含一个机器周期的指令称为单周期指令，包含两个机器周期的指令称为双周期指令等。

指令的执行速度与指令所包含的机器周期有关，机器周期数越少的指令，执行的速度越快。MCS-51 单片机通常可以分为单周期指令、双周期指令和四周期指令三种。四周期指令只有乘法和除法两条指令，其余都为单周期和双周期指令。

2. CPU 取指、执指时序

单片机执行任何一条指令时都可以分为取指令阶段和执行指令阶段。89C51 单片机的取指/执行时序如图 2－7 所示。

由图 2－7 可见，ALE 引脚上出现的信号是周期性的，在每个机器周期内出现两次高电平。第一次出现在 S1P2 和 S2P1 期间，第二次出现在 S4P2 和 S5P1 期间。ALE 信号每出现一次，CPU 就进行一次取指操作，但由于不同指令的字节数和机器周期数不同，因此取指令操作也随指令不同而有小的差异。

按照指令字节数和机器周期数，MCS－51 单片机指令可分为六类，分别是：单字节单周期指令、单字节双周期指令、单字节四周期指令、双字节单周期指令、双字节双周期指令、三字节双周期指令，见附录 A MCS－51 指令表。

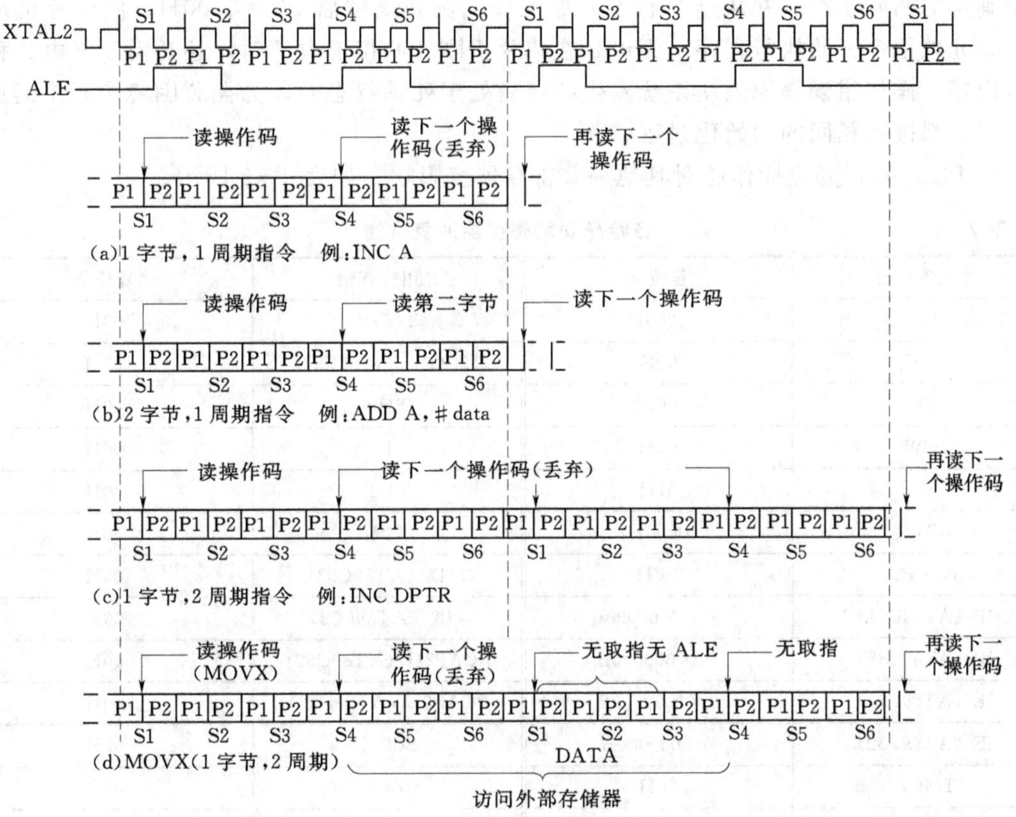

图 2－7　89C51 单片机的取指/执行时序

图 2－7（a）、（b）分别给出了单字节单周期和双字节单周期指令的时序。指令的执行始于 S1P2，这时操作码被锁存到指令寄存器内。若是双字节，则在同一机器周期的 S4 读第二字节。若是单字节指令，则在 S4 仍有读操作，但被读入的字节无效，且程序计数器 PC 并不增量。图 2－7（c）给出了单字节双周期指令的时序，两个机器周期内进行了四次读操作码操作。因为是单字节指令，所以后三次操作都是无效的。

图 2-7（d）给出了访问片外 RAM 指令"MOVX A，@DPTR"的时序，它是一条单字节双周期指令。在第一个机器周期 S5 开始送出片外 RAM 地址后，进行读/写数据。读写期间在 ALE 端不输出有效信号，所以第二机器周期，即外部 RAM 已被寻址和选通后，也不产生取指令操作。

从时序上讲，算术逻辑运算的执指操作一般发生在 P1 期间，内部寄存器对寄存器的传送操作发生在 P2 期间。

四、MCS-51 单片机的工作方式

下面简单介绍 MCS-51 单片机的复位方式和低功耗工作方式。

（一）复位方式

1. 复位操作的主要功能

复位是单片机的初始化操作，其主要功能是使 CPU 和系统中的其他功能部件都处在一个确定的初始状态，并从这个状态开始工作。例如复位后 PC=0000H，使单片机从第一个单元取指令开始执行程序。无论是在单片机刚开始接上电源时，还是由于断电、程序运行出错、操作错误等原因使系统发生故障后处于死锁状态时，为摆脱困境按复位键重新启动后，都进入相同的初始化过程。

除 PC 之外，复位操作还对其他一些寄存器有影响，如表 2-2 所示。

表 2-2　　各特殊功能寄存器的复位值

专用寄存器	复位值	专用寄存器	复位值
PC	0000H	TCON	00H
ACC	00H	T2CON（AT89C52）	00H
B	00H	TH0	00H
PSW	00H	TL0	00H
SP	07H	TH1	00H
DPTR	0000H	TL1	00H
P0～P3	FFH	TH2（AT89C52）	00H
IP（AT89C51）	×××00000B	TL2（AT89C52）	00H
IP（AT89C52）	××000000B	RCAP2H（AT89C52）	00H
IE（AT89C51）	0××00000B	RCAP2L（AT89C52）	00H
IE（AT89C52）	0×000000B	SCON	00H
TMOD	00H	SBUF	不定
T2MOD（AT89C52）	××××××00B	PCON（CHMOS）	0×××0000B

注　×为随机状态。

在 SFR 中，除了端口锁存器的复位值为 FFH，堆栈指针 SP 的值为 07H，串行口的 SBUF 内为不定值外，其余的寄存器全部清零。片内 RAM 的状态不受复位的影响，在系统上电时，RAM 的内容是不定的。

表 2-2 中的符号意义如下：

（1）A=00H：表明累加器已被清零。

（2）PSW=00H：表明选寄存器0组为工作寄存器组。

（3）SP=07H：表明堆栈指针指向片内RAM的07H字节单元，根据堆栈操作的“先加后压”法则，第一个被压入的数据写入08H单元中。

（4）P0～P3=FFH：表明已向各端口线写入“1”，此时，各端口既可用于输入，又可用于输出。

（5）IP=×××00000B：表明各个中断源处于低优先级。

（6）IE=0××00000B：表明各个中断均被关断。

（7）TMOD=00H：表明T0、T1均为工作方式0，且运行于定时器状态。

（8）TCON=00H：表明T0、T1均被关断。

（9）SCON=00H：表明串行口处于工作方式0，允许发送，不允许接收。

（10）PCON=00H：表明SMOD=0，波特率不加倍。

需要指出的是，记住一些特殊功能寄存器复位后的主要状态，对熟悉单片机操作、缩短应用程序中的初始化部分是十分必要的。

2. 复位信号及其产生

RST引脚是复位信号的输入端，复位信号是高电平有效，其有效时间应持续24个振荡周期（即两个机器周期）以上。若使用频率为6MHz的晶振，则复位信号持续时间应超过4μs才能完成复位操作。

产生复位信号的电路逻辑如图2-8所示。

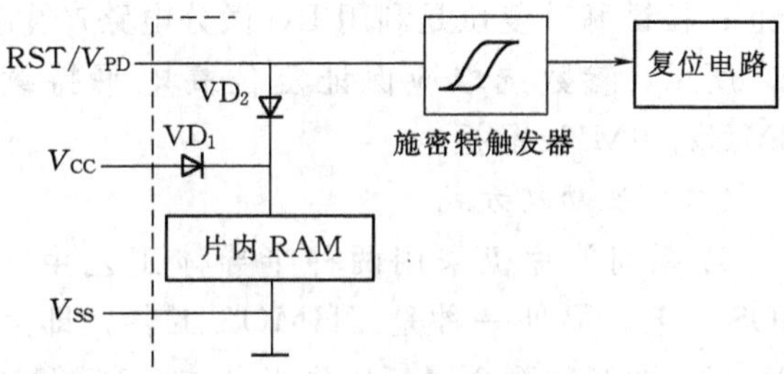

图2-8　复位电路逻辑图

整个复位电路包括芯片内、外两部分。外部电路产生的复位信号（RST）送至施密特触发器，再由片内复位电路在每个机器周期的S5P2时刻对施密特触发器的输出进行采样，然后才得到内部复位操作所需要的信号。

3. 复位电路

复位是单片机的一个很重要的操作方式。但是，MCS-51单片机本身是不能自动进行复位的，必须配合相应的外部电路才能产生复位信号，实现复位操作。复位操作有上电自动复位和按键手动复位两种方式。

（1）上电自动复位。上电自动复位是通过外部复位电路在加电瞬间对电容的充电来实现的，其电路如图2-9（a）所示。在上电瞬间，电容C通过电阻R充电，RST引脚端出现正脉冲，只要RST引脚端保持10ms以上高电平，就可使单片机有效的复位。关于参数的选定，在振荡稳定后应保证复位高电平持续时间（即正脉冲宽度）大于两个机器周期。当采用的晶体频率为6MHz时，可取$C=22\mu F$，$R=1k\Omega$；当采用的晶体频率为12MHz时，可取$C=10\mu F$，$R=8.2k\Omega$。

如果上述电路复位不仅要使单片机复位，而且还要使单片机的一些外围芯片也同时复位，那么上述电阻、电容参考值应作少许调整。

对于CMOS型的89C51，由于在RST端内部有一个下拉电阻，故可将外部电阻去掉，而将外接电容减至1μF。

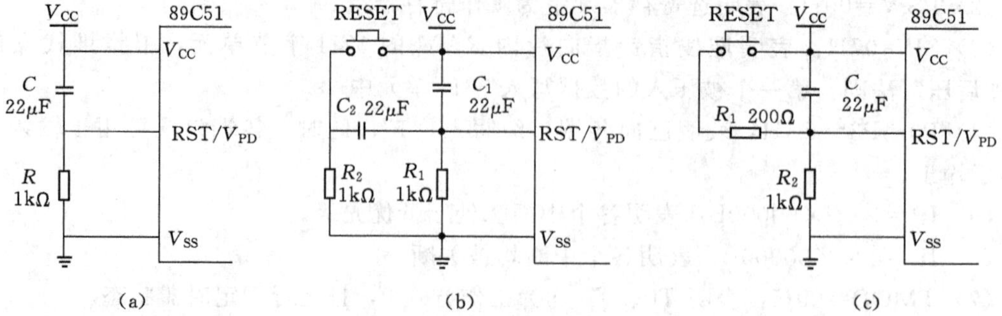

图 2-9　各种复位电路

(2) 手动复位。所谓手动复位，是指通过接通一按钮开关，使单片机进入复位状态。系统上电运行后，若需要复位，一般是通过手动复位来实现的。按键手动复位又分为按键电平复位和按键脉冲复位。按键电平复位相当于按复位键后，复位端通过电阻与V_{CC}电源接通；按键脉冲复位是利用 RC 微分电路产生正脉冲。基本手动复位电路如图 2-9 (b)、(c) 所示，参数选取应保证复位高电平持续时间大于两个机器周期（图中参数适合 12MHz、6MHz 晶振）。

（二）低功耗方式

51 系列单片机采用两种半导体工艺生产。一种是 HMOS 工艺，即高密度短沟道 MOS 工艺；另外一种是 CHMOS 工艺，即互补金属氧化物的 MOS 工艺。CHMOS 是 CMOS（即互补型金属氧化物半导体）和 HMOS 的结合，除保持了 HMOS 高速度和高密度的特点之外，还具有 CMOS 低功耗的特点。例如 8051 的功耗为 630mW，而 80C51 的功耗只有 120 mW。在便携式、手提式或野外作业仪器设备上低功耗是非常有意义的。因此，在这些产品中必须使用 CHMOS 的单片机芯片。

89C51 属于 CHMOS 的单片机，运行时耗电少，而且还提供两种节电工作方式，即空闲（等待、待机）方式和掉电（停机）工作方式，以进一步降低功耗。

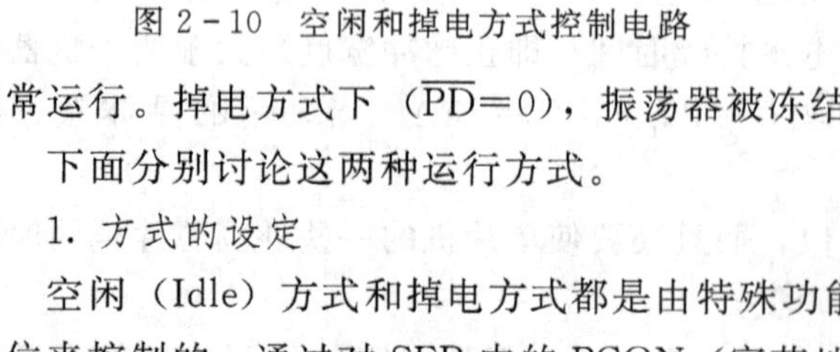

图 2-10　空闲和掉电方式控制电路

图 2-10 所示为实现这两种方式的内部电路。由图 2-10 可见，若$\overline{IDL}=0$，则 89C51 将进入空闲运行方式。在这种方式下，振荡器仍继续运行，但$\overline{IDL}$封锁了去 CPU 的“与”门，故 CPU 此时得不到时钟信号。而中断、串行口和定时器等环节却仍在时钟控制下正常运行。掉电方式下（$\overline{PD}=0$），振荡器被冻结。

下面分别讨论这两种运行方式。

1. 方式的设定

空闲（Idle）方式和掉电方式都是由特殊功能寄存器 PCON（电源控制寄存器）的有关位来控制的，通过对 SFR 中的 PCON（字节地址为 87H）相应位置“1”而启动相应节电工作方式。

图 2－11 所示为 89C51 电源控制寄存器 PCON 各位的分布情况。HMOS 型器件的 PCON 只包括一个 SMOD 位，其他四位是 CHMOS 型器件独有的。用户不能使用其中的三个保留位，因为硬件没有做出安排，在以后的 MCS－51 新产品中可能会代表某特定的功能。图 2－11 中各符号的名称和功能如下。

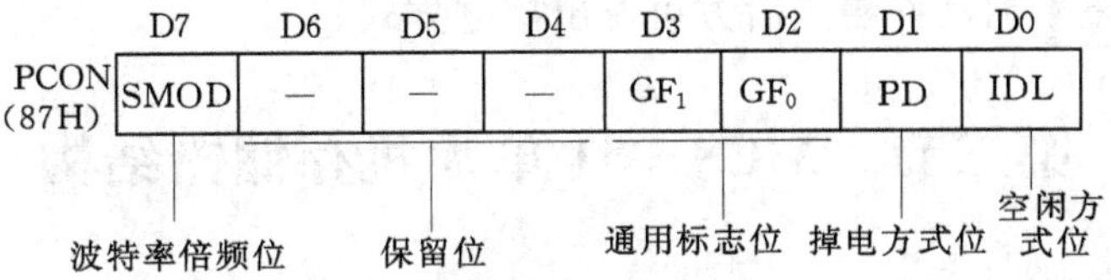

图 2－11　电源控制寄存器 PCON

（1）SMOD：波特率倍频位。若此位为“1”，则串行口方式 1、方式 2 和方式 3 的波特率加倍。

（2）GF_1 和 GF_0：通用标志位。

（3）PD：掉电方式位。此位写“1”即启动掉电方式。由图 2－10 可见，此时时钟被冻结。

（4）IDL：空闲方式位。此位写“1”即启动空闲方式。这时 CPU 因无时钟控制而停止运行。如果同时向 PD 和 IDL 两位写“1”，则 PD 优先。

2. 空闲（等待、待机）工作方式

如果用指令使 CPU 执行指令后使 PCON 寄存器 IDL 位置“1”（PCON.1＝1），则系统进入空闲工作方式。这时，振荡器仍然运行，并向中断逻辑、串行口和定时/计数器电路提供时钟，但向 CPU 提供时钟的电路被阻断，因此 CPU 不能工作，与 CPU 有关的如堆栈指针 SP、程序计数器 PC、程序状态字 PSW、累加器 ACC 以及全部通用寄存器也都被保持在原状态，端口状态也保持不变。ALE 和 $\overline{PSEN}$ 保持逻辑高电平。

进入空闲方式后，有两种方法可以使系统退出空闲方式。一种是采用中断的方法。在空闲方式下，响应任何中断请求都可以由硬件将 PCON.0（IDL）清零而中止空闲工作方式。当执行完中断服务程序返回到主程序时，在主程序中，下一条要执行的指令就是使 IDL 置位指令后面的那条指令。PCON 中的通用标志位 GF_1 和 GF_0 可以用来指明中断是在正常操作期间，还是在空闲方式期间发生的。进入空闲方式时，除用指令使 IDL＝1 外，还可先用指令使 GF_1 和 GF_0 置 1。当由于中断而退出空闲方式时，在中断服务程序中可以通过检查这些标志位，表明是从空闲方式进入中断的。

另一种退出空闲方式的方法是硬件复位。由于在空闲工作方式下振荡器仍然工作，因此硬件复位仅需两个机器周期便可完成。而 RST 端的复位信号直接将 PCON.0（IDL）清零，从而退出空闲状态，单片机进入复位状态。

3. 掉电（停机）工作方式

当 CPU 执行一条置 PCON.1 位（PD）为“1”的指令后，系统进入掉电工作方式。在这种工作方式下，内部振荡器停止工作。由于没有振荡时钟，因此，所有的功能部件都停止工作。但片内 RAM 区和特殊功能寄存器的内容被保留，而端口的输出状态值都保存在对应的 SFR 中，ALE 和 $\overline{PSEN}$ 都为低电平。

退出掉电方式的唯一方法是由硬件复位，复位后将所有特殊功能寄存器的内容初始化，但不改变片内 RAM 区的数据。

在掉电工作方式下，Vcc 可以降到 2V，但在进入掉电方式之前，Vcc 不能降低。而在准备退出掉电方式之前，Vcc 必须恢复正常的工作电压值，并维持一段时间（约 10ms），使振荡器重新启动并稳定后方可退出掉电方式。

第二节 MCS－51 单片机存储器结构

存储器是单片机的主要组成部分，用于存放程序和数据。这些程序和数据在存储器中是以二进制代码表示的。MCS－51 系列单片机的存储器配置结构与一般微型计算机很不相同。一般微机通常只有一个存储空间，ROM 和 RAM 可以随意安排在同一个地址范围内的不同空间，即 ROM 和 RAM 的地址在同一个队列里而分配不同的地址空间。CPU 访问存储器时，一个地址对应唯一的存储器单元，可以是 ROM，也可以是 RAM，且使用同类访问指令。此种存储器结构称为普林斯顿结构。

89C51 单片机的存储器在物理结构上分为程序存储器空间和数据存储器空间，共有四个物理上相互独立的存储空间：片内程序存储器和片外程序存储器空间以及片内数据存储器和片外数据存储器空间，这种程序存储器和数据存储器分开的结构形式，称为哈佛结构。但从用户使用的角度来看，89C51 单片机存储器地址空间可以分为以下三类：

（1）片内、片外统一编址 0000H～FFFFH 的 64KB 程序存储器地址空间（16 位地址，包括片内 ROM 和片外 ROM）。

（2）64KB 片外数据存储器地址空间，16 位地址，地址范围 0000H～FFFFH。

（3）256 字节片内数据存储器地址空间（8 位地址，包括 128 字节的片内 RAM 和特殊功能寄存器的地址空间）。

89C51 单片机存储器空间配置如图 2－12 所示。

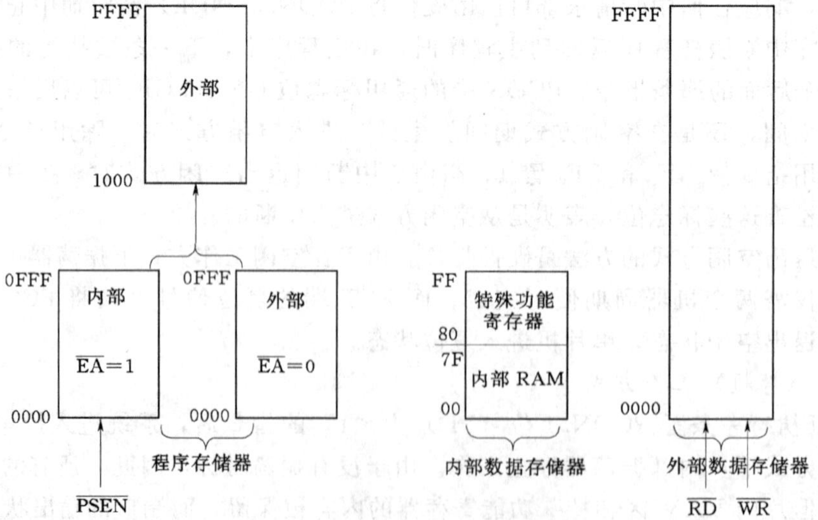

图 2－12 89C51 存储器配置

显然，上述三个存储空间地址是重叠的，那么如何区别这三个不同的逻辑空间呢？89C51 单片机的指令系统设计了不同形式的传送指令来访问这三个不同的逻辑空间：CPU 访问片内、片外 ROM 用 MOVC 指令，访问片外 RAM 用 MOVX 指令，访问片内 RAM 用 MOV 指令。

图 2－12 中示出的引脚信号$\overline{PSEN}$若有效，即能读出片外 ROM 中的指令。引脚信号$\overline{RD}$和$\overline{WR}$有效时可读/写片外 RAM 或 I/O 接口。

一、程序存储器

MCS－51 单片机的程序存储器用于存放编好的程序和表格常数。片外最多能扩展 64KB 的程序存储器，片内外的程序存储器是统一编址的。程序存储器通过 16 位程序计数器 PC 寻址，寻址能力为 64 KB，这使得指令能在 64 KB 的程序存储器地址空间内任意跳转。当$\overline{EA}$端保持高电平时，若程序计数器 PC 的内容在片内 ROM 的地址空间内，单片机则执行片内 ROM 中的程序，若 PC 的内容超出片内 ROM 的地址空间时，单片机则自动转向执行片外 ROM 中的程序；当$\overline{EA}$端保持低电平时，则只能寻址片外 ROM，片外 ROM 同样是从 0000H 开始编址。

以 89C51 为例，其片内 Flash ROM 的容量为 4KB，地址空间为 0000H～0FFFH；如果需要外部扩展 ROM，地址从 1000 H 开始，片内外总容量最多为 64KB。

当引脚$\overline{EA}$接高电平时，89C51 的 PC 在 0000H～0FFFH 地址范围内时，则执行片内 Flash ROM 中的程序；当指令地址超过 0FFFH 后，就自动转向片外 ROM 中去取指令。

当引脚$\overline{EA}$接低电平（接地）时，89C51 片内 ROM 不起作用，CPU 只能从片外 Flash ROM 中取指令，此时，片外地址从 0000H 开始编址。这种接法特别适用于片内不带 ROM 的单片机。例如，使用片内没有程序存储器的 8031 时必须使$\overline{EA}$＝0，以便能够从片外扩展的 EPROM 或 Flash ROM 中读取指令。

89C51 从片内程序存储器和片外程序存储器取指令时，执行速度相同。

程序存储器低地址的 40 多个单元是留给系统使用的，见表 2－3。

表 2－3　　保留的存储单元

存储单元	保留目的
0000H～0002I	复位后初始化引导程序地址
0003H～000AH	外部中断 0
000BH～0012H	定时器 0 溢出中断
0013H～001AH	外部中断 1
001BH～0022H	定时器 1 溢出中断
0023H～002AH	串行端口中断
002BH	定时器 2 中断（89C52 才有）

其中 0000H～0002H 是复位后引导程序的存放单元。因为系统复位后，程序计数器（PC）＝0000H，所以单片机总是从 0000H 单元开始取指令执行程序。如果程序不是从 0000H 单元开始，应该在这 3 个单元中存放一条无条件转移指令，以便程序被引导到转移指令指定的 ROM 空间，去执行指定的程序。

还有一组特殊单元是 0003H～002AH，共 40 个单元。这 40 个单元被均匀地分为五段，每段 8 个字节，作为五个中断源的中断地址区。各中断源的中断矢量地址如表 2-4 所列，其中：

0003H～000AH 外部中断 0 中断地址区。

000BH～0012H 定时/计数器 0 溢出中断地址区。

0013H～001AH 外部中断 1 中断地址区。

001BH～0022H 定时/计数器 1 溢出中断地址区。

0023H～002AH 串行口中断地址区。

表 2-4　　中断矢量地址表

中断源	中断服务程序入口地址
外部中断 0（$\overline{INT0}$）	0003H
定时器/计数器 0 溢出	000BH
外部中断 1（$\overline{INT1}$）	0013H
定时器/计数器 1 溢出	001BH
串行口	0023H

CPU 响应中断后，按中断种类自动转到各中断区的首地址去执行程序，因此在中断地址区中理应存放中断服务程序。但是通常情况下，8 个单元难以存放下一个完整的中断服务程序，因此通常也是在中断地址区首地址开始设置一条无条件转移指令，以便响应中断后，通过中断地址区再转到中断服务程序的实际入口地址。

例如，当外部中断引脚$\overline{INT0}$（P3.2）有效时，即引起中断申请，CPU 响应中断后自动将其中断服务程序入口地址 0003 H 装入 PC，程序就自动转向 0003 H 单元开始执行。如果事先在 0003H～000AH 存有引导（转移）指令，程序就被引导（转移）到指定的中断服务程序空间去执行。这里，0003 H 也称为中断矢量地址。

当 89C51 片内 4KB Flash ROM 容量不够时，可选择 8KB、16KB、32KB 的 89C52、89C54、89C58 等单片机。应尽量避免外扩程序存储器芯片而增加硬件的负担。

上述特殊单元除可以作为中断入口外，也可以作为一般的程序存储器使用。

二、数据存储器

单片机的数据存储器主要用于存放经常要修改的中间运算结果、数据暂存和缓冲、标志位等，通常是由随机存取存储器 RAM 组成。数据存储器空间也分成片内和片外两个部分，即片内 RAM 和片外 RAM。片内数据存储器与片外数据存储器不论在逻辑上还是在物理上都是分开的，它们是通过不同的寻址方式来区分的。

89C51 片外数据存储器空间为 64KB，地址为 0000H～FFFFH；片内数据存储器空间为 256 字节，地址为 00H～FFH。

（一）片外 RAM

89C51 单片机的外部数据存储器最多可以扩展至 64KB。如图 2-12 所示，89C51 片外数据存储器与片内数据存储器空间的低地址部分（00H～FFH）是重叠的，MCS-51 单片机采用不同的指令助记符来区分片内、片外 RAM 两个地址空间。如 89C51 有 MOV

和 MOVX 两种指令，用以区分片内、片外 RAM 空间。片内 RAM 使用 MOV 指令，片外 64KB RAM 空间专门为 MOVX 指令（使引脚$\overline{RD}$或$\overline{WR}$信号有效）所用。

MCS－51 单片机片内 RAM 容量有限，如 89C51 单片机片内 RAM 只有 256 字节。若需要扩展片外 RAM，则可外接 2 KB/8 KB/32 KB 静态 RAM 芯片 6116/6264/62256。

（二）片内 RAM

89C51 片内数据存储器共有 256 个单元，其地址为 8 位，寻址范围为 00H～FFH。通常把这 256 个单元按其功能划分为两个部分，即低 128 个单元（字节地址范围为 00H～7FH）和高 128 个单元（字节地址范围为 80H～FFH）。其中低 128 个单元能作为数据存储器供用户使用，而高 128 个单元则被特殊功能寄存器 SFR 占用，如图 2－13 所示。

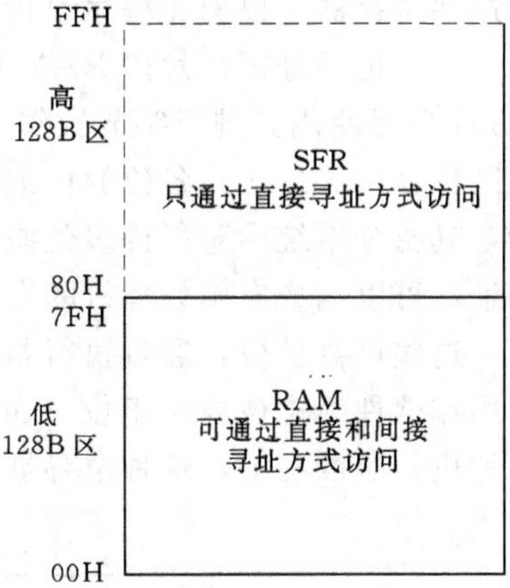

图 2－13　片内数据存储器的配置

1. 低 128 字节 RAM

按其用途可以划分为三个区域，如图 2－14 所示。其中 00H～1FH 地址空间为通用工作寄存器区，20H～2FH 地址空间为位寻址区，30H～7FH 地址空间为用户 RAM 区。

30H～7FH	用户 RAM 区（数据缓冲区）
20H～2FH	位寻址区（00H～7FH）
18H～1FH	工作寄存器区 3 区（R7～R0）
10H～17H	工作寄存器区 2 区（R7～R0）
08H～0FH	工作寄存器区 1 区（R7～R0）
00H～07H	工作寄存器区 0 区（R7～R0）

图 2－14　低 128 字节 RAM 区

（1）通用工作寄存器区。89C51 的 32 个工作寄存器，安排在四组工作寄存器区内，每组有 8 个工作寄存器，每个工作寄存器都为 8 位，每组的 8 个工作寄存器都以 R0～R7 作为工作寄存器的编号。由于未预先规定它们的功能及使用，因此称为通用寄存器，有时也叫工作寄存器。四组通用工作寄存器占据片内 RAM 的 00H～1FH 地址，见表 2－5。

表 2－5　　工作寄存器地址表

30H～7FH	用户 RAM 区（数据缓冲区）	10H～17H	工作寄存器区 2 区（R7～R0）
20H～2FH	位寻址区（00H～7FH）	08H～0FH	工作寄存器区 1 区（R7～R0）
18H～1FH	工作寄存器区 3 区（R7～R0）	00H～07H	工作寄存器区 0 区（R7～R0）

在任一时刻，CPU 只能使用四组寄存器中的一组寄存器，并且把正在使用的那组寄存器称之为当前寄存器组，其余的三组寄存器可用作一般 RAM 单元。至于到底是使用哪一组寄存器，由程序状态字寄存器 PSW 中的 RS1、RS0 的状态组合决定。CPU 复位后，选中第 0 组工作寄存器为当前的工作寄存器组。

通用寄存器为 CPU 提供了就近存储数据的便利，有利于提高单片机的运算速度。此外，使用通用寄存器还能提高程序编制的灵活性，因此在单片机的应用编程中应充分地利用这些寄存器，以简化程序设计，提高程序运行速度。

（2）位寻址区。片内 RAM 的 20H～2FH 共有 16 个 RAM 单元，既可以作为一般的 RAM 单元使用，进行字节操作，也可以对单元中每一位共计 128 位进行位操作，因此把该区称为位寻址区，各位的位地址为 00H～7FH。MCS－51 单片机具有布尔处理机的功能，其指令系统中包括许多位操作指令，这些位操作指令可直接对这 128 位寻址，这个位寻址区可以构成布尔处理机的存储空间。表 2－6 为位寻址区的位地址表。

这些可寻址位，通过执行指令可直接对某一位操作，如置 1、清 0 或判 1、判 0 等，可用作软件标志位或用于位（布尔）处理。这是一般微机和早期的单片机（如 MCS－48 单片机）所没有的，这种位寻址能力是 MCS－51 单片机的一个重要特点。

表 2－6　片内 RAM 位寻址区的位地址表

单元地址	位地址							
	MSB							LSB
2FH	7F	7E	7D	7C	7B	7A	79	78
2EH	77	76	75	74	73	72	71	70
2DH	6F	6E	6D	6C	6B	6A	69	68
2CH	67	66	65	64	63	62	61	60
2BH	5F	5E	5D	5C	5B	5A	59	58
2AH	57	56	55	54	53	52	51	50
29H	4F	4E	4D	4C	4B	4A	49	48
28H	47	46	45	44	43	42	41	40
27H	3F	3E	3D	3C	3B	3A	39	38
26H	37	36	35	34	33	32	31	30
25H	2F	2E	2D	2C	2B	2A	29	28
24H	27	26	25	24	23	22	21	20
23H	1F	1E	1D	1C	1B	1A	19	18
22H	17	16	15	14	13	12	11	10
21H	0F	0E	0D	0C	0B	0A	09	08
20H	07	06	05	04	03	02	01	00

（3）用户 RAM 区。在片内 RAM 的低 128 字节单元中，通用寄存器占去了 32 个字节单元，位寻址区占去了 16 个字节单元，剩下的 80 个字节单元，是供用户使用的一般 RAM 区，其字节地址为 30H～7FH。

对用户 RAM 区的使用没有任何规定和限制。在实际使用中，常把堆栈设置在 RAM 区。在编程中应特别注意，RAM 单元不要和堆栈区单元冲突。

低 128 字节 RAM 的字节地址范围为 00H～7FH，其中的位寻址区的位地址也为 00H～7FH，89C51 单片机采用不同的寻址方式来加以区分，即访问 128 个位地址的位寻址区用位寻址方式，访问低 128 字节单元用直接或间接寻址。这样就可区分开 00H～7FH 是位地址还是字节地址。

2. 高 128 字节 RAM

89C51 单片机片内数据存储器高 128 字节单元是提供给特殊功能寄存器 SFR 使用的，

其字节地址为80H～FFH。特殊功能寄存器的总数为21个，其地址分散分布在80H～FFH的地址空间中，只占用了高128字节单元中的很小一部分。

(1) 特殊功能寄存器(SFR)。特殊功能寄存器SFR主要用于管理片内各功能部件，是一类特殊的寄存器。MCS-51单片机对特殊功能寄存器采取与片内RAM统一编址的方法进行管理，可以直接寻址，其中有些寄存器还可以进行位寻址。89C51共有21个特殊功能寄存器，现把其中部分寄存器简单介绍如下：

1) 累加器ACC。累加器ACC为8位寄存器，是最常用的特殊功能寄存器，功能较多，地位重要。它既可用于存放操作数，也可用来存放运算的中间结果。89C51单片机中大部分单操作数指令的操作数就取自累加器，许多双操作数指令中的一个操作数也取自累加器。加、减、乘、除运算指令的运算结果都存放在累加器ACC或A、B寄存器对中。在指令系统中常用A作为累加器ACC的助记符。

2) B寄存器。B寄存器也是一个8位寄存器，主要用于乘、除运算。乘法运算时，B存放乘数，乘法操作后，乘积的高8位存于B中；除法运算时，B存放除数，除法操作后，余数存于B中。此外，在其他指令中，B寄存器也可以作为一般通用寄存器或一个RAM单元使用。

3) 程序状态字PSW。程序状态字PSW是一个8位寄存器，用于存放程序运行中的各种状态信息，供程序查询或判别之用。其中有些位的状态是根据程序执行结果由硬件自动设置的，而有些位的状态则使用软件方法设定。PSW的位状态可以用专门指令进行测试，也可以用指令读出。一些条件转移指令将根据PSW某些位的状态进行程序转移。PSW各位的定义及其格式如表2-7所示。

表2-7　　PSW程序状态字

单元地址	位地址							
	MSB							LSB
2FH	7F	7E	7D	7C	7B	7A	79	78
2EH	77	76	75	74	73	72	71	70
2DH	6F	6E	6D	6C	6B	6A	69	68

PSW除了有确定的字节地址(D0H)外，每一位均有位地址，见表2-7。除PSW.1位保留未用外，其余各位的定义及使用如下。

a. CY(PSW.7)：进位/借位标志位(Carry)。CY是PSW中最常用的标志位。其功能有：一是存放算术运算的进位(或借位)标志，在执行加法(或减法)运算指令时，如果运算结果的最高位有进位(或借位)时，CY由硬件置“1”，如果运算结果的最高位无进位(或借位)时，则CY由硬件清“0”；二是在位操作中作位累加器使用。位传送、位与、位或等位操作中，进位标志位是固定的操作位之一。在指令中用C代替CY。

b. AC(PSW.6)：半进位标志位，也称辅助进位标志位(Auxiliary Carry)。在执行加法(或减法)操作时，如果运算结果(和或差)的低半字节(位3)向高半字节(位4)有半进位(或半借位)时，则AC位将被硬件自动置“1”，否则AC位被自动清“0”。在BCD码调整中也要用到AC位状态。

c. F0(PSW.5)：用户标志位(Flag)。这是一个供用户定义的标志位，用户可以根据自己的需要对 F0 位赋予一定的含义。用户需要利用软件方法置位或复位，以作为软件标志，用于控制程序的转向。

d. RS1 和 RS0（PSW. 4、PSW. 3）：工作寄存器组选择位。用它们来选择 CPU 当前使用的工作寄存器组。工作寄存器共有四组，其对应关系如表 2-8 所示。

表 2-8 工作寄存器组的选择

RS1	RS0	寄存器组	片内 RAM 地址
0	0	第 0 组	00H～07H
0	1	第 1 组	08H～0FH
1	0	第 2 组	10H～17H
1	1	第 3 组	18H～1FH

这两个选择位的状态是由软件设置的，被选中的寄存器组即为当前工作寄存器组。单片机上电复位后，RS1＝RS0＝0，CPU 自动选择第 0 组为当前工作寄存器组。

用户根据需要可以利用传送指令对 PSW 整个字节操作或用位操作指令改变 RS1 和 RS0 的状态，以切换当前工作寄存器组。这样的设置为程序中保护现场提供了方便。

e. OV（PSW. 2）：溢出标志位（Over flow）。当进行带符号数的补码加/减运算或无符号数乘/除运算时，由硬件根据运算结果自动置“1”或复位。

在带符号数加/减运算中，OV＝1 表示加/减运算超出了累加器 A 所能表示的带符号数的有效范围（－128～＋127），即产生了溢出，因此运算结果是错误的；否则，OV＝0 表示运算正确，即无溢出产生。

在乘法运算中，OV＝1，表示乘积超过 255，即乘积分别在 B 与 A 中；否则，OV＝0，表示乘积只在 A 中。

在除法运算中，OV＝1，表示除数为 0，结果无效；否则，OV＝0，结果有效。

f. PSW. 1：保留位。89C51 未用，89C52 为 F1 用户标志位。

g. P（PSW. 0）：奇偶校验标志位（Parity）。执行完每条指令后，该位始终跟踪指示累加器 A 中“1”的个数。如果 A 中有奇数个“1”，则 P 置“1”，否则置“0”。凡是改变累加器 A 中内容的指令均会影响 P 标志位。

此标志位对串行通信中的数据传输有重要的意义。在串行通信中常采用奇偶校验的办法来校验数据传输的可靠性。

4）数据指针 DPTR（Data Pointer）。数据指针 DPTR 为 16 位寄存器，它是 MCS-51 单片机中唯一的一个 16 位寄存器。编程时，DPTR 既可以作为 16 位寄存器使用，也可以作为独立的两个 8 位寄存器分开使用，即 DPH：DPTR 高 8 位字节；DPL：DPTR 低 8 位字节。

DPTR 主要用于存放 16 位地址，通常在访问外部数据存储器时作间接寻址的地址指针使用。由于外部数据存储器的寻址范围为 64KB，故把 DPTR 设计为 16 位。

5）堆栈指针 SP（Stack Pointer）。堆栈指针 SP 是一个 8 位的特殊功能寄存器，它的内容指示出堆栈顶部在片内数据存储器中的位置。对于 89C51 来讲，堆栈指针 SP 的内容可指向片内 00H～7FH RAM 的任何单元。系统复位后，堆栈指针 SP 初始化为 07H。

以下简述堆栈（Stack）的概念。

堆栈在计算机科学中，是一种特殊的链表形式的数据结构，所谓堆栈就是只允许在其一端（称为栈顶，英文为 top）进行数据插入和数据删除操作的线性表。堆栈的最大特点是“后进先出 LIFO（Last In First Out）”或“先进后出 FILO（First In Last Out）”，先入栈的数据由于放在堆栈的底部，因而后出栈；而后入栈的数据存放在堆栈的顶部，因此先出栈。这和往弹仓压入子弹和从弹仓中弹出子弹的情形非常类似。这种数据结构方式对于处理中断、调用子程序都非常方便。

堆栈共有两种操作：一种叫数据入栈（PUSH）；另一种叫数据出栈（POP）。在图 2－15 中，假如有 8 个 RAM 单元，每个单元都在其左面编有地址，堆栈由堆栈指针 SP 自动管理。每次进行压入或弹出操作以后，堆栈指针便自动调整以保持指示堆栈顶部的位置。

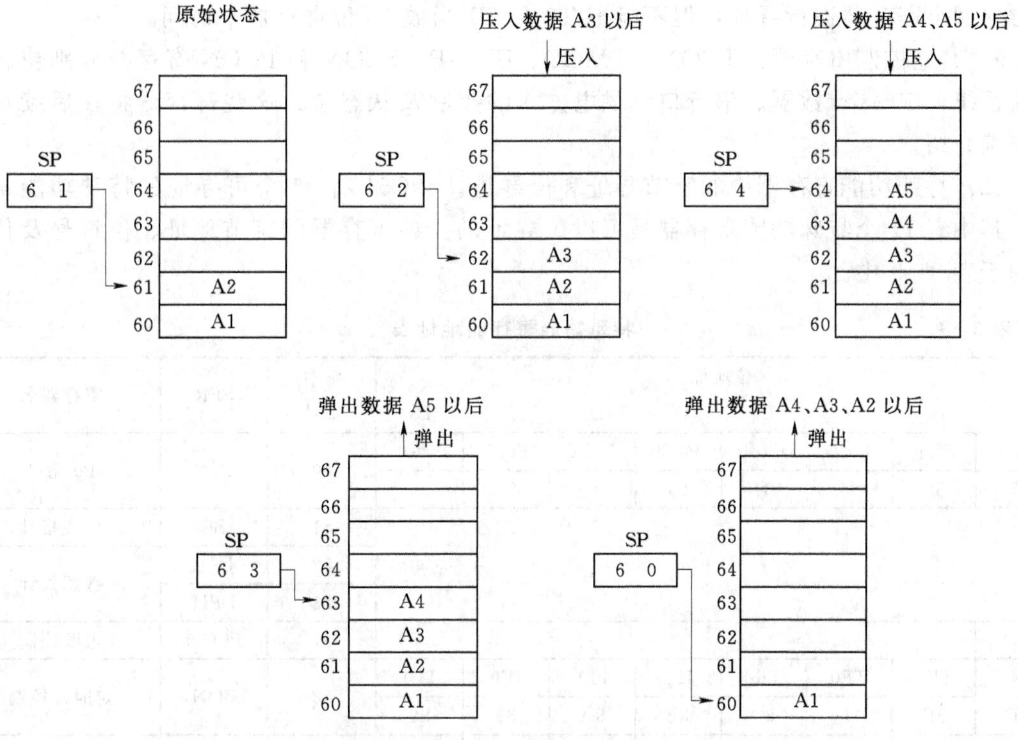

图 2－15　堆栈的压入与弹出

在使用堆栈之前要先给 SP 赋值，以规定堆栈的起始位置，称为栈底。当一个数据入栈后，SP 自动加 1，以指出当前栈顶位置；反之，当一个数据出栈后，SP 自动减 1，以指出当前栈顶位置。89C51 的这种堆栈结构属于向上生长型的堆栈（另一种堆栈属于向下生长型）。

由于 89C51 单片机的堆栈设在片内 RAM 中，系统复位后，SP 的内容为 07H，因此复位后堆栈实际上是从 08H 单元开始的。由于 08H～1FH 单元分别属于工作寄存器 1～3 区，如果程序要用到这些区，就应该先修改 SP 值，在片内 RAM 的 30H～7FH 单元中另外开辟堆栈。SP 的内容一经确定，堆栈的位置即可确定。

6）I/O 端口 P0～P3。P0～P3 为四个 8 位特殊功能寄存器，分别是四个并行 I/O 端口的锁存器。它们都有字节地址，每一个口锁存器还有位地址，所以，每一条 I/O 线均可独立用作输入或输出。用作输出时，可以锁存数据；用作输入时，数据可以缓冲。

在 MCS-51 单片机中，I/O 和 RAM 统一编址，既可以字节寻址，也可以位寻址，使用起来较方便。有关 P0～P3 的详细情况，在本章第三节中详细介绍。

7）串行数据缓冲器 SBUF。串行数据缓冲器 SBUF 用于存放要发送或已接收的数据。它实际上是由两个独立的寄存器组成，一个是发送缓冲器；另一个是接收缓冲器。当要发送的数据传送到 SBUF 时，进入的是发送缓冲器；当要从 SBUF 取数据时，则取自接收缓冲器，取走的是刚接收到的数据。

8）定时/计数器。89C51 中有两个 16 位定时/计数器 T0 和 T1。它们分别由两个独立的 8 位寄存器组成，共有四个独立的寄存器：TH0、TL0、TH1、TL1。在使用过程中可以对这四个寄存器进行寻址，但不能把 T0 和 T1 当成 16 位寄存器来访问。

9）其他控制寄存器。TCON、TMOD、IE、IP、SCON 和 PCON 寄存器分别包含有中断系统、定时/计数器、串行口和供电方式的控制及状态位，这些寄存器将在后续章节中陆续介绍。

（2）特殊功能寄存器中的字节寻址和位寻址。89C51 有 21 个可寻址的特殊功能寄存器，其中有 11 个特殊功能寄存器是可以位寻址的。各寄存器的字节地址、位符号及位地址列于表 2-9 中。

表 2-9　　特殊功能寄存器地址表

位地址								字节地址	SFR	寄存器名
D_7	D_6	D_5	D_4	D_3	D_2	D_1	D_0			
P0.7	P0.6	P0.5	P0.4	P0.3	P0.2	P0.1	P0.0	80	P0*	P0 端口
87	86	85	84	83	82	81	80			
								81	SP	堆栈指针
								82	DPL	数据指针
								83	DPH	
SMOD								87	PCON	电源控制
TF1	TR1	TF0	TR0	IE1	IT1	IE0	IT0	88	TCON*	定时器控制
8F	8E	8D	8C	8B	8A	89	88			
GATE	C/T	M1	M0	GATE	C/T	M1	M0	89	TMOD	定时器模式
								8A	TL0	T0 低字节
								8B	TL1	T1 低字节
								8C	TH0	T0 高字节
								8D	TH1	T1 高字节
P1.7	P1.6	P1.5	P1.4	P1.3	P1.2	P1.1	P1.0	90	P1*	P1 端口
97	96	95	94	93	92	91	90			
SM0	SM1	SM2	REN	TB8	RB8	TI	RI	98	SCON*	串行口控制
9F	9E	9D	9C	9B	9A	99	98			
								99	SBUF	串行口数据

续表

位地址								字节地址	SFR	寄存器名
D_7	D_6	D_5	D_4	D_3	D_2	D_1	D_0			
P2.7	P2.6	P2.5	P2.4	P2.3	P2.2	P2.1	P2.0	A0	P2*	P2 端口
A7	A6	A5	A4	A3	A2	A1	A0			
EA			ES	ET1	EX1	ET0	EX0	A8	IE*	中断允许
AF	—	—	AC	AB	AA	A9	A8			
P3.7	P3.6	P3.5	P3.4	P3.3	P3.2	P3.1	P3.0	B0	P3*	P3 端口
B7	B6	B5	B4	B3	B2	B1	B0			
			PS	PT1	PX1	PT0	PX0	B8	IP*	中断优先级
—	—	—	BC	BB	BA	B9	B8			
CY	AC	F0	RS1	RS0	OV	—	P	D0	PSW*	程序状态字
D7	D6	D5	D4	D3	D2	D1	D0			
								E0	A*	A 累加器
E7	E6	E5	E4	E3	E2	E1	E0			
								F0	B*	B 寄存器
F7	F6	F5	F4	F3	F2	F1	F0			

* SFR 既可按位寻址，也可直接按字节寻址。

对特殊功能寄存器的字节寻址问题作如下几点说明：

1）21 个可字节寻址的特殊功能寄存器是不连续地分散在片内 RAM 高 128 字节单元之中，尽管还余有许多空闲地址，但用户并不能使用。

2）对于只能使用直接寻址方式的特殊功能寄存器，书写时既可以使用它们的符号名（如：指令“MOV A，P1”中的 P1），也可以使用它们的字节地址（如：指令“MOV A，90H”中的 90H）。

特殊功能寄存器中全部可位寻址的位共有 83 位，这些位都具有专门的定义和用途。这样，加上位寻址的 128 位，在 89C51 单片机的片内 RAM 中共有 128＋83＝211 个可寻址位。

除了上述 21 个特殊功能寄存器 SFR 以外，还有一个 16 位的 PC（Program Counter），称为程序计数器。PC 没有地址，不占据 RAM 字节单元，在物理上是独立的，因此是不可寻址的寄存器。用户无法对它直接进行读写操作，但可以通过转移、调用、返回等指令改变其内容，以实现程序的转移。PC 的作用是控制程序的执行顺序，其内容为下一条要执行指令的地址，寻址范围达 64KB。PC 有自动加 1 的功能，从而可以实现程序的顺序执行。因其地址不在特殊功能寄存器 SFR 之内，一般不计作特殊功能寄存器。

第三节　MCS－51 单片机输入/输出端口

89C51 单片机共有四个 8 位的并行 I/O 端口，分别记作 P0、P1、P2、P3，共有 32 条 I/O 口线。每一条 I/O 口线都能独立地用作输入或输出口，具有字节寻址和位寻址功能。这四个端口是单片机与外部设备进行信息（数据、地址、控制信号）交换的输入或输出通道。每个端口都包含一个锁存器（即特殊功能寄存器P0～P3）、一个输出驱动器和一个输入缓冲器。作输出时，数据可以锁存；作输入时，数据可以缓冲。但这四个端口的功能不完全相同，其内部结构也略有不同。

89C51单片机的四个I/O端口都是8位准双向口，它们的电路设计非常巧妙，这些端口在结构和特性上是基本相同的，但又各具特点。

一、P0口

P0口的口线逻辑电路如图2-16所示。

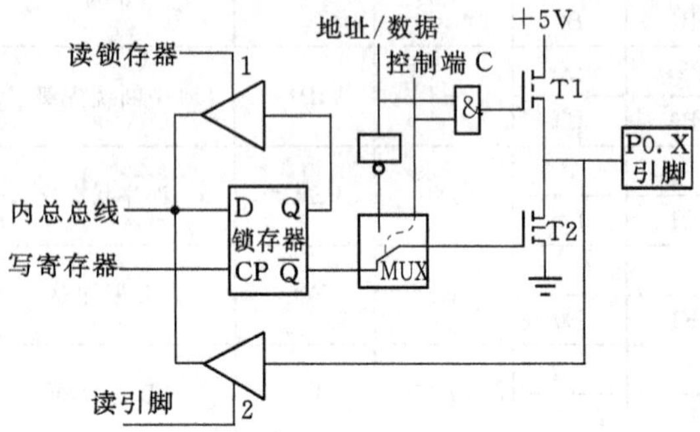

图2-16 P0口某位逻辑结构

电路中包含一个数据输出锁存器、两个三态数据输入缓冲器、一个数据输出的驱动电路和一个输出控制电路。输出驱动电路由上拉场效应管（FET）T1和驱动场效应管T2组成，其工作状态受控制电路“与”门、反相器和转换开关MUX控制。当对P0口进行写操作时，由锁存器和驱动电路构成数据输出通路。由于通路中已有输出锁存器，因此数据输出时可以与外设直接连接，而不需要再加数据锁存电路。

考虑到P0口既可以作为通用的一般I/O口进行数据输入/输出，也可以作为单片机系统的地址/数据线使用，为此在P0口的电路中有一个转换开关MUX。在CPU控制端C的作用下，转换开关MUX可以分别接通锁存器输出$\overline{Q}$端或反相器的地址/数据线。

（一）P0口作为一般I/O口使用

当89C51单片机组成的系统没有外扩存储器，CPU对片内存储器和I/O口读/写（执行MOV指令或$\overline{EA}$=1时执行MOVC指令）时，硬件电路自动使控制线C=0，封锁“与”门，使T1管截止。开关MUX处于拨向$\overline{Q}$输出端位置，它把输出级T2与锁存器的$\overline{Q}$端接通。同时，因场效应管T1处于截止状态，输出级漏极开路，所以，应外接上拉电阻，才能有高电平输出。

1. P0口用作输出口

当CPU向端口输出数据（执行输出指令）时，写脉冲加在D锁存器的CP端，这样，内部总线输出的数据经D触发器取反后出现在$\overline{Q}$端上，又经输出级T2反相，出现在P0端口上。这是一般的数据输出情况。

2. P0口用作输入口

当P0口作为输入口使用时，应区分“读引脚”和“读端口”这两种情况。为此，在端口电路中有两个用于读入的三态缓冲器。

所谓“读引脚”就是读芯片引脚的数据，这时使用锁存器下方的数据缓冲器2，由“读引脚”信号把缓冲器2打开，使端口引脚上的数据经缓冲器2通过内部总线读进来。使用传送指令（如“MOV A，P0”）进行读端口操作都是属于这种情况。

“读端口”是指通过锁存器上面的缓冲器1读锁存器Q端的状态。在端口已处于输出状态的情况下，Q端与引脚信号的状态是一致的，这样安排的目的是为了适应对端口进行“读一修改一写”操作指令的需要。

89C51有几条输出指令功能特别强，属于“读一修改一写”指令。例如，执行一条“ANL P0，A”指令的过程是：CPU不直接读引脚上的数据，而是先读P0口D锁存器中的数据；当“读锁存器”信号有效时，三态缓冲器1开通，Q端数据送入内部总线和累加器A中的数据进行逻辑“与”操作；结果送回P0端口锁存器。此时，引脚的状态和锁存器的内容（Q端状态）是一致的。

对于“读一修改一写”指令，直接读锁存器而不是读端口引脚是为了避免错读引脚上的电平信号。例如，用一根端口引脚线去驱动一个晶体管的基极，当向此端口线写1时，三极管导通，并把端口引脚上的电平拉低，这时CPU如要从引脚读取数据，则会把此数据（应为“1”）错读为“0”；若从锁存器读取而不是读引脚，则读出的应该是正确的数值“1”。

当指令中的目的操作数是端口或端口的某位时，常使用表2－10所列出的指令。

表2－10　　I/O端口常用指令

助记符	功能	实例
ANL	逻辑“与”	ANL　P1，A
ORL	逻辑“或”	ORL　P2，A
XRL	逻辑“异或”	XPL　P3，A
JBC	测试位为“1”跳转并清“0”	JBC　P1.1，LABEL
CPL	位求反	CPL　P3.0
INC	增1	INC　P2
DEC	减1	DEC　P2
DJNZ	减1，结果不为0跳转	DJNZ　P3，LABEL
MOV　PX.Y，C	把进位送入PX口的第Y位	
CLR　PX.Y	清PX口的Y位	
SET　PX.Y	置PX口的Y位	

另外，从图2－16中还可以看出，在读入端口引脚数据时，由于输出驱动T2并接在引脚上，如果T2导通，就会将输入的高电平拉成低电平，从而产生误读。所以，在进行输入操作前，应先向端口锁存器写入“1”，使锁存器$\overline{Q}=0$从而使T2截止。又因为控制线C=0，因此T1也截止，故引脚处于悬浮状态，作为高阻抗输入。

（二）P0口作为地址/数据总线使用

P0口作为单片机系统的地址/数据总线使用时，比作为一般I/O口应用要简单。当CPU对片外存储器读/写（执行MOVX指令或$\overline{EA}=0$时执行MOVC指令）时，内部硬件电路自动使控制线C=1，开关MUX拨向反相器输出端。这时，P0口可作为地址/数据总线端口分时使用，并且又分为两种情况。

1. P0口用作输出口

在扩展系统中用P0口分时输出低8位地址和数据信息，此时由CPU内部发出控制信号，打开控制电路的“与”门，并使开关MUX拨向反相器输出端，这样CPU内部地址/数据信息经反相器与驱动场效应管T2栅极反向接通输出。

由于 P0 口内无内部上拉电阻，其输出驱动器上的上拉场效应管 T1 仅限于访问外部存储器时输出“1”（地址或数据）时使用；其余情况下，上拉场效应管 T1 截止。这时由于输出驱动电路上、下两个 FET 处于反相，形成推拉式电路结构（T1 导通时上拉，T2 导通时下拉），使负载能力大为提高。所以只有 P0 口的输出可驱动八个 LS 型 TTL 负载。

2. P0 口用作输入口

这种情况是在“读引脚”信号有效时打开输入缓冲器 2，使数据信号直接从引脚通过输入缓冲器 2 进入内部总线。

综上所述，P0 口既可作为一般 I/O 端口（用 89C51/8751 时）使用，又可作地址/数据总线使用。作 I/O 输出时，输出级属开漏电路，必须外接 10kΩ 上拉电阻，才有高电平输出；作 I/O 输入时，必须先向对应的锁存器写入“1”，使 T2 截止，不影响输入电平。当 P0 口被地址/数据总线占用时，就无法再作 I/O 口使用了。

二、P1 口

P1 口是一个准双向口，用作通用 I/O 口。其口线逻辑电路如图 2－17 所示。

因为 P1 口通常是作为通用 I/O 口使用的，所以在电路结构上与 P0 口有一些不同之处：首先它不再需要转换开关 MUX；其次是电路内部有上拉电阻，与场效应管共同组成输出驱动电路。为此，P1 口作为输出口使用时，已经能向外提供推拉电流负载，不需要再外接上拉电阻。当 P1 口作为输入口使用时，同样也需要先向锁存器写入“1”，使驱动电路 FET 截止。

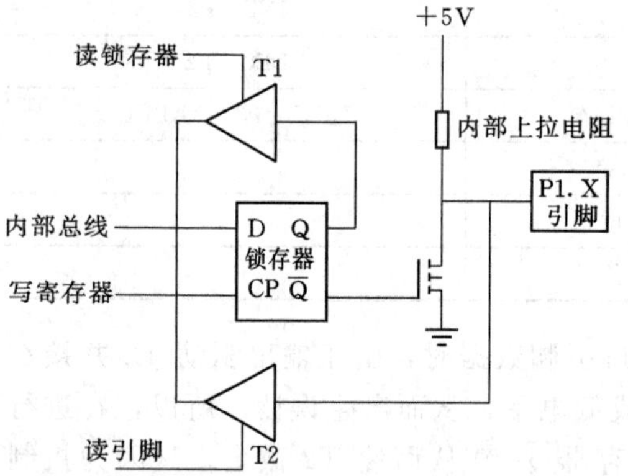

图 2－17　P1 口某位结构

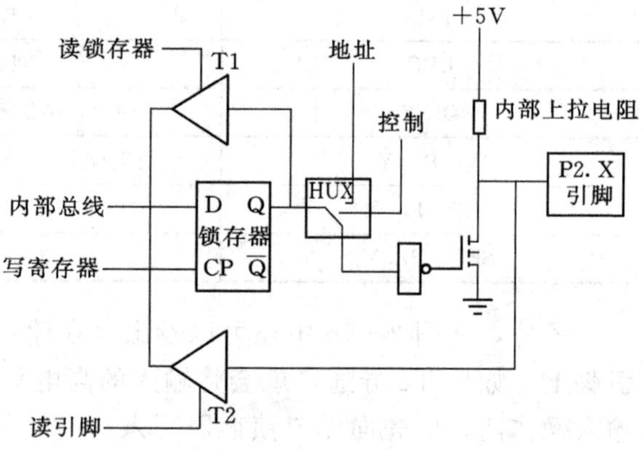

图 2－18　P2 口某位结构

三、P2 口

P2 口的口线逻辑电路如图 2－18 所示。

P2 口可以作为通用 I/O 口使用，当 CPU 对片内存储器和 I/O 口进行读/写（执行 MOV 指令或$\overline{EA}$=1 时执行 MOVC 指令）时，由内部硬件自动使多路转换开关 MUX 倒向锁存器的 Q 端。

通常情况下，P2 口是作为高 8 位地址线使用。当 CPU 对片外存储器和 I/O 口进行读/写（执行 MOVX 指令或$\overline{EA}$=0 时执行 MOVC 指令）时，多路转换开关 MUX 倒向地址线（右）端，这时，P2 口只输出高 8 位地址。

当系统扩展片外 ROM 和 RAM 时，由 P2 输出高 8 位地址（低 8 位地址由 P0 输出）。此时，在 CPU 的控制下，多路转换开关 MUX 转向内部地址线的一端。在 P2 口送高 8 位地址时，P2 口无法再用作通用 I/O 口。

然而，在不需要外扩 ROM（89C51/8751）而只需扩展 256 字节片外 RAM 的系统中，即使用“MOVX　@Ri”类指令访问片外 RAM 时，由于寻址范围是 256 字节，只需低 8 位地址线就可以实现。因此，此时 P2 口不受该指令影响，仍可作为通用 I/O 口。

若扩展的 RAM 容量超过 256 字节，即使用“MOVX　@DPTR”类指令，其寻址范围是 64KB，此时，高 8 位地址总线要用 P2 口输出。在片外 RAM 读/写周期内，P2 口锁存器仍保持原来端口的数据；在访问片外 RAM 周期结束后，多路转换开关 MUX 自动切换到锁存器 Q 端。因此，在这种情况下，当 CPU 不访问片外 RAM 或访问片外 RAM 周期结束后，P2 口仍可用作通用 I/O 口。

四、P3 口

P3 口的口线逻辑电路如图 2-19 所示。

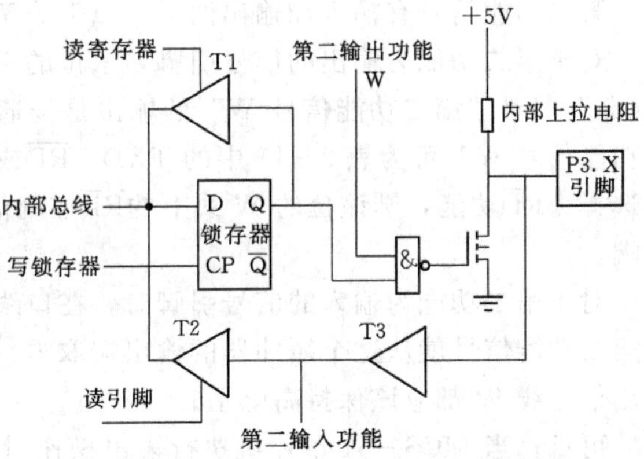

图 2-19　P3 口某位结构

P3 口的特点在于，为适应引脚信号第二功能的需要，增强了第二功能控制逻辑。对比 P1 口的结构图不难看出，P3 口与 P1 口的差别在于多了“与非”门和缓冲器 3。正是这两部分，使得 P3 口除了具有 P1 口的准双向 I/O 功能之外，还可以使用各引脚所具有的第二功能。“与非”门的作用实际上是一个开关，决定是输出锁存器 Q 端数据，还是输出第二功能（W）的信号。当 W＝1 时，输出 Q 端信号；当 Q＝1 时，可输出 W 线信号。编程时，不必事先由软件设置 P3 口为第一功能（通用 I/O 口）还是第二功能。当 CPU 对 P3 口进行 SFR 寻址（位或字节）访问时，由内部硬件自动将第二功能输出线 W 置“1”，这时，P3 口为通用 I/O 口。当 CPU 不对 P3 口进行 SFR 寻址（位或字节）访问时，即用作第二功能输出/输入线时，由内部硬件使锁存器 Q＝1。

1. P3 口用作通用 I/O 口

工作原理与 P1 口类似。当把 P3 口作为通用 I/O 口进行 SFR 寻址时，“第二输出功能端 W”保持高电平，打开“与非”门，所以，D 锁存器输出端 Q 的状态可通过“与非”门送至 FET 场效应管输出。这是用作通用 I/O 口输出的情况。

当 P3 口作为输入使用（即 CPU 读引脚状态）时，同 P0～P2 口一样，应由软件向口锁存器先写“1”，即使 D 锁存器 Q 端保持为“1”，“与非”门输出为“0”，FET 场效应管截止，引脚端可作为高阻输入。当 CPU 发出读命令时，使缓冲器 2 上的“读引脚”信号有效，三态缓冲器 2 开通。于是引脚的状态经缓冲器 3（常开）、缓冲器 2 送到 CPU 内部总线。

2. P3 口用作第二功能

当端口用于第二功能时，八个引脚可按位独立定义，见表 2-11。

表 2-11 **P3 各口线与第二功能表**

口线	替代的第 2 功能
P3.0	RXD（串行口输入）
P3.1	TXD（串行口输出）
P3.2	$\overline{INT0}$（外部中断 0 输入）
P3.3	$\overline{INT1}$（外部中断 1 输入）
P3.4	T0（定时器 0 的外部输入）
P3.5	T1（定时器 1 的外部输入）
P3.6	$\overline{WR}$（片外数据存储器“写选通控制”输出）
P3.7	$\overline{RD}$（片外数据存储器“读选通控制”输出）

第二功能信号有输入和输出两类，以下分两种情况加以说明。

对于第二功能为输出的信号引脚，该位的 D 锁存器 Q 应被内部硬件自动置“1”，使“与非”门对“第二功能信号 W”的输出是畅通的，从而实现第二功能信号的输出。“第二功能信号 W”可为表 2-11 中的 TXD、$\overline{RD}$或$\overline{WR}$这三个输出功能引脚。例如，P3.7 位被选择为$\overline{RD}$功能，则该位的 W 线上的$\overline{RD}$控制信号状态通过“与非”门和 FET 输出到引脚端。

对于第二功能为输入的信号引脚时，在口线的输入通路上增加了一个缓冲器 3，输入的第二功能信号就从这个缓冲器的输出端取得，而输出电路中的 D 锁存器 Q 和第二功能输出信号线 W 都应该保持高电平。

可见，当 MCS-51 单片机执行输出操作时，CPU 通过内部总线把数据写入锁存器，而执行输入（读端口）操作却有两种方式：当执行的是读锁存器指令时，CPU 发出读锁存器信号，此时锁存器状态由 D 触发器的 Q 端经锁存器上面的三态输入缓冲器 1（见图 2-16～图 2-19）送入内部总线；如果执行的是读端口引脚指令，则 CPU 发出的是读引脚控制信号，直接读取端口引脚上的外部输入信息，此时引脚状态经锁存器下面的三态输入缓冲器 2 送入内部总线。

在 MCS-51 单片机无片外扩展存储器的系统中，这四个端口都可以作为准双向通用 I/O 口使用。在具有片外扩展存储器的系统中，P0 口为双向总线，分时输出低 8 位地址和输入/输出数据；P2 口输出高 8 位地址。

五、端口的负载能力和接口要求

MCS-51 单片机的四个 I/O 端口在结构上是基本相同的，但又各具特点。P0 口的输出级与 P1～P3 口的输出级在结构上是不同的，前者没有内部上拉电阻，因此，它们的负载能力和接口要求也各不相同。

(1) P0 口的每一位可驱动八个 LS TTL 负载。P0 既可作 I/O 端口使用，也可作为地址/数据总线使用。当把它当作通用 I/O 口输出时，由于输出级是开漏电路，在驱动 NMOS 或其他电流负载时，只有外接上拉电阻，才有高电平输出；用作输入时，应先向口锁存器（80H）写“1”。当把它当作地址/数据总线时（片外扩展 ROM 或 RAM 的情况），则无须外接上拉电阻，但此时不能再作 I/O 口使用。

（2）P1～P3 口输出级接有内部上拉负载电阻，它们的每一位输出可驱动四个 LS TTL 负载。作为输入口时，任何 TTL 或 NMOS 电路都能以正常的方式驱动 89C51 单片机（CHMOS）的 P1～P3 口。由于它们的输出级具有上拉电阻，所以也可以被集电极开路（OC 门）或漏极开路所驱动，而无须外接上拉电阻。作输入时，必须先在相应端口锁存器上写“1”，使驱动管 FET 截止。

（3）系统复位时，端口锁存器全为“1”。

对于 89C51 单片机（CHMOS）来讲，端口只能提供几毫安的输出电流，故当作为输出口去驱动一个普通晶体管的基极（或 TTL 电路输入端）时，应在端口与晶体管基极间串接一个电阻，以限制高电平输出时的电流。

本章小结

本章以 89C51 单片机为例，介绍了 MCS－51 单片机芯片内部结构及特点、引脚及功能、时钟电路与时序和工作方式等。89C51 单片机的存储器在物理结构上共有四个相互独立的存储空间，本文论述了各存储空间的配置及访问方式。89C51 单片机共有四个 8 位的并行 I/O 端口，本文介绍了各端口的结构、特性和使用方法。

思考与练习题

1. 89C51 单片机片内包含哪些主要逻辑功能部件？

2. 89C51 的 XTAL1 和 XTAL2 引脚的作用是什么？时钟频率与哪些因素有关？

3. 89C51 的存储器分哪几个地址空间？如何区别不同空间的寻址？

4. 简述 89C51 片内 RAM 的空间分配。

5. 简述布尔处理存储器的空间分配，片内 RAM 中包含哪些可位寻址单元？

6. 内部 RAM 低 128 字节单元划分为哪 3 个主要部分？各部分主要功能是什么？

7. 89C51 单片机的 ALE 线的作用是什么？89C51 单片机不与片外 RAM/ROM 相连时 ALE 线上输出脉冲频率是多少？可以作什么用？

8. 89C51 单片机的 $\overline{EA}$ 信号有何功能？在使用 8031 单片机时，$\overline{EA}$ 信号引脚应如何处理？

9. 程序状态寄存器 PSW 的作用是什么？常用标志有哪些位？作用是什么？

10. 位地址 7CH 与字节地址 7CH 如何区别？位地址 7CH 具体在片内 RAM 中的什么位置？

11. 什么叫堆栈？堆栈指针 SP 的作用是什么？89C51 单片机堆栈的容量不能超过多少字节？单片机初始化后 SP 中内容是什么？

12. PC 与 DPTR 各有哪些特点？有何异同？

13. 89C51 单片机的时钟周期与振荡周期之间有什么关系？什么叫机器周期和指令

周期?

14. 一个机器周期的时序如何划分?

15. 使单片机复位有几种方法?复位后机器的初始状态如何?

16. 开机复位后,CPU 使用的是哪组工作寄存器?它们的地址是什么?CPU 如何确定和改变当前工作寄存器组?

17. 复位方式下,程序计数器 PC 中内容是什么?这意味着什么?

18. 89C51 有几种低功耗方式?如何实现?

19. 89C51 P0 口用作通用 I/O 口输入时,若通过 TTL "OC" 门输入数据,应注意什么?为什么?

20. 读端口锁存器和"读引脚"有何不同?各使用哪些指令?

21. 89C51 P0~P3 口结构有何不同?用作通用 I/O 口输入数据时,应注意什么?

22. 89C51 单片机有哪些信号需要芯片引脚以第二功能的方式提供?

23. 89C51 端口锁存器的"读一修改一写"操作与"读引脚"操作有何区别?

24. 89C51 单片机与片外 RAM/ROM 连接时,P0 和 P2 口各用来传送什么信号?为什么 P0 口需要采用片外地址锁存器?

第三章　MCS－51 单片机指令系统

要求单片机具有解决计算或处理信息的能力，首先必须把问题转换为单片机能识别和执行的一步步操作命令。把这种要求单片机执行的各种操作以命令形式写下来，就称为指令（Instruction）。通常一条指令对应一种操作，如加、减、传送等。单片机所能执行的全部指令的集合就是单片机的指令系统（Instruction Set）。不同类型的 CPU 有不同的指令系统。本章将详细介绍 MCS－51 系列单片机的指令系统。

第一节　指　令　系　统

一、MCS－51 单片机指令系统简介

要单片机完成某种特定功能，就必须让 CPU 按一定顺序执行各种指令。这种按要求排列的指令操作序列就是程序。程序设计语言是实现人—机对话最基本的工具，可分为机器语言、汇编语言和高级语言。

1. 三种程序设计语言

机器语言用二进制编码表示每条指令，是机器能够直接识别和执行的语言。用机器语言编写的程序称为机器语言程序或机器码程序。因为机器只能识别和执行这种程序，所以它又称为目标程序。

汇编语言是用助记符、符号和数字等来表示指令的程序语言，它与机器语言指令是一一对应的，但较之机器语言更便于理解和记忆。某种汇编语言是属于某种计算机所独有，一般不像高级语言那样具有通用性，因为它与某种机型内部的硬件结构密切相关。用汇编语言编写的程序称为汇编语言程序。

以上两种程序语言都是低级语言。尽管汇编语言有不少的优点，但他仍然存在着机器语言的某些缺点，如与 CPU 的硬件结构紧密相关，不同的 CPU 其汇编语言也不同。这使得汇编语言程序不能移植，使用不便；其次，要用汇编语言进行程序设计必须了解所使用的 CPU 的硬件结构与性能，对程序设计人员有较高的要求。为此，又出现了对 MCS－51 单片机进行编程的高级语言，如 PL/M，C51 等。

2. MCS－51 的汇编语言

MCS－51 的汇编语言指令系统采用描述指令功能的助记符形式，容易理解和记忆。MCS－51 单片机指令系统专用于 MCS－51 系列的单片机。MCS－51 指令系统是一种简明易掌握、效率较高的指令系统，共 111 条指令，其中单字节指令 49 种，双字节指令 47 种，三字节指令仅 15 种。从指令执行的时间看，单机器周期指令 64 种，双机器周期指令 45 种，只有乘、除 2 条指令的执行时间为 4 个机器周期，在 12MHz 晶振的条件下，指令执行时间分别为 1μs、2μs 和 4μs，由此可见，MCS－51 指令系统在存储空间和时间的利

用效率上是较高的。

MCS－51的硬件结构中有一个布尔处理机，指令系统中相应地设计了一个处理布尔变量的指令子集。该子集在设计需大量处理位变量的程序时十分有效、方便，是MCS－51指令系统的一大特点。

二、指令系统中的符号标识

为便于后面的学习，在这里先对描述指令的一些符号的约定意义作一说明：

(1) *R*i和*R*n：表示当前工作寄存器区中的工作寄存器，i取0或1，表示R0或R1。*n*取0～7，表示R0～R7。

(2) ＃data：表示包含在指令中的8位立即数。

(3) ＃data16：表示包含在指令中的16位立即数。

(4) rel：以补码形式表示的8位相对偏移量，范围为－128～127，主要用在相对寻址的指令中。

(5) addr16和addr11：分别表示16位直接地址和11位直接地址。

(6) direct：表示直接寻址的地址。

(7) bit：表示可位寻址的直接位地址。

(8) (X)：表示X单元中的内容。

(9) ((X))：表示以X单元的内容为地址的存储器单元内容，即(X)作地址，该地址单元的内容用((X))表示。

(10) / 和→符号："/"表示对该位操作数取反，但不影响该位的原值。"→"表示操作流程，将箭尾一方的内容送入箭头所指一方的单元中。

三、伪指令（Pseudo Instruction）

伪指令不要求计算机做任何操作，也没有对应的机器码，不产生目标程序，不影响程序的执行，仅仅是能够帮助汇编程序进行汇编的一些指令。它主要用来指定程序或数据的起始位置，给出一些连续存放数据的存储单元地址，为中间运算结果保留一部分存储空间以及表示源程序结束等。不同版本的汇编语言，伪指令的符号和含义可能有所不同，但基本用法是相似的。下面介绍几种常用的伪指令。

1. ORG

格式：　ORG　　16位地址

该伪指令的功能是规定其后面的目标程序或数据块的起始地址。它放在一段源程序（主程序、子程序）或数据块的前面，说明紧跟在其后的程序段或数据块的起始地址就是ORG后面给出的地址。例如：

```
        ORG     2000H
STAR:   MOV     A, 40H
```

上述程序说明标号STAR所在的地址为2000H，该指令MOV的目标码就从2000H单元开始存放。

在一个源程序中，可以多次使用ORG指令，以规定不同的程序段的起始位置。但所规定的地址应该是从小到大，而且不允许重叠，即不同的程序段之间不能有重叠地址。一个源程序若开始没有ORG指令，则从0000H开始自动存放目标码。

2. END

指令格式：　　END

END是汇编语言源程序的结束标志，在END以后所写的指令，汇编程序都不予处理。一个源程序只能有一个END命令。在同时包含有主程序和子程序的源程序中，同样也只能有一个END命令。

3. EQU

格式：　　字符名称　　EQU　　数或汇编符号

等值命令EQU是将一个数或者特定的汇编符号赋予规定的字符名称。

这里使用的“字符名称”不是标号，不能用“：”来作分隔符。用EQU指令赋值以后的字符名称可以用作数据地址、代码地址、位地址或者当作一个立即数来使用。因此，给字符名称所赋的值可以是8位数，也可以是16位数。例如：

```
TAB1    EQU     1000H
TAB2    EQU     2000H
```

汇编后TAB1、TAB2分别具有值1000H、2000H。又例如：

```
X       EQU     16
DA      EQU     1456H
        MOV     A, X
        LCALL   DA
```

这里X赋值以后当作直接地址使用，而DA被定义为16位地址，是一个子程序的入口。使用EQU命令时必须先赋值，后使用，而不能先使用后赋值。同时，该字符名称不能和汇编语言的关键字同名，如A、ADD、SJMP、B等。

4. DATA

格式：　　字符名称　　DATA　　表达式

DATA命令是将数据地址或代码地址赋予规定的字符名称。

DATA伪指令的功能与EQU有些相似，使用时要注意它们有以下区别：

(1) EQU伪指令必须先定义后使用，而DATA伪指令则无此限制。

(2) 用EQU伪指令可以把一个汇编符号赋给一个字符名称，而DATA伪指令则不能。

(3) DATA伪指令可将一个表达式的值赋给一个字符变量，所定义的字符变量也可以出现在表达式中，而EQU定义的字符则不能这样使用。DATA伪指令在程序中常用来定义数据地址。例如：

```
AA      EQU     R1          ；R1与AA等值
X       DATA    30H         ；X代表用户数据存储区的第
                            ；1个字节地址
```

5. DB

格式：　　[标号]　　DB　　项或项表

该伪指令的功能是把项或项表的数据存入从标号地址开始的连续存储单元中。这个伪指令在汇编以后，将改变相关程序存储器单元中的内容。例如：

```
        ORG     2000H
TAB     DB      30H，31H，32H，33H，34H，35H
        DB      36H，37H，38H，39H
                                ；0～9 的 ASCII 码
```

标号 TAB 的地址为 2000H，此伪指令将 0～9 的 ASCII 码值依次存入 2000H 开始的连续存储单元，即 2000H 存入 0 的 ASCII 码 30H，2001H 存入 1 的 ASCII 码 31H，依此类推。

6. DW

格式：　[标号]　DW　项或项表

DW 伪指令与 DB 相似，但用于定义字的内容。项或项表指所定义的一个字（两个字节）或用逗号分开的字串。汇编时，机器自动按高 8 位在先、低 8 位在后的格式排列。例如：

```
        ORG     2100H
L5：    DW      1067H，6080H，110
```

汇编后：

(2100H) ＝10H　(2101H) ＝67H

(2102H) ＝60H　(2103H) ＝80H

(2104H) ＝00H　(2105H) ＝6EH

7. DS

格式：　[标号]　DS　表达式

定义空间命令 DS 从指定的地址开始，保留若干字节的内存空间以作备用。

在汇编以后，将根据表达式的值来决定从指定的地址开始留出多少个字节空间，表达式也可以是一个指定的数值。例如：

```
ORG     5000H
DS      07H
DB      86H，0A7H
```

汇编后，从 5000H 开始保留 7 个字节的内存单元，然后从 5007H 开始，按照下一条 DB 命令给内存单元赋值，即（5007H）＝86H，（5008H）＝0A7H。保留的空间将由程序的其他部分决定它们的用途。DB、DW、DS 伪指令都只对程序存储器起作用，不能用来对数据存储器的内容进行赋值或其他初始化的工作。

8. BIT

格式：　字符名称　BIT　位地址

BIT 命令对位地址赋予所规定的字符名称。例如：

```
A1      BIT     A.1
A2      BIT     P2.0
```

这样就把两个位地址即 0E1H 和 0A0H 分别赋给了两个变量 A1 和 A2，在编程中它们就可当作位地址来使用。这是直接位寻址的一种表示方式。

第二节 MCS－51寻址方式

所谓寻址方式，就是寻找操作数或操作数地址的方式。在用汇编语言编程时，数据的存放、传送、运算都要通过指令来完成。编程者必须自始至终都要十分清楚操作数的位置，以及如何将它们传送到适当的寄存器去参与运算。每一种计算机都具有多种寻址方式。寻址方式的多少是反映指令系统优劣的主要指标之一。

在MCS－51单片机指令系统中，有以下7种寻址方式。

一、立即寻址

操作数直接出现在指令中，紧跟在操作码的后面，作为指令的一部分与操作码一起存放在程序存储器中，可以立即得到并执行，不需要经过别的途径去寻找，故称为立即寻址。跟在指令操作码后面的数就是参加运算的数，该操作数称为立即数。汇编指令中，在一个数的前面冠以“#”符号作前缀，就表示该数为立即数。立即数有一字节和二字节两种可能，例如指令：

```
MOV    A,#3AH
MOV    DPTR,#0DFFFH
```

上述两条指令均为立即寻址方式，第一条指令的功能是将立即数3AH送累加器A中，第二条指令的功能是将立即数0DFFFH送数据指针DPTR中（0DFH→DPH，0FFH→DPL）。

二、直接寻址

在指令中直接给出操作数的地址，称为直接寻址方式。在这种方式中，指令的操作数部分是某个片内RAM单元的地址。例如：

```
MOV    A,40H
```

指令中的源操作数就是直接寻址，40H为操作数的地址。该指令的功能是把片内RAM地址为40H单元的内容送到A中，如40H单元的内容为35H，则指令执行完毕，累加器A中的内容为35H。该指令的机器码为0E540H，8位直接地址在指令操作码中占一个字节。

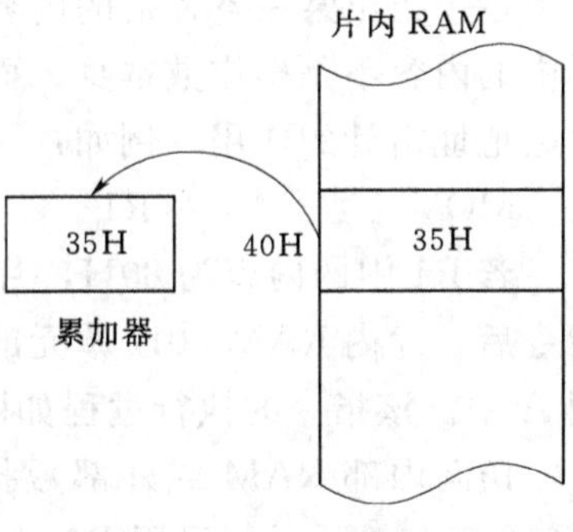

图3－1 直接寻址示意图

在MCS－51单片机指令系统中，直接寻址方式中可以访问两种存储器空间：

(1) 片内RAM的低128个字节单元（00H～7FH）。

(2) 特殊功能寄存器（特殊功能寄存器只能用直接寻址方式进行访问）。

访问SFR可在指令中直接使用该寄存器的名字来代替地址。例如：

```
MOV    A,80H        ;(80H)→A
```

又可以写成：

```
MOV    A,P0         ;(P0口)→A
```

因为P0口的地址为80H。

三、寄存器寻址

在指令选定的某寄存器中存放或读取操作数，以完成指令规定的操作，称为寄存器寻址。在该寻址方式中，操作数存放在寄存器里。寄存器包括 8 个工作寄存器 R0～R7，累加器 A，寄存器 B 和数据指针 DPTR。例如：

图 3-2 寄存器寻址示意图

MOV　　A，R0

指令中源操作数和目的操作数都是寄存器寻址。该指令的功能是把工作寄存器 R0 中的内容传送到累加器 A 中，如 R0 中的内容为 30H，则执行该指令后 A 的内容也为 30H，如图 3-2 所示。

寄存器寻址按所选定的工作寄存器 R0～R7 进行操作，由指令机器码的低 3 位指定。如：

MOV　　A，Rn　；Rn 为 R0～R7 中的某一个，$n=0\sim7$

这条指令对应的机器码为 11101rrr，若 rrr=010B，则 Rn=R2。其中低 3 位与寄存器的对应关系如表 3-1 所示。

表 3-1　　低 3 位操作码与寄存器 Rn 的对应关系

低 3 位 rrr	000	001	010	011	100	101	110	111
寄存器	R0	R1	R2	R3	R4	R5	R6	R7

四、寄存器间接寻址

指令指出某一寄存器的内容作为操作数地址的寻址方法，称为寄存器间接寻址。寄存器中的内容不是操作数本身，而是操作数的地址，该地址单元中存放的才是操作数。寄存器起地址指针的作用。例如：

MOV　　A，@R1

若 R1 中的内容为 80H，片内 RAM 地址为 80H 的单元中的内容为 2FH，则执行该指令后，片内 RAM 80H 单元的内容 2FH 被送到 A 中。该指令的执行过程如图 3-3 所示。

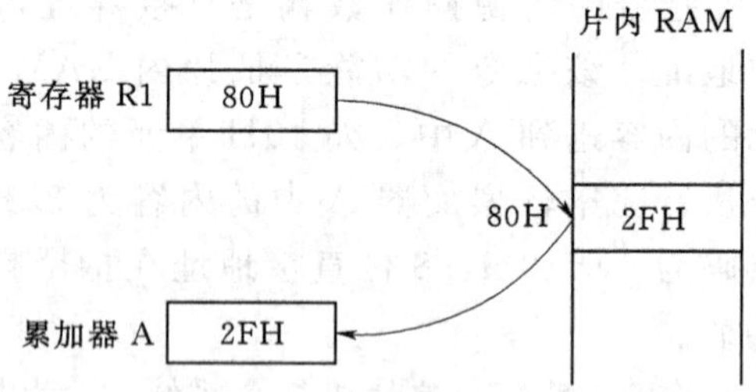

图 3-3 寄存器简介寻址示意图

访问内部 RAM 或外部数据存储器低地址 256 个字节单元时，采用 R0 或 R1 作为间接寻址寄存器，R0 或 R1 实际上是地址指针。访问外部数据存储器时，还可以用数据指针 DPTR 作为间接寻址寄存器。DPTR 为 16 位寄存器，故它可对整个外部数据存储器空间（64K）寻址。例如：

```
MOVX    A，@R0      ；访问片外数据存储器低地址
                    ；的 256 字节单元
MOVX    A，@DPTR    ；可访问整个片外数据存储器
                    ；空间
```

五、变址寻址

这种寻址方式用于访问程序存储器中的一个字节，该字节的地址是基址寄存器（PC或DPTR）的内容与变址寄存器A的内容之和。这种寻址方式用于访问程序存储器中的数据表格，当然这种访问只能从ROM中读取数据而不能写入。例如：

MOVC　　A，@ A ＋PC

MOVC　　A，@ A＋ DPTR

以第二条指令为例，假如指令执行前DPTR中的内容为1234H，A中的内容为0A4H，那么指令执行后A中的内容为3FH。它的执行过程如图3-4所示。

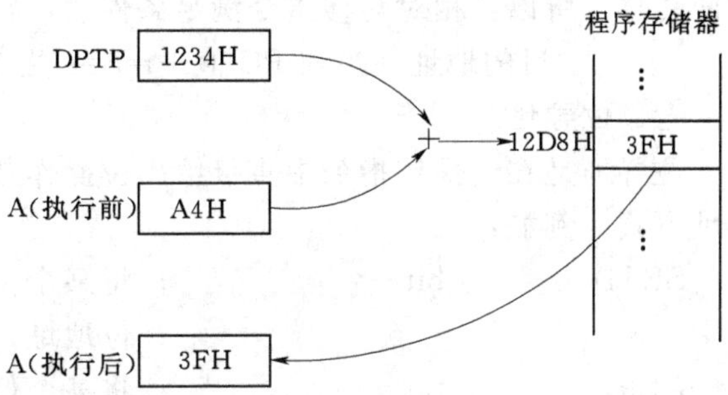

图3-4　变址寻址示意图

六、相对寻址

相对寻址只出现在转移指令中。相对寻址是将程序计数器PC的当前值与指令中给出的偏移量rel相加，其和作为转移指令的目的地址。

在使用相对寻址时要注意以下两点：

(1) 当前PC值是指相对转移指令的存储地址加上该指令的字节数。例如：

JC　　75H

如图3-5所示，假设CY=1，该指令是双字节指令，它的机器码为4075H，其存储地址PC=1000H，取指后PC自动加2，当前PC值变为1000H+2H=1002H。则单片机下一条要执行的指令地址（即转移的目的地址）＝（1000H＋02H）＋75H＝1077H。执行完指令后，PC=1077H，即转移到1077H存储单元去执行程序。

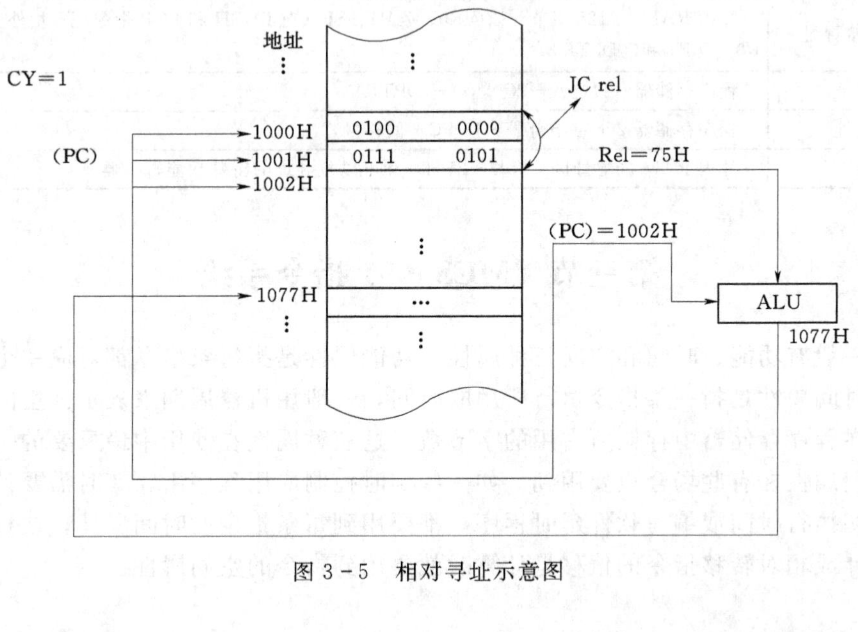

图3-5　相对寻址示意图

(2) 偏移量 rel 是有符号的单字节数，以补码表示，其值的范围是 $-128 \sim +127$ (00H～0FFH)，负数表示从当前地址向低地址方向转移，正数表示从当前地址向高地址方向转移。所以，相对转移指令满足条件后，转移的目的地址为：

目的地址＝当前 PC 值＋rel ＝ 指令存储地址＋指令字节数＋rel

七、位寻址

位寻址是在位操作指令中直接给出位操作数的地址，是指对位寻址区进行位操作时的寻址方式。例如：

```
SETB    bit         ；将某个位置 1，bit 表示某个
                    ；位地址
CLR     bit         ；将某个位清 0，bit 表示某个
                    ；位地址
```

80C51 单片机中有两个可位寻址区：一个是片内 RAM 中字节地址位于 20H～2FH 区域的 16 个单元中的 128 个位；另一个可位寻址区是字节地址能被 8 整除的特殊功能寄存器。

位寻址指令可以直接使用位地址、位名称或者使用特殊功能寄存器名字加位数表示。例如，要将程序状态寄存器的第 3 位置为 1，可以使用以下三种指令：

```
SETB    0D3H
SETB    RS0
SETB    PSW.3
```

表 3-2 中总结了 7 种寻址方式的寻址空间。

表 3-2　　7 种寻址方式及相关空间总结

寻址方式	寻 址 空 间
立即寻址	程序存储器 ROM
寄存器寻址	工作寄存器 R0～R7，A，B，CY，DPTR
直接寻址	片内 RAM 低 128 字节、专用寄存器 SFR
寄存器间接寻址	片内 RAM 低 128 字节［以@R0、@R1、SP（对 PUSH 和 POP 指令）］；片外 RAM（以@R0、@R1 和@DPTR）
变址寻址	程序存储器（以@A＋PC、@A＋DPTR）
相对寻址	程序存储器 256 字节范围（以 PC＋偏移量）
位寻址	片内 RAM 的寻址区（20H～2FH）和可以位寻址的特殊功能寄存器

第三节　MCS-51 指令系统

指令一般有功能、时间和空间三种属性。功能属性是指每条指令都对应一个特定的操作功能。时间属性是指一条指令执行所用的时间，一般用机器周期来表示。空间属性是指一条指令在程序存储器中存储所占用的字节数。这三种属性在使用中最重要的是功能，但时间、空间属性在有些场合也要用到。如一些实时控制应用程序中，有时需要计算一个程序段的确切执行时间或编写软件延时程序，都要用到每条指令的时间属性；在程序存储器的空间设计或相对转移指令的偏移量计算时就要用到指令的空间属性。

MCS－51 单片机指令系统共有 111 条指令。从空间属性上分为单字节指令（49 条）、双字节指令（46 条）和最长的三字节指令（只有 16 条）。从时间属性上可分成单机器周期指令（64 条）、双机器周期指令（45 条）和只有乘、除法两条 4 个机器周期的指令。可见，MCS－51 单片机指令系统在占用存储空间和执行时间方面具有较高的效率。

MCS－51 单片机指令系统按指令的功能分类，可分为下面五类：

（1）数据传送类指令（29 条）。

（2）算术运算类指令（24 条）。

（3）逻辑运算类指令（24 条）。

（4）控制转移类指令（17 条）。

（5）布尔操作（位操作）类指令（17 条）。

下面分别给予全面的介绍。

一、数据传送类指令

数据传送类指令是最基本、最重要、也是编程时使用得最频繁的一类指令。数据传送类指令是把源地址单元的内容传送到目的地址单元中去，而源地址单元中的内容不变；或者是源地址单元和目的地址单元中的内容互换。数据传送类指令除了可能通过累加器进行数据传送之外，还有不通过累加器而通过直接寻址和寄存器寻址方式直接进行数据传送的指令。传送类指令一般不影响标志位，只有堆栈操作可以直接修改程序状态字 PSW。另外，目的操作数为 A 的指令将影响奇偶标志位 P。

数据传送类指令用到的助记符有 MOV、MOVX、MOVC、XCH、XCHD、SWAP、PUSH、POP 共 8 种。源操作数可以采用寄存器寻址、寄存器间接寻址、直接寻址、立即寻址以及变址寻址 5 种寻址方式；目的操作数可以采用前三种寻址方式。为了便于记忆和掌握，把 29 条传送指令分为 5 类，见表 3－3。

表 3－3　MCS－51 数据传送指令表

类　型	操作码助记符	执行的操作	指令字节数	振荡周期
片内 RAM 传送指令	MOV A，Rn	A←Rn	1	12
	MOV A，@Ri	A←（Ri）	1	12
	MOV A，＃data	A←data	2	12
	MOV A，direct	A←（direct）	2	12
	MOV Rn，A	Rn←A	1	12
	MOV Rn，direct	Rn←（direct）	2	24
	MOV Rn，＃data	Rn←data	2	12
	MOV direct，A	（direct）←A	2	12
	MOV direct，Rn	（direct）←Rn	2	24
	MOV direct，direct	（direct）←（direct）	3	24
	MOV direct，@Ri	（direct）←（Ri）	2	24
	MOV direct，＃data	（direct）←data	3	24
	MOV @Ri，A	（Ri）←A	1	12
	MOV @Ri，direct	（Ri）←（direct）	2	24
	MOV @Ri，＃data	（Ri）←data	2	12
	MOV DPTR，＃data16	DPTR←data16	3	24

续表

类 型	操作码助记符	执行的操作	指令字节数	振荡周期
A与片外RAM传送指令	MOVX A，@Ri	A← (Ri)	1	12
	MOVX A，@DPTR	A← (DPTR)	1	24
	MOVX @Ri，A	(Ri) ←A	1	24
	MOVX @DPTR，A	(DPTR) ←A	1	24
读取ROM	MOVC A，@A+PC	A← (A+PC)	1	24
	MOVC A，@A+DPTR	A← (A+DPTR)	1	24
交换指令	XCH A，Rn	A↔Rn	1	12
	XCH A，@Ri	A↔ (Ri)	1	12
	XCH A，direct	A↔ (direct)	2	12
	XCHD A，@Ri	$A_{3\sim0}$↔ $(Ri)_{3\sim0}$	1	12
	SWAP A	$A_{7\sim4}$↔$A_{3\sim0}$	1	12
堆栈操作	PUSH direct	SP←SP+1 (SP) ← (direct)	2	24
	POP direct	(direct) ← (SP) SP←SP−1	2	24

（一）片内RAM传送指令（MOV）及举例（第1～第16条）

1. 以累加器A为目的操作数的指令（第1～第4条）

【例3-1】 将R7的内容传送至A。

```
MOV    A，R7
```

【例3-2】 将R0所规定的内存单元50H的内容传送至A。

```
MOV    R0，#50H
MOV    A，@R0
```

【例3-3】 将存储单元39H中的内容传送至A。

```
MOV    A，39H
```

2. 以工作寄存器Rn为目的操作数的指令（第5～第7条）

这组指令的功能是把源操作数的内容送入当前工作寄存器区的R0～R7中的某一个寄存器。

【例3-4】 以下指令依次完成将A中的内容传送至R1；40H单元的内容传送至R3；立即数#80H传送至R7：

```
MOV    R1,A       ;R1←A
MOV    R3,40H     ;R3←(40H)
MOV    R7,#80H    ;R7←#80H
```

3. 以直接地址为目的操作数的指令（第8～第12条）

这组指令的功能是把源操作数的内容送入直接地址所指的存储单元。源操作数有寄存器寻址、直接寻址和立即寻址等寻址方式。

【例3-5】 以下指令分别完成将A的内容传送至30H单元；R7的内容传送至20H单元；立即数0FH传送至27H单元；40H单元内容传送至50H单元：

```
MOV      30H,A          ;(30H)←A
MOV      20H,R7         ;(20H)←R7
MOV      27H,#0FH       ;(27H)←0FH
MOV      50H,40H        ;(50H)←(40H)
```

4. 以间接地址为目的操作数的指令（第13～第15条）

这组指令的功能是把源操作数所指定的内容传送至以R0或R1为地址指针的片内RAM单元中。

源操作数有寄存器寻址，直接寻址和立即寻址3种方式；目的操作数为寄存器间接寻址。

【例3-6】 可以用下面3条指令将40H单元的内容清0。

```
MOV      A,#00H         ;将0赋给A
MOV      R0,#40H        ;R0←40H,以R0作地址指
                        ;针
MOV      @R0,A          ;将R0指示的单元清0
```

5. 16位数据传送指令（第16条）

这是唯一的16位立即数传送指令，其功能是把16位立即数传送至16位数据指针寄存器DPTR，执行的结果是把高位字节的立即数送给DPH，低位字节的立即数送给DPL。当要访问片外RAM或I/O端口时，这条指令一般用于给DPTR赋初值。

【例3-7】 读入外部RAM 06CDH单元的内容至累加器A中。

```
MOV      DPTR,#06CDH    ;DPTR←06CDH
MOVX     A,@DPTR        ;A←(06CDH)
```

（二）累加器A与片外数据存储器传送的指令（MOVX）及举例（第17～第20条）

累加器A与片外数据存储器进行数据传送时，片外数据存储器单元是以Ri和DPTR为地址指针进行间接寻址的。片外数据存储器的低8位地址由Ri或DPL送P0口输出，高8位地址由DPH送P2口输出，地址和数据信息分时共用P0口。

MCS-51单片机访问片外RAM只能用寄存器间接寻址的方式，且仅有这4条指令。以DPTR间接寻址时，寻址的范围达64K字节；以Ri间接寻址时，仅能寻址低地址256字节的范围。而且片外RAM的数据只能和累加器A之间进行传送，不能与其他寄存器和片内RAM单元直接进行传送。寻址关系图见图3-6。

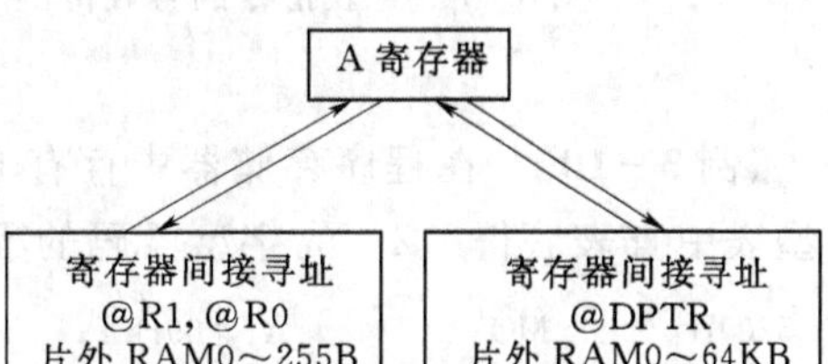

图3-6 外部数据存储器传送操作

MCS-51指令系统中没有设置访问外设的专用I/O指令，且片外扩展的I/O端口与片外RAM是统一编址的，因此对片外I/O端口的访问均应使用这4条指令。

【例3-8】 现有一输入设备口地址为0D003H，假设这个口中已有数据80H，欲将此值存入片内30H单元中，则可用以下指令完成：

```
MOV      DPTR,#0D003H   ;DPTR←0D003H
```

```
MOVX    A,@DPTR       ;A←(0D003H)
MOV     30H,A         ;(30H)←A
```

指令执行后 30H 单元的内容为 80H。

【例 3-9】 把片外 RAM 2000H 单元中的内容传送至片外 RAM 5000H 单元中去，可用以下指令完成：

```
MOV     DPTR,#2000H   ;DPTR←2000H
MOVX    A,@DPTR       ; A←(2000H)
MOV     DPTR,#5000H   ;DPTR←5000H
MOVX    @DPTR,A       ;(5000H)←A
```

（三）读取程序存储器的指令（MOVC）及举例（第 21～第 22 条）

MCS-51 指令系统中，这是两条很有用的查表指令，其数据表格是放在程序存储器中。两条指令的区别："MOVC A，@A+PC" 查表的范围是指令所在地址以后 256 字节之内，故称为近程查表；"MOVC A，@A+DPTR" 查表范围可达整个程序存储器 64K 字节的地址空间，故称为远程查表，如图 3-7 所示。累加器 A 的内容是一个 8 位无符号数。

CPU 读取单字节指令 "MOVC A，@A+PC" 后，PC 的内容先自动加 1，然后将新的 PC 内容与累加器 A 中的 8 位无符号数相加形成地址，再取出该单元中的内容送累加器 A。

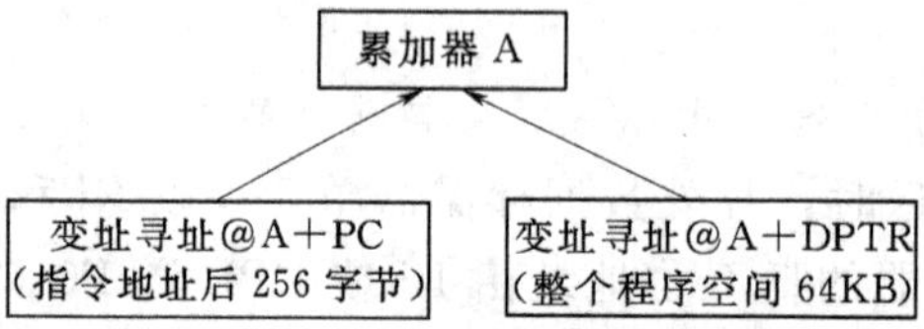

图 3-7 查表指令的查表范围

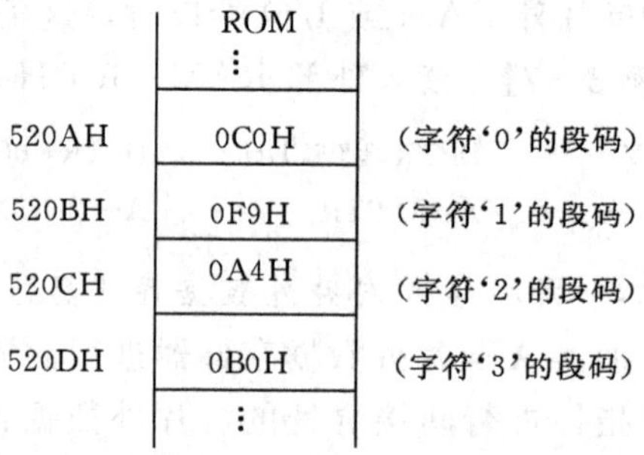

图 3-8 程序存储器中的 LED 显示字型段码表

【例 3-10】 在程序存储器中存有 LED 显示器 0～9 的字型段码，如图 3-8 所示。从字型表中查表获得 '2' 的字型段码的程序为：

```
5200H:   MOV     A,#09H        ;A←09H 偏移量
5202H:   MOV     A,@A+PC       ;A←(5203H+09H)=
                               ;(520CH)
5203H:   MOVX    @DPTR,A       ;输出显示端口地址已放在
                               ;DPTR 中
```

当 CPU 读取 "MOV A，@A+PC" 后，PC 指针的内容为 5203H，与 '2' 的字型段码所在地址 520CH 有 9 个单元的偏移量，因此要首先将偏移量 9 送到 A 中。

上面程序的执行结果：A=0A4H，PC=5204H，字符 '2' 的段码送显示端口。

"MOVC A，@A+DPTR" 指令以 DPTR 为基址寄存器进行查表。使用前一般将表

格首地址赋给DPTR，表格可任意放在程序存储器64K字节空间范围内。

【例3－11】 在程序存储器5000H开始的单元中存放有0～9的ASCII码，如图3－9所示。将‘3’的ASCII码取出的程序为：

```
1000H:    MOV     A,#03H          ;将3赋给A
1002H:    MOV     DPTR,#5000H     ;将ASCII码表的基地址赋给
                                  ;DPTR
1005H:    MOVC    A,@A+DPTR       ;找到3的ASCII码的存放地
                                  ;址,将该地址单元的内容赋
                                  ;给A
```

执行结果：A＝33H，PC＝1006H。

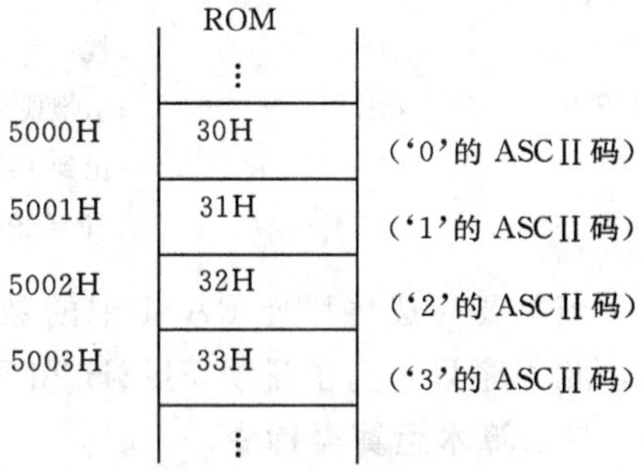

图3－9　程序存储器中的ASCⅡ码表

（四）交换指令（XCH，XCHD，SWAP）及举例（第23～第27条）

这组指令的前三条为全字节交换指令，其功能是将A的内容与源操作数互换。后两条指令为半字节交换指令，其中XCHD A，@Ri是将A内容的低4位与Ri间接寻址的片内RAM单元中的低4位数据互相交换，各自的高4位不变。SWAP A指令是将A中的高、低4位数据互相交换。

【例3－12】 将40H单元的内容与A中的内容互换，然后将A的高4位存入由R0或R1间接寻址的RAM存储单元中的低4位，A的低4位存入该单元的高4位。

```
XCH     A,40H         ;A↔(40H)
SWAP    A             ;A7~4↔A3~0,将A中高4位
                      ;和低4位交换
MOV     @Ri,A         ;A的值存入由R0或R1间
                      ;接寻址的存储单元
```

从上述传送类指令可知，A是一个特别重要的寄存器，无论A作目的操作数还是作源操作数，CPU对它都有专用指令。A的字节地址为0E0H，也可以采用直接地址来寻址。例如用MOV A，Rn的指令，也可以用MOV 0E0H，Rn，执行结果都是将Rn的内容传送至A中。但后一指令要多一个字节，执行周期需二个机器周期。对工作寄存器Rn也有类似特点。

（五）堆栈操作指令（PUSH，POP）（第28～第29条）

```
PUSH    direct        ;SP←SP+1,(SP)←(direct)
POP     direct        ;(direct)←(SP), SP←SP
                      ;-1
```

PUSH指令是入栈（或称压栈或进栈）指令，其功能是先将堆栈指针SP的内容加1，然后将直接寻址单元中的数压入到SP所指示的单元中。POP是出栈（或称弹出）指令，其功能是先将堆栈指针SP所指示的单元内容弹出送到直接寻址单元中，然后将SP的内容减1，SP仍指向栈顶。

系统复位或上电时 SP 的值为 07H，程序中使用堆栈时，也可以先给 SP 另外设置初值。但应注意不要超出堆栈的深度（堆栈范围）。

【例 3-13】 将片外 3500H 单元中的内容压入堆栈，然后弹出到 40H 单元中。用如下指令完成：

```
MOV     SP,#60H         ;设立堆栈指针初值
MOV     DPTR,#3500H
MOVX    A,@DPTR         ;将片外 3500H 单元的内容
                        ;赋给 A
PUSH    ACC             ;SP=SP+1=61H,A 中内容入
                        ;栈
POP     40H             ;从堆栈中把原 A 中内容弹
                        ;出到 40H 单元,
                        ;SP=SP-1=60H
```

当然要完成将片外 RAM 中的数据传送至片内 RAM 单元可以使用其他传送指令完成，此程序只是为了说明 PUSH 和 POP 的使用方法。

二、算术运算类指令

算术运算类指令共有 24 条，其中包括 4 种基本的算术运算指令，即加、减、乘、除。这 4 种指令能对 8 位无符号数进行直接运算，在借助溢出标志时还能对带符号的 2 进制整数进行加减运算。同时借助进位标志可以实现多精度数的加减和循环移位，也可以对压缩 BCD 码进行运算（压缩 BCD 码是指在一个字节中存放二个 BCD 码）。

大部分算术运算指令对程序状态字 PSW 中的 CY、AC、OV 三个标志位都有影响，根据运算的结果可将它们置 1 或清 0。但是加 1 和减 1 指令不影响这些标志。算术运算类指令用到的助记符有：ADD、ADDC、SUBB、INC、DEC、DA、MUL 和 DIV8 种，如表 3-4 所示。

表 3-4　　MCS-51 算术运算指令表

类型	操作码助记符	执行的操作	对 PSW 中的标志位影响	指令字节数	振荡周期
不带进位加法	ADD A，Rn	A←A+Rn	CY，OV，AC	1	12
	ADD A，@Ri	A←A+（Ri）	CY，OV，AC	1	12
	ADD A，#data	A←A+data	CY，OV，AC	2	12
	ADD A，direct	A←A+（direct）	CY，OV，AC	2	12
带进位加法	ADDC A，Rn	A←A+Rn+CY	CY，OV，AC	1	12
	ADDC A，@Ri	A←A+（Ri）+CY	CY，OV，AC	1	12
	ADDC A，#data	A←A+data+CY	CY，OV，AC	2	12
	ADDC A，direct	A←A+（direct）+CY	CY，OV，AC	2	12
带进位减法	SUBB A，Rn	A←A−Rn−CY	CY，OV，AC	1	12
	SUBB A，@Ri	A←A−（Ri）−CY	CY，OV，AC	1	12
	SUBB A，#data	A←A−data−CY	CY，OV，AC	2	12
	SUBB A，direct	A←A−（direct）−CY	CY，OV，AC	2	12

续表

类型	操作码助记符	执行的操作	对PSW中的标志位影响	指令字节数	振荡周期
加1指令	INC A	A←A+1	P	1	12
	INC Rn	Rn←Rn+1	无影响	1	24
	INC @Ri	(Ri) ← (Ri) +1	无影响	1	24
	INC DPTR	DPTR← DPTR+1	无影响	1	24
	INC direct	(direct) ← (direct) +1	无影响	2	12
减1指令	DEC A	A←A−1	P	1	12
	DEC Rn	Rn←Rn−1	无影响	1	12
	DEC @Ri	(Ri) ← (Ri) −1	无影响	1	12
	DEC direct	(direct) ← (direct) −1	无影响	2	12
乘法除法调整	MUL AB	BA←A×B	OV，P	1	48
	DIV AB	A←A/B（商），B←余数	OV，P	1	48
	DA A		CY，AC	1	12

1. 不带进位加法指令（ADD）（第1～第4条）

这4条指令的功能是把A中的数与源操作数相加，其结果仍存在A中。相加过程中若D3位或D7位有进位，则将辅助进位标志AC或进位标志CY置位，否则清0。对于无符号数相加时，若CY置位时，说明其和大于255。

对于有符号数相加，溢出标志位OV置位，说明和产生了溢出（即结果超出8位有符号数补码的表示范围−128～127，破坏了符号位）。溢出可以通过双高位判别法来判别，溢出表达式 $OV=Cp\oplus Cs$，其中Cp为位6向位7的进位，Cs为位7向CY的进位。

【例3-14】 设A=85H（即−123），R1=0FEH（即−2），求两数之和，并说明PSW中的有关标志位的内容。

指令： ADD A，R1

说明：

$$
\begin{array}{r}
1\ 0\ 0\ 0\ 0\ 1\ 0\ 1 \\
+\ 1\ 1\ 1\ 1\ 1\ 1\ 1\ 0 \\
\hline
(1)\ 1\ 0\ 0\ 0\ 0\ 0\ 1\ 1
\end{array}
$$

$OV=Cp\oplus Cs=1\oplus 1=0$，说明和不产生溢出［（−123）+（−2）=（−125），不超出−128～127范围］，A中的和结果正确；PSW的CY=1，AC=1。

【例3-15】 设A=0A5H（即−91），R1=30H，（30H）=0BEH（即−66），求两数之和。

指令： ADD A，@R1

说明：

$$
\begin{array}{r}
1\ 0\ 1\ 0\ 0\ 1\ 0\ 1 \\
+\ 1\ 0\ 1\ 1\ 1\ 1\ 1\ 0 \\
\hline
(1)\ 0\ 1\ 1\ 0\ 0\ 0\ 1\ 1
\end{array}
$$

OV＝Cp⊕Cs＝0⊕1＝1，说明和产生溢出［（－91）＋（－66）＝（－157），超出－128～127 范围］，A 中的和结果不正确；PSW 的 CY＝1，AC＝1。

2. 带进位加法指令（ADDC）（第 5～第 8 条）

这 4 条指令的功能是把源操作数和 A 中的内容及进位标志 CY 相加，结果存入 A 中。

运算结果对 PSW 中相关位的影响同上述 4 条不带进位加法指令。

带进位加法指令一般用于多字节数的加法运算，低字节相加时和可能产生进位，可以通过带进位加法指令将低字节的进位加到高字节上去。高字节求和时必须使用带进位的加法指令。

【例 3-16】 设 A＝78H（即＋120），（60H）＝0CFH（即－49），CY＝1，求两数之和并说明 PSW 中相关位的内容。

指令：　　ADDC　　A，60H

说明：

```
        0 1 1 1 1 0 0 0
    +   1 1 0 0 1 1 1 1
                      1
  ---------------------
    (1) 0 1 0 0 1 0 0 0
```

OV＝Cp⊕Cs＝1⊕1＝0，说明和不产生溢出；PSW 中的 CY＝1，AC＝1。

3. 带进位减法指令（SUBB）（第 9～第 12 条）

这 4 条指令的功能是把 A 中的内容减去源操作数和进位标志，差存入 A 中。两数相减时，如果位 7 有借位，CY 置 1，否则清 0。若位 3 有借位，则 AC 置 1，否则清 0。计算机中的减法运算实际上是变成补码相加。

【例 3-17】 已知 A＝88H（即－120），R3＝69H（即＋105），CY＝0，计算两数相减的结果，并说明 PSW 中相关位的内容。

指令：　　SUBB　　A，R3

常规减法时：	补码相加时，88H－69H＝88H＋［－69H］补：
－1 2 0	1 0 0 0 1 0 0 0　［－120］补
－）＋1 0 5	＋）1 0 0 1 0 1 1 1　［－105］补
－2 2 5　负溢出	1 0 0 0 1 1 1 1 1　结果为正

结果：A＝1FH，CY＝1，OV＝1⊕0＝1，说明结果产生了溢出。

4. 加 1 指令（INC）（第 13～第 17 条）

这一组指令的功能是将操作数所指定的单元或寄存器中的内容加 1。其结果还送回原操作数单元或寄存器中。若原来为 0FFH，加 1 后将溢出为 00H。

对于第四条指令，若直接地址是 I/O 端口，则进行读、修改、写操作。其功能是先读入端口锁存器的内容，随后将其加 1，然后再写到端口锁存器内。

第五条指令是唯一的一条 16 位数加 1 指令。

5. 减 1 指令（DEC）（第 18～第 21 条）

这组指令的功能是将操作数所指定的单元或寄存器中的内容减 1，其结果还送回原操作数单元或寄存器中。若原来为 00H，减 1 后将溢出为 0FFH。

6. 乘法指令（MUL）（第 22 条）

此条指令的功能是实现两个 8 位无符号数的乘法操作，两个数分别存在累加器 A 和寄存器 B 中。乘积为 16 位，低 8 位在 A 中，高 8 位在 B 中。若积大于 255（0FFH），溢出标志位 OV 置位，否则复位，而 CY 位总是为 0。乘法指令是整个指令系统中执行时间最长的 2 条指令之一，它需 4 个机器周期（48 个振荡周期）才能完成一次乘法操作。

【例 3－18】 已知 A＝0A0H，B＝08H。执行指令：

```
MUL      AB
```

执行结果是：A＝00H，B＝05H，即乘积为 500H，OV＝1。

7. 除法指令（DIV）（第 23 条）

```
DIV      AB              ；A←A/B（商），B←A/B
                         ；（余）
```

除法指令实现两个 8 位无符号数除法，被除数放在 A 中，除数放在 B 中。指令执行后，商放在 A 中而余数在 B 中。

进位标志 CY 和溢出标志 OV 均清 0，只有当除数为 0 时，A 和 B 中的内容为不确定值，此时 OV 位置位，说明除法溢出。指令执行时间和乘法指令执行时间相同，也需 4 个机器周期。

【例 3－19】 设 A＝0AEH，B＝08H。执行指令：

```
DIV      AB
```

结果是：A＝15H，B＝06H，OV＝0

8. 十进制调整指令（DA）（第 24 条）

```
DA       A
```

BCD 码是一种二进制形式的十进制码。它用 4 位二进制数表示一位十进制数。4 位二进制数有 16 种状态，对应 16 个数字，而十进制数只用其中的 0000～1001 这 10 种，表示 0～9。在计算机中十进制数一般可用压缩 BCD 码来表示，然而计算机在进行运算时，是按二进制规则进行的。因此，就可能导致错误的结果。

这条指令是在进行压缩 BCD 码加法运算时，用来对压缩 BCD 码的加法运算结果自动进行修正。值得注意的是，对压缩 BCD 码的减法运算不能直接用此指令来进行修正。

例如：7＋8 的十进制运算结果为 15，二进制运算如下：

```
                              0  1  1  1   7的BCD码
      7   十进制         ＋） 1  0  0  0   8的BCD码
  ＋） 8   十进制         ─────────────────────────────
  ─────────────               1  1  1  1   二进制加法结果
     1 5                 ＋） 0  1  1  0    加06H修正
                          ─────────────────────────────
                           1  0  1  0  1   15的压缩BCD码
```

从上式可见第一次得到的 1111 不是 BCD 码，进行＋6 修正后，得到结果 10101（即

15）为正确的压缩 BCD 码。由此可知两个 BCD 码进行加法运算时，必须对结果进行修正才能得到正确的 BCD 结果。而 DA A 指令正是为完成此功能而设置的 10 进制数调整指令，调整规则如下：

若（$A_{0\sim3}$）>9 或 AC=1，则（$A_{0\sim3}$）+6→$A_{0\sim3}$。

同时，若（$A_{4\sim7}$）>9 或 CY=1，则（$A_{4\sim7}$）+6→$A_{4\sim7}$。

DA A 指令使用时一般跟在 ADD 和 ADDC 指令之后，用来对加法和进行修正，CPU 根据累加器 A 的原始数值和 PSW 的状态，由硬件自动对累加器进行加 06H、60H 或 66H 的操作。

【例 3-20】 78+54。

```
                              0 1 1 1 1 0 0 0   78压缩BCD码
     7 8  十进制          +） 0 1 0 1 0 1 0 0   54压缩BCD码
 +） 5 4  十进制          ----------------------------------
 ---------------              1 1 0 0 1 1 0 0   二进制加法结果
   1 3 2                  +） 0 1 1 0 0 1 1 0   加66H修正
                          ----------------------------------
                            1 0 0 1 1 0 0 1 0   正确压缩BCD码
```

完成上例两数相加的指令为：

```
MOV     A，#78
ADD     A，#54
DA      A                   ；执行此指令时，对高4位和
                            ；低4位分别+6修正
```

执行结果：A=32H，CY=1，OV=0。

三、逻辑运算类指令

逻辑运算类指令共 24 条，包括与、或、异或、清零、取反、循环移位等操作指令，如表 3-5 所示。

表 3-5　MCS-51 逻辑运算指令表

类型	操作码助记符	执行的操作	指令字节数	振荡周期
与	ANL A，Rn	A←A∧Rn	1	12
	ANL A，@Ri	A←A∧（Ri）	1	12
	ANL A，#data	A←A∧data	2	12
	ANL A，direct	A←A∧（direct）	2	12
	ANL direct，A	（direct）←（direct）∧A	2	12
	ANL direct，#data	（direct）←（direct）∧data	3	24
或	ORL A，Rn	A←A∨Rn	1	12
	ORL A，@Ri	A←A∨（Ri）	1	12
	ORL A，#data	A←A∨data	2	12
	ORL A，direct	A←A∨（direct）	2	12
	ORL direct，A	（direct）←（direct）∨A	2	12
	ORL direct，#data	（direct）←（direct）∨data	3	24

续表

类型	操作码助记符	执行的操作	指令字节数	振荡周期
异或	XRL A，Rn	A←A⊕Rn	1	12
	XRL A，@Ri	A←A⊕（Ri）	1	12
	XRL A，#data	A←A⊕data	2	12
	XRL A，direct	A←A⊕（direct）	2	12
	XRL direct，A	（direct）←（direct）⊕A	2	12
	XRL direct，#data	（direct）←（direct）⊕data	3	24
取反	CPL A	$A \leftarrow \overline{A}$	1	12
清零	CLR A	A←0	1	12
循环移位	RL A	A左循环一位	1	12
	RLC A	A带进位左循环一位	1	12
	RR A	A右循环一位	1	12
	RRC A	A带进位右循环一位	1	12

逻辑运算类指令执行时一般不影响程序状态寄存器PSW中的相应位，只有两种情况除外，那就是当目的操作数为A时对奇偶标志P位有影响；带进位的移位指令影响CY位。逻辑运算指令用到的助记符有ANL、ORL、XRL、RL、RLC、RR、RRC、CLR和CPL共9种。

1. 逻辑与运算指令（ANL）（第1～第6条）

逻辑“与”运算指令共6条，是将目的操作数的内容与源操作数进行按位逻辑“与运算”，结果送回源操作数中。对后2条指令而言，若直接地址是输出口数据锁存器P0～P3时，属于“读—修改—写”指令。

【例3-21】 已知（20H）＝47H，将内部20H单元的低4位清0，高4位保持不变，指令为：

```
ANL      20H,#0F0H
   0  1  0  0  0  1  1  1  (20H) =47H
∧  1  1  1  1  0  0  0  0       0F0H
--------------------------------
   0  1  0  0  0  0  0  0
```

执行结果：（20H）＝40H，可见与‘0’进行与操作的位被清零；与‘1’进行与操作的位保持不变。

2. 逻辑或运算指令（ORL）（第7～第12条）

这组指令是将目的操作数与源操作数所指示的内容按位进行逻辑“或”运算，结果存入目的操作数中，第7～10条指令执行后影响P位。对后2条指令而言，若直接地址是输出口数据锁存器P0～P3时，属于“读—修改—写”指令。

当执行最后一条指令时，可以对内部RAM的任何一个单元或特殊功能寄存器以及端口的指定位进行置位操作。

【例3-22】 已知P1口的内容为P1＝10110001B，欲将其第1位和第2位置位，即使D_2D_1＝11，其余位保持不变，可执行指令：

ORL　　P1，#00000110B

执行结果：P1=10110111B。可见与‘1’进行或操作的位被置位；与‘0’进行或操作的位保持不变。

3. 逻辑异或运算指令（XRL）（第13～第18条）

这组指令的前4条指令是将目的操作数与源操作数进行按位“异或”，其结果存入目的操作数中。对后2条指令而言，若直接地址是输出口数据锁存器P0～P3时，属于“读—修改—写”指令。当执行最后一条指令时，可以对片内RAM的任一单元及专用寄存器和端口进行位取反的操作。

【例3-23】 已知A=0F0H，R5=73H。

执行指令：　　XRL　　A，R5

$$\begin{array}{r} 1\ 1\ 1\ 1\ 0\ 0\ 0\ 0 \\ \oplus\ 0\ 1\ 1\ 1\ 0\ 0\ 1\ 1 \\ \hline 1\ 0\ 0\ 0\ 0\ 0\ 1\ 1 \end{array}$$

执行结果：A=83H，R5= 73H，P=1。可见与“0”相“异或”，该位保持不变；与“1”相“异或”，该位取反。因此逻辑异或操作常用于使某个单元中的特定位取反，而不影响其他位的值。

4. 求反指令（CPL）（第19条）

本指令是将A中的内容各位取反，结果送回A中。

5. 清0指令（CLR）（第20条）

本指令是将A的内容清0。

6. 循环移位指令（第21～第24条）

(1) RL　A。循环左移指令。这条指令的功能是把累加器A中的每一位逐位向左移一位，第7位循环移入第0位，不影响标志位。其功能如下所示：

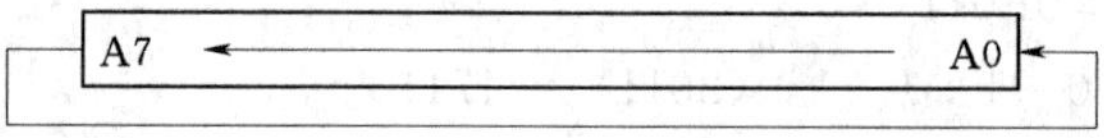

(2) RLC　A。带进位循环左移指令。这条指令的功能是把累加器A中的内容和进位标志一起逐位向左移一位，第7位循环移入CY位，原CY位移入第0位，影响PSW中的进位位CY和奇偶状态标志位P。其功能如下所示：

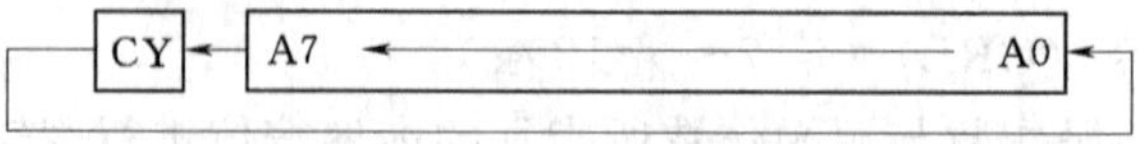

(3) RR　A。循环右移指令。这条指令的功能是把累加器A中的每一位逐位向右移一位，第0位循环移入第7位，不影响标志位。其功能如下所示：

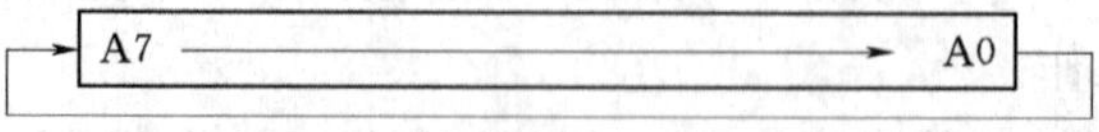

(4) RRC　A。带进位循环右移指令。这条指令的功能是把累加器A中的内容和进位

标志一起向右移一位，第 0 位循环移入 CY 位，原 CY 位移入第 7 位，影响 PSW 中的进位位 CY 和奇偶状态标志位 P。其功能如下所示：

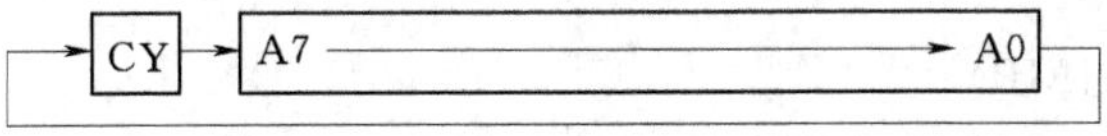

【例 3-24】 已知 A=01100110B=66H，CY=0，欲将 A 中的内容除 2，可执行指令：

RRC　　A

执行结果：A=00110011B=33H，CY=0，33H 正是 66H 的 1/2。

【例 3-25】 已知 A=10111101B=0BDH，CY=0，欲将 A 中的内容乘 2，可执行指令：

RLC　　A

执行结果：A=01111010B=7AH，CY=1，17AH 正是 0BDH 的 2 倍。可见通常都可以用“RRC A”这一指令使 A 中的内容做除 2 运算；用“RLC A”这一指令使 A 中的内容做乘 2 运算。

四、控制程序转移类指令

这类指令的主要功能是通过控制改变 PC 内容而实现程序转移，包括 64K 字节地址范围的长转移和长调用指令；2K 字节地址范围的绝对转移（短转）和绝对调用（短调）指令；整个 64K 字节空间的间接转移；相对转移指令。这类指令用到的助记符有 ACALL、AJMP、LCALL、LJMP、SJMP、JMP、JZ、JNZ、CJNE、DJNZ 共 10 种，如表 3-6 所示。

表 3-6　　MCS-51 控制程序转移类指令表

类型	操作码助记符	执行的操作	指令字节	振荡周期
无条件转移	AJMP addr11	PC←addr11	2	24
	SJMP rel	PC←PC+2+rel	2	24
	LJMP addr16	PC←addr16	3	24
间接转移	JMP @A+DPTR	PC←A+DPTR	1	24
无条件调用及返回	ACALL addr11	PC←addr11，断点入栈	2	24
	LCALL addr16	PC←addr16，断点入栈	3	24
	RET	子程序返回	1	24
	RETI	中断返回	1	24
条件转移	JZ rel	若 A 为 0，转移：PC←PC+2+rel；否则，顺序执行	2	24
	JNZ rel	若 A 不为 0，转移：PC←PC+2+rel；否则，顺序执行	2	24
	CJNE A，#data，rel	若源操作数不等于目的操作数，则转移：PC←PC+3+rel；否则顺序执行	3	24
	CJNE A，direct，rel		3	24
	CJNE Rn，#data，rel		3	24
	CJNE @Ri，#data，rel		3	24
	DJNZ Rn，rel	若源操作数减 1 不等于 0，则转移：PC←PC+2（或 3）+rel；否则顺序执行	2	24
	DJNZ direct，rel		3	24
空操作	NOP	PC←PC+1	1	12

（一）无条件转移指令（第 1～第 3 条）

这类指令是当程序执行到该指令时，无条件转移到指令所提供的地址上去，均不影响标志位。

1. 短跳转指令（AJMP）

指令中包含有 11 位的转移地址，即转移的目标地址是在下一条指令地址开始的 2KB 范围内，因此目标地址必须和它下面的指令存放在同一个 2K 字节范围的区域内。它把指令第一字节中的第 10～8 位（即 $A_{10}A_9A_8$）和指令的第二字节中的 8 位（即 A_7～A_0）合并在一起，送入 $PC_{10\sim0}$，而 PC_{15}～PC_{11} 保持不变，形成新的 16 位的转移地址，如图 3－10 所示。

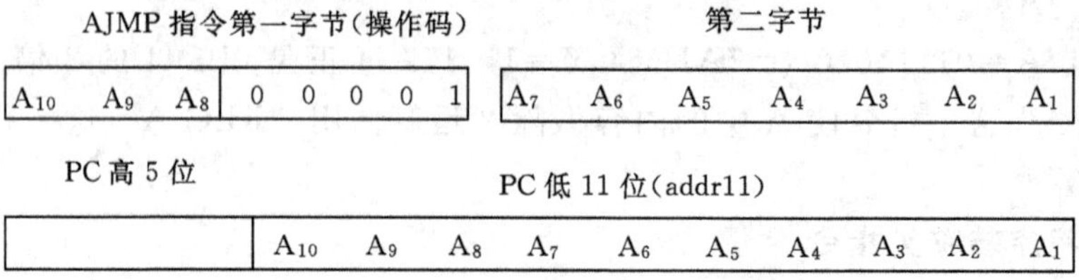

图 3－10　AJMP 指令转移地址的形成示意图

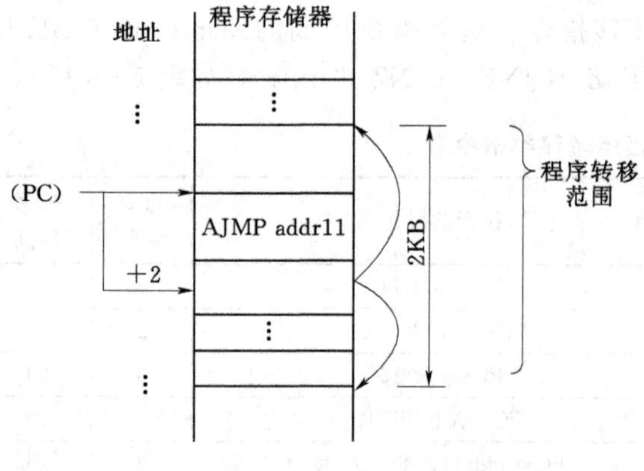

图 3－11　AJMP 跳转示意图

由图可知 PC 的高 5 位可有 32 种组合，分别对应 32 个页号，即把 64K 字节的存储器空间划分为 32 页，每页为 2K 字节。如图 3－11 所示。

2. 无条件转移指令（SJMP）

该指令为双字节，指令中的相对地址是一个带符号的 8 位偏移量（补码），rel 其范围为－128～＋ 127。负数表示向后（即地址减小方向）转移，正数表示向前（即地址增大方向）转移。该指令执行后程序转移到当前 PC 与 rel 之代数和所指示的单元。在用汇编语言编写程序时，rel 可以是一个转移目的地址的标号。

【例 3－26】　SAC：　　　SJMP　　BEC

如果标号 SAC 的值为 0200H，则 SJMP 这条指令的 2 字节机器码存放在 0200H 和 0201H 这两个单元中；设标号 BEC 的值为 0257H，即跳转的目的地址为 0257H，则指令的第二字节，即 8 位相对偏移量应为：

rel＝目的地址－（源地址＋指令字节数）＝0257H－（0200H＋2）＝55H

3. 长转移指令（LJMP）

该指令在运行时把指令的第二字节和第三字节分别装入 PC 的高字节和低字节中，允许转移的目的范围为 64K 字节的程序存储器空间。

（二）间接长转移指令（第 4 条）

JMP　　@A＋DPTR　　　；PC←A＋DPTR

该指令是无条件的间接转移（又称散转）指令。转移目的地址由数据指针 DPTR 和 A 的内容之和形成，不影响标志位，见图 3－12。

【例 3－27】 如果累加器中存放待处理的命令编号（0～7），程序存储器中存放着标号为 TABLE 的转移表。则执行以下程序，将根据 A 内的命令编号转向相应的命令处理程序。

```
START:  RL    A           ;A←A×2,因为转移表中的
                          ;AJMP 指令字节数为 2
        MOV   DPTR,#TABLE ;转移表首址 TABLE 赋给
                          ;DPTR
        JMP   @A+DPTR     ;散转
TABLE:  AJMP  RVT0        ;转向命令 0 处理入口
        AJMP  RVT1        ;转向命令 1 处理入口
        AJMP  RVT2        ;转向命令 2 处理入口
        AJMP  RVT3        ;转向命令 3 处理入口
        AJMP  RVT4        ;转向命令 4 处理入口
        AJMP  RVT5        ;转向命令 5 处理入口
        AJMP  RVT6        ;转向命令 6 处理入口
        AJMP  RVT7        ;转向命令 7 处理入口
```

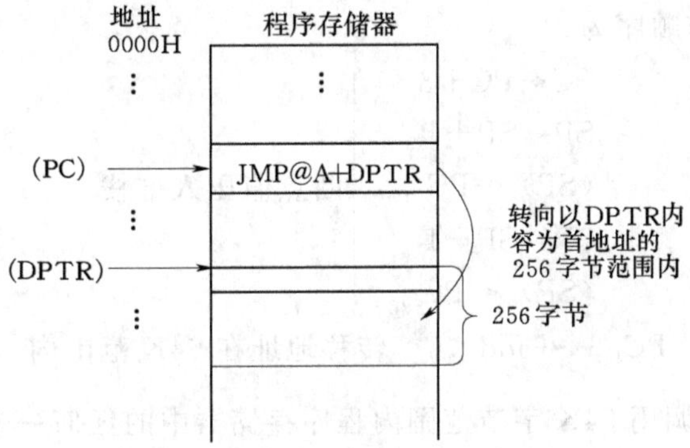

图 3－12　JMP 指令转移示意图

（三）子程序调用及返回指令（第 5～第 8 条）

该类指令的执行均不影响标志位。

1. 短调用指令（ACALL）

这条指令机器码为：

a_{10}	a_9	a_8	1	0	0	0	1
a_7	a_6	a_5	a_4	a_3	a_2	a_1	a_0

这条指令所调用的子程序的起始地址必须和该指令的下一条指令的第一个字节在同一个 2K 字节区域的程序存储器中。

指令执行时的操作顺序为：

$$\left.\begin{array}{l} PC \leftarrow PC+2 \\ SP \leftarrow SP+1 \\ (SP) \leftarrow PC_{7\sim0} \\ SP \leftarrow SP+1 \\ (SP) \leftarrow PC_{15\sim8} \\ PC_{10\sim0} \leftarrow add_{10\sim0} \end{array}\right\} \text{断点值压入堆栈}$$

$PC_{15\sim11}$不变，转移地址在 2K 范围内

【例 3-28】 SBD： ACALL AXD

如果 SBD 的标号值为 0256H，AXD（即子程序入口地址）标号值为 0105H，SP 为 70H，则该指令执行后，SP＝72H，内部 RAM 中堆栈区内（7lH）＝58H，（72H）＝02H，PC＝0105H。

2. 长调用指令（LCALL）

这条指令的机器码为：

0001 0010
$addr_{15\sim8}$
$addr_{7\sim0}$

指令执行时的操作顺序为：

$$\left.\begin{array}{l} PC \leftarrow PC+3 \\ SP \leftarrow SP+1 \\ (SP) \leftarrow PC_{7\sim0} \\ SP \leftarrow SP+1 \\ (SP) \leftarrow PC_{15\sim8} \end{array}\right\} \text{断点值压入堆栈}$$

$PC_{15\sim0} \leftarrow add_{15\sim0}$ 转移地址在 64K 范围内

LCALL 指令可以调用 64K 字节范围内程序存储器中的任何一个子程序，执行后不影响任何标志。

【例 3-29】 LOOP： LCALL DL

如果 LOOP 的标号值为 600H，子程序 DL 的首址为 8005H，（SP）为 76H，则该指令执行后，（SP）＝78H，内部 RAM 中堆栈区内（77H）＝03H，（78H）＝06H，（PC）＝8005H。

3. 子程序返回指令（RET）

在子程序的结尾必须是返回指令，才能从子程序返回到主程序。这条指令的功能是从堆栈中取出子程序调用时保护的断点地址，送入 PC，同时把栈指针减 2，不影响任何标志。

【例 3-30】 若 SP 的值为 72H，（72H）＝02H，（71H）＝58H。则执行指令：

RET

结果是：SP 为 70H，PC＝0258H，CPU 从 0258H 开始执行程序。

4. 从中断返回指令（RETI）

这条指令除具有RET指令的功能外，还将清除优先级状态触发器（该触发器由CPU响应中断时置位，指示CPU当前是否处理高级或低级中断）。如果在执行RETI指令的时候，有一个较低级的或同级的中断已挂起，则CPU至少要在执行了中断返回指令的下一条指令之后才能去响应被挂起的中断。

（四）条件转移指令（第9～第16条）

条件转移指令是依据某种特定条件转移的指令。条件满足则转移（相当于一条转移指令）；条件不满足则顺序执行下面的指令。目的地址的范围限制在以下一条指令的起始地址为中心的256个字节中（－128～＋127）。

1. 测试条件符合转移指令

JZ　　rel

若A＝0则转移，PC←PC＋2＋rel；否则顺序执行　PC←PC＋2。

JNZ　　rel

若A≠0则转移，PC←PC＋2＋rel；否则顺序执行　PC←PC＋2。

2. 比较不相等则转移指令

这组指令的功能是比较两个操作数（无符号整数）的大小，不相等则转移。如果第一操作数小于第二操作数，则置位进位标志CY；否则CY清0，不影响两个操作数的内容。操作数有寄存器寻址、直接寻址、寄存器间接寻址和立即寻址方式。

CJNE　　A，#data，rel

这条指令的执行情况是：若A＝data，则PC←PC＋3，CY←0
若A＞data，则PC←PC＋3＋rel，CY←0
若A＜data，则PC←PC＋3＋rel，CY←1

CJNE　　A，direct，rel

这条指令的执行情况是：若A＝（direct），则PC←PC＋3，CY←0
若A＞（direct），则PC←PC＋3＋rel，CY←0
若A＜（direct），则PC←PC＋3＋rel，CY←1

CJNE　　Rn，#data，rel

这条指令的执行情况是：若（Rn）＝data，则PC←PC＋3，CY←0
若（Rn）＞data，则PC←PC＋3＋rel，CY←0
若（Rn）＜data，则PC←PC＋3＋rel，CY←1

CJNE　　@Ri，#data，rel

这条指令的执行情况是：若（（Ri））＝data，则PC←PC＋3，CY←0
若（（Ri））＞data，则PC←PC＋3＋rel，CY←0
若（（Ri））＜data，则PC←PC＋3＋rel，CY←1

【例3-31】 根据R3的内容大于30H、等于30H和小于30H三种情况决定执行三种不同的处理情况。

```
        CJNE    R3,#30H,NEQ     ;R3≠30H 则转移到 NEQ
EQ:     …                       ;R3=30H 的处理程序
```

```
NEQ:     JC      LOW          ;如果R3<30H,转移到LOW
                              ;处理
         …                    ;大于30H的处理程序
LOW:     …                    ;小于30H的处理程序
```

3. 减1不为0的转移指令

```
DJNZ    Rn,rel
DJNZ    direct,rel
```

这组指令的功能是把源操作数减1，结果送回源操作数中，若结果不为0则转移，否则顺序执行。在应用中需要多次重复执行某程序时，可以设置一个计数值，每执行一次该程序，计数值减1，当不为0时则继续循环执行，直到计数值减到0为止。

【例3-32】 常用的延时程序。

```
         MOV       R4,#0FFH
DL:      DJNZ      R4,DL
```

（五）空操作指令（第17条）

NOP

除了PC值加1之外，本指令不进行任何操作，也不影响其他任何状态。指令的功能是在延时等程序中用于调整CPU的时间。

五、位操作类指令

MCS-51单片机硬件结构中有一个布尔处理器，因此设有一个专门处理布尔变量的指令子集（又称位操作指令子集）。这类指令包括位传送、位逻辑运算、控制程序转移等指令。在布尔处理器中，位的传送和位逻辑运算是通过CY标志位（程序状态字PSW.7）来完成的，此时，CY的作用相当于一般CPU中的累加器，在位操作指令中用“C”表示。

位操作中的位地址可以是片内RAM 20H～2FH单元中连续的128位和特殊功能寄存器中的可寻址位。后者断续分布在80H～0FFH范围内。

在进行位操作时，汇编语言中位地址的表达方式可有多种方式。

(1) 直接位地址方式：如07H为20H单元的D7位，0D6H为PSW的D6位即AC标志位。

(2) 点操作符号方式：如PSW.2，P1.1。

(3) 位名称方式：如RS1，RS0。

(4) 用户定义名方式：经指令SLC bit F0定义后，允许指令中用SLC代替F0。

位操作指令所用的助记符有MOV、CLR、CPL、SETB、ANL、ORL、JC、JNC、JB、JNB和JBC共11种。该类指令如表3-7所示。

表3-7　　MCS-51位操作类指令表

类型	操作码助记符	执行的操作	指令字节	振荡周期
位传送	MOV C, bit	C←bit	2	12
	MOV bit, C	bit←C	2	12

续表

类型	操作码助记符	执行的操作	指令字节	振荡周期
位变量修改（清零、取反、置位）	CLR　C	C←0	1	12
	CLR　bit	bit←0	2	12
	CPL　C	C←$\overline{C}$	1	12
	CPL　bit	bit←$\overline{bit}$	2	12
	SETB　C	C←1	1	12
	SETB　bit	bit←1	2	12
位逻辑与、或运算	ANL　C，bit	C←C∧bit	2	24
	ANL　C，/bit	C←C∧$\overline{bit}$	2	24
	ORL　C，bit	C←C∨bit	2	24
	ORL　C，/bit	C←C∨$\overline{bit}$	2	24
判位转移	JC　rel	C=1 则转移	2	24
	JNC　rel	C=0 则转移	2	24
	JB　bit，rel	bit=1 则转移	3	24
	JNB　bit，rel	bit=0 则转移	3	24
	JBC　bit，rel	bit=1 则转移，且 bit←0	3	24

（一）位数据传送指令（第 1～第 2 条）

这两条指令主要用于直接寻址位与 C 之间的数据传送。其中的一个操作数必须是 C，另一个可以是任何可直接寻址的位。

【例 3-33】 把 21H 单元的第 2 位赋给端口 P2.3 位。

```
MOV     C,21H.2      ;CY←21H.2
MOV     P2.3,C       ;P2.3←CY
```

【例 3-34】 把片内 2FH 单元的 D1 位传送至 C 中，假定（2FH）=32H。

```
MOV     C, 79H       ;79H 为 2FH 单元 D1 的位地
                     ;址
```

执行结果：CY=1

（二）位修改指令（第 3～第 8 条）

```
CLR     C            ;C←0
CLR     bit          ;bit←0
CPL     C            ;进位位取反
CPL     bit          ;bit 位取反
SETB    C            ;C←1
SETB    bit          ;bit←1
```

这组指令的功能是将操作数指出的位清零、取反、置进位标志位和置直接寻址位，指令执行后不影响其他标志。

【例 3-35】 应用举例

```
CLR     27H          ;24H.7←0,对位地址为 27H
```

```
                        ;的位清 0
SETB      P2.6          ;P2.6←1,对 P2.6 位口线置
                        ;1
```

（三）位逻辑运算指令（第 9～第 12 条）

```
ANL       C, bit        ; C←C∧bit
ANL       C, /bit       ; C←C∧/bit
ORL       C, bit        ; C←C∨bit
ORL       C, /bit       ; C←C∨/bit
```

这组指令的功能是把进位标志位 CY 的内容与直接寻址位进行逻辑与、逻辑或的操作，操作的结果送至 CY 中，式中的斜杠“/”表示对该位取反后再参与运算，并不影响操作数本身的内容。

【例 3-36】 设 P1 作输入口，P3.1 作输出线，执行下列指令：

```
MOV       C, P1.0
ANL       C, P1.2
ANL       C, /P1.3
MOV       P3.1,C
```

执行的结果是：$P3.1=P1.0\wedge P1.2\wedge\overline{P1.3}$

（四）判位转移指令（第 13～第 17 条）

```
JC        rel           ;C=1 时转移:PC←PC+2+
                        ;rel,否则顺序执行
JNC       rel           ;C= 0 时转移:PC←PC+2
                        ;+rel,否则顺序执行
JB        bit,rel       ;bit=1 时转移:PC←PC+3
                        ;+rel,否则顺序执行
JNB       bit,rel       ;bit=0 时转移:PC←PC+3
                        ;+rel,否则顺序执行
JBC       bit,rel       ;bit=1 时转移:PC←PC+3
                        ;+rel,bit←0,否则顺序执
                        ;行
```

第 1、第 2 条指令是判断进位标志位 C 是否为“1”或为“0”，当满足此条件时则转移，否则继续执行程序。第 3、第 4、第 5 条指令是判断直接寻址位是否为“1”或“0”，满足此条件时转移，否则继续执行程序。最后一条指令当条件满足时转移，同时还将该寻址位清 0。

【例 3-37】 比较内部 RAM 中 60H 和 70H 中的两个无符号数的大小，将大数存入 80H，小数存入 90H 单元中，若两数相等使片内 RAM 的位 127 置“1”。

```
        MOV     A, 60H          ; 将 60H 单元的无符号数传
                                ; 送给累加器
        CJNE    A, 70H, GT      ; 比较，不相等则转移
```

```
        SETB    127             ；两数相等位 127 置 1
        RET
GT：    JC      LT
        MOV     80H，A          ；大数存入 80H 单元中
        MOV     90H，70H        ；小数存入 90H 单元中
        RET
LT：    MOV     80H，70H        ；大数存入 80H 单元中
        MOV     90H，A          ；小数存入 90H 单元中
        RET
```

以上是 MCS－51 单片机指令的系统介绍。

本　章　小　结

本章主要介绍了 MCS－51 单片机的寻址方式与指令系统两方面的内容，对这两部分的学习是相辅相成、密不可分的。单片机要执行一定的任务，就必须有一条条单片机所能识别的操作命令。一套指令系统决定了单片机解决问题的能力，而寻址方式的多寡又说明了一个单片机寻找操作数的灵活程度。

MCS－51 系列单片机提供了 7 种寻址方式，可以在系统程序的设计中灵活地选用。如查表访问时就可以使用变址寻址方式，还可以很方便地对位进行直接寻址。对寻址方式的灵活掌握，能使程序的设计简单明了，程序运行的效率得到提高。

指令系统决定了微处理器解决问题的能力。MCS－51 单片机虽然在处理一些复杂的算法时有一定难度（如通信中的部分编/解码算法），但它的指令系统简单，大部分都是单周期或两周期的指令，执行效率相对较高，对外部的 I/O 处理能力强。MCS－51 单片机指令系统在存储空间和执行时间方面具有较高的效率。

所以希望读者对这两方面的内容熟练掌握，为以后的实用设计奠定良好的基础。

思　考　与　练　习　题

一、填空题

1. MCS－51 共有（　　）条指令，可分为几种不同的寻址方式。如：MOV A，20H 属于（　　）寻址方式，MOVC A，@A＋DPTR 属于（　　）寻址方式，MOV C，bit 属于（　　）寻址方式。

2. 在 R7 初值为 00H 的情况下，DJNZ R7，rel 指令将循环执行（　　）次。

3. 转移指令 LJMP addr16 的转移范围是（　　），JNZ rel 的转移范围是（　　），调用指令 ACALL addr11 的调用范围是（　　）。

4. 转移指令与调用指令的相同点是两种指令都是通过改变程序计数器 PC 的内容来实现转移的；不同点是，当执行调用指令时，它不仅能转移到某一指定地址处，而且当子程序执行到（　　）指令后，它能自动返回到（　　）指令处，而普通转移指令（　　）能

返回。

5. MCS－51 的两条查表指令是（　　）和（　　）。

6. 用于压缩 BCD 码加法运算时，对运算结果进行修正。紧跟在 ADD 或 ADDC 指令后必须是指令（　　）。

二、选择题

1. 计算机能直接识别的语言是（　　）。

A. 汇编语言　　B. 自然语言　　C. 机器语言　　D. 硬件和软件

2. 子程序的返回和中断响应过程中的中断返回都是通过改变 PC 的内容实现的，而 PC 内容的改变是（　　）完成的。

A. 通过 POP 命令　　B. 通过 MOV 指令

C. 通过 RET 或 RETI 指令　　D. 自动

3. 访问片外数据存储器的寻址方式是（　　）。

A. 立即寻址　　B. 寄存器寻址　　C. 寄存器间接寻址　D. 直接寻址

4. 堆栈数据的进出原则是（　　）。

A. 先进先出　　B. 先进后出　　C. 后进后出　　D. 只进不出

5. 已知：R0＝28H，(28H)＝46H

执行以下指令

```
MOV    A，＃32H
MOV    A，45H
MOV    A，@R0
```

执行后 A 的内容为（　　）。

A. 46H　　B. 28H　　C. 45H　　D. 32H

6. 下列指令中错误的有（　　）。

```
A.    CLR     R0
B.    MOVX    @DPTR，B
C.    MOV     P3.4，A
D.    JBC     TF0，LOOP
```

7. 下面程序运行后结果为（　　）。

```
MOV     2FH，＃30H
MOV     30H，＃40H
MOV     R0，＃30H
MOV     A，＃20H
SETB    C
ADDC    A，@R0
DEC     R0
MOV     @R0，A
```

A. (2FH)＝30H (30H)＝40H　　B. (2FH)＝61H (30H)＝40H

C. (2FH)＝60H (30H)＝60H　　D. (2FH)＝30H (30H)＝60H

三、阅读程序题

1. 指出以下程序段每一条指令执行后累加器A内的值，已知（R0）=30H

```
MOV     A，#0AAH
CPL     A
RL      A
CLR     C
RLC     A
ADDC    A，R0
```

2. 设内部RAM30H单元中内容为52H，请给出以下程序结果：

```
MOV     A，#30H
MOV     A，30H
MOV     R0，#30H
MOV     A，@R0
MOV     30H，#30H
```

3. 设P1口内容为0AAH（P1口地址为90H），请给出以下程序结果：

```
MOV     R0，#30H
MOV     10H，P1
MOV     A，10H
MOV     @R0，A
MOV     40H，@R0
```

4. 设内部RAM中33H单元中内容为44H，34H单元中内容为0AFH，R0中内容为33H，R1中内容为00H，给出以下每一条指令执行后A中的值和PSW中P的值。

```
MOV     A，#34H
MOV     A，34H
MOV     A，R1
MOV     A，@R0
```

第四章　汇编语言程序设计

所谓程序设计，就是用计算机所能接受的形式把解决问题的步骤描述出来。汇编语言程序设计，要求设计人员对单片机的硬件结构有较详细的了解。编程时，对数据的存放、寄存器和片上资源的使用等均要由设计者安排。而高级语言程序设计时，这些工作是由计算机软件来完成的，程序设计人员无须考虑。

第一节　汇编语言源程序编辑与汇编

一、源程序的编辑

（一）源程序编制的步骤

设计程序之前，首先要进行题意分析。仔细分析问题，明确要解决问题的要求。对现有的条件，已知的数据，运算的精度和速度等方面的要求要有正确的认识。

接着确定算法。解决一个问题，常常有好几种可供选择的方法，也就是有几种不同的算法。在编制程序以前，根据实际问题和指令系统的特点，要先对不同的算法进行分析、比较，决定所采用的计算公式和计算方法，找出最合适的算法。

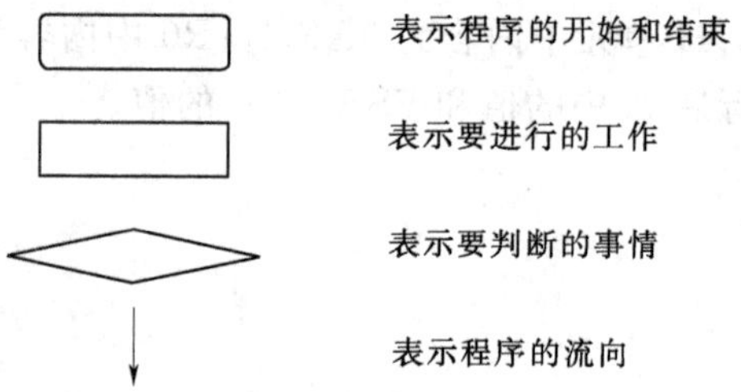

图 4-1　程序流程图符号

然后制定程序流程图。一个程序按其功能可能分为若干个部分，通过流程图把具有一定功能的各个部分有机的联系起来，从而使人们能够抓住程序的基本线索，对全局有完整的了解。通过制定流程图程序设计人员容易发现设计思想上的错误和矛盾，也便于找出解决问题的途径，因此画流程图是程序结构设计时所采用的一种重要手段。一个系统的软件要有总的流程图，即主程序框图，它可以画得粗一点，侧重于反映各个模块之间的相互联系。另外，还要有局部流程图，反映各个模块的具体实现方案。程序流程图常采用如图 4—1 所示的图形和符号。

下一步编写程序。按照汇编程序设计的格式，编写实现其功能的汇编程序。在编写程序时，一般应遵循尽可能节省数据存放单元、缩短代码长度、降低运行时间三个原则。

最后进行源程序汇编和调试。汇编语言源程序必须转化为机器码表示的目标程序，计算机才能执行，这种转化过程称为汇编。通常汇编工作是在计算机上使用交叉汇编程序进行的，最后得到以机器码表示的目标程序。汇编和反汇编的过程如图 4-2 所示。

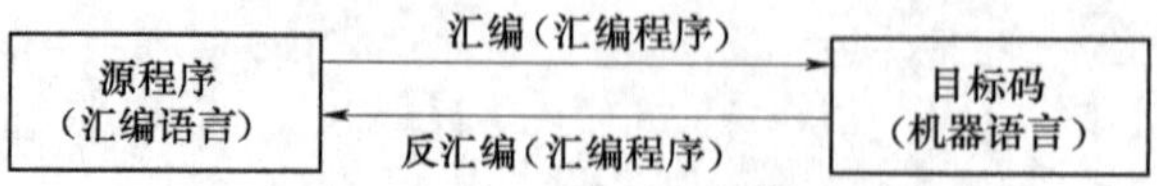

图 4-2　汇编和反汇编过程

通常程序的调试需要使用仿真器。通过计算机将目标程序装入仿真器，在仿真器上以单步、断点、连续方式试运行程序，对程序进行测试，排除程序中的错误，直到正确为止。

(二) 汇编语言源程序的格式

MCS-51 汇编源程序是用文字编辑器编写的由汇编指令和 MCS-51 伪指令构成的文本文件。MCS-51 系列单片机汇编语言源文件一般应以 .asm 为扩展名。

在编辑源程序时，以回车作为结束的一行称为语句行。每个语句行长度应少于 80 个字符。每一个语句行对于汇编程序来说都是一条单独的命令行，它可以是一条汇编语言指令，也可以是一条注释，或是空白（即什么也不写），还可以是系统允许的伪指令。语句行的标准格式为：

标号：　　　操作码　　　操作数　　　；注释

即一行由四部分组成，可以根据需要缺省其中的一部分或几部分，甚至全部省去，即是空白行。

1. 标号

标号后面必须有“:”，它是标志程序中某一行的符号名。标号的数值就是标号所在行指令代码的存储地址。标号中可以用数字，但必须用字母开头，标号中不能包含“:”或其他的一些特殊符号，也不可以用汉字。当标号作参数用（如标号作转移地址），在命令后面出现时，必须舍去“:”（如 LJMP START 中的 START）。

2. 操作码

操作码表示单片机执行该指令时将进行何种操作。操作码由 2～5 个英文字母组成，例如，JB、MOV 和 LCALL 等。

3. 操作数

操作数表示操作的数本身或参加操作的数所在单元的地址。这里必须注意，操作数如果是以 A，B，C，D，E，F 开头的，则为了区分是数字还是字母，应当在这些数字前加“0”，如 FFH，在程序中应当写成 0FFH，C0H 应写成 0C0H 等。

操作码和操作数都有对应的二进制机器码，机器码由若干字节组成。对于不同的指令，机器码的字节数不同。MCS-51 指令系统中，有单字节、双字节和 3 字节指令。

4. 注释

注释用于对程序的说明，它以分号开始，以回车结束。源程序行可以只包含注释，注释只是被复制到列表文件中，不产生机器码。

(三) 汇编语言源程序的优点

采用汇编语言编程与采用高级语言编程相比具有以下优点：

(1) 占用的内存单元和 CPU 资源少。

(2) 程序简短，执行速度快。

(3) 可直接调用计算机的全部资源，并可有效地利用计算机的专有特性。

(4) 能准确地掌握指令的执行时间，适用于实时控制系统。

二、源程序的汇编

汇编语言源程序必须转化成机器码表示的目标程序，计算机才能执行，这种转换的过程称为汇编。汇编的方法一般有两种：一种为人工汇编；另一种为机器汇编。

人工汇编是将源程序由人工查表来译成目标程序。通过手工方式查指令编码表，逐个把助记符指令翻译成机器码。这种方式比较麻烦，如果条件允许，一般都选用机器汇编。

机器汇编是将汇编程序输入计算机后，由汇编程序译成机器码。一个汇编程序往往不可能一次编写就完全正确，总会有一些错误存在，机器汇编可以对源程序中存在的一些语法错误进行判别，并给出出错信息，显示在屏幕上，并被写入到列表文件中去，程序员可以根据出错信息对照源程序进行修改，在不知道机器码是什么的情况下，就能将源程序调试好，比较方便。

例如，在文本区编写一个源程序如下：

```
ORG        0030H
MOVX       @DPTR，A
MOV        A，＃41H
END
```

汇编完成后，如果没有错误，则形成两个文件。一个为打印文件，格式为：

```
地址       目标码       源程序
                        ORG          0030H
0030H      F0           MOVX         @DPTR，A
           7441         MOV          A，＃41H
                        END
```

另一个文件称为目标码文件，格式为：

0030	0033	F07441
首地址	末地址	目标码

该目标文件由 PC 机通过下载线下载到仿真器或者目标板上运行。

第二节 汇编语言程序设计方法

汇编语言的程序具有 4 种结构形式：顺序程序设计，分支程序设计，循环程序设计和子程序设计。

一、顺序程序设计

顺序程序设计是最简单的程序结构，也称直线程序。这种程序中既无分支、循环，也无子程序调用，程序按顺序一条一条的执行指令。

在单片机应用程序设计中，经常涉及各种数制的转换问题。例如显示输出某字符，需要将二进制数码转换为 ASCⅡ码；在输入/输出中，按照人的习惯均使用十进制数，而计算机内部进行数据计算和存储时，经常采用二进制码，二进制码具有运算方便、存储量小的特点。于是对于各种数制码，经常需要进行相互转换。

【例 4－1】 二进制码到 BCD 码的转换。将一个单字节十六进制数转换成 BCD 码。

解：单字节十六进制数在 0～255 之间，将其除 100 后，商为百位数，余数除以 10，商为十位数，余数为个位数。设单字节数存在 A 中，转换后，百位数存放于 R7 中，十位和个位数分别存于 A 的高位和低位字节中，如图 4－3 所示。

程序清单如下：

```
ORG     4000H
MOV     B,#100      ; 分离出百位数
DIV     AB
MOV     R7,A        ; 百位数→R7
XCH     A,B         ; 余数存入 A 中
MOV     B,#10       ; 分离出十位和个位
DIV     AB
SWAP    A           ; 十位存入高字节
ADD     A,B         ; 低位存入低字节中
END                 ; 程序结束,注意这并不是停机
                    ; 指令
```

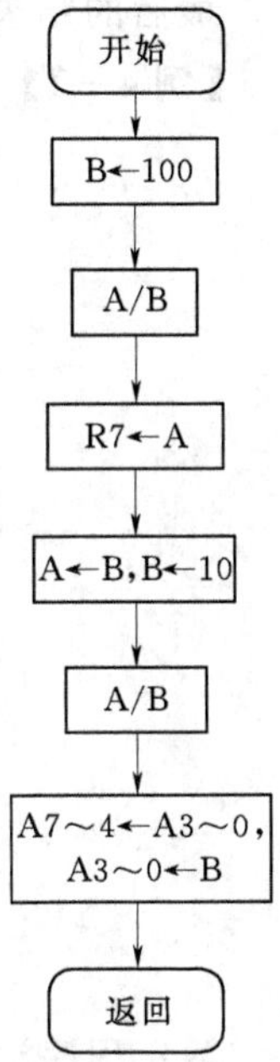

图 4－3　例 4－1 流程图

在应用系统中总有大量的数据变换与处理工作都离不开数值计算，而最基本的数值运算是四则运算。

【例 4－2】 16 位数据加法。有两个无符号 16 位数分别存于 30H 和 32H 开始的单元中，设(30H)＝0AFH，(31H)＝0AH，(32H)＝90H，(33H)＝2FH，高字节在高地址单元中，低字节在低地址单元中，计算两数之和并存入 32H 开始的单元中。

说明：程序执行过程先计算低字节和：

```
     1 0 1 0 1 1 1 1    (30H)=0AFH
  +  1 0 0 1 0 0 0 0    (32H)=90H
  ---------------------
 (1) 0 0 1 1 1 1 1 1
```

执行后 A＝3FH，CY＝1，OV＝1，AC＝0

再计算高字节和（需要加上低字节产生的进位位）：

```
     0 0 0 0 1 0 1 0    (31H)=0AH
  +  0 0 1 0 1 1 1 1    (33H)=2FH
                   1      CY=0
  ---------------------
     0 0 1 1 1 0 1 0
```

```
MOV     R0, #32H
MOV     A, 30H
ADD     A, @R0      ; 计算低字节之和
MOV     @R0, A      ; 低字节和存入 32H 单元
MOV     A, 31H
INC     R0
ADDC    A, @R0      ; 计算高字节之和，须加上低
                    ; 字节相加后的进位
MOV     @R0, A      ; 高字节和存入 33H 单元
```

执行完后 A＝3AH，CY＝0，OV＝ 0，AC＝1

最后的结果：(32H)=3FH，(33H)=3AH，CY=0，OV= 0，AC=1

【例 4-3】 16 位数据减法见图 4-4，图 4-5。

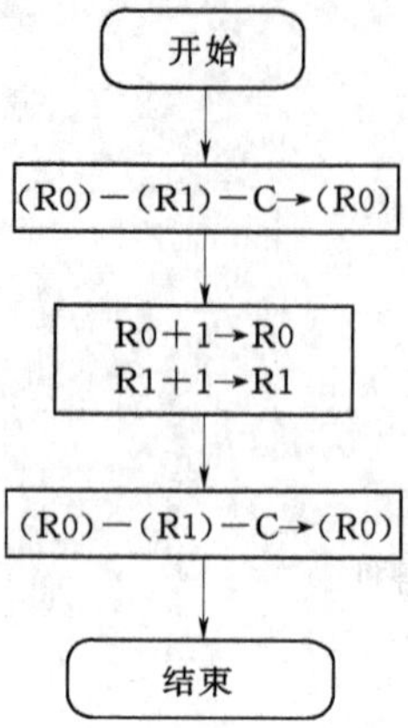

图 4-4 例 4-3 流程图

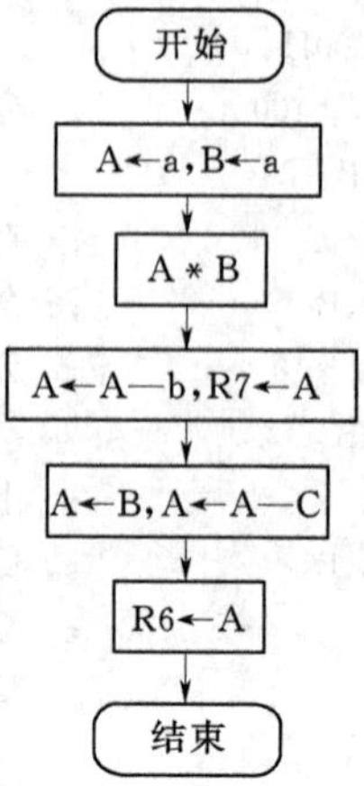

图 4-5 例 4-4 流程图

解：程序清单如下：

```
SUB16:    MOV     A,@R0
          CLR     C
          SUBB    A,@R1
          MOV     @R0,A
          INC     R0
          INC     R1
          MOV     A,@R0
          SUBB    A,@R1
          MOV     @R0,A
          END
```

【例 4-4】 求多项式 a^2-b。

解：设 a 存放在 R2 中，b 存放在 R3 中，结果存放在 R6 和 R7 中。

程序如下：

```
MOV     A, R2
MOV     B, A
MUL     AB          ;  a² 存入 BA
CLR     C
SUBB    A, R3       ;  带进位减
MOV     R7,A        ;  保存低 8 位
MOV     A, B
SUBB    A,#00H      ;  高八位减进位
MOV     R6,A
END
```

【例 4-5】 查表。用查表法求某一个数的平方。

解： 设平方表格放在以 TABLE 为首地址的存储单元中，例如查 5 的平方，其程序清单如下：

```
        ORG     0000H
        MOV     DPTR,#TABLE      ; 表首地址送 DPTR
        MOV     A,#05            ; 被查数字 05
        MOVC    A,@A+DPTR        ; 查表求平方
        SJMP    $
TABLE:  DB      0,1,4,9,16,25,36,49,64,81
        END
```

以上几例均为简单直线程序，可以完成一些特定的功能，若在程序结尾改用一条子程序返回指令 RET，则这些可完成某些特定功能的程序段，可被主程序当作子程序调用。

二、分支程序设计

在一个实际的应用程序中，程序不可能始终是直线执行的。这就要求计算机能够作出一些判断并根据判断结果作出不同的处理，以产生一个或多个分支，决定程序的流向。

（一）简单分支程序

【例 4-6】 二进制码与 ASCII 码的转换。

解： 由二进制数和 ASCII 码之间的关系可知，对于小于等于 9 的 4 位二进制数加 30H 得到相应的 ASCII 代码，对于大于 9 的 4 位二进制数加 37H 得到相应的 ASCII 代码。

入口参数：4 位二进制数存放于 A 中。

出口参数：ASCII 代码存放于 R2 中。

程序清单如下：

```
        ORG     2000H
LOOP1:  ANL     A,#0FH
        CJNE    A,#10,LOOP2
LOOP2:  JC      LOOP3
        ADD     A,#07H
LOOP3:  ADD     A,#30H
        MOV     R2,A
        END
```

【例 4-7】 比较两个 8 位无符号二进制数的大小，将较大的数存入低地址中（设两数分别存于 30H 和 31H 中）。

解： 这是一个简单的分支程序，可以让两数相减，若 Cy=1，则被减数小于减数。用 JC 指令进行判断，程序流程图如图 4-6 所示。

程序清单如下：

```
        ORG     4000H
        CLR     C           ;0→Cy
        MOV     A,30H
        SUBB    A,31H       ;作减法比较两数
        JNC     NEXT        ;若(30H)大则转移
        MOV     A,30H
        XCH     A,31H
        MOV     30H,A       ;交换两数
NEXT:   NOP
        END
```

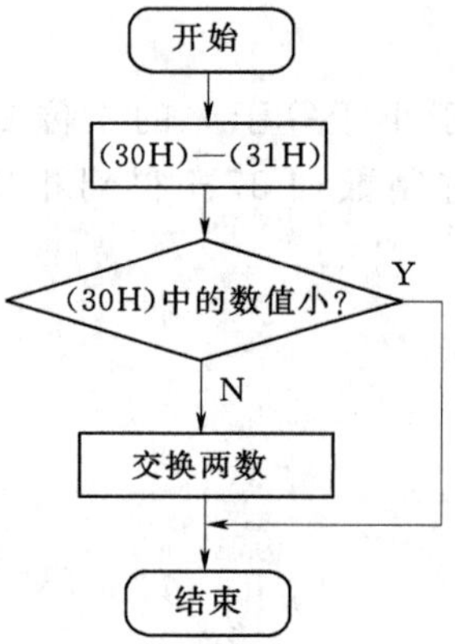

图 4-6 例 4-7 流程图

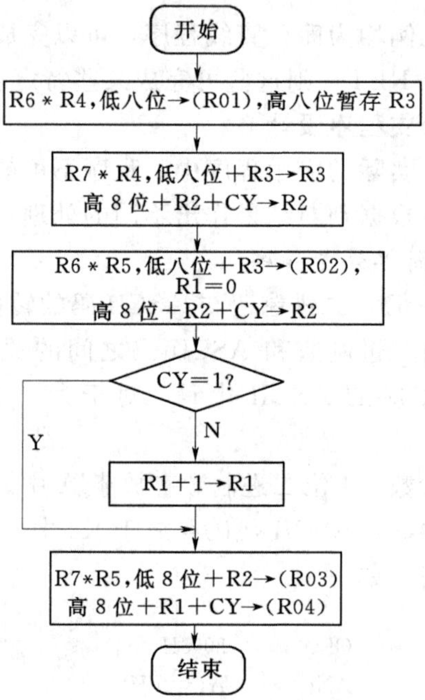

图 4-7 例 4-8 流程图

【例 4-8】 16 位数据乘法（见图 4-7）。

解：两个双字节无符号数分别放在 R7、R6 和 R5、R4 中。由于 MCS-51 单片机指令中只有 8 位数的乘法指令 MUL，用它来实现双字节数乘法时，可把乘数分解为：

$$(R7)(R6)=(R7)2^8+(R6) \quad (R5)(R4)=(R5)2^8+(R4)$$

则这两个数的乘积可表示为：

$$\begin{aligned}(R7)(R6)(R5)(R4)&=[(R7)2^8+(R6)][(R5)2^8+(R4)]\\&=(R7)(R5)2^{16}+(R7)(R4)2^8+(R6)(R5)2^8+(R6)(R4)\\&=(R04)(R03)(R02)(R01)\end{aligned}$$

显然，将（R6）·（R4）放入（R02）（R01）中，将（R7）·（R4）和（R6）·（R5）累加到（R03）（R02）中，再将（R7）·（R5）累加到（R04）·（R03）中即可得到乘积

结果。

入口：(R7 R6) ＝被乘数，(R5 R4) ＝乘数，(R0) ＝乘积的低位字节地址指针。

出口：(R0) ＝乘积的高位字节地址指针，指向 32 位积的高 8 位。

工作寄存器：R3、R2 暂时存放部分积，R1 存放进位位。

程序清单如下：

```
MUL1:   MOV    A,R6        ; 取被乘数的低字节到 A
        MOV    B,R4        ; 取乘数的低字节到 B
        MUL    AB          ; (R6)(R4)
        MOV    @R0,A       ; R01 存乘积低 8 位
        MOV    R3,B        ; R3 暂存(R6)(R4)的高 8 位
        MOV    A,R7        ; 取被乘数的高字节到 A
        MOV    B,R4        ; 取乘数的低字节到 B
        MUL    AB          ; (R7)(R4)
        ADD    A,R3        ; (R7)(R4)低 8 位加(R3)
        MOV    R3,A        ; R3 暂存 2^8 部分项低 8 位
        MOV    A,B         ; (R7)(R4)高 8 位送 A
        ADDC   A,#00H      ; (R7)(R4)高 8 位加进位
                           ; CY
        MOV    R2,A        ; R2 暂存 2^8 部分项高 8 位
        MOV    A,R6        ; 取被乘数的低字节到 A
        MOV    B,R5        ; 取乘数的高字节到 B
        MUL    AB          ; (R6)(R5)
        ADD    A,R3        ; (R6)(R5)低 8 位加(R3)
        INC    R0          ; 调整 R0 地址为 R02 单元
        MOV    @R0,A       ; R02 存放乘积 15～8 位结
                           ; 果
        MOV    R1,#00H     ; 清暂存单元
        MOV    A,R2
        ADDC   A,B         ; (R6)(R5)高 8 位加(R2)与
                           ; CY
        MOV    R2,A        ; R2 暂存 2^8 部分项高 8 位
        JNC    NEXT        ; 2^8 项向 2^16 项无进位则转
                           ; 移
        INC    R1          ; 有进位则 R1 置 1 标记
NEXT:   MOV    A,R7        ; 取被乘数高字节
        MOV    B,R5        ; 取乘数高字节
        MUL    AB          ; (R7)(R5)
        ADD    A,R2        ; (R7)(R5)低 8 位加(R2)
        INC    R0          ; 调整 R0 地址为 R03 单元
        MOV    @R0,A       ; R03 存放乘积 23～16 位结
                           ; 果
```

```
        MOV     A,B
        ADDC    A,R1        ; (R7)(R5)高8位加2^8项进
                            ; 位
        INC     R0          ; 调整R0地址为R04单元
        MOV     @R0,A       ; R04存放乘积31~24位结
                            ; 果
        END
```

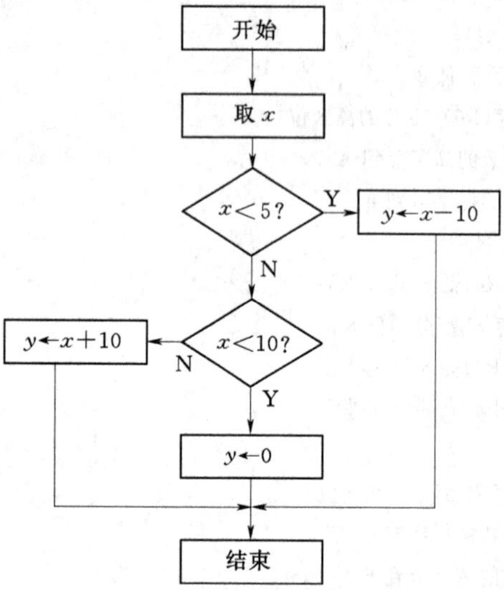

图 4-8 例 4-9 程序流程图

（二）多重分支程序

程序仅判断一个分支条件有时是无法解决问题的，这时需要判断两个或两个以上的条件，通常也称为复合条件。

【例 4-9】 设变量 x 存入 36H 单元中，求得函数 y 的值存入 37H 中。编程按下式要求给 y 赋值：

$$y=\begin{cases}x+10 & (x\geqslant 10)\\ 0 & (10>x\geqslant 5)\\ x-10 & (0<x<5)\end{cases}$$

解： 要根据 x 的大小来决定 y 的值，在判断 $x>5$ 和 $x>10$ 时，采用 CJNE 和 JC 指令进行判断。程序流程图如图 4-8 所示。

程序清单如下：

```
        ORG     4000H
        MOV     A,36H           ; 取x
        CJNZ    A,#5,M0         ; 与5比较
M0:     JC      M1              ; x<5则转M1
        CJNE    A,#0AH,MM       ; 与10比较
MM:     JC      M2              ; x<10则转M2
        ADD     A,#0AH          ; x>10则y=x+10
        SJMP    EN
M1:     CLR     C               ; 0→Cy
        SUBB    A,#0AH          ; 0<X<5则y=x−10
        SJMP    EN
M2:     MOV     A,#0            ; 10>x≥5则y=0
EN:     MOV     37H,A
        END
```

【例 4-10】 将 ASCII 码转换成十六进制数。如果不是十六进制数的 ASCII 码，用户标志位置“1”。

解： 由 ASCII 码表可知，30H～39H 为 0～9 的 ASCII 码，41H～46H 为 A～F 的 ASCII 码。在这些范围内的 ASCII 码减 30H 或 37H 就可获得对应的十六进制数。

设 ASCII 码存放于 A 中，转换结果再放回 A 中。程序流程图如图 4-9 所示。

程序清单如下：

```
            ORG     4000H
            CLR     C               ；0→Cy
            SUBB    A,＃30H         ；作减法比较两数
            JC      NASC            ；若A小于0则不是十六进
                                    ；制数
            CJNE    A,＃0AH,MM
            SJMP    EN              ；0≤(A)<0AH,是十六
                                    ；进制数
MM：        CLR     C
            SUBB    A,＃10H         ；作减法比较两数
            JC      NASC
            CJNE    A,＃06H,NASC
            ADD     A,＃9H          ；41H≤(A)<47H,是十六
                                    ；进制数
            SJMP    EN
NASC：      SETB    F0              ；置用户标志
EN：        NOP
            END
```

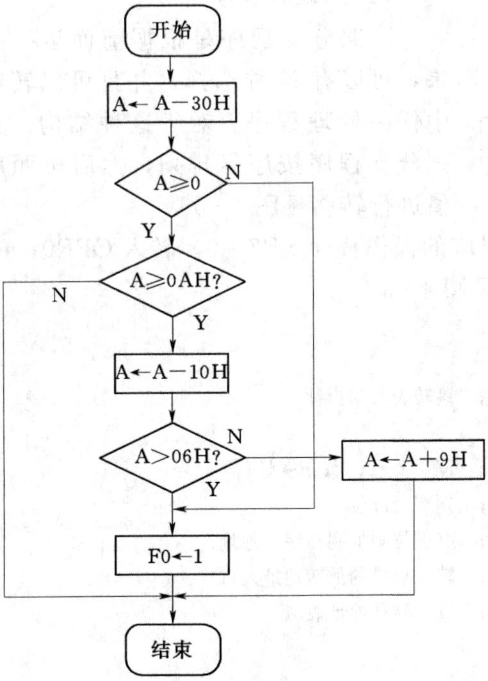

图 4－9　例 4－10 流程图

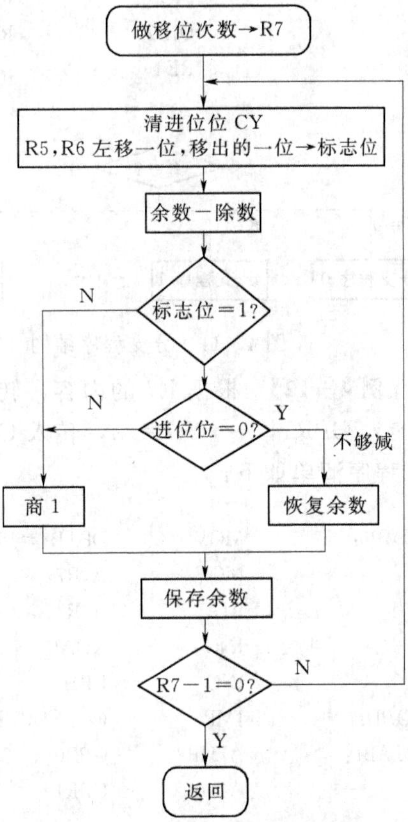

图 4－10　例 4－11 流程图

【例 4-11】 双字节无符号数除法子程序（16 位/8 位）。

解：将被除数放在 R6R5 中，除数放在 R4 中。执行完毕，R5 中为商，R6 中为余数。程序框图见图 4-10。

```
DV:    MOV    R7,#08H
S0:    CLR    C
       MOV    A,R5
       RLC    A
       MOV    R5,A
       MOV    A,R6
       RLC    A
       MOV    07H,C
       CLR    C
       SUBB   A,R4
       JB     07H,S1
       JNC    S1
       ADD    A,R4
       SJMP   S2
S1:    INC    R5
S2:    MOV    R6,A
       DJNZ   R7,S0
       RET
```

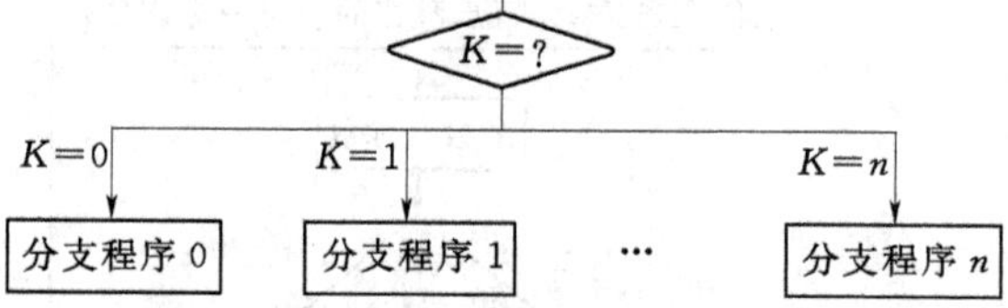

图 4-11 分支程序结构

（三）散转程序

N 路分支程序是根据前面运行的结果，可以有 N 种选择，并且可以转向其中任一处理程序。对于这种结构，首先把分支程序按序号排列，然后按照序号值进行转移见图 4-11。

【例 4-12】 根据 R7 的内容，转向各自对应的操作程序（R7=0，转入 OPR0；R7=1，转入 OPR1，…，R7= n，转入 OPRn)。见图 4-12。

程序清单如下：

```
JUMP1:   MOV    DPTR,#JPTAB1    ；跳转表数据指针
         MOV    A,R7
         ADD    A,R7            ；R7×2→A（修正变址值）
         JNC    NOAD            ；判有否进位
         INC    DPH             ；有进位则加到高字节地址
NOAD:    JMP    @A+DPTR         ；转向形成的散转地址入口
JPTAB1:  AJMP   OPR0            ；直接转移地址表
         AJMP   OPR1
         …
```

```
            AJMP      OPRn
OPR0:       …                            ;各自对应的操作程序
OPR1:       …
…
OPRn:       …
```

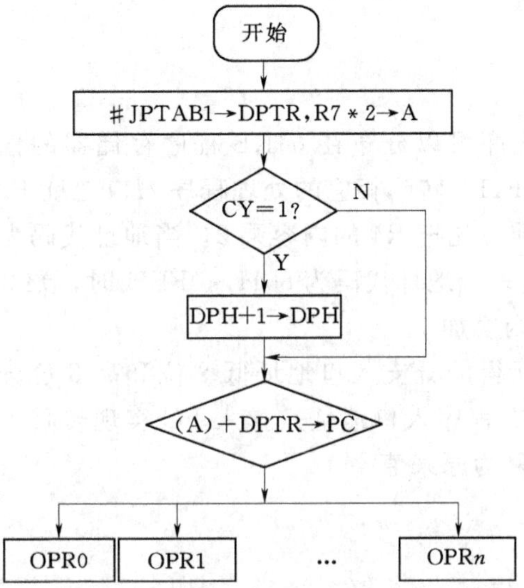

图 4-12　例 4-12 流程图

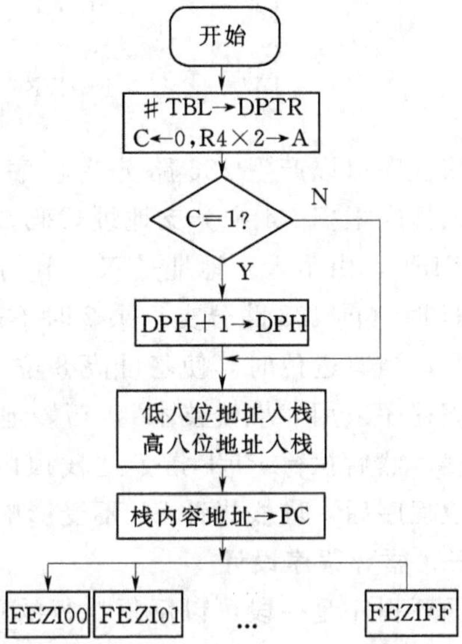

图 4-13　例 4-13 流程图

【例 4-13】 256 路分支程序。

程序功能：根据 R4 的值转移到 256 个目的地址。程序框图见图 4-13。

入口条件：(R4) =转移目的地址代号 (00H～0FFH)。

出口条件：转移到相应的分支处理程序入口。

程序清单如下：

```
            ORG       2000H
JMP256:     MOV       A,R4               ;取地址
            MOV       DPTR,#TBL          ;DPTR指向分支地址表首
                                         ;址
            CLR       C
            RLC       A                  ;变址乘2
            JNC       LOW128             ;是前128个子程序,则转
                                         ;移
            INC       DPH                ;否,则基址加1
LOW128:     MOV       TEMP,A             ;暂存变址
            MOVC      A,@A+DPTR          ;查表读分支地址高8位
            PUSH      A                  ;地址低8位入栈
            MOV       A,TEMP             ;恢复A值
```

```
         INC     A
         MOVC    A,@A+DPTR     ; 查表读分支地址低 8 位
         PUSH    A             ; 地址高 8 位入栈
         RET                   ; 分支地址弹入 PC 实现转
                               ; 移
TBL:     DW      FEZI00        ; 以上 256 个分支程序
         DW      FEZI01        ; 首地址共占 512 个单元
         …
         DW      FEZIFF
```

该程序可以产生 256 路分支程序，分支程序可以分布在 64KB 程序存储器的任何位置。该程序根据 R4 中分支地址代码 00H～0FFH，转到相应的处理程序入口地址 FEZI00～FEZIFF，由于入口地址是双字节的，查表前应先把 R4 的内容乘 2。当地址代码为 00H～7FH 时（前 128 路分支）乘 2 时不产生进位；当地址代码为 80H～0FFH 时，乘 2 会产生进位，当有进位时，使基址高 8 位 DPH 的内容加 1。

该程序采用“堆栈技术”，巧妙地将查表所得的分支入口地址低 8 位和高 8 位分别压入堆栈，然后执行 RET 指令把栈顶内容（分支程序入口地址）弹入 PC 实现转移。执行完这段程序后，堆栈指针 SP 不受影响，仍恢复为原来值。

三、循环程序设计

循环程序是一段可以反复执行的程序。

在程序设计中，经常遇到要反复执行某一段程序，这时可用循环程序结构，有助于缩短程序，提高程序的质量。

一个循环结构由以下三部分组成。

（1）循环体：就是要求重复执行的某一段程序段。

（2）循环结束条件：在循环程序中必须给出循环结束条件，常见的循环结束条件是计数循环，循环了一定次数后就结束循环。

（3）循环初值。

【例 4-14】 50ms 延时程序。

解：延时程序与 MCS-51 指令执行时间有很大的关系。在使用 12MHz 晶振时，一个机器周期为 1μs，执行一条 DJNZ 指令的时间为 2μs，这时，可用双重循环方法写出如下程序：

```
         ORG     2000H
DEL:     MOV     R7,#200
DEL1:    MOV     R6,#125
DEL2:    DJNZ    R6,DEL2       ;125×2=250μs
         DJNZ    R7,DEL1       ;0.25ms×200=50ms
```

以上延时程序不太精确，它没有考虑到除 DJNZ R6，DEL2 指令外的其他指令的执行时间，如把其他指令的执行时间计算在内，它的延时时间为：（250＋1＋2）×200＋1＝50.301ms。如果要求比较精确的延时，可修改程序如下：

```
DEL:     MOV     R7,#200
DEL1:    MOV     R6,#123
         NOP
DEL2:    DJNZ    R6,DEL2        ;2×124=248μs
         DJNZ    R7,DEL1        ;(248+2)×200+1=50.001ms
```

它的实际延迟时间为 50.001ms。但要注意，用软件实现延时程序，不允许有中断，否则将严重影响定时的准确性。

【例 4－15】 将 40H 开始的 5 个单元内容全部清 0。程序框图见图 4－14。

```
         MOV     A,#00H         ;将 0 赋给 A,也可用 CLR A
         MOV     R0,#40H        ;R0←(40H),以 R0 作地址指针
         MOV     R7,#05H        ;R6 计数,值为 10 个单元
NT1:     MOV     @R0,A          ;将 R0 指示的单元清 0
         INC     R0             ;计数值加 1
         DJNZ    R7,NT1         ;R7 不为 0 则重复执行
```

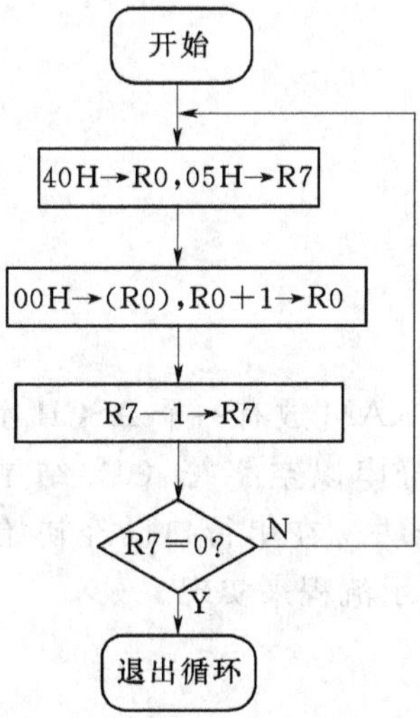

图 4－14　例 4－15 流程图

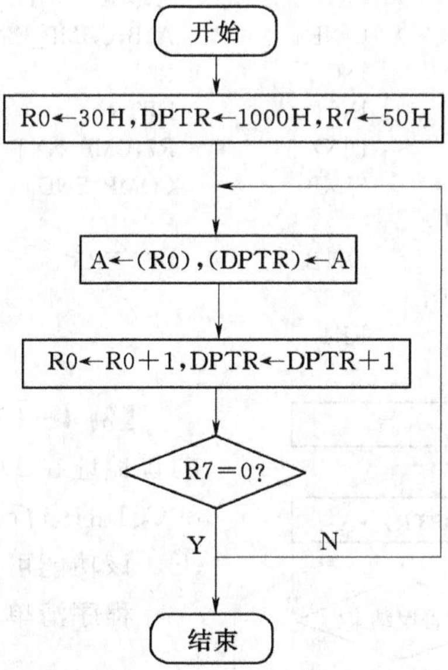

图 4－15　例 4－16 流程图

【例 4－16】 数据块移动。将内部数据存储器 30H～7FH 单元的内容传送到外部数据存储器以 1000H 开始的连续单元中去。程序框图见图 4－15。

解： 程序清单如下：

```
BLOCK_MOVE:
         MOV     R7,#50H        ; 移动长度
         MOV     DPTR,#1000H
         MOV     R0,#30H
```

```
BLK_MV:   MOV    A,@R0
          MOVX   @DPTR, A
          INC    R0
          INC    DPTR
          DJNZ   R7,BLK_MV
          RET
```

串行通信时，通常需要检验收到的字符串是否正确，可以用下面的数据块比较程序完成。

【例 4－17】 比较数据区与程序区的数据共 32 个字节。

解：程序清单如下：

```
BLOCK_COMP:
          CLR    BIT_ERR
          MOV    R7,#32
CMP_NXT:  MOV    A,@R0          ；数据存储器
          MOV    B,A
          MOV    A,#00H
          MOVC   A,@A+DPTR      ；程序存储器
          CJNE   A,B,COMP_ERR
          INC    R0
          INC    DPTR
          DJNZ   R7,CMP_NXT
          SJMP   COMP_END
COMP_ERR:
          SETB   BIT_ERR
COMP_END:
          RET
```

【例 4－18】 设在外部 RAM 放有一个 ASCII 字符串，它的首地址在 DPTR 中，字符串以空字符（0）结尾。要求用 80C51 的串行口把它发送出去。在串行口已经初始化的条件下，该功能可用图 4－16 所示流程来实现。

程序清单如下：

```
          ORG    2000H
SOUT:     MOVX   A,@DPTR
          JNZ    SOT1           ;字符串是否结束
          RET
SOT1:     JNB    TI,SOT1        ;等待一个字符发送完毕
          CLR    TI
          MOV    SBUF,A         ;启动一个字符的发送
          INC    DPTR
          SJMP   SOUT
```

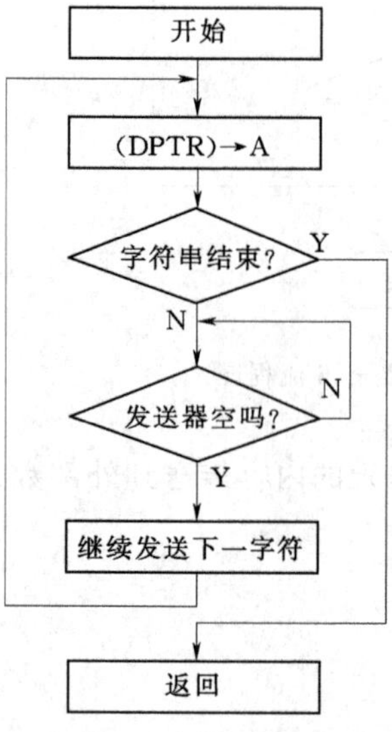

图 4－16 例 4－18 程序流程图

【例 4-19】 设 MCS-51 片内 RAM 从 50H 开始的单元中，分别存放单字节数 X1，X2，…，X*n*。数的个数 *n* 放在 R2 中，现要求出这 *n* 个数的和（双字节）放在 R3R4 中。

程序清单如下：

```
        ORG     2000H
ADDI:   MOV     R3,#0
        MOV     R4,#0
        MOV     R0,#50H
LOOP:   MOV     A,R4
        ADD     A,@R0
        MOV     R4, A
        INC     R0
        CLR     A
        ADDC    A,R3
        MOV     R3, A
        DJNZ    R2,LOOP
```

这个程序的循环结束条件采用了计数方法，即用一个寄存器作为循环次数计数器，每循环一次后加 1 或减 1，达到终止数值后停止。计数方法只有在循环次数已知的情况下才适用。对循环次数未知的问题，不能用循环次数来控制。例如，在近似运算中，是用误差小于给定值这一条件来控制循环的结束。

【例 4-20】 多字节无符号数相加。

解： 设被加数与加数分别在以 ADR1 与 ADR2 为初址的片内 RAM 区域中，自低字节起，由低到高依次存放；它们的字节数为 L，要求将和放回被加数的单元。流程框图如图 4-17 所示。

参考程序清单如下：

```
        MOV     R0,#ADR1
        MOV     R1,#ADR2
        MOV     R2,#L
        CLR     C
LOOP:   MOV     A,@R0           ; 通过 R0 间址,取得被加
                                ; 数的一个字节
        ADDC    A,@R1           ; 通过 R1 间址,取得加数
                                ; 的一个字节,与被加数的
                                ; 相应字节相加
        MOV     @R0,A           ; 加得的和通过 R0 间址放
                                ; 回原被加数单元
        INC     R0              ; 修改指针,指向下一个相
                                ; 加的数
        INC     R1
        DJNZ    R2,LOOP         ; 循环实现多字节数相加
```

四、子程序设计

在用汇编语言编程时，应当恰当地使用子程序，使整个程序的结构清楚，阅读和理解方便。通常把一些基本操作功能编制为程序段作为独立的子程序，以供不同程序或同一程序反复调用。在程序中需要执行这种操作的地方放置一条调用指令，当程序执行到调用指令，就转到子程序中完成规定的操作，然后返回到原来的程序继续执行下去，其流程如图 4－18 所示。

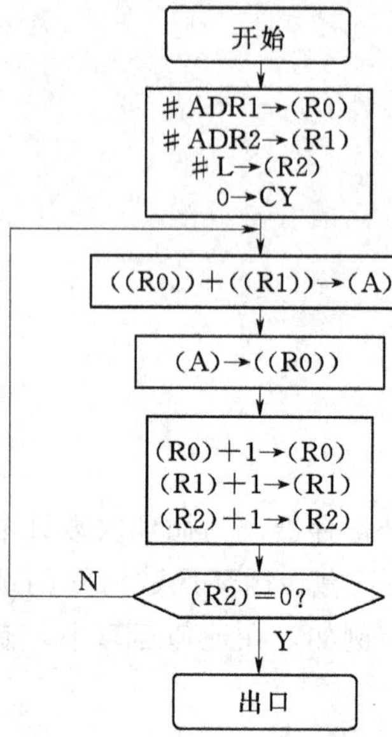

图 4－17　例 4－20 流程图

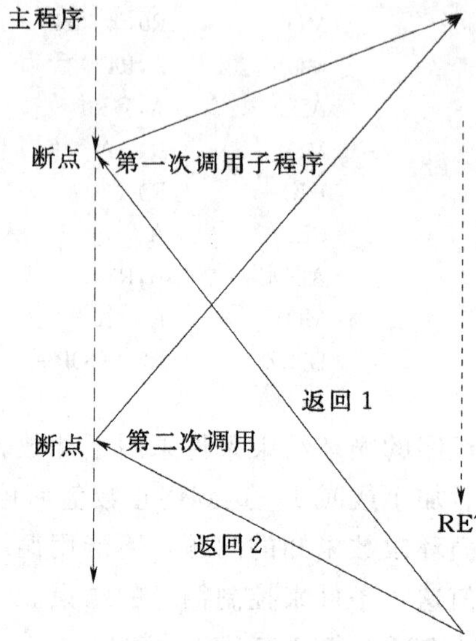

图 4－18　主程序调用子程序与从子程序返回示意图

调用子程序的指令有“ACALL”和“LCALL”，子程序返回主程序的指令是 RET。

【例 4－21】　用程序实现 $c=a^2+b^2$。

解：这个题目可以用子程序来实现。即通过两次调用查平方表子程序来实现。程序清单如下：

```
        MOV     A, DA          ;  数 a 送入 A
        ACALL   SQR
        MOV     R1, A
        MOV     A, DB          ;  数 b 送入 A
        ACALL   SQR
        ADD     A, R1
        MOV     DC, A          ;  结果存入 c
HERE:   SJMP    HERE
SQR:    INC     A              ;  平方表以 0 的平方开头，
                               ;  因此要将待求平方数加 1。
        MOVC    A, @A+PC
        RET
TAB:    DB      0, 1, 4, 9, 16, 25, 36, 49, 64, 81
        END
```

查表子程序的入口参数和出口参数都是 A，不必进行现场保护。第一次调用后把返回参数 A 暂存于 R1，以便空出 A，进行第二次的调用和返回。参数传递的方法是直接通过 A 传送运算的数据。

本 章 小 结

本章对汇编语言程序设计的基本方法进行了介绍，包括汇编语言程序设计中常用的伪指令的用法。掌握常用的伪指令的用法，也是汇编语言程序设计中不可缺少的内容。

本章还对常用的各种类型的汇编语言实用程序设计进行了详细介绍。读者应该认真地阅读并掌握这些汇编语言实用程序实例，并能举一反三地完成各种更为复杂的汇编语言应用程序的设计。

思 考 与 练 习 题

1. 分析下列程序执行的结果。

```
MOV     SP,#30H
MOV     A,#31H
MOV     B,#32H
PUSH    A
PUSH    B
POP     A
POP     B
```

2. 有如下程序段，分析其结果：

```
MOV     20H,#0A4H
MOV     A,#0D6H
MOV     57H, #7FH
MOV     R0, #57H
ANL     A, R0
ORL     A, @ R0
SWAP    A
CPL     A
XRL     A, #0FFH
RL      A
ORL     02H, A
```

3. 假设片外 RAM BUFFER（8000H）及 BUFFER+1（8001H）单元的内容分别为 2AH 和 49H，分析以下程序运行结果：

```
                ORG     0200H
START:          MOV     R0, #30H
```

```
            MOV     R1, #30H
            MOV     R2, #2
            MOV     DPTR, #BUFFER
HETOAS:     MOVX    A,@DPTR
            MOV     R3, A
            SWAP    A
            ANL     A, #0FH
            ADD     A, #90H
            DA      A
            ADDC    A, #40H
            DA      A
            MOV     @R1,A
            INC     R1
            MOV     A,R3
            ANL     A, #0FH
            ADD     A, #90H
            DA      A
            ADDC    A, #40H
            DA      A
            MOV     @R1,A
            INC
            INC     R1
            DJNZ    R2, HETOAS
            MOV     R2, #4
LOOP:       MOV     A,@R0
            MOVX    @DPTR, A
            INC     R0
            INC     DPTR
            DJNZ    R2, LOOP
HERE:       SJMP    HERE
            END
```

4. 已知程序执行前，（A）＝02H，（SP）＝42H，（41H）＝0FFH，（42H）＝0FFH。下列程序段执行后，请问（A）＝?，（SP）＝?，（41H）＝?，（42H）＝?，（PC）＝?。

```
POP     DPH
POP     DPL
MOV     DPTR, #3000H
RL      A
MOV     B, A
MOVC    A, @A+DPTR
PUSH    ACC
MOV     A, B
INC     A
```

```
MOVC     A, @A+DPTR
PUSH     ACC
RET
ORG      3000H
DB       10H, 80H, 30H, 80H, 50H, 80H
```

5. 设（R2）＝3，分析下列程序段的执行结果，并指明该程序段的功能。

```
        MOV      DPTR, #TAB
        MOV      A, R2
        MOV      B, #3
        MUL      AB
        MOV      R6, A
        MOV      A, B
        ADD      A, DPH
        MOV      A, R6
        JMP      @A+DPTR
        ⋮
TAB:    LJMP     PRG0
        LJMP     PRG1
        LJMP     PRG2
        ⋮
        LJMP     PRGn
```

6. 试编写一程序将外部数据存储器 2000H 单元中的数进行半字节交换。

7. 试编一程序对外部 RAM2020H 单元的第 0 位及第 6 位置 1，其余位取反。

8. 外部 RAM2000H—2100H 有一数据块，请将它移至外部 RAM3000H—3100H。

9. 内部 RAM 中以 40H 单元为首地址，存放着 10 个字节的有符号数。统计此数据块中零、正数、负数的个数，并存放在 30H（零的个数）、31H（正数的个数）、32H（负数的个数）单元中。

10. 试编一查表程序，从首地址为 2000H，长度为 100 的数据块中找出 ASCII 码 A，将其地址送到 20A0H 和 20A1H 单元中。

11. 请用查表法求 9 的平方。

12. 用定时器中断方式，编程实现从 P1.0 输出一个频率为 1kHz 的连续方波。设 f_{osc}＝12MHz。

13. 试编写程序：采用“与”运算，判断某 8 位二进制数是奇数还是偶数个 1。

14. 试编写程序：采用“异或”运算，怎样可使一带符号数的符号位改变，数据位保持不变。

15. 片外 RAM 中存有 10 个无符号数，试编程求 10 个数的平均值。

16. 编写程序，若累加器 A 的内容分别满足下列条件，则程序转至 LABEL 存储单元。设 A 中存的是无符号数。

(1) A>10；(2) A＝10；(3) A<10。

第五章　MCS－51单片机的内部功能

本章介绍 MCS－51 单片机内部资源的功能及应用。MCS－51 单片机的内部资源主要包括中断系统、定时/计数器（T0/T1）、串行口等。

第一节　中 断 系 统

一、中断的概念

在 CPU 与外设交换信息的时候，如果采用查询等待的方式，则 CPU 会浪费很多时间去等待外设的响应。在等待的过程中 CPU 不能做其他的工作，若外设的响应速度很慢，CPU 将一直等待。为了解决快速的 CPU 和慢速的外设之间交换信息的矛盾，引入了中断。

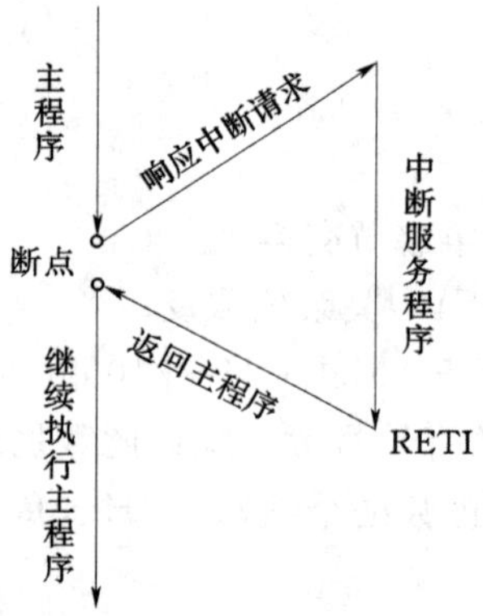

图 5－1　中断过程示意图

CPU 正在执行主程序时，外部若发生了某一事件（如一个电平的变化，一个脉冲沿的发生或定时器计数溢出等），请求 CPU 快速处理，计算机暂时中止当前的工作程序，转入处理所发生事件，中断服务处理完后，再回到原来被中止的地方，继续执行原来程序，该过程称为中断，如图 5－1 所示。其中，被中断事件中止的地方称为断点；计算机对中断请求进行响应的过程称为中断响应；执行中断服务程序的过程称为中断服务；实现这种功能的部件称为中断系统；产生中断的请求源称为中断源。

为帮助读者理解中断操作，这里作个比喻。假设某公司的总经理正在写报告，如果电话铃突然响了，她写完正在写的字或句子，然后去接电话，听完电话以后，她又回到被打断的地方继续写。在这个比喻中，正在写报告的总经理就是 CPU，电话即是中断源，电话铃响就是有中断请求，正在写的字或句子就是 CPU 正在处理的指令或当前的某一条程序，通电话的过程为中断处理程序。

如果电话没有铃声（不设中断请求），总经理就会被置于可笑的境地：总经理写了报告中的几个字以后，拿起电话听听是否有人呼叫（查询外设请求），如果没有，放下电话继续写报告；写完固定内容或固定时间接着再一次检查这个电话。很明显，这种方法浪费了一个重要的资源——总经理的时间。

这个比喻说明了中断功能的重要性。没有中断技术，CPU 可能会浪费大量时间在原地踏步（查询）的操作上，或者很难保证及时对外部事件作出响应。

二、中断系统

实现中断功能的硬件系统和软件系统统称为中断系统，它是计算机的重要组成部分。

MCS-51单片机中断系统的结构图如图5-2所示。

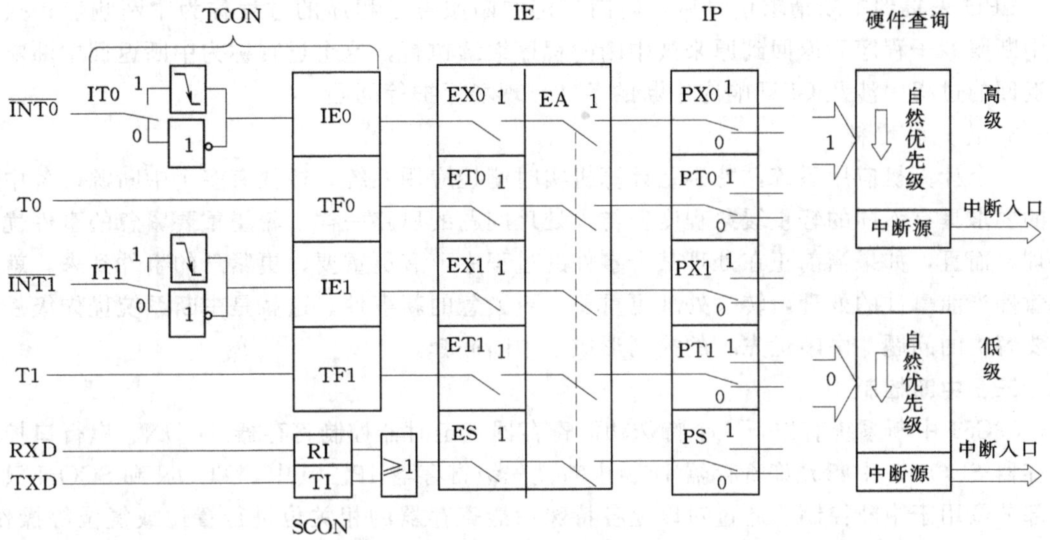

图5-2 MCS-51单片机中断系统结构图

MCS-51系列单片机的中断系统有外部中断0（$\overline{INT0}$）、外部中断1（$\overline{INT1}$）、定时/计数器T0、定时/计数器T1和串行口5个中断请求源（89C52还有1个定时计数器T2），TCON（用6位）、SCON（用2位）、IE和IP4个特殊功能寄存器，用来控制中断的类型、中断的开/关、中断允许和各种中断源的优先级别。5个中断源有两个中断优先级，即高优先级和低优先级，可以实现二级中断服务程序嵌套。

中断系统需要解决以下基本问题。

1. 中断源

中断请求信号的来源。包括中断请求信号的产生及该信号如何被CPU有效地识别，而且要求中断请求信号产生一次，只能被CPU接收处理一次，即不能一次中断请求被CPU多次响应。这就涉及中断请求信号的及时撤除问题。每个中断源都对应一个中断请求标志位，它们分别设置在特殊功能寄存器TCON和SCON中，当这些中断源请求中断时，相应的标志分别由TCON和SCON中的相应位来锁存。89C51中断系统的5个中断源，如表5-1所示。

表5-1 **89C51的中断源**

中断源	说明
$\overline{INT0}$	P3.2引脚输入，低电平/负跳变有效，在每个机器周期的S5P2采样并建立IE0标志
定时器T0	当定时器T0产生溢出时，置位内部中断请求标志TF0
$\overline{INT1}$	P3.3引脚输入，低电平/负跳变有效，在每个机器周期的S5P2采样并建立IE1标志
定时器T1	当定时器T1产生溢出时，置位内部中断请求标志TF1
串行口	当接收/发送完一个串行帧时，使中断请求标志RI/TI置位

2. 中断响应与返回

CPU 采集到中断请求信号后，转向特定中断服务子程序的过程称为中断响应；执行完中断服务子程序后返回到原来被中断的程序继续执行，这个过程称为中断返回中断响应与返回的过程中涉及 CPU 响应中断的条件、现场保护等问题。

3. 优先级控制

一个计算机应用系统，特别是计算机实时测控应用系统，往往有多个中断源，各中断源的要求具有不同的轻重缓急程度。与人处理问题的思路一样，希望重要紧急的事件优先处理，而且，如果当前正在处理某个事件的过程中，有更重要、更紧急的事件到来，就应当暂停当前事件的处理，转去处理更重要、更紧急的新事件。这就是中断系统优先级控制所要解决的问题。中断优先级的控制形成了中断嵌套。

三、中断控制

89C51 中断系统有以下 4 个特殊功能寄存器：定时器控制寄存器 TCON、串行口控制寄存器 SCON、中断允许寄存器 IE、中断优先级寄存器 IP。其中，TCON 和 SCON 只有一部分位用于中断控制。通过对以上各特殊功能寄存器的相关位进行置位或复位等操作，可实现各种中断控制功能。

1. 中断请求标志

（1）TCON 中的中断标志位。TCON 为定时器/计数器 T0 和 T1 的控制寄存器，同时也锁存 T0 和 T1 的溢出中断标志及外部中断 0 和 1 的中断标志等。与中断有关的位如下。

	8FH	8EH	8DH	8CH	8BH	8AH	89H	88H
TCON (88H)	TF1		TF0		IE1	IT1	IE0	IT0

各控制位的含义如下：

1）TF1：定时器/计数器 T1 的溢出中断请求标志位。当启动 T1 计数以后，T1 从初值开始加 1 计数，计数器最高位产生溢出时，由硬件使 TF1 置 1，并向 CPU 发出中断请求。CPU 响应中断时，硬件将自动对 TF1 清 0。

2）TF0：定时器/计数器 T0 的溢出中断请求标志位。含义与 TF1 相同。

3）IE1：外部中断 1 的中断请求标志。当检测到外部中断引脚 1 上存在有效的中断请求信号时，由硬件使 IE1 置 1。当 CPU 响应该中断请求时，由硬件使 IE1 清 0。

4）IT1：外部中断 1 的中断触发方式控制位。

IT1=0 时，外部中断 1 为电平触发方式。CPU 在每一个机器周期 S5P2 期间采样外部中断 1 请求引脚的输入电平。若外部中断 1 请求为低电平，则使 IE1 置 1；若外部中断 1 请求为高电平，则使 IE1 清 0。

IT1=1 时，外部中断 1 为边沿触发方式。CPU 在每一个机器周期 S5P2 期间采样外部中断 1 请求引脚的输入电平。如果在相继的两个机器周期采样过程中，前一个机器周期采样到外部中断 1 请求为高电平，且后一个机器周期采样到外部中断 1 请求为低电平时，则使 IE1 置 1。直到 CPU 响应该中断时，才由硬件使 IE1 清 0。

5）IE0：外部中断0的中断请求标志。其含义与IE1类同。

6）IT0：外部中断0的中断触发方式控制位。其含义与IT1类同。

（2）SCON中的中断标志位。SCON为串行口控制寄存器，低2位用于锁存串行口的接收中断标志RI和发送中断标志TI，其含义如下：

1）TI：串行口发送中断请求标志。CPU将一个数据写入发送缓冲器SBUF时，就启动发送。每发送完一帧串行数据后，硬件置位TI。但CPU响应中断时，并不自动清除TI，必须在中断服务程序中由软件对TI清0。

2）RI：串行口接收中断请求标志。在串行口允许接收时，每接收完一个串行帧，硬件置位RI。同样，CPU响应中断时不会自动清除RI，必须由软件清0。

							99H	98H
SCON (98H)							TI	RI

2. 中断允许控制

89C51对中断源的开放或屏蔽是由中断允许寄存器IE控制的。IE的格式如下：

	AFH	AEH	ADH	ACH	ABH	AAH	A9H	A8H
IE (A8H)	EA			ES	ET1	EX1	ET0	TX0

中断允许寄存器IE对中断的开放和关闭实现两级控制。所谓两级控制，就是有一个总的开关中断控制位EA（IE.7），当EA＝0时，屏蔽所有的中断申请，即不接受任何中断源的中断请求；当EA＝1时，CPU开放中断，但5个中断源还要由IE低5位的对应控制位的状态进行中断允许控制。IE中各位的含义如下：

（1）EA：中断允许总控制位。EA＝0，屏蔽所有中断请求；EA＝1，CPU开放中断。对各中断源的中断请求是否允许，还要取决于各中断源的中断允许控制位的状态。

（2）ES：串行口中断允许位。ES＝0，禁止串行口中断；ES＝1，允许串行口中断。

（3）ET1：定时器/计数器T1的溢出中断允许位。ET1＝0，禁止T1中断；ET1＝1，允许T1中断。

（4）EX1：外部中断1中断允许位。EX1＝0，禁止外部中断1中断；EX1＝1，允许外部中断1中断。

（5）ET0：定时器/计数器T0的溢出中断允许位。ET0＝0，禁止T0中断；ET0＝1，允许T0中断。

（6）EX0：外部中断0中断允许位。EX0＝0，禁止外部中断0中断；EX0＝1，允许外部中断。

【例5－1】 假设允许片内定时器/计数器T0中断，禁止或不改变其他中断。试根据假设条件设置IE的相应值。

解： 采用字节传送指令完成如下：

禁止其他中断：

```
MOV    IE，    ＃82H
```

不改变其他中断：

ORL　　IE，　＃82H

3. 中断优先级控制

89C51 有两个中断优先级。每一个中断请求源均可编程为高优先级中断或低优先级中断。89C51 片内有一个中断优先级寄存器 IP，其低 5 位 PX0、PT0、PX1、PT1、PS 分别为 5 个中断源的中断优先级控制位，其格式如下：

				BCH	BBH	BAH	B9H	B8H
IP (B8H)				PS	PT1	PX1	PT0	PX0

若某个控制位为 1，则相应的中断源就规定为高级中断；反之，若某个控制位为 0，则相应的中断源就规定为低级中断。

当 CPU 同时接收到几个同一优先级的中断请求时，优先响应哪个中断源则取决于内部硬件查询顺序，即自然优先级顺序，其排列如下：

中断源	自然优先级
外部中断 0	最高
定时器/计数器 0	↓
外部中断 1	
定时器/计数器 1	
串行口	最低

【例 5－2】　已知某软件中对寄存器 IE、IP 设置如下：

```
MOV     IE,  #8FH
MOV     IP,  #06H
```

试说明此时该系统中断的状态。

解：(1) CPU 中断允许；

(2) 允许外部中断 0、外部中断 1、定时器/计数器 0、定时器/计数器 1，四个中断源的中断请求；

(3) 定时器/计数器 0 和外部中断 1 为高优先级，外部中断 0 和定时器/计数器 1 为低优先级。四个中断源的中断优先次序为：定时器/计数器 0＞外部中断 1＞外部中断 0＞定时器/计数器 1。

四、中断响应过程与响应时间

在 89C51 内部，中断表现为 CPU 的微查询操作，89C51 在每个机器周期的 S6 中查询中断源，并在下一个机器周期的 S1 中响应相应的中断，并进行中断处理。

中断处理过程可分为 3 个阶段：中断响应、中断处理和中断返回。由于各计算机系统的中断系统硬件结构不同，中断响应的方式也有所不同。89C51 单片机的中断处理过程说明如下：

以某输出外设提出接收数据请求为例，当 CPU 执行主程序到第 K 条指令时，外设向

CPU 发送信号告知自己的数据寄存器已“空”，提出接收数据的请求（即中断请求）。CPU 接到中断请求信号，在本条指令执行完后，中断主程序的执行并保存断点地址，然后转去准备向外设输出数据（即响应中断）。CPU 向外设输出数据（中断服务）完毕，CPU 返回到主程序的第 K＋1 条指令处继续执行（即中断返回）。中断响应时，首先应在堆栈中保护主程序的断点地址（第 K＋1 条指令的地址），以便执行中断返回 RETI 指令时，能将断点地址从堆栈中弹出到 PC，正确返回。

由此可见，CPU 执行的中断服务程序如同子程序一样，因此又被称作中断服务子程序。但两者的区别在于，子程序是用 LCALL（或 ACALL）指令来调用的，而中断服务子程序是通过中断请求实现的。所以，在中断服务子程序中也存在保护现场、恢复现场的问题。

1．中断响应的条件

单片机响应中断最基本的条件是中断源有请求，CPU 开中断（即 EA＝1）且对应中断源没有被屏蔽（即对应中断源的中断允许位不为 0）。这样，在每个机器周期的 S5P2 期间，对所有中断源按用户设置的优先级和内部规定的优先级进行顺序检测，并可在 S6 期间找到所有有效的中断请求。若有中断请求，且满足下列条件，则在下一个机器周期的 S1 期间响应中断，否则将丢弃中断采样的结果。

CPU 响应中断的条件有：

（1）中断源发出中断请求。

（2）中断总允许位 EA＝1，即 CPU 开中断。

（3）该中断源的中断允许位为 1，即中断没有被屏蔽。

（4）无同级或更高级中断正在被服务。

（5）当前的指令周期已经结束。

（6）若现行指令为 RETI 或者是访问 IE 或 IP 指令，则该指令及下一条要执行的指令执行完毕。

2．中断响应过程

89C51 的 CPU 在每个机器周期的 S5P2 期间顺序采样各个中断源，在该机器周期 S6 期间按优先级顺序查询中断标志。如查询到某个中断标志为 1，则将在接下来的机器周期 S1 期间按优先级顺序进行中断处理。中断系统通过硬件自动将相应的中断矢量地址（见表 5－2）装入 PC，以便进入相应的中断服务程序。

89C51 单片机的中断系统中有两个不可编程的“优先级生效”触发器。一个是“高优先级生效”触发器，用以指明正进行高级中断服务，并阻止其他一切低级中断请求；另一个是“低优先级生效”触发器，用以指明正进行低优先级中断服务，并阻止除高优先级以外的一切中断请求。89C51 单片机一旦响应中断，首先置位相应的中断“优先级生效”触发器，然后由硬件执行一条长调用指令 LCALL：把当前 PC 值压入堆栈，以保护断点，再将相应的中断服务程序的入口地址（即中断矢量）送入 PC，于是 CPU 接着从中断服务程序的入口处开始执行。

有些中断请求标志会在 CPU 响应中断后自动被清除，如定时器溢出标志 TF0、TFl 和边沿触发方式下的外部中断标志 IE0、IEl；而有些中断标志不会自动清除，只能由用户用软件清除，如串行口接收发送中断标志 RI、TI；在电平触发方式下的外部中断标志 IE0 和 IE1 则是取决于引脚$\overline{INT0}$和$\overline{INT1}$的电平，CPU 无法直接干预，需在引脚外加硬件电路（如 D 触发器），使其自动撤销外部中断请求。

CPU 执行中断服务程序之前，自动将程序计数器 PC 的内容（断点地址）压入堆栈保护起来（但不保护状态寄存器 PSW、累加器 A 和其他寄存器的内容）；然后将对应的中断矢量装入程序计数器 PC，使程序转向该中断矢量地址单元中，以执行中断服务程序。

由于 89C51 系列单片机的两个相邻中断源中断服务程序入口地址相距只有 8 个单元，一般的中断服务程序是容纳不下的，通常是在相应的中断服务程序入口地址中放一条长跳转指令 LJMP，这样就可以转到 64KB 的任何可用区域了。若在 2KB 范围内转移，则可存放 AJMP 指令。

中断服务程序从入口地址开始执行，一直到返回指令 RETI 为止。RETI 指令的操作：一方面告诉中断系统该中断服务程序已执行完毕；另一方面把原来压入堆栈保护的断点地址从栈顶弹出，装入程序计数器 PC，使程序返回到被中断的程序断点处继续执行。

CPU 响应中断后，由硬件自动执行如下的功能操作：

（1）根据中断请求源的优先级高低，对相应的优先级状态触发器置 1。

（2）保护断点，即把程序计数器 PC 的内容压入堆栈保存。

（3）清除内部硬件中断请求标志位（IE0、IE1、TF0、TF1）。

（4）把被响应的中断服务程序入口地址送入 PC，从而转去执行相应的中断服务程序。各中断源的中断服务程序入口地址（中断矢量）见表 5－2。

表 5－2　　中断服务程序入口地址

中断源	中断矢量	中断源	中断矢量
外部中断 0（$\overline{INT0}$）	0003H	定时器 T1 中断	001BH
定时器 T0 中断	000BH	串行口中断	0023H
外部中断 1（$\overline{INT1}$）	0013H		

3. 中断响应时间

所谓中断响应时间是指 CPU 从检测到中断请求信号到转入中断服务程序入口所需要的机器周期数。CPU 在不同情况下对中断响应的时间是不同的。现以外部中断为例说明中断响应的最短时间。

以 CPU 响应外部中断为例，在每个机器周期的 S5P2 期间，$\overline{INT0}$和$\overline{INT1}$引脚的电平被锁存到 TCON 的 IE0 和 IE1 标志位，CPU 在下一个机器周期才会查询中断标志。这时，如果满足中断响应条件，下一条要执行的动作将是硬件长调用指令 LCALL，使程序转至中断源对应的矢量地址入口。长调用指令本身要花费 2 个机器周期。这样，从外部中断请求有效到开始执行中断服务程序的第一条指令，中间要隔 3 个机器周期，这是最短的响应时间。

如果遇到中断受阻的情况，则中断响应时间会更长一些。例如，一个同级或高优先级的中断正在进行，则附加的等待时间将取决于正在进行的中断服务程序。如果正在执行的指令还没有进行到最后一个机器周期，则附加的等待时间为 1～3 个机器周期。因为一条指令的最长执行时间为4个机器周期（MUL和DIV指令）。如果正在执行的是RETI指令或者是读/写IE或IP的指令，则附加的时间在5个机器周期之内（完成正在执行的指令需要1个机器周期，下一条指令所需的最长时间为4个机器周期）。

若系统中只有一个中断源，则响应时间为3～8个机器周期。

4. 中断处理

CPU响应中断后即转至中断服务程序的入口处，执行中断服务程序。从中断服务程序的第一条指令开始到返回指令为止，这个过程称为中断处理或中断服务。不同中断源服务的内容及要求各不相同，其处理过程也就有所区别。一般情况下，中断处理包括两部分内容：一是保护现场；二是为中断源服务。

保护现场的目的是为了确保现场信息不被破坏，这样，在响应完中断后能够恢复中断前的状态。由于中断事件是随机的，中断发生时，CPU或许有一些重要的数据或状态保存在某些寄存器中，如工作寄存器、PSW、A等。CPU执行中断程序时，往往会对这些寄存器进行修改，这样，中断返回后，就不能恢复这些寄存器的状态了。因此，执行中断服务之前，必须先保护现场，即是把常用的寄存器的内容压入堆栈。在中断结束、执行RETI指令前，再恢复现场，即把堆栈的内容返回到对应的寄存器中。

中断源服务应针对中断源的具体要求进行相应的编程处理。

用户在编写中断服务程序时，应注意以下几点：

(1) 各中断源的入口地址之间只相隔8个单元，一般的中断服务程序是容纳不下的，因而最常用的方法是在中断入口地址单元处存放一条无条件转移指令，转至存储器其他的任何空间。

(2) 若在执行当前中断程序时禁止更高优先级中断，则应用指令关闭CPU中断或屏蔽更高级中断源的中断，在中断返回前再开放中断。

(3) 在保护现场和恢复现场时，为了不使现场信息受到破坏或造成混乱，一般应关闭CPU中断，使CPU暂不响应新的中断请求。这样，在编写中断服务程序时，应注意在保护现场之前要关闭中断，在保护现场之后若允许高优先级中断嵌套，则应开中断。同样，在恢复现场之前应关闭中断，恢复之后再开中断。

5. 中断返回

当某一中断源发出中断请求时，CPU决定是否响应这个中断请求。若响应此中断请求，则CPU必须在现行指令执行完后，把断点地址即现行PC值压入堆栈中保护起来（保护断点）。当中断处理完后，再将压入堆栈的断点地址弹到PC中（恢复断点），程序返回到原断点处继续运行。中断返回也表现为CPU的自主操作。

在中断服务程序中，最后一条指令必须为中断返回指令RETI。CPU执行此指令时，一方面清除中断响应时所置位的“优先级生效”触发器；另一方面从当前栈顶弹出断点地址送入程序计数器PC，从而返回主程序。若用户在中断服务程序中进行了压栈操作，则在RETI指令执行前应进行相应的出栈操作，使栈顶指针SP与保护断点后的值相同。即在中断服务程序中，PUSH指令与POP指令必须成对使用，否则不能正确返回断点。

五、中断程序设计思想

中断系统是由硬件构成的，必须有相应的软件配合才能正确使用。设计中断程序需要弄清以下几个方面的问题。

1. 中断程序设计的任务

每一个中断程序设计需要考虑许多问题，主要有以下几个任务：

（1）设置中断允许控制寄存器 IE，允许或禁止相关中断源。

（2）设置中断优先级寄存器 IP，分配所使用中断源的优先级。

（3）若是外部中断源，应设置中断触发方式，决定采用边沿触发方式还是电平触发方式。

以上三条一般放在初始化主程序中。例如，假设允许外部中断 1 中断，并设定它为高级中断，其他中断源为低级中断，采取边沿触发方式。在主程序中可使用如下指令：

```
SETB    EA
SETB    EX1
SETB    PX1
SETB    IT1
```

（4）编写中断服务程序，处理中断请求。

2. 中断入口地址

中断入口地址和中断源具有一一对应关系，见表 5-2。响应中断时，系统自动转入相应的中断入口地址，从入口地址开始执行中断服务程序，直到返回指令 RETI 为止。

3. 采用中断时主程序结构

由于各个中断入口地址是固定的，而程序又必须从主程序起始地址 0000H 执行，所以在 0000H 起始地址的几个字节中，要用无条件转移指令，跳转到主程序。另外，各中断入口地址之间只差 8 个字节。中断服务程序稍长就超过了 8 字节，如果将超过 8 字节的中断服务子程序直接放在中断入口地址处，那么就可能占用了其他的中断入口地址，影响了其他中断源的中断。因此，一般在中断进入后，需要利用一条无条件转移指令，把中断服务程序调转到远离其他中断入口的适当地址。以下为包含 T0 中断服务子程序的程序结构：

```
            ORG     0000H
            AJMP    MAIN
            ORG     000BH
            AJMP    INTT0
            ORG     0100H
MAIN:       …
            …
            …
INTT0:      …
            …
            …
            RETI
            END
```

以下是中断服务程序的一些编程技巧：

（1）在中断服务程序入口处置一条无条件转移指令。

（2）软件保护现场，以免现场信息丢失。

1）保护现场和恢复现场前关中断，是为了防止此时有更高一级的中断进入，破坏现场。

2）保护现场和恢复现场后开中断，是为了下一次中断做准备，也为了允许有更高一级的中断进入。

（3）CPU 响应完中断后，硬件自动清 0 中断请求标志，但串行口中断除外。

（4）程序中可以禁止高级中断。

（5）PUSH 和 POP 应成对使用。

（6）以 RETI 结尾

【例 5－3】 现有外部中断 1 提出申请，且主程序中有 R0、R1、DPTR、累加器 A 需保护，当前工作寄存器为 0 区，试编写程序实现。

解：

```
        ORG     0000H
        AJMP    MAIN
        ORG     0013H
        LJMP    INT1
        …
        ORG     0100H       ；主程序
MAIN：  …
        …
        ORG     1000H       ；中断服务程序
INT1：  PUSH    ACC         ；保护现场
        PUSH    DPH
        PUSH    DPL
        MOV     A,R0
        PUSH    ACC
        MOV     A,R1
        PUSH    ACC
        …
        POP     ACC         ；恢复现场
        MOV     R1,A
        POP     ACC
        MOV     R0,A
        POP     DPL
        POP     DPH
        POP     ACC
        RETI
```

编程中应注意：

(1) 在 0000H 放一条跳转到主程序的跳转指令，这是因为 89C51 单片机复位后 PC 的内容为 0000H，程序从 0000H 开始执行，紧接着 0003H 是中断程序入口地址，故在此中间只能插入一条转移指令。

(2) 响应中断时，CPU 先自动执行一条隐指令“LCALL 0013H”，而 0013H（定时器 1 溢出中断入口地址）至 001BH 之间可利用的存储单元不够，故放一条无条件转移指令跳转至 INT1。

(3) 在中断服务程序的末尾，必须安排一条中断返回指令 RETI，使程序自动返回主程序。

设计中断服务程序时，哪些功能应该放在中断程序中，哪些功能应该放在主程序中，这是一个很重要的问题。一般来说，中断服务程序应该做最少量的工作。尽量简化中断程序，把软件的主要代码放入主程序中，仔细考虑各中断之间的关系和每个中断执行的时间，特别要注意那些对同一个数据进行操作的中断服务程序。中断程序中放入的东西越多，它们之间越容易起冲突。

第二节　定 时/计 数 器

一、定时/计数器概述

在工业检测与控制中，很多场合都要用到计数或者定时功能。例如，对外部脉冲进行计数、产生精确的定时时间以及作串行口的波特率发生器等。

89C51 单片机内部设有两个 16 位的可编程定时/计数器，可编程的意思是指其功能（如工作方式、定时时间、量程、启动方式等）均可由指令来确定和改变，其结构框图如图 5-3 所示。

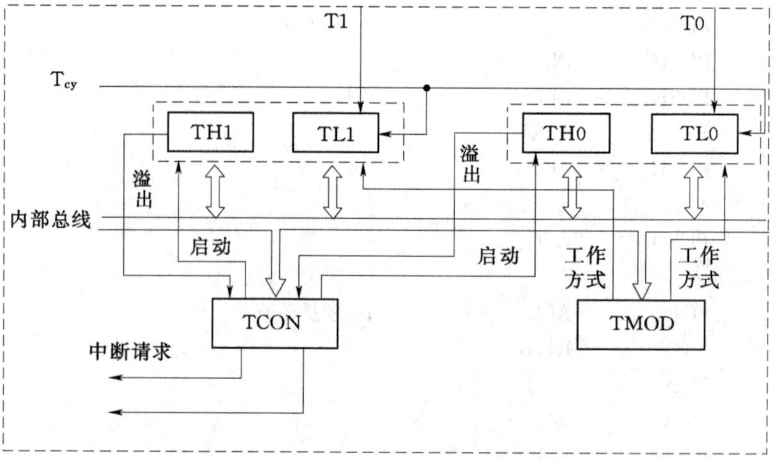

图 5-3　定时器/计数器的结构框图

定时/计数器实质上就是一个加 1 计数器，其功能由软件控制、切换。16 位的定时/计数器分别由两个 8 位的专用寄存器组成，即 T0 由 TH0 和 TL0 构成；T1 由 TH1 和 TL1 构成。其访问地址依次为 8AH－8DH，每个寄存器均可单独访问，这些寄存器是用于存放定时或计数初值的。此外，其内部还有一个 8 位的定时器方式寄存器 TMOD 和一个 8 位的定时控制寄存器 TCON。这些寄存器之间是通过内部总线和控制逻辑电路连接起来的。TMOD 主要是用于选定定时器的工作方式；TCON 主要是用于控制定时器的启动停止，还可以保存 T0、T1 的溢出和中断标志。

当定时/计数器为定时工作方式时，计数器的加 1 信号由振荡器的 12 分频信号产生，即每过一个机器周期，计数器加 1，直至计满溢出为止。显然，定时器的定时时间与系统的振荡频率有关。由于一个机器周期等于 12 个振荡周期，所以计数频率 $f=1/12*f_{osc}$。如果晶振为 12MHz，则计数周期为 1μs。

当定时/计数器为计数工作方式时，通过 T0 和 T1 的外部输入引脚（P3.4 和 P3.5）对外部信号计数，外部脉冲的下降沿将触发计数。计数器在每个机器周期的 S5P2 期间采样引脚输入电平。若本机器周期采样值为 1，下一个机器周期采样值为 0，则计数器加 1。此后的机器周期 S3P1 期间，新的计数值装入计数器。所以，检测一个负跳变需要两个机器周期，故外部事件的最高计数频率为振荡频率的 1/24。

例如，如果选用 12MHz 晶振，则计数器的最高计数频率为 0.5MHz。为了确保某给定电平在变化前至少被采样一次，外部计数脉冲的高电平与低电平保持时间均需在一个机器周期以上。

当 CPU 用软件给定时/计数器设置了某种工作方式之后，定时/计数器就会按设定的工作方式独立运行，不再占用 CPU 的操作时间，除非定时/计数器计满溢出，才可能中断 CPU 当前操作。CPU 也可以重新设置定时/计数器工作方式，以改变定时/计数器的操作。

二、定时/计数器控制

控制寄存器 TMOD 和 TCON 分别用来设置各个定时器/计数器的工作方式、选择定时或计数功能、控制启动运行以及作为运行状态的标志等。其中，TCON 寄存器中另有 4 位用于中断系统。

定时器方式控制寄存器 TMOD 的字节地址为 89H，格式如下：

(MSB) (LSB)

GATE	$C/\overline{T}$	M1	M0	GATE	$C/\overline{T}$	M1	M0

TMOD 的高 4 位用于设置 T1，低 4 位用于设置 T0，含义如下：

(1) GATE：门控制位。

GATE=1，外部启动方式（也称硬件启动方式），定时/计数器的启动要受外部输入引脚 $\overline{INT0}$ 或 $\overline{INT1}$ 以及运行启动位 TR0 或 TR1 的控制。

GATE=0，内部启动方式（也称软件启动方式），定时器/计数器的启动不受外部输入引脚 $\overline{INT0}$ 或 $\overline{INT1}$ 的控制，只需由运行启动位 TR0 或 TR1 控制定时/计数器的启动。

(2) $C/\overline{T}$：定时器/计数器功能选择位。

$C/\overline{T}=0$，为定时器模式，内部计数器对晶振脉冲 12 分频后的脉冲计数，该脉冲周期等于机器周期，所以可以理解为对机器周期进行计数。从计数值可以求得计数的时间，所以称为定时器模式。

$C/\overline{T}=1$，为计数器模式，计数器对外部输入引脚 T0（P3.4）或 T1（P3.5）的外部脉冲（负跳变）计数，允许的最高计数频率为晶振频率的 1/24。

（3）M1，M0：工作方式控制位。共有 4 种工作方式，如表 5-3 所示。

表 5-3　定时/计数器工作方式选择

方式	M1	M0	说　明
0	0	0	13 位定时器（TH 的 8 位和 TL 的低 5 位）
1	0	1	16 位定时器/计数器
2	1	0	自动重装初值的 8 位计数器
3	1	1	T0 分成两个独立的 8 位计数器，T1 通常作为串口波特率发生器

定时器/计数器方式控制寄存器 TMOD 不能进行位寻址，只能用字节传送指令设置定时器工作方式。复位时，TMOD 所有位均为 0。

【例 5-4】 假设定时器 T1 为定时工作方式，并按方式 2 工作。定时器 T0 为计数方式，按方式 1 工作，试确定 TMOD 的值。

解：分析：定时/计数器 1 的工作方式选择位是 $C/\overline{T}$（D6），$C/\overline{T}$设为 0，T1 为定时方式；M1（D5）M0（D4）两位设为 1 0，T1 工作在方式 2。定时器 T0 的工作方式选择位是 $C/\overline{T}$（D2），$C/\overline{T}$设为 1，T0 工作在计数器方式；M0（D0）M1（D1）的值设为 0 1，T0 工作在方式 1；T0 和 T1 的门控位 GATE 都设为 0，定时/计数器的启动停止由软件控制。

根据上面的分析，TMOD 设置如下：

D7	D6	D5	D4	D3	D2	D1	D0
0	0	1	0	0	1	0	1

二进制数 00100101 等于十六进制数 25H。所以执行 MOV TMOD，＃25H 这条指令就可以实现上述要求。

TCON 在特殊功能寄存器中，字节地址为 88H，可位寻址，位地址（由低位到高位）为 88H－8FH。TCON 的作用是控制定时器的启、停，以及标志定时器溢出和中断情况。

TCON 的格式与各位定义如下：

	8FH	8EH	8DH	8CH	8BH	8AH	89H	88H
TCON (88H)	TF1	TR1	TF0	TR0	IE1	IT1	IE0	IT0

各位定义如下：

TF1：定时器 1 溢出标志位。当字时器 1 计满溢出时，由硬件使 TF1 置“1”，并且申请中断。进入中断服务程序后，由硬件自动清“0”，在查询方式下用软件清“0”。

TR1：定时器 1 运行控制位。软件清“0”时关闭定时器 1。当 GATE＝1，$\overline{INT1}$引脚为高电平，且 TR1 置“1”时，启动定时器 T1；当 GATE＝0，TR1 置“1”时启动定时器 T1。

TF0：定时器 0 溢出标志。其功能及操作情况同 TF1。

TR0：定时器 0 运行控制位。其功能及操作情况同 TR1。

IE1：外部中断 1 请求标志。

IT1：外部中断 1 触发方式选择位。

IE0：外部中断 0 请求标志。

IT0：外部中断 0 触发方式选择位。

由于 TCON 可位寻址，因而如果只清除溢出或启动定时器工作，可以用位操作命令。例如：执行“CLR TF0”后则清定时器 0 的溢出；执行“SETB TR1”后可启动定时器 1 开始工作。

三、定时/计数器工作方式

T0 或 T1 无论用作定时器或计数器都有 4 种工作方式：方式 0、方式 1、方式 2 和方式 3。除方式 3 外，T0 和 T1 有完全相同的工作状态。下面以 T0 为例，分述各种工作方式的特点和用法。

1. 工作方式 0

当 M1、M0 设置为 00 时，定时/计数器设定为工作方式 0，以 T0 为例，结构如图 5-4 所示。定时/计数器由 TL0 的低 5 位和 TH0 的 8 位构成 13 位计数器（TL0 的高 3 位无效）。

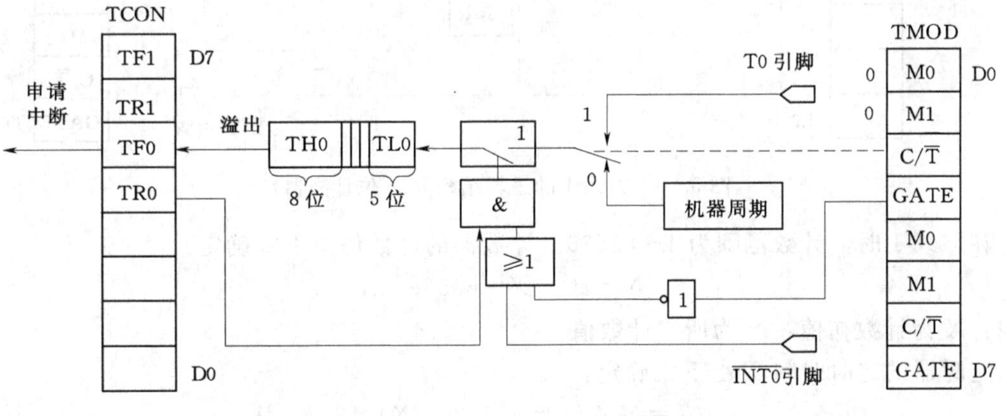

图 5-4 方式 0 的逻辑结构（13 位计数器）

$C/\overline{T}=0$，T0 为定时器，定时信号为振荡脉冲 12 分频后的脉冲；$C/\overline{T}=1$，T0 为计数器，计数信号来自引脚 T1 的外部信号。

定时/计数器能否启动工作，还受 TR0、GATE 和引脚信号 $\overline{INT0}$ 的控制。由图 5-4 中的逻辑电路可知，当 GATE=0 时，只要 TR0=1 就可打开控制门，使定时器工作；当 GATE=1 时，只有当 TR0=1 且 $\overline{INT0}=1$ 时，才可打开控制门。GATE，TR0，$C/\overline{T}$ 的状态选择由定时器的控制寄存器 TMOD，TCON 中相应位状态确定，$\overline{INT0}$ 则是外部引脚上的信号。

方式 0 是 13 位计数结构的工作方式，其计数器由 TH0 全部 8 位和 TL0 的低 5 位构成。当 TL0 的低 5 位计数溢出时，向 TH0 进位，而全部 13 位计数溢出时，则向计数溢出标志位 TF0 进位。在方式 0 下，当为计数工作方式时，计数值的范围是：1～8192（2^{13}）。设定时器初值为 X，要求定时时间为 T，要求计数次数为 N，则当为计数方式时，$X=2^{13}-N$；当为定时方式时，定时时间的计算公式为：

$$T=(2^{13}-X)\times 晶振周期\times 12$$

或

$$T=(2^{13}-X)\times 机器周期$$

2. 工作方式 1

当 M1、M0 设置为 01 时，定时/计数器设定为工作方式 1，结构如图 5-5 所示。定时/计数器是由 TH0 全部 8 位和 TL0 全部 8 位构成的 16 位计数器。与工作方式 0 基本相同，区别仅在于工作方式 1 的计数器 TL0 和 TH0 组成 16 位计数器，从而比工作方式 0 有更宽的定时/计数范围。

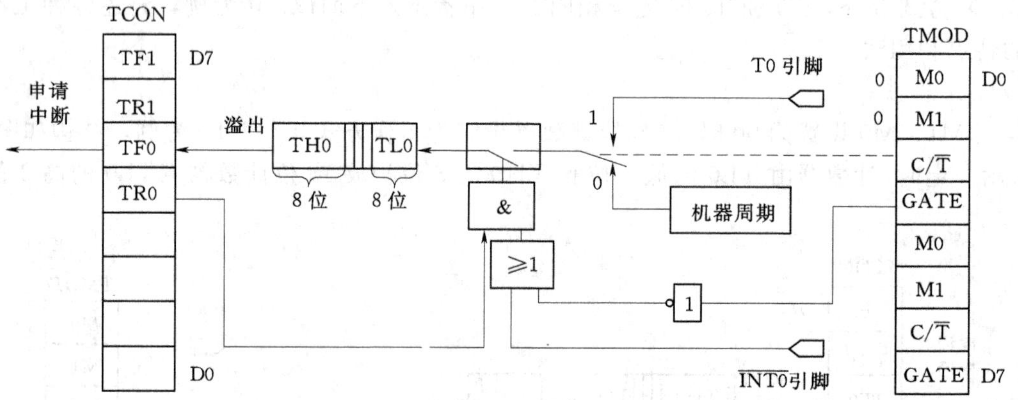

图 5-5 方式 1 的逻辑结构（16 位计数器）

在方式 1 时，计数范围为 1～65536。计数器的计数值由下式确定：

$$N=2^{16}-X=65536-X$$

式中：X 为计数初值，N 为所需计数值。

定时器的定时时间 T 由下式确定：

$$T=N\times T_{cy}=(65536-X)\times T_{cy}$$

式中：T_{cy}为机器周期。

如果 $f_{osc}=12MHz$，则 $T_{cy}=1\mu s$，定时范围为 $1\sim65536\mu s$。

当定时/计数器工作在方式 0、方式 1 以及后面即将介绍的方式 3 时，一旦计数溢出，定时器被清 0。因此，如果需要重复相同的定时或计数工作，需重新设置计数初值。

3. 工作方式 2

当 M1、M0 设置为 10 时，定时/计数器设定为工作方式 2，结构如图 5-6 所示。定时/计数器是由 TL0 构成 8 位计数器，TH0 仅用来存放时间常数。启动 T0 前，TL0 和 TH0 装入相同的时间常数，当 TL0 计满后，除定时器溢出标志 TF0 置位，具备向 CPU 请求中断的条件外，TH0 中的时间常数还会自动地装入 TL0，重新开始定时或计数。所以，工作方式 2 是一种自动装载初值 8 位计数器方式。

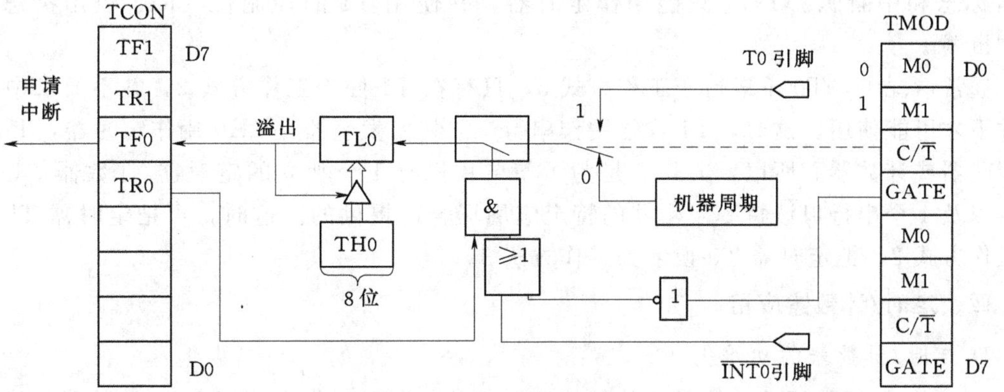

图 5－6　方式 2 的逻辑结构

当计数器计满溢出后，不是像其他工作方式那样通过软件方法，而是由预置寄存器 TH0 以硬件方法自动给计数器 TL0 重新加载，变软件加载为硬件加载。初始化时，8 位计数初值同时装入 TL0 和 TH0 中。当 TL0 计满溢出时，置位 TF0，同时把保存在预置寄存器 TH0 中的计数初值自动加载 TL0，然后 TL0 重新计数。如此重复不止。这不但省去了用户程序中的重装初值指令，而且也有利于提高定时精度。但这种工作方式下是 8 位计数结构，计数值有限，最大只能到 255。这种自动重新加载工作方式非常适用于循环定时或循环计数应用，例如用于产生固定脉宽的脉冲，此外还可以作串行数据通信的波特率发送器使用。

4. 工作方式 3

当 M1、M0 设置为 11 时，定时/计数器 T0 设定为工作方式 3，结构如图 5－7。工作方式 3 只适用于定时器 T0。如果使定时器 T1 为工作方式 3，则定时器 T1 将处于关闭状态。当 T0 为工作方式 3 时，TH0 和 TL0 分成 2 个独立的 8 位计数器。其中，TL0 既可用作定时器，又可用作计数器，并使用原 T0 的所有控制位及其定时器

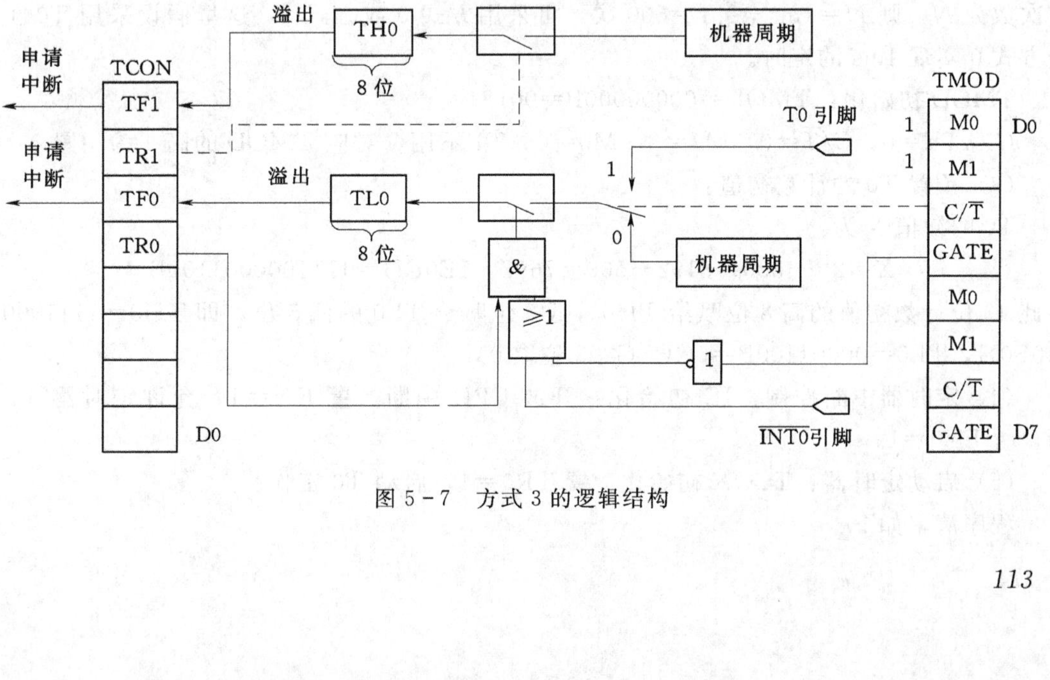

图 5－7　方式 3 的逻辑结构

溢出标志和中断源。TH0 只能用作定时器，并使用 T1 的控制位 TRl、溢出标志 TFl 和中断源。

通常情况下，T0 不运行于工作方式 3，只有在 T1 处于工作方式 2，并不要求中断的条件下才可能使用。这时，T1 往往用作串行口波特率发生器，TH0 用作定时器，TL0 作为定时器或计数器。所以，方式 3 是为了使单片机有 1 个独立的定时器/计数器、1 个定时器以及 1 个串行口波特率发生器的特定应用场合而提供的。这时，可把定时器 Tl 设置为工作方式 2，把定时器 T0 设置为工作方式 3。

四、定时/计数器应用

1. 定时/计数器的初始化

由于定时/计数器的功能是由软件编程确定的，所以一般在使用定时/计数器前都要对其进行初始化，使其按设定的功能工作。初始化的步骤一般如下：

（1）确定工作方式（即对 TMOD 赋值）。

（2）预置定时或计数的初值（可直接将初值写入 TH0、TL0 或 TH1、TL1）。

（3）根据需要开放定时/计数器的中断（直接对 IE 位赋值）。

（4）启动定时/计数器（若用软件启动，则可把 TR0 或 TR1 置“1”；若由外中断引脚电平启动，则需给外引脚步加启动电平。当实现了启动要求后，定时器即按规定的工作方式和初值开始计数或定时）。

2. 方式 0 和方式 1 的应用

方式 1 与方式 0 基本相同，只是方式 1 为 16 位计数器，而方式 0 为 13 位计数器。

【例 5-5】　利用定时器定时，使 P1.0 引脚输出周期为 2ms 的方波，设单片机晶振频率为 6MHz，试编写程序实现。

解：（1）确定设计方案：输出 2 ms 的方波可由间隔 1ms 的高低电平相间而成，因而只要每隔 1ms 对 P1.0 取反一次即可得到这个方波。

（2）选择定时器，确定工作方式：由于机器周期＝12÷6MHz＝2μs，设 1ms 需要计数次数为 N，则 N＝1ms÷2μs＝500 次，可采用方式 0 或方式 1，这里假设采用 T0 工作于方式 0 实现 1ms 的定时。

TMOD 初始化：TMOD＝00000000B＝00H

（GATE＝0，$C/\overline{T}$＝0，M1＝0，M0＝0，T1 不用，对应 TMOD 的高 4 为均置 0）

（3）预置 T0 的计数初值：

T0 的初值 X 为：

$$X=2^{13}-500=8192-500=7692=1E0CH=1111000001100B$$

将此 13 位计数初值的高 8 位赋给 TH0，低 5 位赋给 TL0 的低 5 位，即 TH0＝11110000B＝0F0H，TL0＝00001100B＝0CH（高 3 位取 0）。

（4）定时器中断控制：IE 初始化：开放 CPU 中断，置 EA＝1，允许定时器 T0 中断，置 ET0＝1。

（5）启动定时器：TCON 初始化：置 TR0＝1，启动 T0 工作。

程序清单如下：

```
            ORG     0000H
            AJMP    START           ; 复位入口
            ORG     000BH
            AJMP    TOINT           ; T0 中断入口
            ORG     0030H           ; 初始化程序
START:      MOV     SP,#60H         ; 重新设置堆栈区
            MOV     TH0,#0F0H       ; T0 赋初值
            MOV     TL0,#0CH
            MOV     TMOD,#00H       ; 设置工作方式
            SETB    TR0             ; 启动 T0
            SETB    ET0             ; 允许 T0 中断
            SETB    EA              ; CPU 开中断
HERE:       AJMP    HERE            ; 循环等待

TOINT:                              ; 定时器 T0 中断服务程序
            MOV     TL0,#0CH        ; 重新赋时间常数
            MOV     TH0,#0F0H
            CPL     P1.0            ; P1.0 引脚每隔 1ms 取反
            RETI                    ; 中断返回
```

【例 5-6】 已知某生产线的传送带上不断地有产品单向传送，产品之间有足够大间隔。使用光电开关统计一定时间内的产品个数。假定 HL1 红灯灭时停止统计，HL1 红灯亮时才在上次统计结果的基础上继续统计，如图 5-8 所示，试用单片机完成该项产品的计数任务。

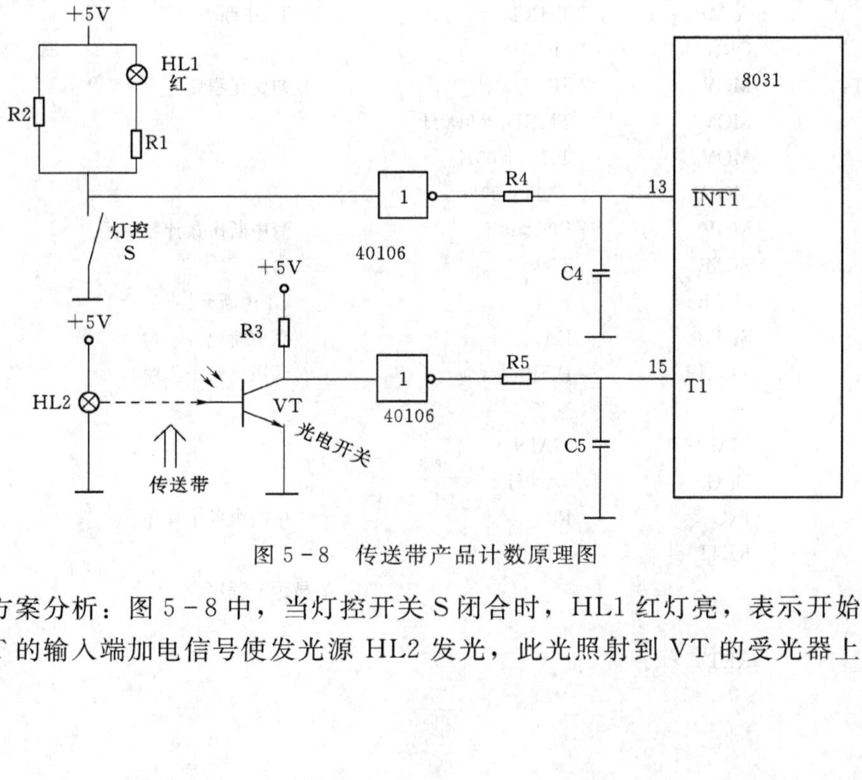

图 5-8　传送带产品计数原理图

解： 方案分析：图 5-8 中，当灯控开关 S 闭合时，HL1 红灯亮，表示开始计数。光电开关 VT 的输入端加电信号使发光源 HL2 发光，此光照射到 VT 的受光器上后，因光

电效应而产生了光电流，由受光器输出端引出，产生回路，从而在 T1 的外部输入引脚检测到高电平；当传输带上有产品通过时，产品对光束起到了遮挡的作用，因此受光器输出端不能产生回路，从而在 T1 的外部输入引脚检测到低电平。利用计数器的外部启动方式。便可以实现传送带产器计数。

（1）确定设计方案：如题所述，利用单片机定时器/计数器 T1 的方式 1 完成该项产品的计数任务。

（2）确定工作方式：T1 作计数器，工作在方式 1，采用外部启动方式，即门控位设为 1，红灯 HL1 亮（$\overline{\text{INT1}}=1$）时进行计数。

TMOD 初始化：TMOD= 11010000B = D0H

（GATE=1，C/$\overline{\text{T}}$=1，M1 M0= 0 1）

（3）预置定时或计数的初值：任务是统计产品数量，可设计数器初始值为 0；TH0=00H，TL0=00H。

（4）定时器中断控制：T1 在方式 1 时，溢出产生中断，且计数器回零，故在中断服务程序中，需用 R0 计数中断次数，以保护累积计数结果。

IE 初始化：总中断允许 EA 置 1，定时器 T1 中断允许 ET1 置 1。

（5）启动定时器：

TCON 初始化：启动位 TR1 置 1

程序清单如下：

```
            ORG     0000H
            AJMP    START           ；复位入口
            ORG     001BH
            AJMP    T1INT           ；T1 中断入口
            ORG     0100H
START：     MOV     SP,#60H         ；初始化程序
            MOV     TMOD,#0D0H
            MOV     TH1,#00H
            MOV     TL1,#00H
            MOV     R0,#00H         ；清中断次数计数单元
            SETB    TR1             ；启动 T1
            SETB    ET1             ；T1 中断允许
            SETB    EA              ；总中断允许
MAIN：      ACALL   DISP            ；调用显示子程序
            …
            LJMP    MAIN
            ORG     0A00H
T1INT：     INC     R0              ；中断服务子程序
            RETI
DISP：                              ；显示子程序
…
            RET
```

【例5-7】　设单片机时钟频率为6MHz，试编写定时1s的程序。

解：(1) 确定设计方案：利用单片机定时器/计数器的定时功能实现1s的延时。采用循环程序法，每隔100ms中断一次，中断10次为1s。

(2) 选择定时器，确定工作方式：选用T0作定时器，工作方式为1。

TMOD初始化：TMOD＝00000001B＝01H

(GATE＝0，$C/\overline{T}$＝0，M1M0＝01)

(3) 由于晶振频率为6MHz，一次计数的时间为2μs，因此需要计数50000次，才能完成100ms的定时，因此定时器初值$X=65536-50000=15536=3CB0H$，即TL0＝0B0H，TH0＝3CH。

(4) 定时器中断控制：

IE初始化：总中断允许位EA置1，定时器T0中断允许位ET0置1。

(5) 启动定时器：

TCON初始化：TR0置1，启动T0工作。

程序清单如下：

```
        ORG     0000H           ；程序起始地址
        LJMP    MAIN            ；上电,转向主程序
        ORG     000BH           ；T0的中断入口地址
        AJMP    SERVE           ；转向中断服务程序
        ORG     0030H           ；主程序
MAIN:   MOV     SP,#60H         ；设堆栈指针
        MOV     TMOD,#01H       ；设置T0工作于方式1
        MOV     TL0,#0B0H       ；装入计数值低8位
        MOV     TH0,#3CH        ；装入计数值高8位
        MOV     30H,#0AH        ；设循环次数
        SETB    TR0             ；启动定时器T0
        SETB    ET0             ；允许T0中断
        SETB    EA              ；允许CPU中断
        SJMP    $               ；等待中断
```

中断服务程序：

```
SERVE:  MOV     TL0,#0B0H
        MOV     TH0,#3CH        ；重新赋计数值
        DJNZ    30H,FLAG_N
        MOV     30H,#0AH        ；1s定时到,清零30H计数
                                ；元,重新开始定时
FLAG_N: RETI                    ；中断返回
        END
```

3. 方式2的应用

方式2是定时器自动重新装载的操作方式，工作过程与方式0、方式1基本相同，只

不过在溢出的同时，将 8 位二进制初值自动重新装载，即在中断服务子程序中，不需要编程赋初值。定时器 T1 工作在方式 2 时，可直接用作串行口波特率发生器。

【例 5－8】 使用定时器 T0 以工作方式 2 定时，在 P1.0 输出周期为 200μs 的连续方波脉冲，已知晶振频率 $f_{osc}=6\text{MHz}$。

解：(1) 计算计数初值 X：6MHz 晶振下，一个机器周期为 2μs，以 TH0 作重装载的预置寄存器，TL0 作 8 位计数器，则：

$$(2^8-X)\times12\times1/6=100$$

得 $X=206=11001110\text{B}=\text{CEH}$。把 CEH 分别装入 TH0 和 TL0 中。

(2) TMOD 初始化：T0 设定为方式 2，则 M1M0＝10；为实现定时功能，$C/\overline{T}=0$；软件启动定时器，GATE＝0。定时器/计数器 T1 不用，有关位设定为 0，因此 TMOD 寄存器初始化为 0000 0010，即：02H。

(3) 由定时器控制器 TCON 中的 TR0 位控制定时的启动和停止，TR0＝1 启动，TR0＝0 停止。

(4) 若使用中断方式，应开中断，EA 位和 ET0 位置“1”；若使用查询方式，则关中断。

查询方式程序清单如下：

```
        MOV     TMOD,#02H       ; 设置 T0 为工作方式 2
        MOV     TH0,#0CEH       ; 设置计数初值
        MOV     TL0,#0CEH
        MOV     IE,#00H         ; 禁止中断
        SETB    TR0             ; 启动定时
LOOP:   JBC     TF0,LOOP1       ; 查询计数溢出
        AJMP    LOOP
LOOP1:  CPL     P1.0            ; 输出取反
        AJMP    LOOP            ; 重复循环
```

中断方式程序清单如下：

```
        ORG     0000H
        AJMP    MAIN
        ORG     0100H
MAIN:   MOV     TMOD,#02H       ; 设置 T0 为工作方式 2
        MOV     TH0,#0CEH       ; 设置计数初值
        MOV     TL0,#0CEH
        SETB    EA              ; 开中断
        SETB    ET0             ; 定时器 1 允许中断
        SETB    TR0             ; 启动定时
        SJMP    $               ; 等待中断

        ORG     0000BH
        CPL     P1.0            ; 输出取反
        RETI                    ; 中断返回
```

【例 5－9】 利用定时器 T1 的方式 2 对外部信号计数，要求每计满 100 次对 P1.0 端取反。

解：（1）计算计数初值 X

$$X=2^8-100$$

得
$$X=256-100=156=9CH$$

（2）方式字

$$TMOD=0110****B=60H$$

中断方式程序清单如下：

```
        ORG     0000H
        LJMP    MAIN
        ORG     0100H
MAIN:   MOV     TMOD,#60H
        MOV     TL1,#156
        MOV     TH1,#156
        MOV     IE,#88H
        SETB    TR1
        SJMP    $

        ORG     001BH
        CPL     P1.0
        RETI
```

4. 方式 3 的应用

当定时器 T0 工作在方式 3 时，TH0 和 TL0 分别是 2 个独立的 8 位定时器/计数器，且 TH0 占用定时器 T1 的溢出中断标志 TF1 和运行控制位 TR1。

【例 5－10】 设某用户系统中已使用了两个外部中断源，并置定时器 T1 工作在方式 2，作串行口波特率发生器用。现要求再增加一个外部中断源，并由 P1.0 输出一个 5kHz 的方波，设 $f_{osc}=12MHz$。

分析：本例目的有两个：①增加一个外部中断；②使 P1.0 输出一个方波。而给定的条件是：①两个外部中断源已被使用；②定时器 T1 已用于串行口波特率发生器。因此，利用定时/计数器 T0，使之工作在方式 3，其中 TL0 用于扩展外部中断源，TH0 作定时器使用，以输出方波。

（1）设置初值：

1）要使 TL0 作为外部中断源使用，则置 TL0 为 FFH，这样，只要 T0 的外部输入引脚来一个负跳变，就使 TL0 计数加 1 而溢出，从而向 CPU 发出中断请求。其功能与外部中断相同。

2）因为输出方波频率为 5kHz，故方波周期为 200μs，用 TH0 产生 100μs 的定时，故 TH0 的初值　　X＝256－（定时时间/机器周期）

＝256－（100μs×晶振频率/12）

$= 156$

（2）设定 T0 工作方式：令 T0 工作于方式 3，TL0 为计数方式；令 T1 工作于方式 2，定时方式。因此 TMOD 设置如下：

$$TMOD = 00100111B = 27H$$

程序清单如下：

```
        ORG     0000H
        LJMP    MAIN
        ORG     0030H
MAIN:   MOV     TMOD, #27H     ; 设置工作方式
        MOV     TL0, #0FFH     ; 赋 TL0 初值
        MOV     TH0, #156      ; 赋 TH0 初值
        MOV     TH1, #data     ; T1 的初值根据波特率要求
                               ; 而定
        MOV     TL1, #data
        MOV     TCON, #55H     ; 启动位置 1,外部中断为
                               ; 边沿触发方式
        MOV     IE, #9FH       ; 开放全部中断
        …
        ORG     000BH
TL0INT: MOV     TL0, #0FFH     ; TL0 重新赋值
        …                      ; 扩展的外部中断服务程序
        RETI
        ORG     001BH
TH0INT: MOV     TH0, #156      ; TH0 重新赋值
        CPL     P1.0           ; P1.0 取反,输出方波
        RETI
```

5. GATE 门控位的应用

GATE 门控位用于设置定时/计数器的启动方式，GATE＝1 为外部启动方式，这时定时/计数器的启动受到两种信号的控制：TRi 和外部中断输入引脚$\overline{INTi}$（i＝0，1）的控制；GATE＝0 为软件启动方式，这时只需 TRi（i＝0，1），就能启动定时/计数器。

【例 5－11】 要求利用 MCS－51 单片机测量脉冲信号高电平以及低电平持续的时间。设脉冲高电平（计数）长度值存于 21H、20H 中，低电平长度存于 23H、22H 中。电路连接如图 5－9 所示。

分析：本例利用 GATE 功能来测量脉冲参数。当 GATE＝1 时，为外部启动方式，这时定时/计数器的启动受到两种信号的控制：TRi 和外部中断输入引脚$\overline{INTi}$（i＝0，1）的控制。现利用 T0 来测量脉冲高电平持续的时间，利用 T1 来测量低电平持续的时间。只要在程序中置 TRi 为 1，做好启动准备，一旦外部中断输入引脚$\overline{INTi}$变成高电平，即可实现定时器的启动。在程序中不断检测输入脉冲的电平变化，由软件控制 TRi 为 0，使得定时器停止计数。如果让定时器的初值设为 0，那么从启动到停止，经过的时间即为

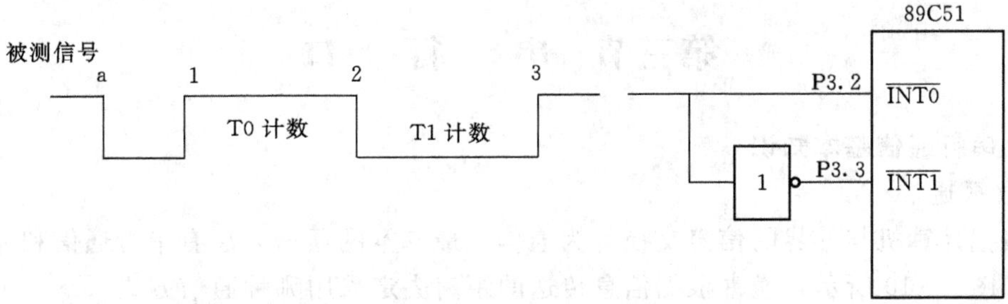

图 5－9　脉冲信号测量电路图

脉冲信号持续的时间。因此，保留在定时计数器 THi、TLi 上的数据就是脉冲电平的长度。

程序清单如下：

```
        ORG     0000H
        LJMP    MAIN
        ORG     2000H
MAIN：  MOV     TMOD,＃99H      ；T0、T1 均作为定时器,工
                                ；作在方式 1,GATE=1
        MOV     A,＃00H         ；T0、T1 赋计数初值 00H
        MOV     TL0,A
        MOV     TH0,A
        MOV     TL1,A
        MOV     TH1,A
TEST0： JB      P3.2,TEST0      ；检测是否到 a 点
        SETB    TR0             ；到 a 点,TR0 = 1,做好取
                                ；计时值准备。
TEST1： JNB     P3.2,TEST1      ；检测是否到 1 点
        SETB    TR1             ；到 1 点 T0 计时;TR1 = 1,
                                ；做好 T1 计时准备。
TEST2： JB      P3.2,TEST2      ；检测是否到 2 点
        CLR     TR0             ；到 2 点,停止 T0 计时,T1
                                ；开始计时。
        MOV     20H,TH0         ；保存 T0 计时结果
        MOV     21H,TL0
TEST3： JB      P3.3,TEST3      ；检测是否到 3 点
        CLR     TR1             ；到 3 点,停止 T1 计数
        MOV     22H,TH1         ；保存 T1 计数结果
        MOV     23H,TL1
        LCALL   DISP
        SJMP    $
```

第三节　串　行　口

一、串行通信基本知识

1. 数据通信

一般把计算机与外界的信息交换称为通信。最基本的通信方法有串行通信和并行通信两种，如图 5-10 所示，通常根据信息传送的距离决定采用哪种通信方式。

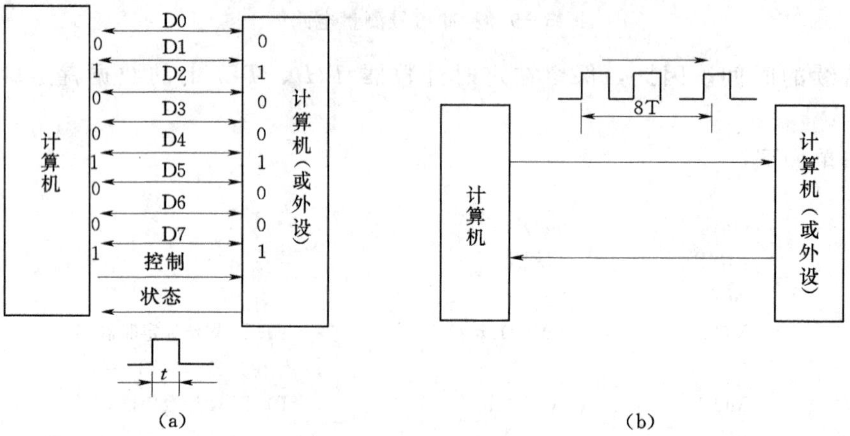

图 5-10　通信的两种基本方式
(a) 并行通信；(b) 串行通信

一次同时传送多位数据的通信方法叫做并行通信。其优点是传送速度高；缺点是数据有多少位，就需要多少根传送线。并行通信靠并行接口来实现。89C51 有 4 个双向的并行 I/O 口，利用它们很容易实现并行通信。比如，向 P1 口写入数据时，指令“MOV P1，#data”是同时将 8 位数据送到 P1 口的端口锁存器，并经 P1 的 8 个引脚将 8 位数据输出到外围设备，这就是并行通信。

与并行通信相对，如果不是同时传送多位信号，而是将信号一位一位地传送，这种通信方式就称为串行通信。其优点是只需要一对传输线；缺点是传送速率较低。串行通信可通过串行接口来实现，一般电脑都会有两个外置的 COM 口，这就是串行接口。

2. 串行通信的传送方式

按信息传送的方向，串行通信可以分为单工、半双工和全双工三种方式。单工是指数据传输仅能沿一个方向，不能实现反向传输；半双工是指数据传输可以沿两个方向，但需要分时进行；全双工是指数据可以同时进行双向传输。如图 5-11 所示。MCS—51 有一个全双工串行口，即由 P3.0 和 P3.1 复用成的串行口。全双工串行通信需要两根线，一根线作为发送信号线；另一根线作为接收信号线。

3. 串行通信的通信方式

串行通信又分为同步通信和异步通信：

(1) 同步通信时要建立发送方时钟对接收方时钟的直接控制，使双方达到完全同步。

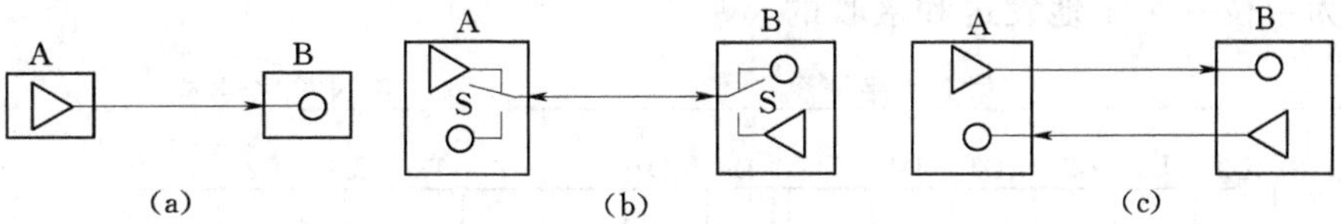

(a)　　　　(b)　　　　(c)

图 5－11　串行通信数据传送的三种方式

(a) 单工方式；(b) 半双工方式；(c) 全双工方式

此时，传输数据的位之间的距离均为“位间隔”的整数倍，同时传送的字符间不留间隙，即保持位同步关系，也保持字符同步关系。发送方对接收方的同步可以通过两种方法实现。

1）面向字符的同步格式：

面向字符的同步格式如图 5－12 所示，该方式中传送的数据和控制信息都必须由规定的字符集（如 ASCII 码）中的字符所组成。图中帧头为 1 个或 2 个同步字符 SYN（ASCII 码为 16H)。SOH 为序始字符（ASCII 码为 01H)，表示标题的开始，标题中包含源地址、目标地址和路由指示等信息。STX 为文始字符（ASCII 码为 02H)，表示传送的数据块开始。数据块是传送的正文内容，由多个字符组成。数据块后面是组终字符 ETB（ASCII 码为 17H）或文终字符 ETX（ASCII 码为 03H)。然后是校验码。典型的面向字符的同步规程如 IBM 的二进制同步规程 BSC。

SYN	SYN	SOH	标题	STX	数据块	ETB/ETX	块校验

图 5－12　面向字符的同步格式

2）面向位的同步格式：

面向位的同步格式如图 5－13 所示，该方式将数据块看作数据流，并用序列 01111110 作为开始和结束标志。为了避免在数据流中出现序列 01111110 时引起的混乱，发送方总是在其发送的数据流中每出现 5 个连续的 1 就插入一个附加的 0；接收方则每检测到 5 个连续的 1 并且其后有一个 0 时，就删除该 0。典型的面向位的同步协议如 ISO 的高级数据链路控制规程 HDLC 和 IBM 的同步数据链路控制规程 SDLC。

8 位	8 位	8 位	≥0 位	16 位	8 位
01111110	地址场	控制场	信息场	校验场	01111110

图 5－13　面向位的同步格式

面向位的同步通信的特点是以特定的位组合“01111110”作为帧的开始和结束标志，所传输的一帧数据可以是任意位。所以传输的效率较高，但实现的硬件设备比异步通信复杂。

(2) 异步通信是按帧传送数据，如图 5－14 所示。它利用每一帧的起、止信号来建立发送与接收之间的同步，每帧内部各位均采用固定的时间间隔，但帧与帧之间的时间间隔是随机的。其基本特征是每个字符必须用起始位和停止位作为字符开始和结束的标志，它是以字符为单位一个个地发送和接收的。

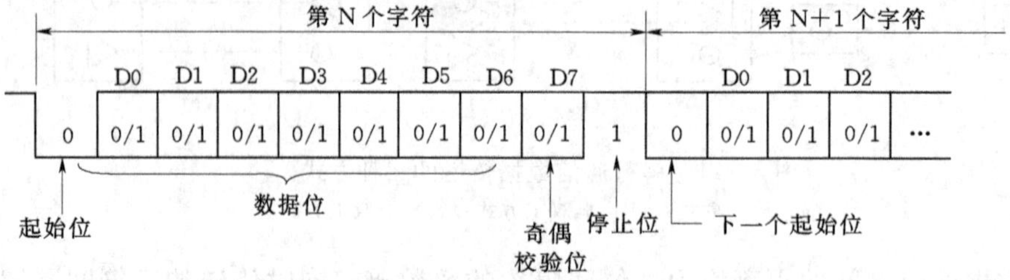

(a)

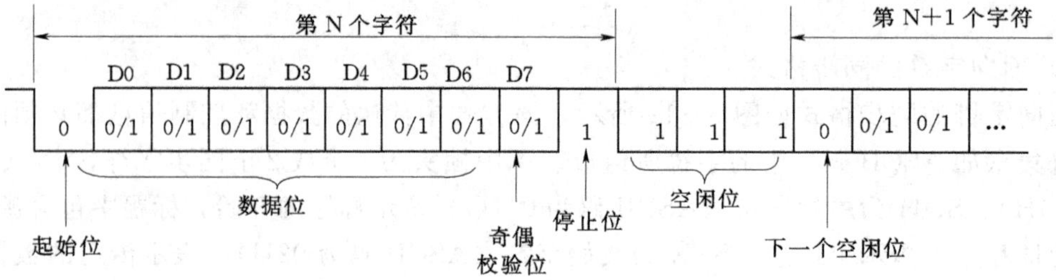

(b)

图 5-14　串行异步传送的字符格式

(a) 字符格式；(b) 有空闲位的字符格式

在串行异步传送中，通信双方必须事先约定：

1) 字符格式，包括字符的编码形式、奇偶校验形式及起始位和停止位等。例如，用 ASCII 码通信，有效数据为 7 位，加一个奇偶校验位、一个起始位和一个停止位共 10 位。当然停止位也可以大于 1 位。

2) 波特率 (Baud rate)。波特率表示数据的传送速率，即每秒钟调制信号变化的次数，单位是：波特 (Baud)。比特率表示每秒钟传送的二进制位数，单位为 bit/s (位/秒)。波特率和比特率不总是相同的，但对于将数字信号 1 或 0 直接用两种不同电压表示的所谓基带传输，比特率和波特率是相同的。所以，也经常用波特率表示数据的传输速率。

如每秒钟传送 240 个字符，而每个字符格式包含 10 位 (1 个起始位、1 个停止位、8 个数据位)，这时的波特率 (比特率) 为：10 位×240 个/s=2400bit/s。

串行异步通信时，要求发送端与接收端的波特率必须一致。

串行异步通信的传送速率一般为 50～19200bit/s，常用于计算机到 CRT 终端和字符打印机之间的通信、直通电报以及无线电通信的数据传送等。

4. 串行通信协议

通信协议用于规定数据传送方式，包括定义数据格式和数据位等。通信双方必须遵守统一的通信协议。串行通信协议包括同步协议和异步协议两种。在此只讨论异步串行通信协议和异步串行协议规定的字符集数据的传送格式。

(1) 起始位。通信线上没有数据被传送时处于逻辑 1 状态。当发送设备要发送一个字符数据时，首先发出一个逻辑 0 信号，这个逻辑低电平就是起始位。起始位通过通信线传向接收设备，接收设备检测到这个逻辑低电平后，就开始准备接收数据位信号。起始位所起的作用就是设备同步，通信双方必须在传送数据位前协调同步。

（2）数据位。当接收设备收到起始位后，紧接着就会收到数据位。数据位的个数可以是5、6、7或8。IBM－PC中经常采用7位或8位数据传送，89C51串行口采用8位或9位数据传送。这些数据位被接收到移位寄存器中，构成传送数据字符。在字符数据传送过程中，数据位从最低有效位开始发送，依次在接收设备中被转换为并行数据。

（3）奇偶校验位。数据位发送完之后，可以选择发送奇偶校验位。奇偶校验用于有限差错检测，主要是供接收方判断数据传输正确与否的依据。若是奇校验，则接收方接收到的数据位和校验位中1的个数总和必须为奇数，才认为数据传输无误；若是偶校验，则接收方接收到的数据位和校验位中1的个数总和必须为偶数，才认为数据传输无误。为了遵循这个原则，发送数据时，校验位的状态应遵循以下规则：奇校验时，若A中为待发送的数据，则把P（PSW.0）的值取反后置于校验位。偶校验时，则把P（PSW.0）的值直接置于校验位。这样，如果数据正确传送，那么，奇校验时，接收方收到的数据位和校验位中1个数总和则为奇数，接收方认为传输无误；偶校验时，接收方收到的数据位和校验位中1个数总和则为偶数，接收方认为传输无误。

（4）停止位。在奇偶位或数据位（当无奇偶校验时）之后发送的是停止位。停止位是一个字符数据的结束标志，可以是1位、1.5位或2位的高电平。接收设备收到停止位之后，通信线路上便又恢复逻辑1状态，直至下一个字符数据的起始位到来。

（5）波特率设置。通信线上传送的所有位信号都保持一致的信号持续时间，每一位的信号持续时间都由数据传送速度确定，而传送速度是以每秒多少个二进制位来衡量的，称传送速度为波特率。如果数据以每秒300个二进制位在通信线上传送，那么传送速度为300波特，通常记为300bit/s。

二、串行口控制

89C51串行接口是一个可编程的全双工串行通信接口，可用作异步通信收发器（UART）。89C51串行口不仅可以与外部设备实现串行通信，也可以方式0来扩充并行I/O口。

89C51单片机通过引脚RXD（P3.0，串行数据接收端）和TXD（P3.1，串行数据发送端）与外界串行通信。SBUF是串行口缓冲寄存器，包括发送缓冲器和接收缓冲器。它们有相同名字和地址空间，但接收缓冲器只能被CPU读出数据，发送缓冲器只能被CPU写入数据。

以下介绍与串行口有关的特殊功能寄存器：

1．数据缓冲器SBUF

串行口缓冲器SBUF是可直接寻址的特殊功能寄存器，其内部RAM字节地址是99H。在物理上，它对应着两个独立的寄存器，一个发送缓冲器；另一个接收缓冲器。发送时，就是CPU写入SBUF的过程，51系列单片机没有专门的启动发送状态的指令；接收时，就是读取SBUF的过程。接收缓冲器是双缓冲的，其目的是避免在接收下一帧数据之前，CPU未能及时响应接收器的中断，没有把上一帧数据读走，而产生两帧数据重叠的问题。

2．串行口控制寄存器SCON

SCON用于控制和监视串行口的工作状态，其各位定义如下：

SCON (98H)	SM0	SM1	SM2	REN	TB8	RB8	TI	RI

相应的各位功能介绍如下：

SM0、SM1：由软件置位或清零，用于选择串行口四种工作方式，如表 5-4 所示。

表 5-4　　串行口工作方式

方式	SM0　SM1	功　能	波　特　率
0	0　0	同步移位寄存器	$f_{osc}/12$
1	0　1	10 位异步收发	可变（T1 溢出率）
2	1　0	11 位异步收发	$f_{OSC}/64$ 或 $f_{OSC}/32$
3	1　1	11 位异步收发	可变（T1 溢出率）

SM2：多机通信控制位。在方式 2 和方式 3 中，若 SM2＝1，表示多机通信。接收到的第 9 位数据（RB8）为 0 时，表示该帧为数据帧，这时不启动接收中断标志 RI（即 RI＝0），并且将接收到的前 8 位数据丢弃；若 RB8 为 1 时，表示该帧为地址帧，这时才将接收到的前 8 位数据送入 SBUF，并置位 RI，产生中断请求。当 SM2＝0 时，表示点对点通信，无论第 9 位数据为 0 或 1，都将前 8 位数据装入 SBUF 中，并产生中断请求。在方式 0 时，SM2 必须为 0。

REN：允许串行接收控制位。若 REN＝0，则禁止接收；REN＝1，则允许接收，该位由软件置位或复位。

TB8：发送数据 D8 位。在方式 2 和方式 3 时，TB8 为所要发送的第 9 位数据。在多机通信中，以 TB8 位的状态表示主机发送的是地址帧还是数据帧：TB8＝0 为数据，TB8＝1 为地址；也可用作数据的奇偶校验位。该位由软件置位或复位。

RB8：接收数据 D8 位。在方式 2 和方式 3 时，接收到的第 9 位数据，可作为奇偶校验位或地址帧或数据帧的标志。方式 1 时，若 SM2＝0，则 RB8 是接收到的停止位。在方式 0 时，不使用 RB8 位。

TI：发送中断标志位。在方式 0 时，当发送数据第 8 位结束后，或在其他方式发送停止位后，由内部硬件使 TI 置位，向 CPU 请求中断。CPU 在响应中断后，必须用软件清零。此外，TI 也可供查询使用。

RI：接收中断标志位。在方式 0 时，当接收数据的第 8 位结束后，或在其他方式接收到停止位时，由内部硬件使 RI 置位，向 CPU 请求中断。同样，在 CPU 响应中断后，也必须用软件清零。RI 也可供查询使用。

3. 电源控制寄存器 PCON

电源控制寄存器 PCON 中只有 SMOD 位与串行口工作有关，各位定义如下：

PCON (87H)	SMOD	—	—	—	CF1	CF0	PD	IDL

SMOD：串行口波特率加倍位。

SMOD＝1：方式 1 和 3 时，波特率＝定时器 1 溢出率/16；方式 2 波特率为 $f_{osc}/32$。

SMOD＝0：方式 1 和 3 时，波特率＝定时器 1 溢出率/32；方式 2 波特率为 $f_{osc}/64$。

CF1，CF0：两个通用标志位。

PD，IDL：CHMOS 器件的低功耗控制位。

三、串行口工作方式及其应用

在 MCS—51 串行口的四种工作方式中，只有方式 1、方式 2 和方式 3 用于串行通信，方式 0 为同步移位寄存器的输入或输出方式，主要用于扩展并行的输入输出口。

MCS—51 串口是可编程的，编程时应注意以下几点：

(1) 设置串行口工作方式。

(2) 设置波特率（SMOD，若是方式 1、3，设置 T1 计数初值）。

(3) 若串行口接收数据，REN 必须赋值为 1。

(4) TI 和 RI 标志，须由软件清 0。

(5) 第 9 位的用途以及设置。

下面介绍各个工作方式及其应用实例。

1. 方式 0 的应用

当 MCS—51 的串行口工作于方式 0 时，为同步移位寄存器的输入或输出方式，主要用于扩展并行 I/O 口。这时，数据由 RXD（P3.0）端输入或输出，同步移位脉冲由 TXD（P3.1）端输出。发送或接收的数据都是 8 位，低位在先，高位在后。其波特率是固定的，为 $f_{osc}/12$。图 5－15 为串行口方式 0 用于扩展并行 I/O 口的扩展电路图。

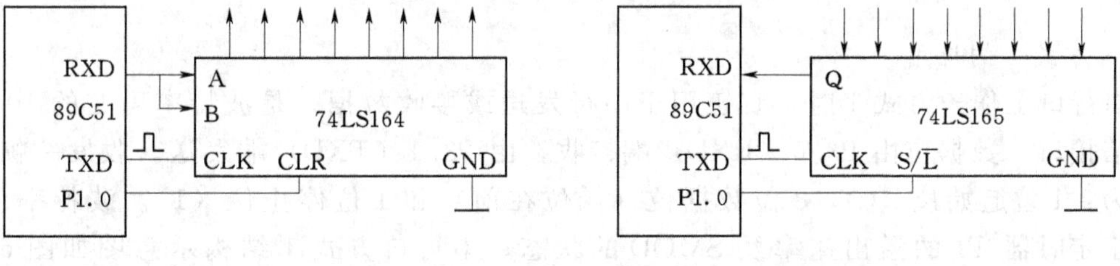

图 5－15　89C51 串行口扩展 I/O 口的扩展电路图

图 5－15 中，89C51 单片机外接 74HC164（串入并出）或 165（并入串出）移位寄存器来实现扩展功能。RXD 作为数据输入/输出端，TXD 作为同步时钟信号，接至时钟端。8 位数据为 1 帧，无起始位和停止位。

【例 5－12】 用 89C51 外接 CD4049 或 164 串入一并出移位寄存器扩展 8 位并行口。8 位并行口的每位都接一个发光二极管，要求发光二极管从左到右以一定延时轮流显示，并不断循环。设发光二极管为共阴极接法，如图 5－16 所示。

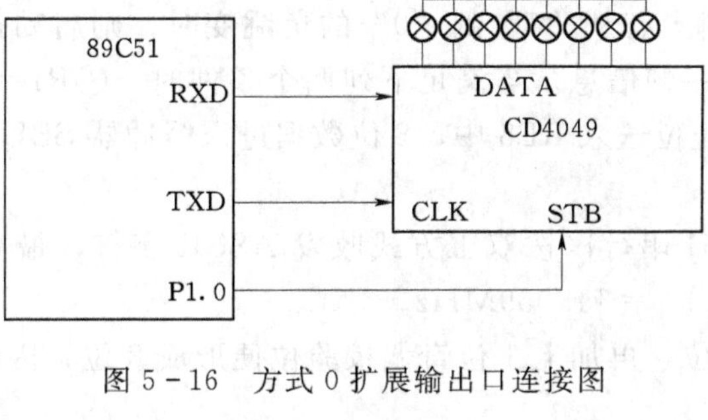

图 5－16　方式 0 扩展输出口连接图

解：设数据串行发送采用中断方式，DELAY 为延时子程序。

程序清单如下：

```
        ORG     0000H
        LJMP    MAIN
        ORG     0023H
        AJMP    SBR
        ORG     2000H
MAIN:   MOV     SCON,#00H       ; 串行口方式 0 初始化
        MOV     A,#80H          ; 最左一位发光二极管先亮
        CLR     P1.0            ; 关闭并行输出
        MOV     SBUF,A          ; 开始串行输出
LOOP:   SJMP    $               ; 等待中断
SBR:    SETB    P1.0            ; 启动并行输出
        ACALL   DELAY           ; 显示延迟一段时间
        CLR     TI              ; 清发送中断标志
        RR      A               ; 准备右移一位显示
        CLR     P1.0            ; 关闭并行输出
        MOV     SBUF,A          ; 再一次串行输出
        RETI
```

2. 方式 1 的应用

串行口工作于方式 1 时，真正用于串行发送或接收数据，是波特率可变的 10 位异步通信接口。数据位由 P3.0（RXD）端接收，由 P3.1（TXD）端发送。收发一帧的帧格式为：1 位起始位（0），8 位数据位（低位在前）和 1 位停止位（1）。波特率可变，取决于定时器 T1 的溢出速率及 SMOD 的状态。串行口方式 1 结构示意图如图 5－17 所示。

方式 1 发送数据时，数据由 TXD 端送出。CPU 执行一条写入 SBUF 的指令后，就启动串行口开始发送数据。发送波特率由内部定时器 T1 控制。发送完一帧数据时，发送中断标志 TI 置 1，向 CPU 申请中断。这就完成了一次发送过程。

方式 1 接收数据时，数据从 RXD 端输入。当允许接收位 REN 被置位 1 时，接收器以选定波特率的 16 倍速率采样 RXD 引脚上的电平，即在一个数据位期间有 16 个检测脉冲，并在第 7、第 8、第 9 个脉冲期间采样接收信号，然后用三中取二的原则确定检测值，以抑制干扰。并且采样是在每个数据位的中间，避免了信号边沿的波形失真造成的采样错误。当检测到 RXD 引脚上有从“1”到“0”的负跳变时，则启动接收过程，在接收移位脉冲的控制下，接收完一帧信息。当满足下列两个条件时：①RI＝0；②接收到的停止位为 1 或 SM2＝0，将停止位送入 RB8 中，8 位数据进入缓冲器 SBUF，并置中断标志位 RI 为 1。

【例 5－13】 89C51 串行口按双工方式收发 ASCII 字符，最高位用作奇校验，要求传送码率为 1200bit/s，$f_{osc}=11.059$MHz。

解：ASCII 码为 7 位，再加上 1 位奇偶校验位便形成 8 位，因此可以采用方式 1 来完

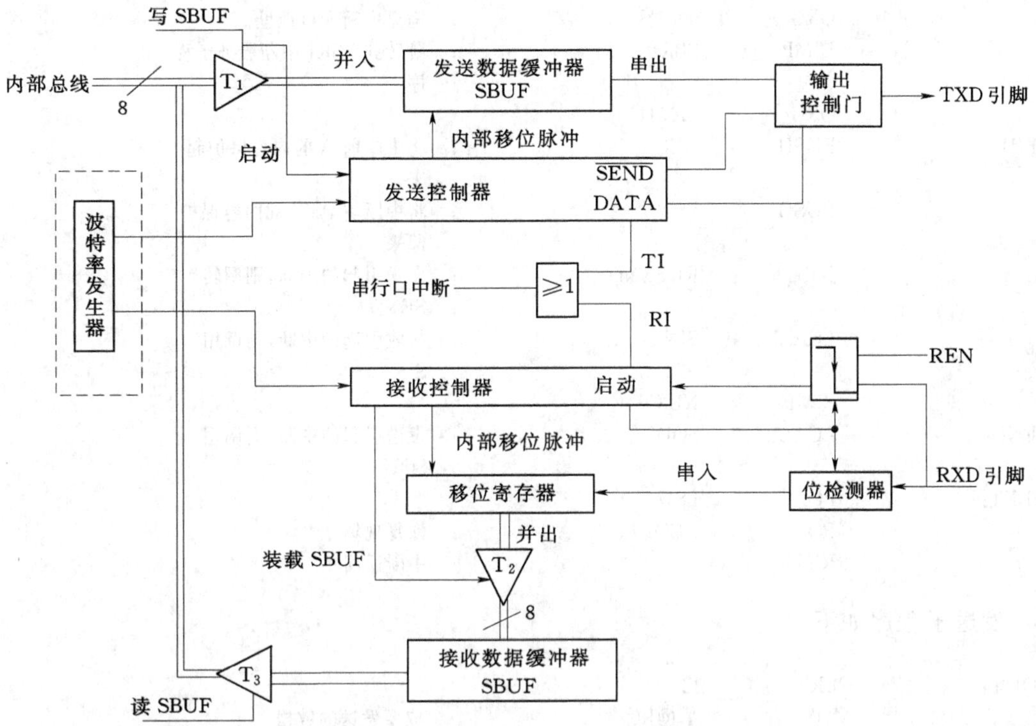

图 5－17　串行口方式 1 结构示意图

成要求。由于采用奇校验，发送方需把 P（PSW.0）的值取反后置于校验位，而接收方接收到的数据位和校验位中 1 的个数总和为奇数，才认为数据传输无误。

设发送数据区首地址为 20H，接收区首地址为 40H。

程序清单如下：

```
        ORG     0000H
        LJMP    MAIN
        ORG     0050H
MAIN:   MOV     TMOD,#20H       ;  T1 为方式 2
        MOV     TL1,#0E8H       ;  时间常数,见表 5-5
        MOV     TH1,#0E8H       ;  置重装初值
        SETB    TR1             ;  启动定时器 T1
        MOV     SCON,#50H       ;  串行口方式 1,允许接收
        MOV     R0,#20H         ;  发送数据区首址
        MOV     R1,#40H         ;  接收数据区首址
        SETB    ES              ;  串行口开中断
        SETB    EA              ;  CPU 开中断
        LCALL   SOUT            ;  发送一个字符
        SJMP    $               ;  等待中断
```

中断服务程序如下：

```
        ORG     0023H       ; 串口中断入口地址
        LJMP    SBR1        ; 跳转到 SBR1 中断服务子程
                            ; 序
        ORG     0100H
SBR1:   PUSH    ACC         ; 将中断前 A 的内容保护起
                            ; 来
        PUSH    PSW         ; 将中断前 PSW 的内容保护
                            ; 起来
        JNB     RI,SEND     ; 发送引起的中断,则调转
                            ; SEND
        LCALL   SIN         ; 接收引起的中断,则调用
                            ; SIN
        SJMP    NEXT
SEND:   LCALL   SOUT        ; 发送引起的中断,则调用
                            ; SOUT
NEXT:   POP     PSW
        POP     ACC         ; 恢复现场
        RETI                ; 中断返回
```

发送子程序如下：

```
SOUT:   CLR     TI
        MOV     A,@R0       ; 取要发送的数据
        MOV     C,P         ; 若奇数个 1,P=1
        CPL     C           ; 取反
        MOV     ACC.7,C     ; P 状态取反后置校验位
        MOV     SBUF,A      ; 发送
        INC     R0          ; 修改发送数据区指针
        RET
```

接收子程序如下：

```
SIN:    CLR     RI
        MOV     A,SBUF      ; 读接收到的数据
        JNB     P,ER        ; 若偶数个 1,出错
        ANL     A,#7FH      ; 若奇数个 1,ACC.7 清 0
        MOV     @R1,A       ; 数据存入接收区
        INC     R1          ; 修改接收数据区指针
        RET
ER:     …                   ; 处理出错程序
```

3. 方式 2 和方式 3

串行口工作于方式 2 和方式 3 时，被定义为 11 位异步通信接口，其结构图与串行口方式 1 结构图相同，每帧数据结构为 11 位：最低位是起始位（0），其后是 8 位数据位(低位在先)，第 10 位是用户定义位（SCON 中的 TB8 或 RB8)，最后一位是停止位（1)。方式 2 和方式 3 工作原理相似，唯一的差别是方式 2 的波特率是固定的，即为 $f_{osc}/32$ 或 $f_{osc}/64$；而方式 3 的波特率是可变的，与定时器 T1 的溢出率有关。

方式2和方式3的发送过程：由“写入SBUF”信号把8位数据装入SBUF，同时还把TB8装入发送移位寄存器的第9位，并通知发送控制器要求进行一次发送。发送开始，把一个起始位（0）送到TXD端。第9位数据（TB8）由软件置位或清零，可以作为数据的奇偶校验位，也可以作为多机通信中的地址、数据标志位。若把TB8作为奇偶校验位，可以在发送程序中，在数据写入SBUF之前，先将奇偶校验位写入TB8。

方式2和方式3接收过程：与方式1类似，方式2和方式3接收过程始于在RXD端检测到负跳变，为此，CPU以16倍波特率的采样速率不断采样RXD端。当检测到负跳变时，16分频计数器就立刻复位，同时把1FFH写入输入移位寄存器。计数器的16个状态把一位数据的传送时间等分成16份，在每一位的第7、第8、第9个状态时，位检测器对RXD端的值采样。如果所接收到的起始位无效（为1），则复位接收电路，等待下一个负跳变的到来。若起始位有效（为0）则将此起始位移入移位寄存器，并开始接收这一帧的其余位。当起始位0移到最左面时，通知接收控制器进行最后一次移位。把8位数据装入接收缓冲器SBUF，第9位数据装入SCON中的RB8，并置中断标志RI=1。

只有在产生最后一个移位脉冲，且同时满足①RI=0；②SM2=0或接收到的第9位数据为“1”两个条件时，数据装入SBUF和RB8以及置位RI的信号。上述两个条件中任一个不满足，所接收的数据帧就会丢失，不再恢复。两者都满足时，第9位数据装入TB8，前8位数据装入SBUF。

值得注意的是，与方式1不同，方式2和方式3中装入RB8的是第9位数据，而不是停止位。所接收的停止位的值与SBUF、RB8和RI都没有关系，利用这一特点可用于多机通信中。

4. 波特率设置

串行口的4种工作方式对应着三种波特率方式。

对于方式0，波特率是固定的，为$f_{osc}/12$。

对于方式2，波特率由振荡频率f_{osc}和SMOD（PCON.7）所决定。即

$$波特率=2^{SMOD}\times f_{osc}/64$$

当SMOD=0时，波特率为$f_{osc}/64$；当SMOD=1时，波特率为$f_{osc}/32$。

对于方式1和方式3，波特率由定时器/计数器T1的溢出率和SMOD决定，即由下式确定：

$$波特率=2^{SMOD}\times T1溢出率/32$$

定时器T1产生的常用波特率如表5-5所示。

表5-5　定时器T1产生的常用波特率

串行口方式	波特率(kbit/s)	晶振频率(MHz)	SMOD	定时器T1		
				$C/\overline{T}$	定时器方式	重装载值
方式0	最大1M	12	×	×	×	×
方式1	最大375K	12	1	×	×	×
方式1或方式3	62.5	12	1	0	2	FFH
	19.2	11.0592	1	0	2	FDH
	9.6	11.0592	0	0	2	FDH
	4.8	11.0592	0	0	2	FAH
	2.4	11.0592	0	0	2	F4H

续表

串行口方式	波特率(kbit/s)	晶振频率(MHz)	SMOD	定时器 T1		
				C/$\overline{T}$	定时器方式	重装载值
方式 1 或 方式 3	1.2	11.0592	0	0	2	E8H
	0.1375	11.0592	0	0	2	1DH
	19.2	6	1	0	2	FEH
	9.6	6	1	0	2	FDH
	4.8	6	0	0	2	FDH
	2.4	6	0	0	2	FAH
	1.2	6	0	0	2	F3H
	0.11	6	0	0	2	72H
	0.11	12	0	0	1	FEEBH

【例 5-14】 假设某 89C51 单片机系统，串行口工作于方式 3，要求传送波特率为 1200bit/s，作为波特率发生器的定时器 T1 工作在方式 2 时，求计数初值为多少？设单片机的晶振频率为 6MHz。

解：因为串行口工作于方式 3 时的波特率为：

$$\text{方式 3 的波特率} = \frac{2^{SMOD}}{32} \times \frac{f_{osc}}{12 \times (256 - X)}$$

所以

$$X = 256 - \frac{f_{osc}}{\text{波特率} \times 12 \times (32/2^{SMOD})}$$

当 $SMOD=0$ 时，初值 $X=256-6\times10^6/(1200\times12\times32/1)\approx243=0F3H$

当 $SMOD=1$ 时，初值 $X=256-6\times10^6/1200\times12\times32/2)\approx230=0E6H$

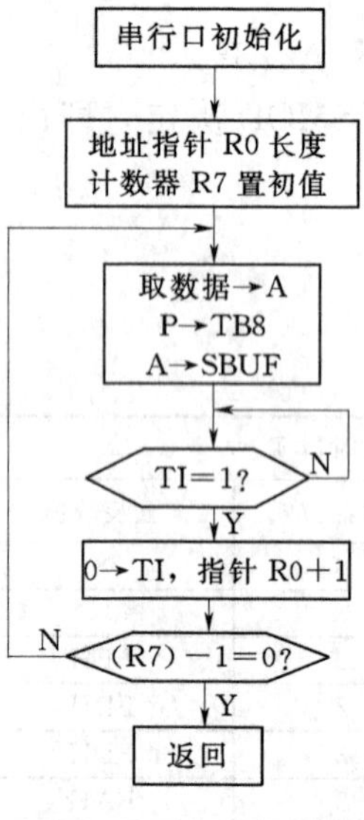

图 5-18 程序流程图

由于 51 单片机内部寄存器都属于整数型，因此本例求出的计数初值必须取整后，才置于 TH1 和 TL1 中。但是，在取整初值基础上进行计数，溢出后产生的波特率也只能近似 1200bit/s。因此，在一些对波特率的精度有严格要求的应用场合，为了能够得到精确的波特率，而又要使初值为整数，必须选择合适的晶振频率。本例中，如果晶振频率为 11.0592MHz，那么，计算出初值刚好是整数。因此，在此初值基础上进行计数，就可以产生精准的波特率。这就是为什么通常采用 11.0592MHz 晶振频率的原因。

【例 5-15】 设计一个发送程序，将片内 RAM 50H～5FH 中的数据串行发送；串行口设定为方式 2 状态，TB8 作偶校验位。

解：串口工作于方式 2，此时帧格式为 11 位，其中第 9 位作为偶校验位，因此须把 P 直接置于 TB8 位。方式 2 的波特率只有两种选择，有 SMOD 位决定波特率是否翻倍。

程序流程图如图 5-18 所示。

程序清单如下：

```
TRT:    MOV     SCON,#80H       ;  方式2设定
        MOV     PCON,#80H       ;  波特率=fosc/32
        MOV     R0,#50H         ;  首地址送至R0
        MOV     R7,#10H         ;  数据长度
LOOP:   MOV     A,@R0           ;  取数据
        MOV     C,PSW.0         ;  P送至TB8
        MOV     TB8,C
        MOV     SBUF,A          ;  启动发送
WAIT:   JBC     TI,CONT         ;  判断发送中断标志
        SJMP    WAIT
CONT:   INC     R0
        DJNZ    R7,LOOP         ;  判断是否传送完毕
        RET
```

四、单片机之间的串口通信

利用51的串行口可以实现两个51单片机之间的异步串行通信。接口电平一致的单片机之间串行通信比较简单，只需将两个单片机的发送和接收引脚交叉相接即可，如图5－19所示。

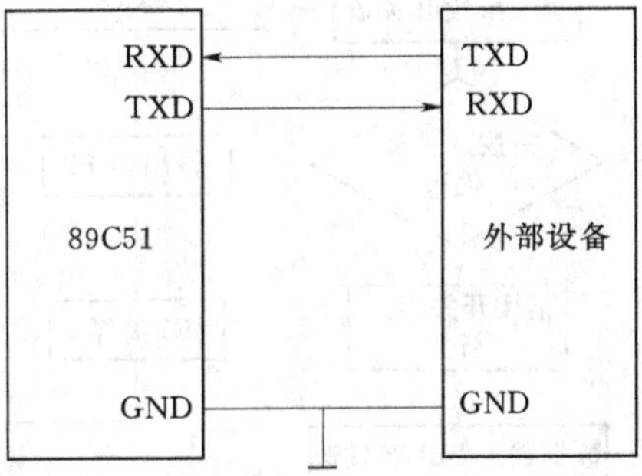

图5－19　双机通信

单片机之间的点对点通信可以采用查询方式，也可以采用中断方式。

【例5－16】　如图5－20所示，两个89C51单片机进行点对点双工通信。89C51－A的指拨开关的变化值会通过其TXD发送出去，89C51－B通过RXD接收数据，并将数据通过其P2口显示。同理，89C51－B的指拨开关发生变化时，也会将其发送给89C51－A，并在其P2口显示。试编写程序实现。

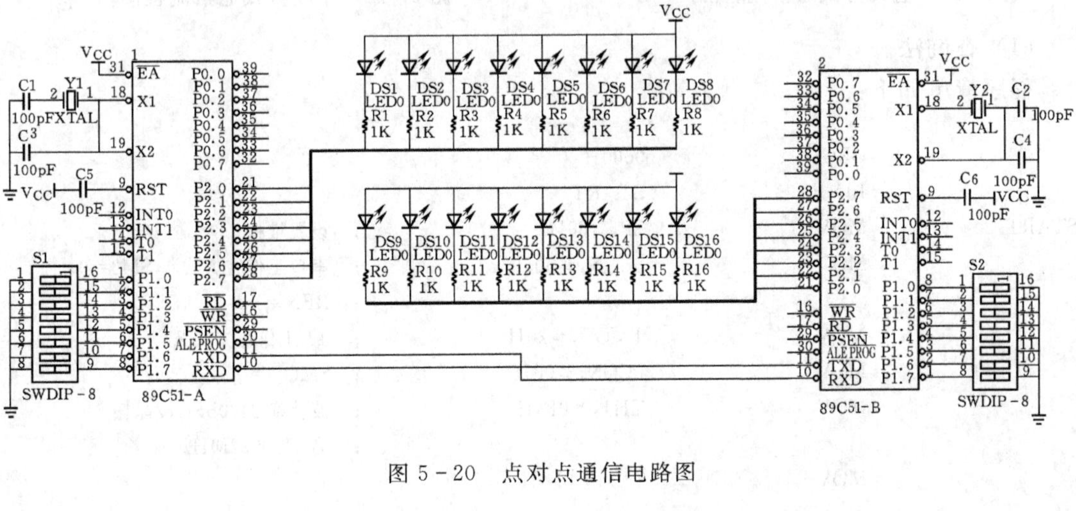

图5－20　点对点通信电路图

解：

分析：采用点对点通信，两个单片机功能一致，因此可以采用同样的程序，通过查询和中断方式通信的程序流程图分别如图 5-21 和图 5-22 所示。

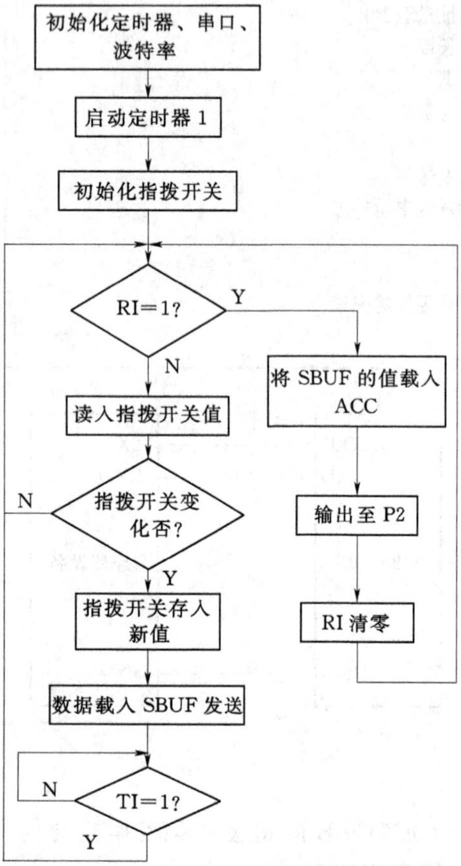

图 5-21 查询方式通信流程图

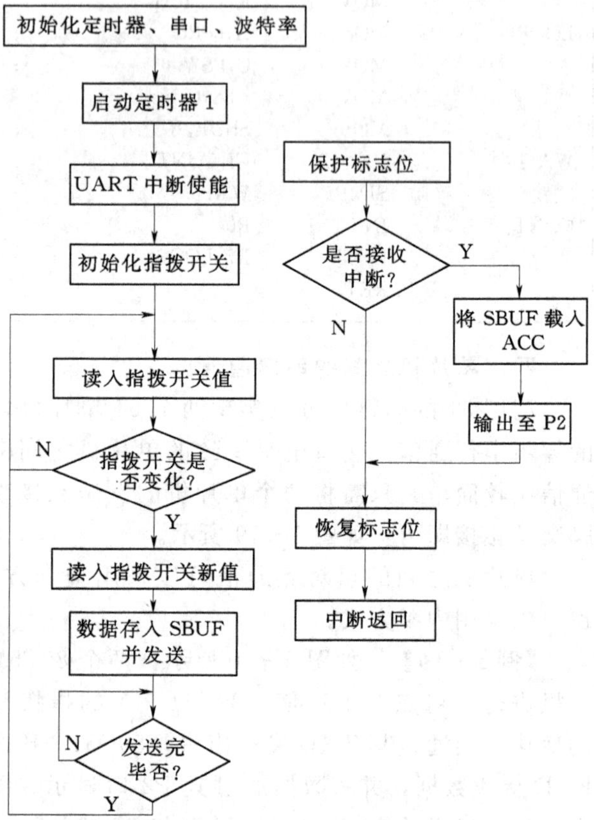

图 5-22 中断方式通信流程图

(1) 查询法。

程序清单如下：

```
        ORG     0000H
        LJMP    START
START:  MOV     SP,#60H         ; 设置堆栈
        MOV     SCON,#50H       ; 串口工作在方式 1,SM2=0,
                                ; REN=1
        MOV     TMOD,#20H       ; T1 工作在方式 2
        MOV     PCON,#00H       ; SMOD=0
        MOV     TH1,#0F4H       ; 波特率 2400bps,设晶振
                                ; 为 11.0592MHz
        MOV     TL1,#0F4H
```

```
        SETB    TR1             ；启动 T1
        MOV     30H,#0FFH       ；指拨开关初始值
SCAN：  JB      RI,UART         ；检测 SCON 的 RI 是否为 1?
                                ；是则表示接收到
        MOV     A,P1            ；读入指拨开关值
        CJNE    A,30H,KEYIN     ；指拨开关是否有变化？有
                                ；则跳至 KEYIN
        AJMP    SCAN            ；没有变化
KEYIN： MOV     30H,A           ；指拨开关存入新值
        MOV     SBUF,A          ；载入 SBUF 发送出去
WAIT：  JBC     TI,SCAN         ；发送完毕否？TI=1?
        AJMP    WAIT
UART：  MOV     A,SBUF          ；将 SBUF 的值载入 ACC
        MOV     P2,A            ；输出至 P2
        CLR     RI              ；清除 RI=0
        AJMP    SCAN
        END
```

（2）中断法。

程序清单如下：

```
        ORG     0000H
        LJMP    START
        ORG     0023H
        LJMP    UARTI           ；串口中断子程序
START： MOV     TMOD,#20H       ；T1 工作在方式 2
        MOV     SCON,#50H       ；串口工作在方式 1
        MOV     PCON,#00H       ；SMOD=0
        MOV     TH1,#0F4H       ；波特率 2400,设晶振为
                                  11.0592MHz
        MOV     TL1,#0F4H
        SETB    TR1             ；启动 T1
        MOV     IE,#10010000B   ；串口中断使能
        MOV     30H,#0FFH       ；指拨开关初值
L1：    MOV     A,P1            ；读入指拨开关
        CJNE    A,30H,KEYIN     ；指拨开关有变化否？
        JMP     L1
KEYIN： MOV     30H,A           ；指拨开关存入新值
        MOV     SBUF,A          ；发送出去
WAIT：  JBC     TI,L1           ；发送完毕否？
        AJMP    WAIT
UARTI： PUSH    ACC             ；压入堆栈
        PUSH    PSW
        JBC     RI,L2           ；是否接收中断？
        AJMP    RETN
L2：    MOV     A,SBUF          ；将 SBUF 载入 ACC
```

```
         MOV     P2,A         ；输出至P2
RETN:    POP     PSW
         POP     ACC          ；取回ACC
         RETI
         END
```

五、多机通信

利用89C51的串行口可以实现多个89C51单片机之间的异步通信。主从式多机通信系统结构图如图5-23所示。在这种方式中，只有一台主机，可以有多台从机。主机发送的信息可以传送到各个从机或指定的从机，各个从机发送的信息只能被主机接收，从机之间不能进行直接通信。

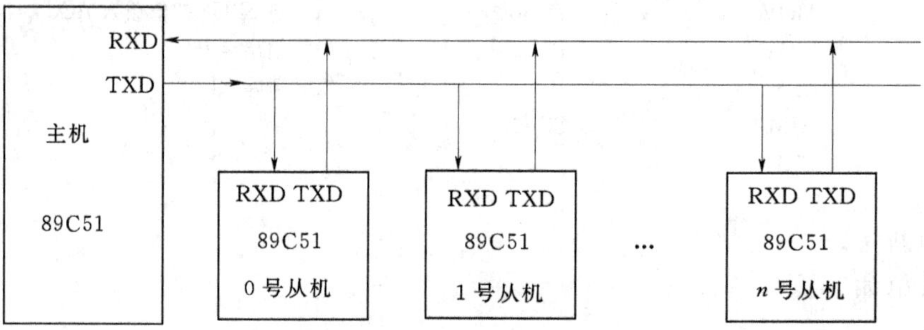

图5-23 主从式多机通信系统

在主从式多机系统中，主机发出的信息有两类：一类为地址，用来确定需要和主机通信的从机，其串行传送的第9位数据为1；另一类是数据，其串行传送的第9位数据为0。对从机来说，要利用SCON寄存器中的SM2位的控制功能。在接收时，若SM2=1，那么TB8=1时接收总能实现；而若SM2=0，则发送的第9位TB8必须为0接收才能进行。因此，对于从机来说，在接收地址时，应使SM2=1，以便接收到主机发来的地址，从而确定主机是否打算和自己通信，一经确认后，从机应使SM2=0，以便接收TB8=0的数据。

主从多机通信的过程如下：

（1）使所有的从机的SM2位置1，以便接收主机发来的地址。

（2）主机发出一帧地址信息，其中包括8位需要与之通信的从机地址，第9位为1。

（3）所有从机接收到地址帧后，各自将所接收到的地址与本机地址相比较，对于地址相同的从机，使SM2位清零以接收主机随后发来的所有信息；对于地址不符合的从机，仍保持SM2=1的状态，对主机随后发来的数据不予处理，直至发送新的地址帧。

（4）主机给已被寻址的从机发送控制指令和数据（数据帧的第9位为0）。

【例5-17】 如图5-24所示，系统由一个主机和两个从机组成。主机为89C51-A：P1口接指拨开关，P2口接指拨开关，P0口接8个LED；从机89C51-B：P1.4～P1.7接指拨开关S3，P2口接8个LED；从机89C51-C类似于89C51-B。编写相应的程序。

（1）当89C51-A的指拨开关S2切换时，此数据会发送给89C51-B，并控制其P2口8个LED的亮灭。同理，当89C51-A的指拨开关S1切换时，此数据会发给89C51-C，并控制其P2口8个LED的亮灭。

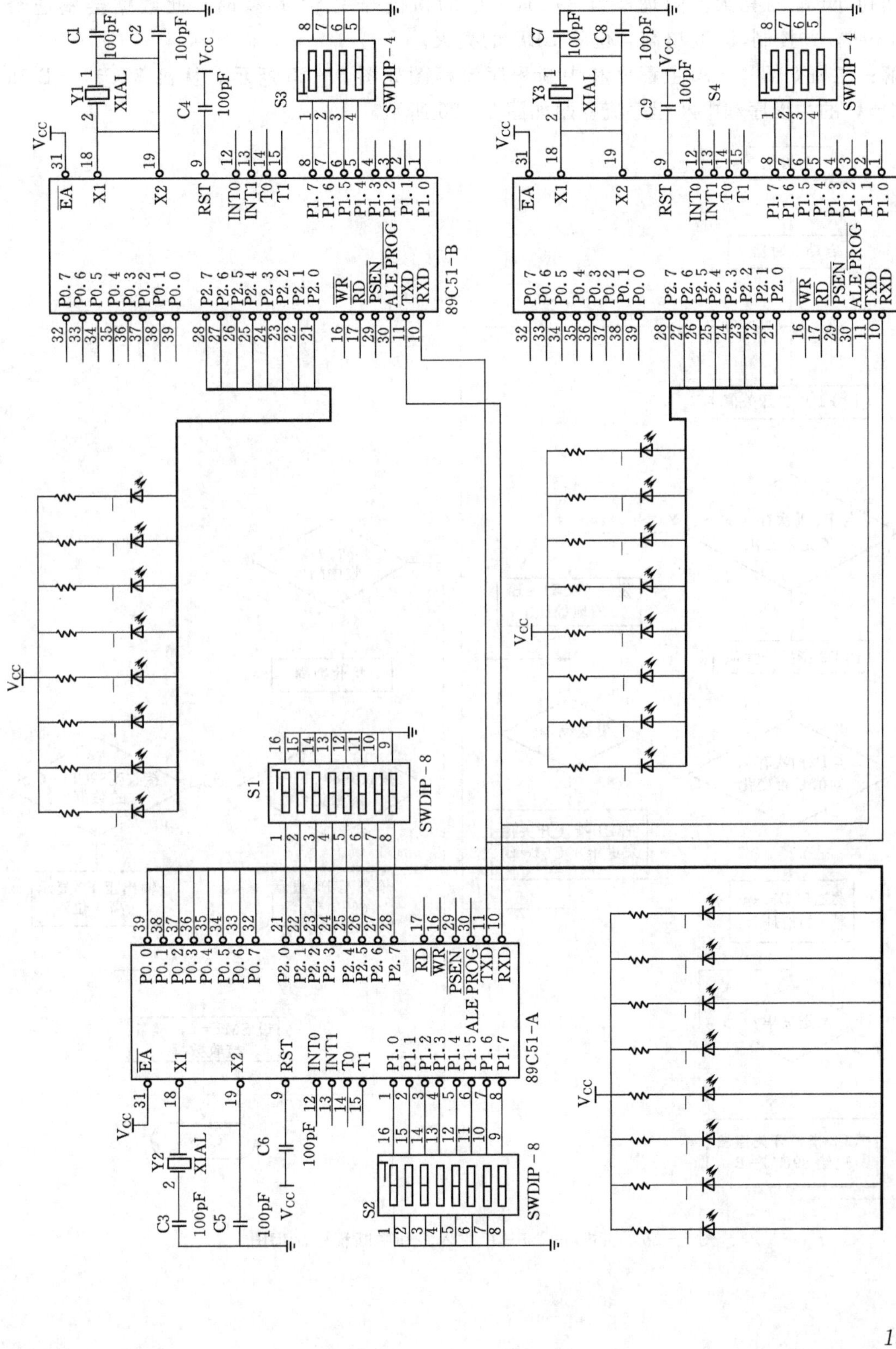

图 5-24 三个 89C51 多工通信电路图

（2）当 89C51－B 的指拨开关 S3 切换时，此数据会发送给 89C51－A，并控制其 P0 口低四位 LED 的亮灭。同理，当 89C51－C 的指拨开关 S4 切换时，此数据会发送给 89C51－A，并控制其 P0 口高 4 位的 LED 的亮灭。

解： 主机 89C51－A 主程序和中断程序流程图如图 5－25 所示。从机 89C51－B 和 89C51－C 的主程序和中断程序流程图如图 5－26 所示。

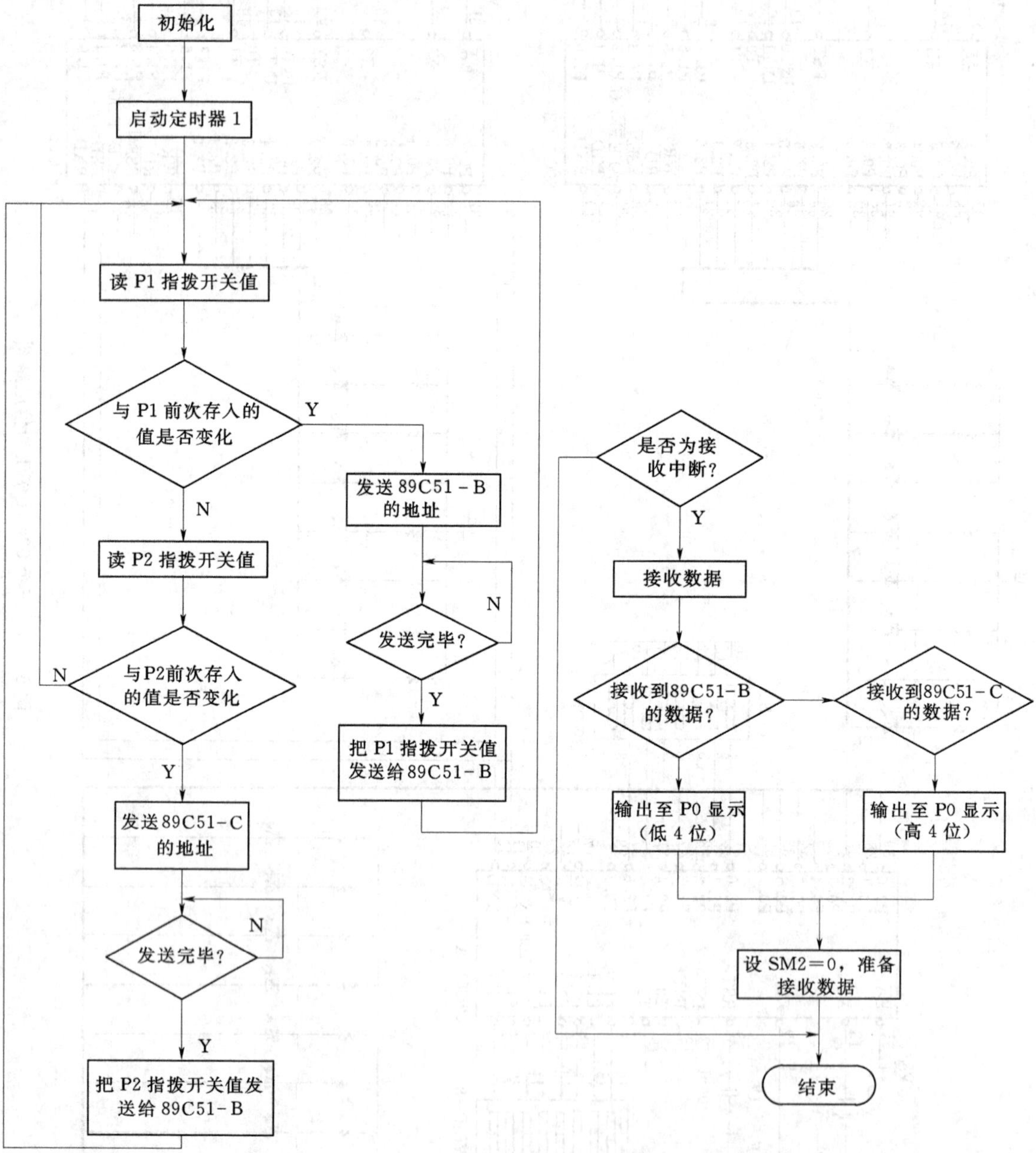

图 5－25 主机 89C51－A 主程序和中断程序流程图

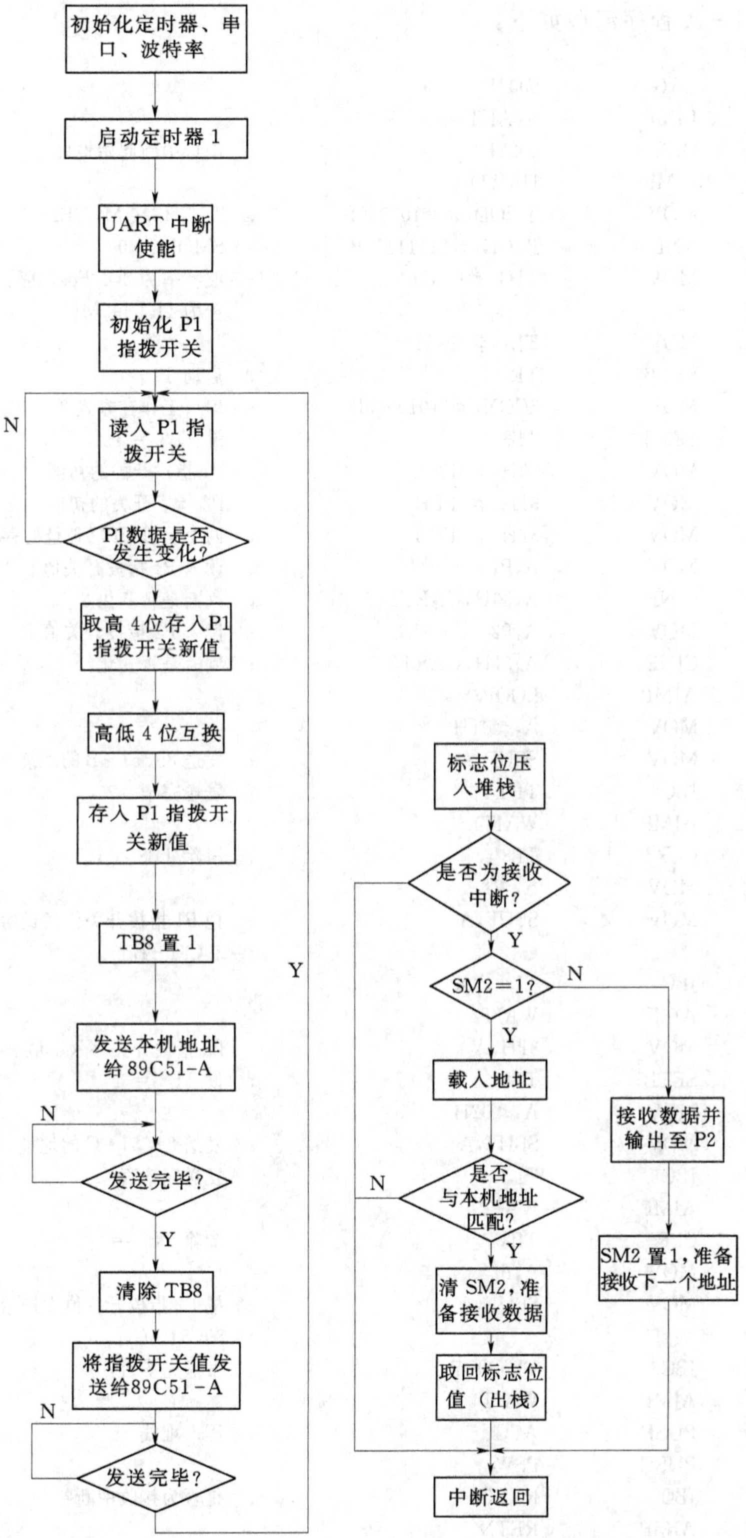

图5－26　从机89C51－B的主程序和中断程序流程图

主机 89C51－A 程序清单如下：

```
          ORG     0000H
          LJMP    START
          ORG     0023H            ; 串口中断起始地址
          LJMP    UARTI
START:    MOV     TMOD,#00100000B  ; T1 工作在 MODE2
          ANL     PCON,#01111111B  ; SMOD = 0
          MOV     TH1,#0F4H        ; 波特率为 2400bps,设晶
                                   ; 振为 11.0592MHz
          MOV     TL1,#0F4H
          SETB    TR1              ; 启动 T1
          MOV     SCON,#11010000B  ; 串口工作在方式 3
          SETB    TB8              ; 设 TB8 = 1
          MOV     30H,#0FFH        ; P1 指拨开关的初值
          MOV     31H,#0FFH        ; P2 指拨开关的初值
          MOV     32H,#0FFH        ; 两个从机 CPU 地址暂存器
LOOP:     MOV     A,P1             ; 读入 P1 指拨开关值
          CJNE    A,30H,UART1      ; 判断是否变化?
LOOP1:    MOV     A,P2             ; 读入 P2 指拨开关值
          CJNE    A,31H,UART2      ; 判断是否变化?
          AJMP    LOOP
UART1:    MOV     A,#01H
          MOV     SBUF,A           ; 发送 89C51-B 的地址 01H
WAIT1:    JBC     TI,L1            ; 发送完毕否?
          AJMP    WAIT1
L1:       CLR     TB8              ; 清除 TB8 = 0
          MOV     A, P1
          MOV     SBUF,A           ; 把 P1 指拨开关值发送给
                                   ; 89C51-B
WAIT2:    JBC     TI,LOOP
          AJMP    WAIT2
UART2:    MOV     31H,A            ; P2 指拨开关存入新值
          SETB    TB8              ; 设 TB8 = 1
          MOV     A,#02H
          MOV     SBUF,A           ; 发送 89C51-C 的地址 02H
WAIT3:    JBC     TI,L3            ; 发送完毕否?
          AJMP    WAIT3
L3:       CLR     TB8              ; 清除 TB8 = 0
          MOV     A,P2
          MOV     SBUF,A           ; 把 P2 指拨开关值发送给
                                   ; 89C51-C
WAIT4:    JBC     TI,LOOP          ; 发送完毕否?
          AJMP    WAIT4
UARTI:    PUSH    ACC              ; 压入堆栈
          PUSH    PSW
          JBC     RI,L5            ; 是否为接收中断?
          AJMP    RETN
```

```
L5:     CLR     RI
        JB      SM2,L6          ; SM2 = 1 接收地址,SM2 =
                                ; 0 接收数据
        MOV     A,SBUF          ; 接收数据载入累加器
        MOV     33H,A           ; 暂存入(33H)RAM
        MOV     A,32H           ; 判断接收到 89C51-B 或
                                ; 89C51-C 的数据?
        CJNE    A,#01H,L8       ; 接收到 89C51-B 的数据
        MOV     A,33H           ; 是则输出至 P0 显示(低 4
                                ; 位)
        SWAP    A
        MOV     P0,A
        SETB    SM2             ; 设 SM2 = 1,准备接收下
                                ; 一个地址
        MOV     32H,#0FFH       ; 清除地址(32H)RAM
        AJMP    RETN
L8:     CJNE    A,#02H,RETN     ; 接收到 89C51-C 的数据?
        MOV     A,33H           ; 是则输出至 P0 显示(高 4
                                ; 位)
        MOV     P0,A
        SETB    SM2             ; 设 SM2 = 1,准备接收下
                                ; 一个地址
        MOV     32H,#0FFH
        AJMP    RETN
L6:     MOV     A,SBUF          ; 载入接收到的地址
        CJNE    A,#01H,L7       ; 是 89C51-B 的地址
        MOV     32H,A           ; 是则将此地址 89C51-B 的
                                ; 地址存入(32H)RAM
        CLR     SM2             ; 设 SM2 = 0,准备接收数
                                ; 据
        AJMP    RETN
L7:     CJNE    A,#02H,RETN     ; 是 89C51-C 的地址?
        MOV     32H,A           ; 是则将此 89C51-C 的地址
                                ; 存入(32H)RAM
        CLR     SM2             ; 设 SM2 = 0,准备接收数
                                ; 据
RETN:   POP     PSW             ; 取回 PSW
        POP     ACC
        RETI
        END
```

从机 89C51-B 程序清单如下:

```
          ORG     0000H
          AJMP    START
          ORG     0023H              ; UART中断起始地址
          AJMP    UARTI
START:    MOV     TMOD,#00100000B    ; TIMER1工作在MODE2
          ANL     PCON,#01111111B    ; SMOD = 0
          MOV     TH1,#0F4H          ; 波特率为2400bps,设晶
                                     ; 振为11.0592MHz
          MOV     TL1,#0F4H
          SETB    TR1                ; 启动TIMER1
          MOV     SCON,#11010000B    ; UART工作在MODE3
          MOV     IE,#10010000B      ; UART中断使能
          SETB    SM2                ; 设SM2 = 1
          MOV     30H,#0FFH          ; P1指拨开关的初值
LOOP:     MOV     A,P1               ; 读入P1指拨开关
          CJNE    A,30H,UART1        ; 判断是否有变化?
          AJMP    LOOP
UART1:    ANL     A,#0F0H            ; 有变化则取高4位
          MOV     30H,A              ; 存入P1指拨开关的新值
          SETB    TB8                ; 设TB8 = 1
          MOV     A,#01H
          MOV     SBUF,A             ; 发送本身地址(01H)给
                                     ; 89C51-A
          MOV     A,SBUF             ; 发送
WAIT1:    JBC     TI,L1              ; 发送完毕否?
          AJMP    WAIT1
L1:       CLR     TB8                ; 是则清除TB8 = 0
          MOV     A,30H
          MOV     SBUF,A             ; 将指拨开关的值发送给
                                     ; 89C51-A
          MOV     A,SBUF             ; 发送
WAIT2:    JBC     TI,LOOP            ; 发送完毕否?
          AJMP    WAIT2
UARTI:    PUSH    ACC                ; 压入堆栈
          PUSH    PSW
          JBC     RI,L5              ; 是否为接收中断?
          AJMP    RETN
L5:       JB      SM2,L6             ; SM2 = 1接收地址,SM2 =
                                     ; 0接收数据
          MOV     A,SBUF             ; SM2 = 0,则接收数据并
                                     ; 输出至P2
          MOV     P2,A
          SETB    SM2                ; 设SM2 = 1,准备接收下
```

```
                                        ；一个地址
        AJMP    RETN
L6：    MOV     A,SBUF                  ；SM2 = 1,载入地址
        CJNE    A,#01H,RETN             ；是否(01H)地址?
        CLR     SM2                     ；是则清除SM2 = 0,准备
                                        ；接收数据
RETN：  POP     PSW
        POP     ACC
        RETI
        END
```

从机89C51－C程序清单如下：

```
        ORG     0000H
        LJMP    START
        ORG     0023H                   ；串口中断起始地址
        LJMP    UARTI
START： MOV     TMOD,#00100000B         ；T1工作在方式2
        ANL     PCON,#01111111B         ；SMOD = 0
        MOV     TH1,#0F4H               ；波特率为2400bps,设晶
                                        ；振为11.0592MHz
        MOV     TL1,#0F4H
        SETB    TR1                     ；启动TIMER1
        MOV     SCON,#11010000B         ；UART工作在MODE3
        MOV     IE,#10010000B           ；UART中断使能
        SETB    SM2                     ；设SM2 = 1
        MOV     30H,#0FFH               ；P1指拨开关的初值
LOOP：  MOV     A,P1                    ；读入P1指拨开关
        CJNE    A,30H,UART1             ；判断是否有变化?
        AJMP    LOOP
UART1： ANL     A,#0F0H                 ；有变化则取高4位
        MOV     30H,A                   ；存入P1指拨开关的新值
        SETB    TB8                     ；设TB8 = 1
        MOV     SBUF,#02                ；发送本身地址(02H)给
                                        ；89C51－A
        MOV     A,SBUF                  ；发送
WAIT1： JBC     TI,L1                   ；发送完毕否?
        AJMP    WAIT1
L1：    CLR     TB8                     ；是则清除TB8 = 0
        MOV     SBUF,30H                ；将指拨开关的值发送给
                                        ；89C51－A
        MOV     A,SBUF                  ；发送
WAIT2： JBC     TI,LOOP                 ；发送完毕否?
```

```
        AJMP    WAIT2
UARTI:  PUSH    ACC             ; 压入堆栈
        PUSH    PSW
        JBC     RI,L5           ; 是否为接收中断?
        AJMP    RETN
L5:     JB      SM2,L6          ; SM2 = 1 接收地址,SM2 =
                                ; 0 接收数据
        MOV     A,SBUF          ; SM2 =0 则接收数据并输出
                                ; 至 P2
        MOV     P2,A
        SETB    SM2             ; 设 SM2 = 1,准备接收下
                                ; 一个地址
        AJMP    RETN
L6:     MOV     A,SBUF          ; SM2 = 1,载入地址
        CJNE    A,#02H,RETN     ; 是否(02H)地址?
        CLR     SM2             ; 是则清除 SM2 = 0,准备
                                ; 接收数据
RETN:   POP     PSW
        POP     ACC
        RETI
        END
```

六、89C51 与 PC 机通信接口设计

利用 PC 机配置的异步通信适配器，可以很方便地完成 IBM－PC 系列与 89C51 单片机的数据通信。由于 89C51 单片机输入、输出电平为 TTL 电平，它是正逻辑电平，>2.4V的电平表示逻辑 1，<0.4V 电平表示逻辑 0。在室温下，一般输出高电平是>3.5V，输出低电平是<0.2V；而 IBM－PC 机配置的是 RS－232C 标准串行接口，RS232 电平是负逻辑电平，以＋15～＋3V 为逻辑 0，－15～－3V 为逻辑 1。两者的电气规范不一致，因此，要完成 PC 机与单片机的数据通信，必须进行 TTL 与 RS－232C 之间的电平转换。这里介绍采用 MAX232 芯片实现 89C51 单片机与 PC 机的 RS－232C 标准接口通信电路。

1. 单片机与 PC 机的接口电路

MAX232 芯片是美信公司生产的、包含两路接收器和驱动器的 IC 芯片。MAX232 芯片内部有一个电源电压变换器，可以实现 TTL 电平与 RS－232C 电平的转换。所以，采用此芯片接口的串行通信系统只需单一的＋5V 电源就可以了。

PC 机与单片机采用 MAX232 芯片的通信接口电路如图 5－27 所示。

电容 C_1、C_2、C_3 和 C_4 及 V_+、V_- 是电源变换电路部分。在实际应用中，器件对电源噪声很敏感。因此，Vcc 必须要对地加去耦电容 C_5，其值为 0.1μF。电容 C_1、C_2、C_3 和 C_4 取同样数值的钽电解电容 1.0μF/16V，用以提高抗干扰能力，在连接时必须尽量靠近器件。

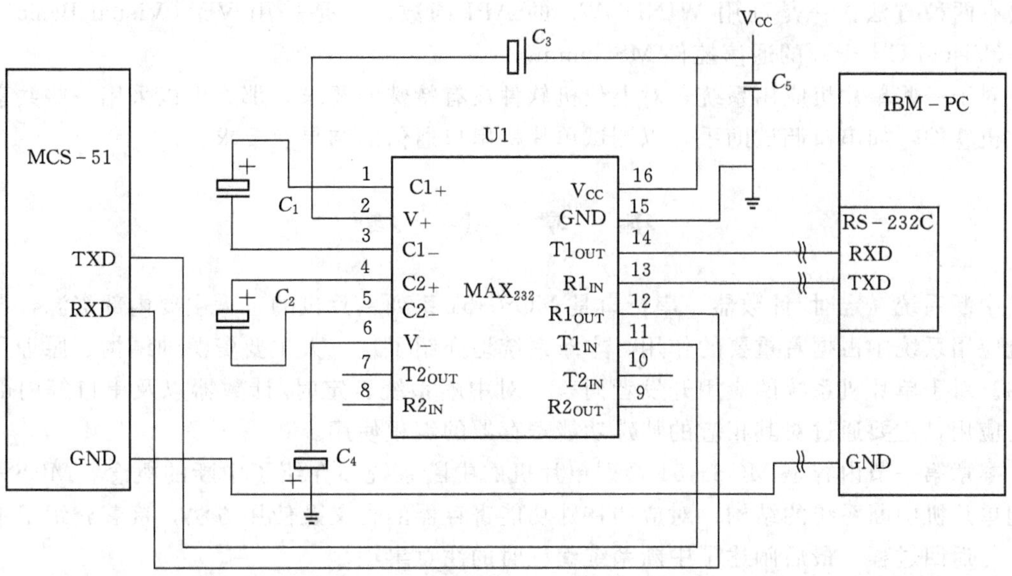

图 5－27　PC 机与单片机的通信接口电路图

MAX232 芯片有两组电平转换电路。实际应用时，可根据需要任选其中一对转换电路。

T_{IN}、R_{OUT}用于接单片机。$T1_{IN}$和$T2_{IN}$为 TTL/CMOS 电平输入端，直接接单片机的串行发送端 TXD；$R1_{OUT}$和$R2_{OUT}$为 TTL/CMOS 电平的输出端，直接接单片机的串行接收端 RXD。

R_{IN}、T_{OUT}用于接 PC 机。$T1_{OUT}$和$T2_{OUT}$为 RS－232 电平的输入端，直接接 PC 机的接收端 RXD；$R1_{IN}$和$R2_{IN}$为 RS－232 电平的输出端，直接接 PC 机的发送端 TXD。

接口时，应注意其发送、接收的引脚要对应。即T_{IN}、T_{OUT}成对使用，R_{IN}、R_{OUT}成对使用，这里 T、R 是针对单片机的动作命名的。如果使$T1_{IN}$接单片机的发送端 TXD，则 PC 机的 RS－232 的接收端 RXD 一定要对应接$T1_{OUT}$引脚。同时，$R1_{OUT}$接单片机的 RXD 引脚，PC 机的 RS－232 的发送端对应接$R1_{IN}$引脚。

如果 PC 机与单片机的传输距离较远（超过几十米），或者要求通信速率较高时，可以采用 RS－485 总线进行传输。RS－485 是一点对多点的通信接口，一般采用双绞线结构。RS－485 总线的传输距离可达 1200m，传输速率可达 1Mbit/s。普通的 PC 机一般不带 RS485 接口，因此要使用 RS－232C/RS－485 转换器。对于单片机可以通过芯片 MAX485 来完成 TTL/RS－485 的电平转换。

2. PC 机与单片机通信设计

PC 机与单片机可以构成主从式上下位计算机通信系统。在这种结构中，PC 机通常作为上位机，而单片机作为下位机。两者通信时，需先约定好数据的传送方式以及通信协议，即采用相同的数据格式、相同的波特率以及握手信号等。

单片机的通信程序设计可参照单片机点对点通信的例子，这里不再赘述。

PC 机的串行通信设计其实就是 PC 机上的上位机软件设计。开发 PC 机串行通信程序主要有两种方法：一是利用 WINDOWS 的 API 函数；二是采用 VB（Visual Basic）或 VC（Visual C++）的通信控件 MSComm。

对于一些单片机应用系统，对上位机软件没有特殊的要求，那么可以采用一些共享的上位机软件，如串口调试助手，以测试单片机串口通信的结果及要求。

本章小结

中断系统、定时/计数器、串行口是 MCS-51 系列单片机的三大主要内部资源，在单片机应用系统中占据着重要的作用。本章系统地介绍了这三大主要资源的结构、原理及其应用。对于单片机系统的应用开发者而言，对中断系统、定时/计数器以及串口等内部资源的应用，主要通过对其相应的特殊功能寄存器的编程使用。

本章第一节内容是 MCS-51 系列单片机的中断系统。介绍了中断的概念、MCS-51 系列单片机中断系统的结构、对应的特殊功能寄存器的含义及使用方法，接着介绍了中断响应与返回过程，最后阐述了中断系统编程时的注意事项。

本章第二节内容是 MCS-51 系列单片机的定时/计数器。首先介绍了 MCS-51 系列单片机中定时/计数器的结构，然后剖析了其相关的特殊功能寄存器的含义和使用方法，最后列举了定时/计数器四种工作方式的应用。

本章第三节内容是 MCS-51 系列单片机的串行口。首先介绍了串行通信的基础知识，然后介绍了 MCS-51 系列单片机串行口的结构及其相关的特殊功能寄存器，最后介绍了串口的四种工作方式及其应用举例。

本章通过大量的应用案例，理论联系实际，系统地介绍了 MCS-51 系列单片机三大资源的应用。

思考与练习题

1. 简述中断响应的过程。

2. 编写中断服务子程序时，有哪些注意事项？

3. 简述与中断系统有关的特殊功能寄存器，并说明各个位的含义。

4. MCS-51 单片机有几个中断源，对应的中断入口地址在哪里？

5. 简述 MCS-51 单片机各个中断标志位的撤除方式。

6. 请写出外部中断 0 为边沿触发、高优先级的中断系统初始化程序。

7. 简述外部中断的扩展方法。

8. 定时/计数器用作定时器时，其计数脉冲由谁提供？作为计数器使用时，其计数脉冲又由谁来提供？

9. 简述定时/计数器四种工作方式的特点及其应用场合。

10. MCS-51 系列单片机定时器有哪些启动方式，各有什么应用？如何设置定时器的启动方式？

11. 编写程序，要求使用 T0，采用方式 2 定时，在 P1.0 输出周期为 400μs，占空比为 1∶10 的矩形脉冲。

12. 一个定时器的定时时间有限，如何实现两个定时器的串行定时，来实现较长时间的定时？

13. 要求用单片机定时器产生频率为 100kHz 的等宽矩形波，假设晶振频率为 12MHz，试编程实现。

14. 利用定时器 T1 的方式 2 对外部信号计数，要求每计满 100 次，将 P1.0 取反。试编程实现。

15. 串行口有几种工作方式？有几种帧格式？各种工作方式的波特率如何确定？

16. 简述多机通信的步骤。

17. 已知 f_{osc}＝11.059MHz，SMOD＝1，要求波特率为 2400bit/s，试求串行工作方式和 T1 的定时初值。

18. 设 f_{osc}＝11.059MHz，串口工作于方式 1，波特率为 4800bit/s，写出用 T1 作为波特率发生器的初始化程序。

19. 假设 89C51 单片机的晶振为 11.059MHz，请编程完成一个发送程序，将片内 RAM 50H～5FH 中的数据串行发送，要求串口的波特率为 9600bit/s，串行口工作方式设定为方式 3，采用奇校验。

第六章 MCS-51系统扩展技术

MCS-51单片机芯片内集成了计算机的基本功能部件，一块芯片就是一个完整的最小微机系统。当应用系统功能较为复杂时，最小应用系统常常不能满足要求，因此，系统扩展是单片机应用系统硬件设计中经常遇见的问题之一。

系统扩展是指当单片机内部的功能部件不能满足应用要求时，在片外连接相应的外围芯片以满足应用系统要求。MCS-51单片机具有很强的外围扩展功能，大部分常规芯片均可用于单片机的外围扩展电路中。扩展的内容包括程序存储器（ROM）扩展、数据存储器（RAM）扩展、I/O口扩展、中断系统扩展以及其他特殊功能扩展。

单片机系统扩展方法有并行扩展法和串行扩展法两种。并行扩展法是指利用单片机的三组总线进行的系统扩展；串行扩展法是指利用SPI三线总线和I^2C双总线等串行总线进行的系统扩展。一般来说，并行扩展法的数据传送速度较高，但扩展电路较复杂；而串行扩展法所占用的I/O口线很少，且串行接口器件体积也很小，因而简化了连接，降低了成本，提高了可靠性。近几年，由于集成电路设计、工艺和结构的发展，串行扩展法得到了迅速发展。有些单片微机应用系统可同时采用并行扩展法和串行扩展法。

第一节 并行总线扩展技术

微机的CPU外部通常都有单独的并行地址总线、数据总线和控制总线，而MCS-51单片机由于受引脚的限制，数据线和部分地址线是复用的，而且某些I/O口线具有第二功能。

一、并行扩展三总线的产生

所谓总线，就是连接系统中各部件的一组公共信号线。利用MCS-51单片机芯片I/O线可以构成三总线结构，即地址总线（AB）、数据总线（DB）、控制总线（CB），如图6-1所示。

1. 地址总线（Address Bus）

地址总线用于传送单片机送出的地址信号，以便进行存储单元和I/O端口的选择。地址总线由P0口提供低8位$A_7 \sim A_0$，P2口提供高8位$A_{15} \sim A_8$。

P0口采用分时复用技术，提供地址信号和传送数据信号。P0口输出低8位地址$A_7 \sim A_0$时，由地址锁存允许ALE信号的下降沿将$A_7 \sim A_0$锁存到外部地址锁存器。

2. 数据总线（Data Bus）

数据总线由P0提供，其宽度为8位。P0口为三态双向口，是应用系统中使用最频繁的通道。所有单片机与外部交换的数据、指令、信息，除少数可直接通过P1口外，大部分通过P0口传送。

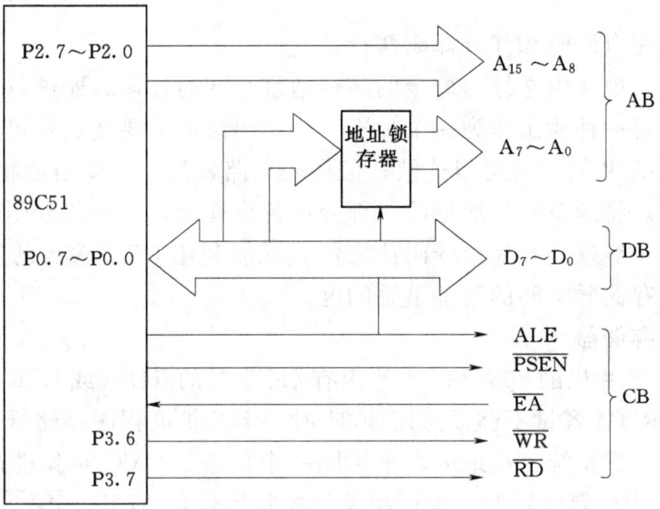

图6-1　89C51单片微机的三总线结构

3. 控制总线（Control Bus）

系统扩展用控制线有ALE、$\overline{PSEN}$、$\overline{EA}$、$\overline{RD}$和$\overline{WR}$。

ALE：地址锁存允许信号，用以控制锁存低8位地址数据。

$\overline{PSEN}$：程序存储允许输出信号。访问片外程序存储器时，它是读片外程序存储器的选通信号。

$\overline{EA}$：作为内、外程序存储器的选择信号。当$\overline{EA}$引脚接高电平时，CPU访问片内Flash ROM并执行内部程序存储中的指令；但当PC（程序计数器）的值超过0FFFH时，将自动转去执行片外程序存储器的指令。

当输入信号$\overline{EA}$引脚接低电平时，CPU只访问片外ROM并执行片外程序存储器的指令，而不管是否有片内程序存储器。

$\overline{RD}$和$\overline{WR}$：用于片外数据存储器和I/O端口的读写控制。执行MOVX指令时，这两个信号分别自动有效。

二、存储器扩展概述

片外存储器可由一个或多个芯片组成，存储器扩展的核心问题是存储器的编址问题。存储器的编址分为两个层次：存储器芯片的选择和存储器芯片内部存储单元的选择。前者必须先找到该存储单元或I/O端口所在的芯片，一般称为"片选"，后者通过对芯片本身所具有的地址线进行译码，然后确定唯一的存储单元或I/O端口，称为"字选"。"片选"常用的方法有线选法和地址译码法。

1. 线选法

所谓线选法，就是直接以单片机的高位地址线作为存储器芯片的片选信号，为此只需把用到的地址线与存储器芯片的片选端直接相连即可。该方法主要用于应用系统中扩展芯片较少的场合，但存在存储器地址空间重叠现象。

2. 译码法

所谓译码法就是使用地址译码器对系统的片外地址进行译码，以其译码输出作为存储器芯片的片选信号。

译码法又分为完全译码和部分译码两种。

(1) 完全译码。把片内选址后剩余的高位地址全部通过译码器进行译码，译码后的输出产生片选信号，每一种输出作为一个片选。全译码法的主要优点是可以最大限度地利用 CPU 地址空间，各芯片间地址可以连续；但译码电路较复杂，要增加硬件开销。

(2) 部分译码。将剩余高位地址的一部分进行全译码；另一部分则暂可悬空不用。这种方法的优缺点介于线选码和完全译码法之间，既能利用 CPU 较大的空间地址，又简化译码电路；但存在存储器空间的地址重叠问题。

三、扩展程序存储器

MCS-51 系列单片机的 8051/8751 片内有 4K 字节的 ROM 或 EPROM，而 8031 片内无 ROM。当片内 ROM 容量不够或选用 8031 时，需要扩展程序存储器。无论是片内还是片外的程序存储器，都是统一编址的，采用同一个指令 MOVC 对其进行访问。当 MCS-51 单片机访问片外程序存储器时，密切相关的控制信号有 ALE、$\overline{PSEN}$和$\overline{EA}$引脚。

1. 程序存储器扩展芯片的选择

单片机扩展用程序存储器有紫外光可擦除型（EPROM）、电擦除型（EEPROM）和闪速（FLASH）存储器等。

在进行程序存储器扩展时，首先应根据应用系统的要求，选择使用何种类型的芯片作程序存储器芯片；其次，在存储器容量选择时，应尽量选择大容量的芯片，即使用一片存储器芯片能够满足要求的，尽量不使用多片，从而减少芯片的组合数量。当必须选用多芯片时，也应选择容量相同的芯片，以便简化系统的应用电路。

2. 程序存储器扩展实例

用 EPROM 2764/EPROM 27128 构成外部程序存储器的硬件连接如图 6-2 所示，两块 2764 和一块 27128 构成 32K 字节外部程序存储器。2764 有 8K 字节的存储容量，故每个 2764 芯片有 13 条地址线，分别占用单片机的 $A_{12} \sim A_0$ 地址线。27128 有 16K 字节的存储容量，故 27128 芯片有 14 条地址线，占用单片机的 $A_{13} \sim A_0$ 地址线。因为 2764 和 27128 的数据线都接在 8 位数据总线 DB 上，如果同时被选中，则会出现争占 DB 的现象。这时，需要考虑片选问题。图 6-2 采用了部分译码法进行 EPROM 扩展。高位地址 A_{15} (P2.7) 和 A_{14} (P2.6) 经过 74LS139 译码后产生四个输出信号，利用其中的$\overline{Y2}$、$\overline{Y1}$、$\overline{Y0}$作为片选信号，分别与两片 2764 和一片 27128 的片选端$\overline{CE}$相连。由图 6-2 可以得出 3 片存储器所占的地址空间如下：

2764 (0)：0000H ～ 1FFFH 或 2000H ～ 3FFFH

2764 (1)：4000H ～ 5FFFH 或 6000H ～ 7FFFH

27128 ：8000H ～ BFFFH

四、扩展数据存储器

MCS-51 单片机内部有 128 或 256 个字节的数据存储器，通常作为工作寄存器区、堆栈区、临时变量区等等。如果系统要存储大量的数据，比如数据采集系统，那么片内的数据存储器就不够用了，需要进行扩展，最大可扩展到 64K 字节。

由于单片机是面向控制的，实际需要扩展容量不大，因此，一般采用静态 RAM 较方

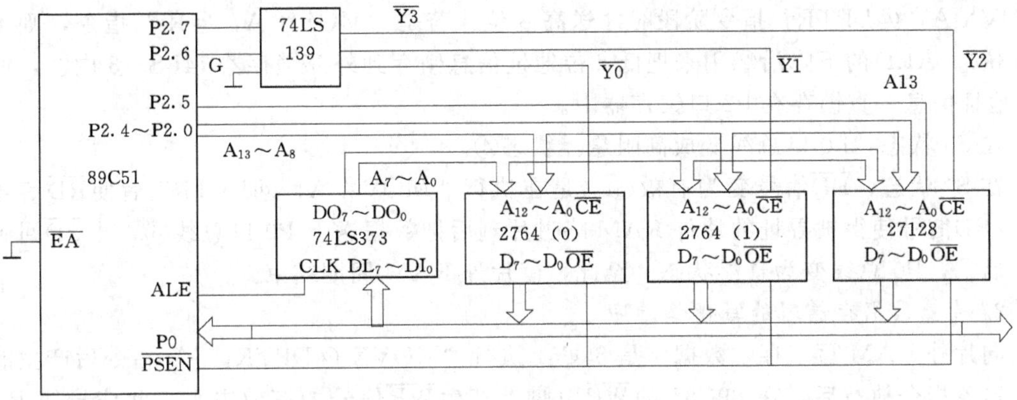

图 6-2　2764/27128 与单片机的连接

便，如 6116（2K×8bit），6264（8K×8bit）。如有特殊需要，可选用 62128（16K×8bit），62256（32K×8bit）等。与动态 RAM 相比，静态 RAM 无需考虑刷新电路，因此扩展电路较简单；但是，由于静态 RAM 是通过有源电路来保持存储器中的数据，因此要消耗较多的功率，价格也较高。

片外存储器，通常由半导体随机存取存储器 RAM 组成，也可用 E^2PROM 芯片，其掉电后信息不丢失。串行 E^2PROM 芯片引脚少（一般为 8 脚），系统扩展时占用 MCU 的 I/O 口线少，接口简单，故经常采用串行扩展方案。

访问片外 RAM 包括读、写片外 RAM 两种操作时序，但基本过程是相同的。这时所用的控制信号有 ALE 和 $\overline{RD}$（读）或 $\overline{WR}$（写）。在取指阶段，P0 口和 P2 口用来传送 ROM 地址和指令，而在执行阶段，P0 口和 P2 口用来传送片外 RAM 地址和读/写的数据。

89C51 单片机若外扩 RAM，则应将其 $\overline{WR}$ 引脚和 $\overline{RD}$ 引脚分别与 RAM 芯片的 $\overline{WE}$ 引脚和 $\overline{OE}$ 引脚连接。ALE 信号连接至外部地址锁存器 74LS373 的 CLK 端，用以锁存 P0 口输出的低 8 位地址。

（一）访问片外数据存储器的操作指令

89C51 单片机对片外数据存储器读、写操作的指令有如下两组：

MOVX A，@Ri　　　　　　；片外 RAM→（A）

MOVX @Ri，A　　　　　　；　（A）→片外 RAM

这组指令因@Ri 只能寻址 8 位地址，所以仅能访问 256B 的片外 RAM。

MOVX A，@DPTR　　　　　；片外 RAM→（A）

MOVX @DPTR，A　　　　　；（A）→片外 RAM

这组指令因@DPTR 能寻址 16 位地址，所以可访问 64KB 的片外 RAM。

（二）MOVX A，@DPTR 和 MOVX @DPTR，A 的操作时序

1. 片外数据存储器的读操作时序

片外 RAM 的读操作时序如图 6-3（a）所示。

在第一个机器周期的 S1 状态，ALE 信号由低变高①，读 RAM 周期开始。

在 S2 状态，CPU 把低 8 位地址送到 P0 口总线上，把高 8 位地址送上 P2 口（在执行

“MOVX A，@DPTR”指令阶段时才送高 8 位；若是“MOVX A，@Ri”指令，则不送高 8 位)。ALE 的下降沿②用来把低 8 位地址信息锁存到外部锁存器 74LS373 内③，而高 8 位地址信息一直锁存在 P2 口锁存器中。

在 S3 状态，P0 口总线变成高阻悬浮状态④。

在 S4 状态，$\overline{RD}$信号变为有效⑤（是在执行“MOVX A，@DPTR”后使$\overline{RD}$信号有效)，$\overline{RD}$信号使得被寻址的片外 RAM 略过片刻后把数据送上 P0 口总线⑥，当$\overline{RD}$回到高电平后⑦，P0 总线变为悬浮状态。至此，读片外 RAM 周期结束。

2. 片外数据存储器的写操作时序

向片外 RAM 写（存）数据，是 89C51 执行“MOVX @DPTR，A”指令后产生的动作。这条指令执行后，在 89C51 的$\overline{WR}$引脚上产生$\overline{WR}$信号的有效电平，此信号使 RAM 的$\overline{WE}$端被选通。

片外 RAM 的写操作时序如图 6-3（b）所示。

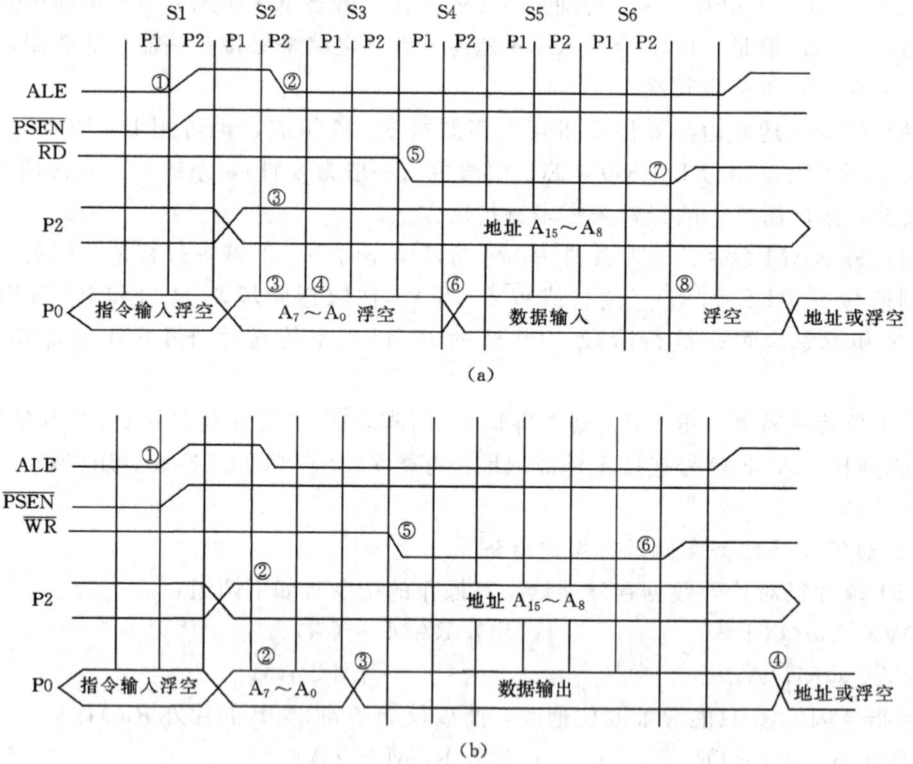

图 6-3　89C51 访问片外数据存储器的操作时序

(a) 片外数据存储器读时序；(b) 片外数据存储器写时序

开始的过程与读过程类似，但写的过程是 CPU 主动把数据送上 P0 口总线，故在时序上，CPU 先向 P0 总线上送完低 8 位地址后，在 S3 状态就将数据送到 P0 总线③。此间，P0 总线上不会出现高阻悬浮现象。

在 S4 状态，写控制信号$\overline{WR}$有效，选通片外 RAM，稍过片刻，P0 上的数据就写到 RAM 内了。

（三）数据存储器扩展实例

如图 6－4 所示的是用两片 6264 扩展 16K×8 位片外数据存储器的电路，采用线选法（P2.7）来寻址：当 P2.7＝0 时，访问 6264（0）片；当 P2.7＝1 时，访问 6264（1）片。图中未使用 P2.6 与 P2.5 两位地址线，故该两位可取任意值。6264（0）片的地址范围是：0××0000000000000 ～ 0××1111111111111B（0000～1FFFH，或 2000～3FFFH，或 4000 ～ 5FFFH，或 6000 ～ 7FFFH），6264 片（1）的地址范围是：1××0000000000000 ～ 1××1111111111111B（8000～9FFFH，或 A000～BFFFH，或 C000～DFFFH，或 E000～FFFFH）。

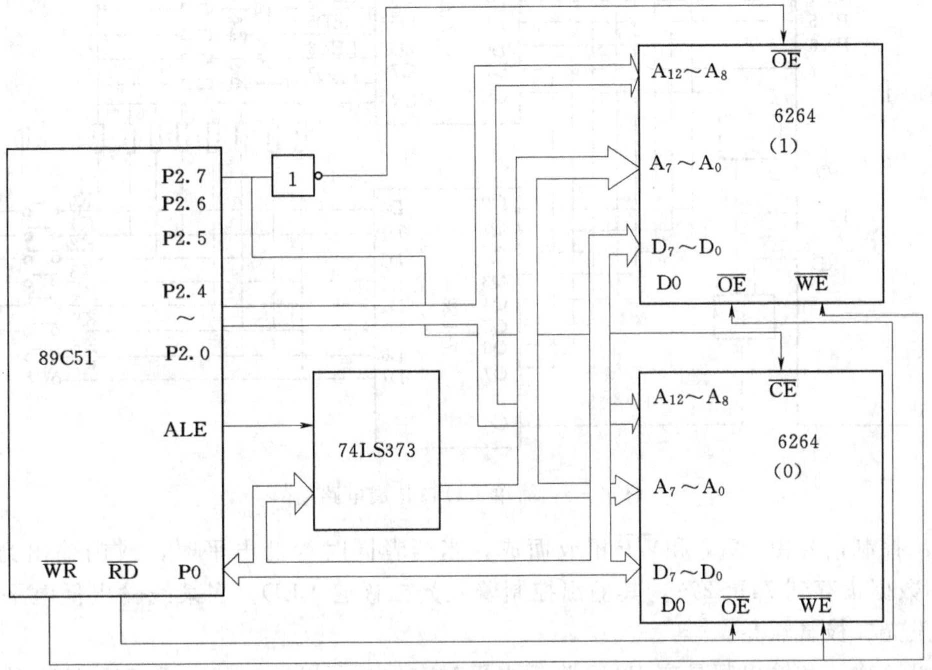

图 6－4　16K 字节片外数据存储器扩展电路

五、I/O 口的扩展

单片机的并行 I/O 接口用于并行传送数据，例如：打印机、键盘、A/D、D/A 等器件都可以通过并行 I/O 与 CPU 进行接口。MCS－51 系列单片机具有 4 个 8 位 I/O 口，但是在实际应用中如果要进行外部设备的扩展，则要将 P0 和 P2 作为扩展的数据总线和地址总线使用，同时 P3 口的某些位要做第二功能使用。因此，在大多数应用中，仅由 P1 口作为并行数据口是不够的，所以需要进行 I/O 口的扩展。

I/O 口的扩展方法主要有以下三种：一是利用锁存器、缓冲器进行并行口简单扩展；二是利用可编程并行接口芯片进行扩展；三是利用 MCS－51 单片机的串行口进行扩展。

（一）简单 I/O 口扩展

在单片机应用系统中，经常采用 TTL 电路或 CMOS 电路锁存器、三态门电路作为 I/O 口扩展芯片。这种 I/O 口一般都是通过 P0 口扩展，不占用单片机的 I/O 口资源，只需一根地址线作片选线用。这种方法具有电路简单、成本低、配置灵活方便等特点。

图 6-5 为采用 74LS244 作输入扩展，74LS273 作输出扩展的简单 I/O 接口电路。图中 P0 口为双向数据总线，既能从 74LS244 输入数据，又能将数据送给 74LS273 输出。输入控制信号由 P2.7 和 $\overline{RD}$ 相或而成，当两者同时输出为低电平时，或门输出为 0，选通 74LS244，使外部信息进入到总线。无按键按下时，输入为全 1，当有一键按下，则该键所在线输入为 0。

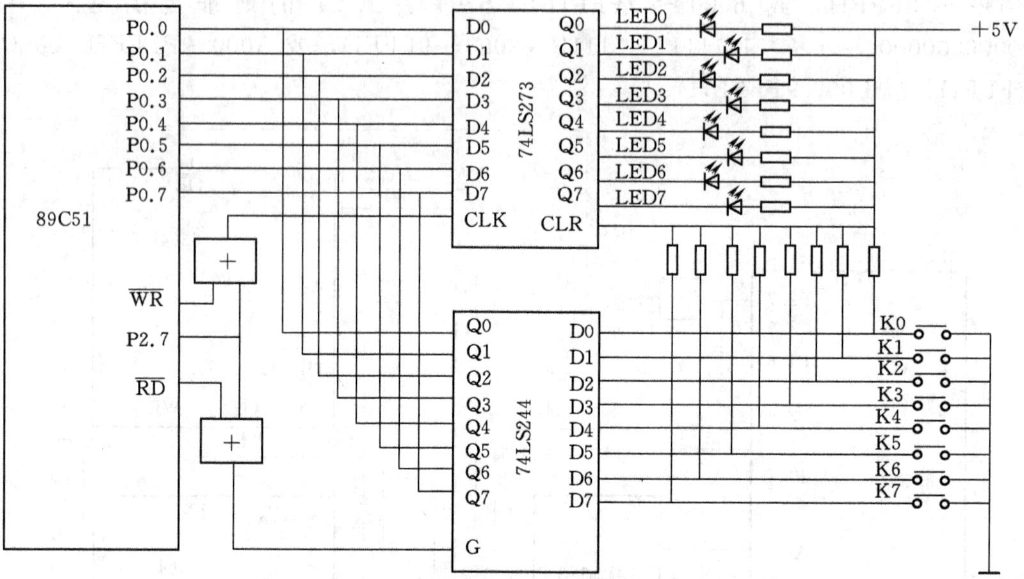

图 6-5 简单 I/O 口扩展电路图

输出控制信号由 P2.7 和 $\overline{WR}$ 相或而成，当两者同时为低电平时，或门输出为 0，将 P0 口的数据锁存到 74LS273，其输出控制着发光二极管 LED。当某线输出低电平时，该线上的发光二极管点亮。

可见，输入和输出都是在 P2.7 为低电平时有效，所以 74LS244 和 74LS273 的口地址均为 7FFFH（实际上只要保证 P2.7=0 即可，与其他地址位无关），即占有相同的地址空间，但由于分别受 $\overline{RD}$ 和 $\overline{WR}$ 信号控制，因此不会发生冲突。

对于图 6-5，若实现的功能是按下任意键，对应的 LED 发光，则程序段如下：

```
LOOP:   MOV   DPTR, #7FFFH
    MOVX  A, @DPTR         ; 读按键
    MOVX   @DPTR, A        ;  送显示
    SJMP  LOOP             ;  循环
```

（二）可编程并行接口芯片的扩展

可编程接口芯片是指其工作方式可由与之对应的软件命令来加以改变的接口芯片。这类芯片一般具有多种功能，使用灵活方便，使用前必须由 CPU 对其编程设定工作方式，然后按设定的方式进行操作。目前，常用芯片有 8155 和 8255 可编程并行 I/O 等接口芯片。8155 该芯片能为系统提供的硬件资源包括：256 字节的静态 RAM，2 个 8 位可编程 I/O 口（A 口和 B 口），一个 6 位可编程 I/O 口（C 口）及一个 14 位的可编程减法定时/

计数器，是单片机应用系统最常用的外部功能扩展器件之一。本章节仅介绍 8155 可编程接口芯片及其与单片机的连接方法。

1. 8155 的引脚及内部结构

8155 芯片为 40 引脚双列直插封装，单一的＋5V 电源，其引脚及内部结构如图 6-6 所示。各引脚功能如下：

AD7～AD0：三态数据/地址引出线。

$\overline{CE}$：片选信号，低电平有效。

$\overline{RD}$：读命令，低电平有效。

$\overline{WR}$：写命令，低电平有效。

ALE：地址及片选信号锁存信号，高电平有效，其后沿将地址和片选信号锁存到器件中。

IO/$\overline{M}$：接口与存储器选择信号，高电平寻址 I/O 接口，低电平寻址存储器。

PA7～PA0：A 口输入/输出线。

PB7～PB0：B 口输入/输出线。

PC5～PC0：C 口输入/输出或控制信号线。当用作控制信号时，功能如下：

PC0：A INTR，A 口中断请求信号线。

PC1：A BF，A 口缓冲器满信号线。

PC2：A STB，A 口选通信号线。

PC3：B INTR，B 口中断请求信号线。

PC4：B BF，B 口缓冲器满信号线。

PC5：B STB，B 口选通信号线。

TIMER IN：定时器/计数器输入端。

TIMER OUT：定时器/计数器输出端。

RESET：复位信号线。

Vcc：＋5V 电源。

Vss：地。

当 IO/$\overline{M}$为低电平时，表示 AD7～AD0 输入的是存储器地址，寻址范围为 00～FFH；当 IO/$\overline{M}$为高电平时，表示 AD7～AD0 输入的是 I/O 端口地址，其编码如表 6-1 所示。

表 6-1　　8155 I/O 地址编码

AD7～AD0								寄存器
A7	A6	A5	A4	A3	A2	A1	A0	
×	×	×	×	×	0	0	0	命令/状态寄存器
×	×	×	×	×	0	0	1	A 口（PA7～PA0）
×	×	×	×	×	0	1	0	B 口（PB7～PB0）
×	×	×	×	×	0	1	1	C 口中（PC5～PC0）
×	×	×	×	×	1	0	0	定时器低 8 位
×	×	×	×	×	1	0	1	定时器高 6 位和 2 位计数器方式位

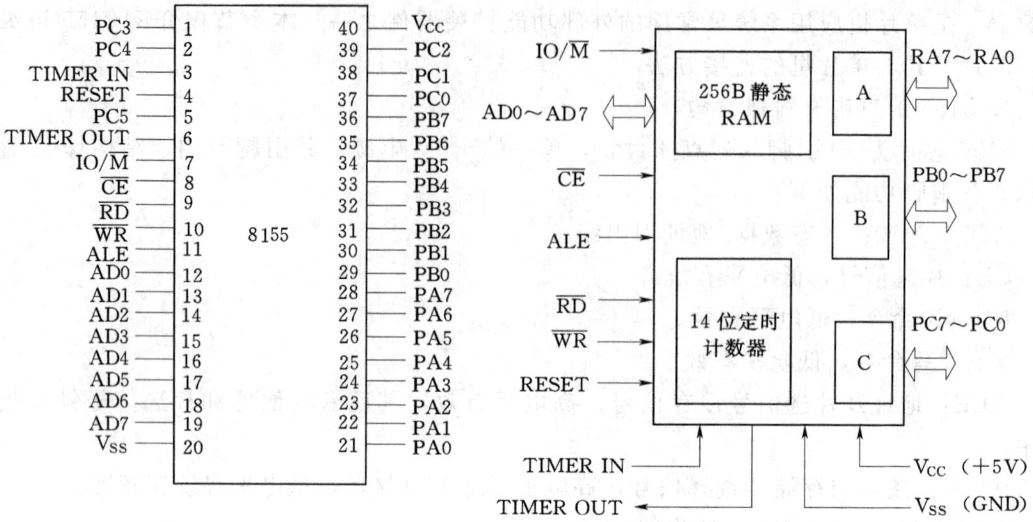

图 6-6　8155 引脚及内部结构

2. 8155 功能及操作

8155 具有 3 种功能：扩展 RAM、I/O 接口使用、定时器使用。

在 8155 的控制逻辑电路中设置有一个控制命令寄存器和一个状态标志寄存器。控制命令寄存器只能写入，不能读出，其中低 4 位用来设置 A 口、B 口和 C 口的工作方式，第 4、第 5 位用来确定 A 口、B 口以选通输入输出方式工作时是否允许中断请求，第 6、第 7 位用来设置定时器的工作。工作方式控制字的格式如图 6-7 所示。图中基本输入输出与选通输入输出的区别在于：基本输入输出只要有信号该口就接收（或输出），选通输入输出则需要有相应的允许输入（或输出）控制位，只有在控制位为 0 才选择接受（或输出）。

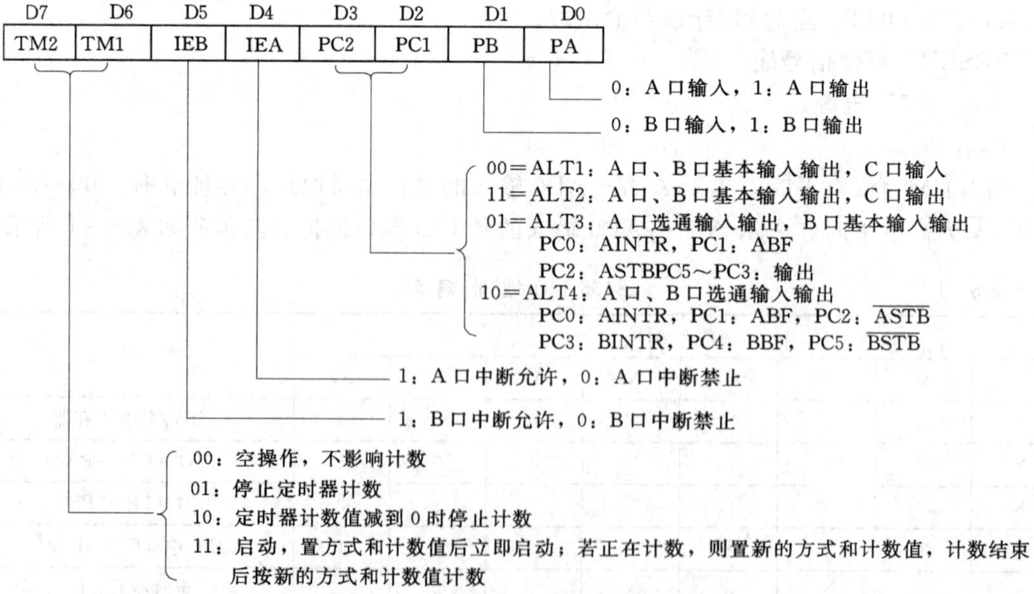

图 6-7　8155 控制命令寄存器功能框图

状态寄存器用来存放A口和B口的状态标志。状态标志寄存器的地址与命令寄存器的地址相同，CPU只能读出，不能写入，其格式如图6-8所示。

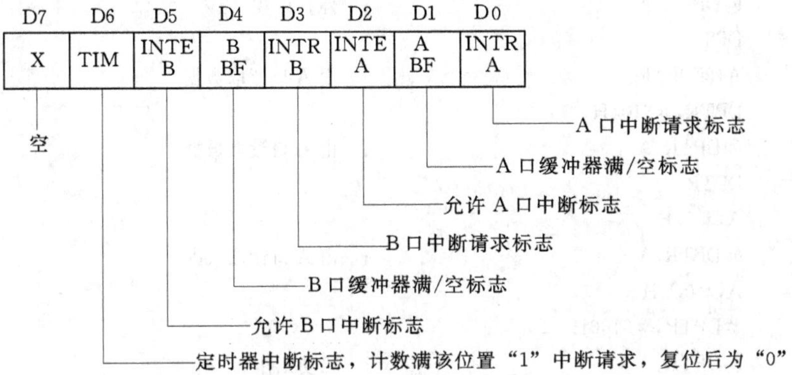

图6-8　8155状态寄存器格式

3. 定时器/计数器

8155含有一个14位的减法计数器，可用来定时或对外部事件计数，CPU可通过程序选择计数器的长度和计数方式，其控制字格式如图6-9所示。

	D7							D_0
T_L（04H）	T_7	T_6	T_5	T_4	T_3	T_2	T_1	T_0
	D7							D_0
T_H（05H）	M2	M1	T_{13}	T_{12}	T_{11}	T_{10}	T_9	T_8

图6-9　定时器/计数器寄存器格式

图6-9中T_{13}～T_0为计数长度。由于计数器的终值不是0，而是2，所以定时常数的范围为2H～3FFFH。M2M1用来设置定时器的输出方式，如表6-2所示。

表6-2　8155定时器输出方式

M2 M1	定时器输出方式	M2 M1	定时器输出方式
00	单方波	10	单脉冲
01	连续方波（自动恢复初值）	11	连续脉冲（自动恢复初值）

4.8155与单片机的连接

【例6-1】 如图6-10所示，89C51的P2.7引脚与8155的$IO/\overline{M}$端相连，P2.0与8155的$\overline{CE}$端，P0口作为地址线与AD7～AD0相连。要求从A口输入数据，作为8155定时器计数初值，对输入脉冲分频，再由定时器输出端输出连续方波。

解：根据引脚连接图，可知8155控制命令寄存器地址为8100H，A口地址为8101H，B口地址为8102H，C口地址为8103H，定时器低8位地址为8104H，高8位地址为8105H。定时器计数初值的低8位由A口输入，高6位设为0，程序设计如下：

```
MOV     DPTR,#8100H
MOV     A,#42H
MOVX    @DPTR,A             ; 停止计数
INC     DPTR
MOVX    A,@DPTR             ; 由A口读取数据
MOV     DPTR,#8104H
MOVX    @DPTR,A             ; 由A口读取数据
INC     DPTR
MOV     A,#40H
MOVX    @DPTR,A             ; 由A口读取数据
MOV     A,#0C2H
MOV     #DPTR,#8100H
MOVX    @DPTR,A             ; 启动工作
```

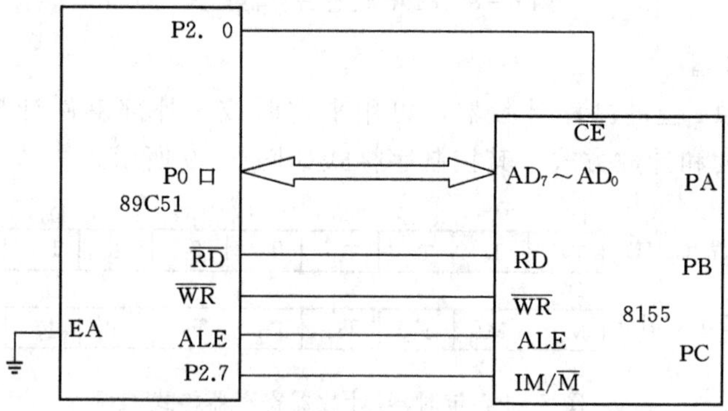

图 6-10 8155 与 89C51 的接口图

（三）利用 MCS-51 单片机串行口进行扩展

当 MCS-51 单片机串行口工作在方式 0 时，使用移位寄存器芯片可以扩展一个或多个 8 位并行 I/O 口。这种方法不会占用片外 RAM 地址，而且可节省单片机的硬件开销。缺点是操作速度较慢，扩展芯片越多，速度越慢。

1. 用 74LS165 扩展并行输入口

图 6-11 是利用 74LS165 扩展一个 8 位并行输入口的实用电路。74LS165 是并行输入串行输出的 8 位移位寄存器。89C51 单片机的串行口工作在方式 0 状态。串行数据从 RXD（P3.0）端输入，同步移位脉冲由 TXD（P3.1）送出。

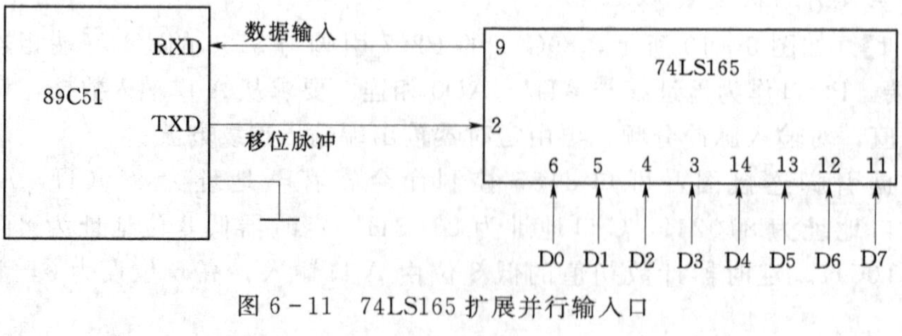

图 6-11 74LS165 扩展并行输入口

2. 用 74LS164 扩展并行输出口

图 6-12 是利用 74LS164 来扩展 1 个 8 位并行输出口的实用电路。74LS164 是 8 位串入并出移位寄存器。RXD（P3.0）作为串行输出，与 74LS164 的数据输入端（1、2）相连，TXD（P3.1）作为移位脉冲输出与 74LS164 的时钟脉冲输入端（8）相连。

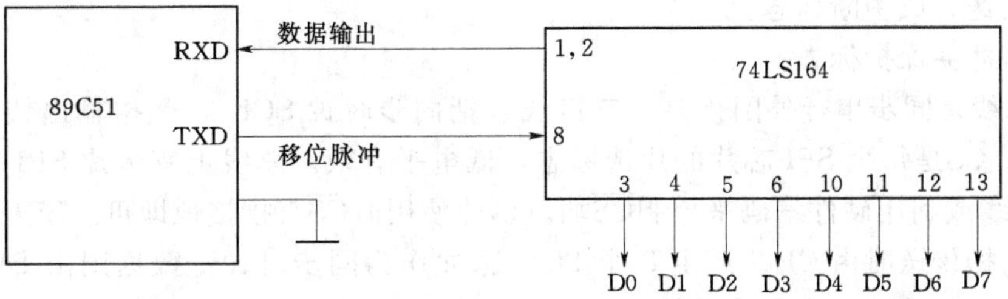

图 6-12　74LS164 扩展并行输出口

第二节　串行总线扩展技术

目前，单片机外围芯片普遍提供了串行接口。89C51 系列单片机除芯片自身具有 UART 可用于串行扩展 I/O 口线以外，还可利用 3～4 根 I/O 口线进行 SPI（Serial Peripheral Interface）三线或 I^2C（Inter IC BUS）两线制总线的外设芯片扩展，以及单总线的扩展。

一、SPI 总线的串行扩展技术

SPI（Serial Peripheral Interface）总线结构是 Motorola 公司推出的一个同步外围三线制接口，允许 MCU 与各种外围设备以串行方式进行通信。

(一) SPI 总线系统的组成

图 6-13 是典型的 SPI 总线系统示意图。

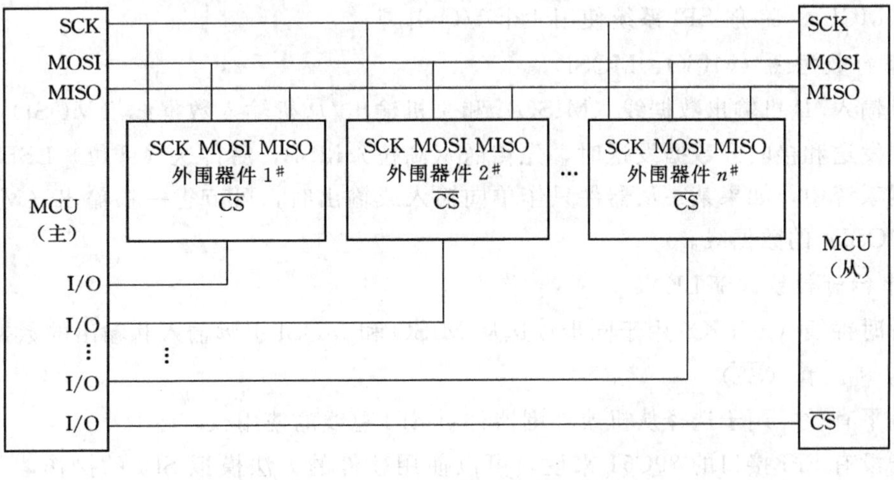

图 6-13　SPI 总线系统示意图

一个完整的SPI系统有如下的特性：

（1）主、从机工作方式。

（2）全双工、三线同步数据传送。

（3）可程控的主机位传送频率、时钟极性和相位。

（4）发送完成中断标志。

（5）写冲突保护标志。

SPI总线是同步串行外围接口，三口线包括同步时钟SCK、数据输出线DO和数据输入线DI。$\overline{CS}$是每个SPI芯片的片选标志，低电平有效。总线上有多片SPI芯片时需占用CPU口线或利用硬件编码来控制$\overline{CS}$端。单片使用时$\overline{CS}$直接接地即可。SPI总线器件在启动一次数据传送时由CPU产生8个SCK脉冲作为同步时钟，数据则由DO输出、DI移入，其中引起数据变化及采样数据时的SCK有效边沿与芯片有关。SPI总线典型时序图，如图6-14所示。

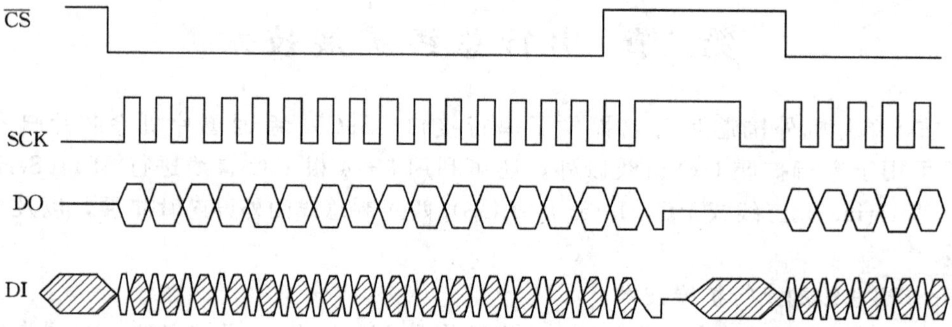

图6-14 SPI串行总线典型时序图

由SPI扩展的应用系统可以是单主机系统（系统中只有一台主机，从机通常是外围接口器件，如E^2PROM、A/D转换、日历时钟、显示驱动器等），也可以是只作从机状态的单片机（MCU）。一般SPI系统使用4个I/O引脚。

1. 串行数据线（MISO、MOSI）

主机输入/从机输出数据线（MISO）和主机输出/从机输入数据线（MOSI），用于串行数据的发送和接收。数据发送时，先传送（高位）MSB，后传送（低位）LSB。在SPI串行扩展系统中，如果某一从器件只作单向输入或输出时，可节省一根输出（MISO）或输入（MOSI）的数据线。

2. 串行时钟线（SCLK）

串行时钟线（SCLK）用于同步传送从MISO和MOSI引脚输入和输出的数据。

3. 从机选择（$\overline{SS}$）

低电平有效，用于选择从机或外围器件对SPI总线的使用权。

对于没有SPI接口的89C51来说，可以使用软件的方法模拟SPI的操作，包括串行时钟、数据输入和输出。软件模拟的方法有两种：一种是用一般I/O线模拟SPI操作；另一种是利用89C51串行口模拟SPI操作。

（二）利用一般 I/O 口线模拟 SPI 操作

不同的串行接口外围芯片，其时钟时序是不同的。对于在 SCK 上升沿输入（接收）数据和在下降沿输出（发送）数据的器件，一般应取图 6－15 中的串行时钟输出 P1.1 的初始状态为 1；在允许接口芯片后，置 P1.1 为 0。相当于 MCU 输出 1 位 SCK 时钟下降沿，使接口芯片串行左移并输出一位数据至 89C51 的 P1.3（模拟 MCU 的 MISO 线）；再置 P1.1 为 1，相当于输出一个 SCK 上升沿，使 89C51 从 P1.0 输出 1 位数据（先为高位）至串行接口芯片。至此，模拟 1 位数据输入/输出完成。以后再置 P1.1 为 0，模拟下一位数据的输入/输出，……，依次循环 8 次，即可完成 1 字节数据的传输操作。相反，对于在 SCK 的下降沿输入数据和在上升沿输出数据的串行外围芯片，则应取串行时钟输出的初始状态为 0，在允许接口芯片后，置 P1.1 为 1。

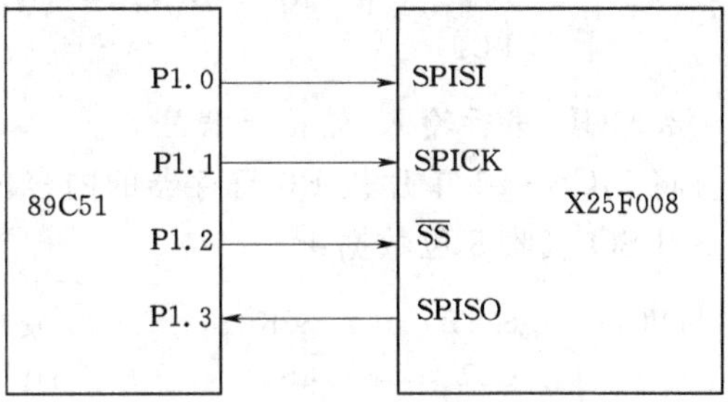

图 6－15 SPI 总线接口原理图

图 6－15 为 89C51（MCU）与 X25F008（E^2PROM）的硬件连接图。图中，P1.0 模拟 SPI 的数据输入端，P1.1 模拟 SPI 的时钟线 SCK，P1.2 模拟 SPI 的从机选择端 $\overline{CS}$，P1.3 模拟 SPI 的数据输出线。以下介绍用 MCS－51 汇编语言模拟 SPI 串行输入、串行输出和串行输入/输出的子程序。

1. MCU 串行输入子程序

从 X25F008 的 SPISO 线上接收 1 字节数据并存入寄存器 R0 中。

```
DO        BIT      P1.0
SCK       BIT      P1.1
CS        BIT      P1.2
DI        BIT      P1.3
SPIIN:    SETB     SCK          ;使 P1.1(时钟)输出为 1
          CLR      CS           ;选择从机
          MOV      R1,#08H      ;置循环次数
SPIIN1:   CLR      SCK          ;使 P1.1(时钟)输出为 0
          NOP                   ;延时
          NOP
          MOV C    DI           ;从机输出 SPISO 送进位 C
          RLC      A            ;左移至累加器 ACC
          SETB     SCD          ;使 P1.1(时钟)输出为 1
          DJNZ     R1,SPIIN1    ;判断是否循环 8 次(8 位数据)
          MOV      R0,A         ;8 位数据送 R0
          RET
```

2. MCU 串行输出子程序

将 89C51 中寄存器 R0 的内容传送到 X25F008 的 SPISI 线上。

```
SPIOUT:   SETB     SCD          ;使 P1.1(时钟)输出为 1
```

```
            CLR     CS              ;选择从机
            MOV     R1,#08H         ;置循环次数
            MOV     A,R0            ;8位数据送累加器ACC
SPIOUT1:    CLR     SCD             ;使P1.1(时钟)输出为0
            NOP                     ;延时
            NOP
            RLC     A               ;左移累加器ACC最高位至C
            MOV     DO,C            ;进位C送从机输入SPISI线上
            SETB    SCD             ;使P1.1(时钟)输出为1
            DJNZ    R1,SPIOUT1      ;判是否循环8次(8位数据)
            RET
```

3. MCU 串行输入/输出子程序

将 MCS－51 单片机 R0 寄存器的内容传送到 X25F008 的 SPI SI 中，同时从 X25F008 的 SPI SO 接收 8 位数据：

```
SPIIO:      SETB    SCK             ;使P1.1(时钟)输出为1
            CLR     CS              ;选择从机
            MOV     R1,#08H         ;置循环次数
            MOV     A,R0            ;8位数据送累加器ACC
SPIIO1:     CLR     SCK             ;使P1.1(时钟)输出为0
            NOP                     ;延时
            NOP
            MOV     C,DI            ;从机输出SPISO送进位C
            RLC     A               ;带进位循环左移累加器ACC
            MOV     DO,C            ;进位C送从机输入
            SETB    SCK             ;使P1.1(时钟)输出为1
            DJNZ    R1,SPIIO1       ;判断是否循环8次(8位数据)
            RET
```

（三）利用 89C51 串行口实现 SPI 操作

单片机应用系统中，最常用的功能是开关量 I/O、A/D、D/A、时钟、显示及打印功能等等。下面介绍利用单片机串口与多个串行 I/O 接口芯片的 SPI 操作。

1. 串行时钟芯片

在有些需要绝对时间的场合，例如打印记录、电话计费、监控系统中的运行及故障时间统计等，都需要以年、月、日、时、分、秒等表示的绝对时间。虽然单片机内部的定时器可以通过软件进位计数产生绝对时钟，但由于掉电之后数据丢失，修改麻烦等原因，这样产生的绝对时钟总使设计者感到不满意。因此，在对绝对时钟要求较高的场合，通常使用外部时钟芯片来实现掉电保护功能，串行时钟芯片 HT1380 就是一个典型的器件。

HT1380 是一个 8 脚的日历时钟芯片，它可以通过串行口与单片机交换信息，如图 6－16 所示。在该芯片中，X1、X2 接晶振，SCLK 为时钟输入端，I/O 端为串行数据输入、输出端口，$\overline{\text{RST}}$是复位引脚。由于该芯片只有当$\overline{\text{RST}}$为高时才能对时钟芯片进行读/写操

作，因此可以利用单片机的 I/O 口线对它进行控制（类似于片选信号）。当 $\overline{RST}$ 为低时，I/O 引脚对外是高阻状态，因此它允许多个串行芯片同时挂在串行端口上。单片机对它的输入/输出操作可以按串行方式 0（即扩展 I/O 方式）进行。

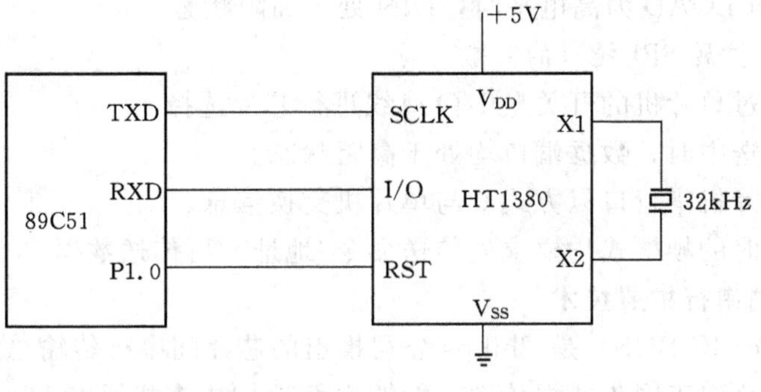

图 6－16　HT1380 与单片机接口电路

2. 串行 LED 显示接口 MAX7219

MAX7219 是美国 MAXIM（美信）公司推出的多位 LED 显示驱动器，采用 3 线串行接口传送数据，可直接与单片机接口，用户能方便修改其内部参数。它内含硬件动态扫描显示控制，可驱动 8 个 LED 数码管，也可直接驱动 64 段 LED 条形图显示器。当多片 MAX7219 级联时，可控制更多的 LED。当然，也可以将 MAX7219 的一部分用于条形图显示；另一部分用于其他显示（如数字和字母等）。

MAX7219 有 DIP 和 SO 两种封装，其主要引脚见图 6－17。其功能说明如下。

（1）DIN：串行数据输入端。在 CLK 的上升沿，数据被装入到内部的 16 位移位寄存器中。

（2）$DIG_7 \sim DIG_0$：8 位位选信号输出线。

（3）LOAD：装载数据控制端。在 LOAD 的上升沿，最后送入的 16 位串行数据被锁存到数据或控制寄存器中。

（4）SegA～SegG：LED 七段显示器字选信号输出线。

（5）V_{DD}：＋5V 电源端。

（6）CLK：串行时钟输入端。最高输入频率为 10MHz。

89C51 单片机与 MAX7219 的接口如图 6－17 所示。单片机通过串行口以方式 0 与

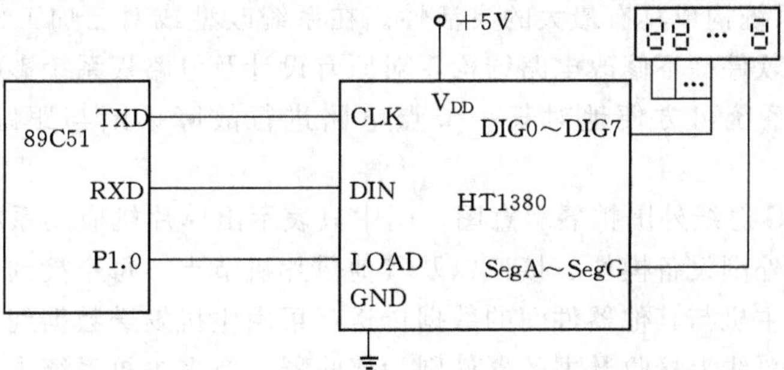

图 6－17　MAX7219 与单片机接口电路

MAX7219 交换信息，单片机的 TXD 端作为 SPI 总线的移位时钟，与 MAX7219 的 CLK 端相连；RXD 端作为单片机串行数据输出端口，与 MAX7219 的 DIN 端口相连；单片机的 P1.1 引脚与 MAX7219 芯片的 LOAD 相连，用于片选。当 LOAD 位于低电平时，对它进行读/写操作，当 LOAD 为高电平时，DIN 处于高阻状态。

3. 利用串行口扩展 SPI 接口的一般规律

（1）都需要通过单片机的开关量 I/O 口线进行芯片选择。

（2）当芯片未选中时，数据端口均处于高阻状态。

（3）均要求单片机串行口以方式 0 与单片机交换信息。

（4）传输数据时的帧格式均要求先传送命令/地址，再传送数据。

二、I^2C 总线的串行扩展技术

I^2C 总线（Inter IC BUS）是 Philips 公司推出的芯片间串行传输总线，仅用两根连线就可以实现完善的全双工同步数据传送，能够方便地构成多机系统和外围器件扩展系统。I^2C 总线的寻址采用纯软件的寻址方法，无需片选线的连接，这样就减少了总线数量。按照 I^2C 总线规范，总线传输中的所有状态具有各自相对应的状态码，系统中的主机能够依照这些状态码自动地进行总线管理，用户只要在程序中装入这些标准处理模块，根据数据操作要求完成 I^2C 总线的初始化、启动总线，就能自动完成规定的数据传送操作。

（一）I^2C 总线的应用范围及优势

在现代消费类产品、通信类产品、仪器仪表、工业测控系统中，逐渐形成了以一个或多个单片机为控制核心的智能系统。在单片机应用系统中推广 I^2C 总线，将会大大改变单片机应用系统结构性能，对单片机的应用开发带来以下好处：

（1）可最大限度地简化结构。二线制的 I^2C 串行总线使得各电路单元之间只需最简单的连接，而且因为总线接口都已集成在器件中，不需再另外附加总线接口电路。电路简化后省去了电路板上大量走线，减小电路板面积，提高了可靠性，降低了成本。同时，I^2C 总线可以实现电路系统的模块化、标准化设计。因为在 I^2C 总线上各单元电路除了个别中断引线外，相互之间没有其他连线，用户常用的单元电路基本上与系统电路无关，容易形成用户自己的标准化、模块化设计。

（2）标准 I^2C 总线模块的组合开发方式缩短了新产品的开发周期。

（3）I^2C 总线各节点具有各自独立的电气特性，各节点单元电路能在相互不受影响的情况下，甚至在系统带电情况下自由地接入或撤除。

（4）I^2C 总线系统构成具有最大的灵活性。在系统改型或对已加工好的电路板扩展功能时，可以只修改软件而不修改电路结构，对原有设计及电路板系统影响达到最小值。

（5）I^2C 总线系统可方便地对某一节点电路进行故障诊断与跟踪，有极好的可维护性。

图 6－18 为 I^2C 总线外围扩展示意图。图中只表示出单片机应用系统中常用的 I^2C 总线外围通用器件、外围设备模块、接口以及其他单片机节点。每个接到 I^2C 总线上的器件都有唯一的地址。主机与其他器件间的数据传送，可由主机发送数据到其他器件，这时主机即为发送器，在总线上接收数据的器件则为接收器。在多主机系统中，可能同时有几个主机企图启动总线传送数据。为了避免混乱，I^2C 总线要通过总线仲裁，以决定由哪一台

主机控制总线。

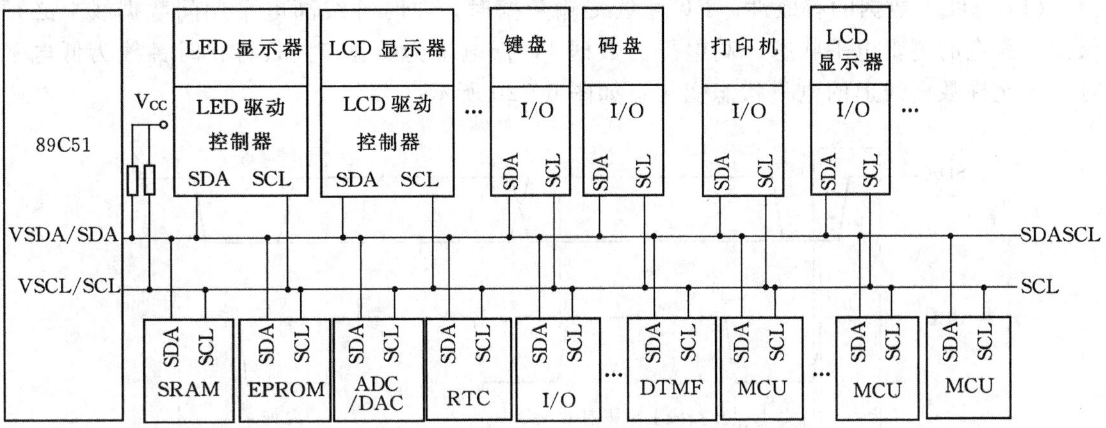

图 6-18 I²C 总线外围扩展示意图

在单片机应用系统的串行总线扩展中，经常遇到以 MCS-51 系列单片机为主机，其他接口器件为从机的情况。

（二）I²C 总线的基本原理

1. I²C 总线的电气结构

I²C 总线只有两根信号线：数据线 SDA 和时钟线 SCL，它们都是双向传输线。I²C 总线中的每个器件都可视为一个 I²C 总线接口电路，用于与 I²C 总线的 SDA 线和 SCL 线挂接。为了能使总线上所有电路的输出能实现线“与”的逻辑功能，各个 I²C 总线的接口电路输出端必须是漏极开路或集电极开路结构，如图 6-19 所示。输出端必须接上拉电阻。

总线备用时 SDA 和 SCL 都必须保持高电平状态，只有关闭 I²C 总线时才使 SCL 钳位在低电平。在标准 I²C 模式下数据传送速率可达 100Kbit/s，高速模式下可达 3.4Mbit/s。总线的驱动能力受总线电容限制，不加驱动扩展时为 400pF。

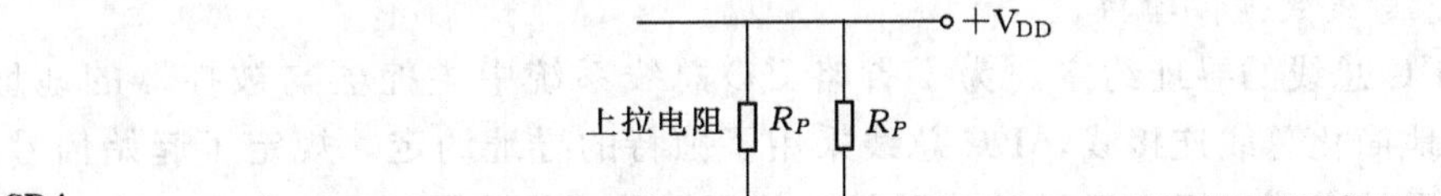

图 6-19 I²C 总线接口电路

2. I^2C 总线信号定义

(1) 总线上数据的有效性。I^2C 总线传输数据时，在时钟线高电平期间数据线上必须保持有稳定的逻辑电平状态，高电平为数据 1，低电平为数据 0。只有在时钟线为低电平时，才允许数据线上的电平状态变化，如图 6-20 所示。

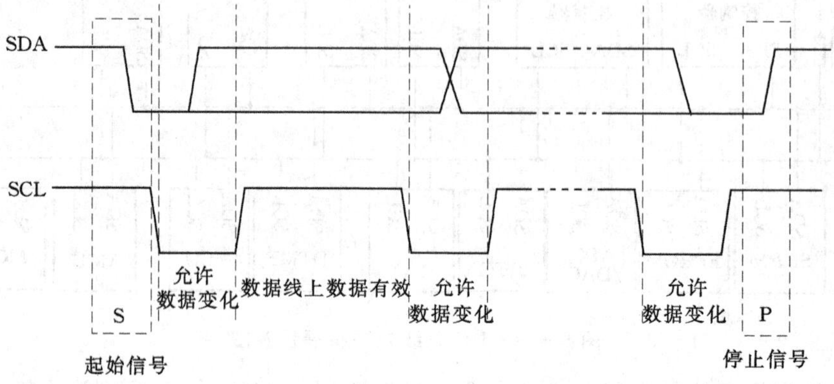

图 6-20 I^2C 总线信号的时序

(2) 总线数据传送的起始与停止。I^2C 总线数据传送时有两种时序状态被分别定义为起始信号和终止信号，如图 6-20 所示。

1) 起始信号：在时钟线 SCL 保持高电平期间，数据线 SDA 出现由高电平向低电平变化为总线的起始信号。

2) 终止信号：在时钟线 SCL 保持高电平期间，数据线 SDA 上出现由低到高的电平变化时将停止 I^2C 总线的数据传送，为 I^2C 总线的终止信号。

起始信号与终止信号都是由主控制器产生。总线上带有总线接口的器件很容易检测到这些信号。但是对于不具备这些硬件接口的一些单片机来说，为了能准确地检测到这些信号，必须保证在总线的一个时钟周期内对数据线至少进行两次采样。

3. I^2C 总线数据传输协议

(1) I^2C 总线的寻址约定。为了省略 I^2C 总线系统中主控器与被控器的地址选择线，最大限度地简化总线连接线，I^2C 总线采用了独特的寻址约定，规定了起始信号后的第一个字节为寻址字节，用来寻址被控器件，并规定数据的传送方向。

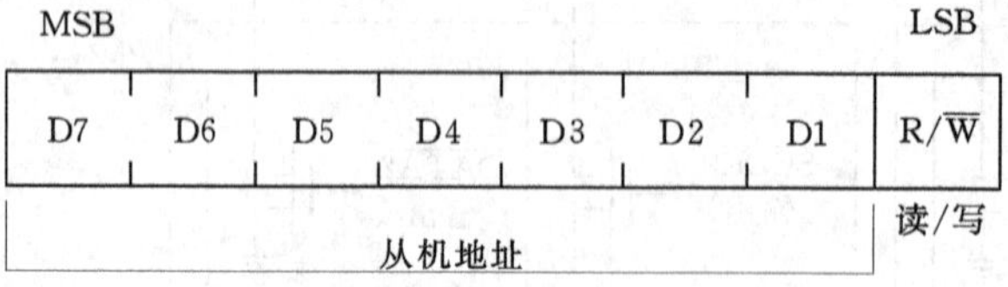

图 6-21 寻址字节定义

1) 寻址字节中的位定义。在 I^2C 总线标准寻址规约中，寻址字节由被控器的七位地址位（D7～D1）和一位方向位（D0）组成，如图 6-21 所示。方向位为“0”时表示主控器将数据写入被控器，为“1”时则表示主控器从被控器读取数据。

主机发送地址时，总线上的每个从机都将这 7 位地址码与自己的地址进行比较，如果相同，则认为自己正被主机寻址，根据 R/$\overline{W}$位将自己确定为发送器或接收器。

从机的地址由固定部分和可编程部分组成，即由器件编号地址（高 4 位 D7～D4）和引脚地址（低3位D3～D1）组成。例如，8位I/O扩展器件PCF8574其器件编号地址为0110，引脚地址为A2、A1、A0。如果PCF8574地址引脚A2、A1、A0皆接地，则该器件的寻址字节为60H（读取数据时地址为61H）。在一个系统中可能希望接入多个相同的从机，从机地址中可编程部分决定了可接入总线的该类器件的最大数目。如一个从机的7位寻址位有4位是固定位，3位是可编程位，这时仅能寻址8个同样的器件，即可以有8个同样的器件接入到该I^2C总线系统中。

2）寻址字节中的特殊地址。I^2C总线地址统一由I^2C总线委员会实行分配。其中两组编号地址0000和1111已被保留作特殊用途，如表6－3所示。I^2C总线规约所给出的这些保留地址使得I^2C总线能与其他规约混合使用，只有那些能够以这种格式和规约工作的I^2C总线兼容器才允许对这些保留地址进行应答。

表6－3　　I^2C总线中的地址分配

从机地址	$R/\overline{W}$位	地址含义及用途
0000 000	0	通用调用地址（广播）
0000 000	1	起始字节
0000 001	X	CBUS地址
0000 010	X	为不同总线格式而保留的地址
0000 011	X	为将来预留的地址
0000 1XX	X	高速模式主机代码（High－Speed mode）
1111 1XX	X	为将来预留的地址
1111 0XX	X	10－bit寻址模式

（2）I^2C总线上的数据传送格式。

1）I^2C总线上的数据传送。I^2C总线上传送的每一个字节均为8位。每启动一次I^2C总线，其随后的数据传输字节数目是没有明确限制的。但是，每传送一个字节后都必须跟随一个应答位，并且最高数据位（MSB）被首先发送，在全部数据传送结束后由主控制器发送终止信号，如图6－22所示。

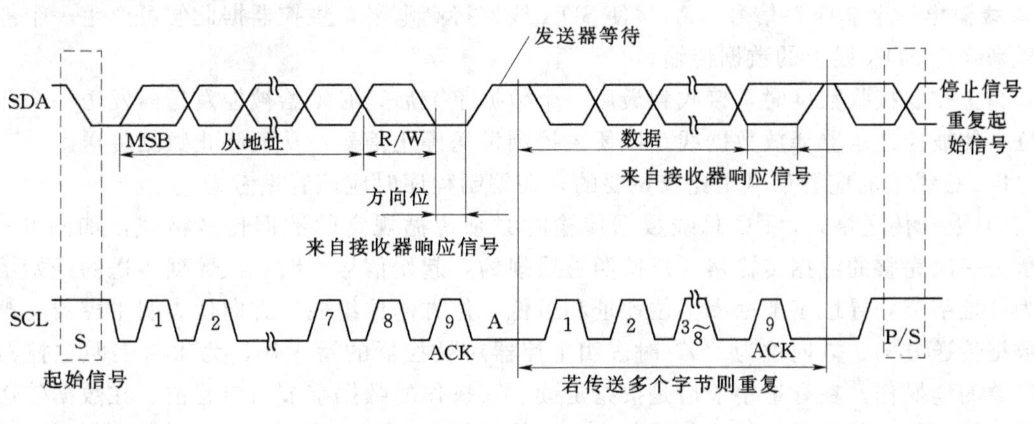

图6－22　I^2C总线上的数据传送

2）数据传送时的总线控制。从图 6－22 中可以看到，SCL 线为低电平时，SDA 线上数据就被停止传送。SCL 线的这一“线与”特征将使 SCL 在低电平时能够钳住总线。这种情况可以用于当接收器接收到一个字节数据后要进行一些其他工作而无法立即接收下一个数据时，迫使总线进入等待状态，直到接收器准备好接收新数据时，接收器再释放时钟线使数据传送得以继续正常进行。例如，当接收器件收到一个完整的数据字节后，有可能需要完成一些其他工作，如处理内部中断服务等，可能无法立刻接收下一个字节，这时接收器件可以将 SCL 线拉成低电平，从而使主机处于等待状态。直到接收器件准备好接收下一个字节时，再释放 SCL 线使之为高电平，从而使数据传送可以继续进行。

3）应答信号。I^2C 总线数据传送时，每传送一个字节数据后都必须有应答信号，但与应答信号相对应的时钟仍由主控器在 SCL 线上产生，因此主控发送器必须在被控接收器发送应答信号前，预先释放对 SDA 线的控制，以便主控器对 SDA 线上应答信号的检测。

如图 6－23 中所示。应答信号在第 9 个时钟位上出现，接收器输出低电平为应答信号，输出高电平则为非应答信号。

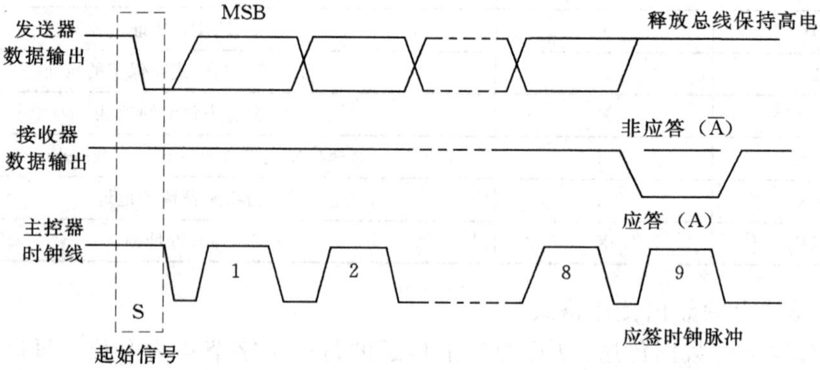

图 6－23 I^2C 总线上的应答信号

由于某种原因，如被控器正在进行其他处理而无法接收总线上的数据时，被控器可向 SDA 线输出一个非应答信号（$\overline{A}$），使 SDA 线保持高电平，主控器据此便可产生一个停止信号来终止 SDA 线上的数据传输。

当主控器接收数据时，接收到最后一个数据字节后，必须给被控发送器发送一个非应答位，使被控发送器释放数据线，以便主控制发送停止信号，从而终止数据传送。

I^2C 总线上的应答信号是比较重要的，在编制程序时应该着重考虑。

4）数据传送格式。I^2C 总线数据传输时必须遵循规定的数据传送格式，如图 6－24 所示为一次完整的数据传输格式。按照总线规约，起始信号表明一次数据传送的开始，其后为寻址字节，寻址字节由高 7 位地址和最低 1 位方向位组成，方向位表明主控器与被控器数据传送方向，方向位为“0”时表明主控器对被控器的写操作，为 1 时表明主控器对被控器的读操作。在寻址字节后是按指定读、写操作的数据字节与应答位。在数据传送完成后主控器都必须发送停止信号。总线上的数据传输有许多读、写组合方式。下面以简化的图解方式介绍三类数据传送格式。

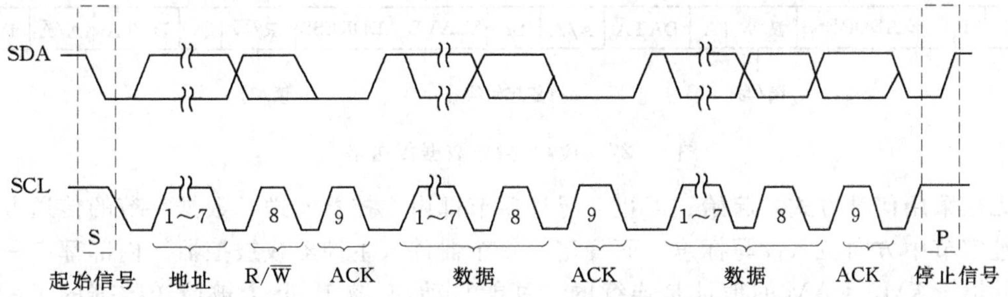

图6-24　I^2C总线一次完整的数据传输

a. 主控器的写操作。主控器向被寻址的被控器发送 n 个数据字节，整个传输过程中数据传送方向不变。其数据传送格式如图6-25所示：

S	SLAVE ADDRESS	0	A	DATA	A	DATA	A/$\overline{A}$	P

数据传输（n字节＋应答）

图6-25　写操作数据格式

其中阴影为主控器发送，被控器接收；空白表示被控器应答，主控器接收（下同）。

A：应答信号。

$\overline{A}$：非应答信号。

S：起始信号。

P：停止信号。

SLAVE ADDRESS：从机地址，寻址字节（写）。

DATA：写入被控器的 n 个数据字节。

b. 主控器的读操作。主控器从被控器中读出 n 个字节的操作，整个传输过程中除寻址字节外，都是被控器发送，主控器接收的过程。数据传送格式如图6-26所示：

S	SLAVE ADDRESS	1	A	DATA	A	DATA	A/$\overline{A}$	P

数据传输（n字节＋应答）

图6-26　读操作数据传送格式

其中SLAVE ADDRESS：寻址字节（读）。

DATA：被主控器读出的 n 个字节。

主控器发送停止信号前应发送非应答位，以向被控器表明读操作结束。

c. 主控器的读写操作。在一次数据传输过程中需要改变传送方向的操作，这时，起始信号和寻址字节都会重复一次，但两次读、写方向正好相反。数据传送格式如图6-27所示：

其中Sr：重复起始信号。

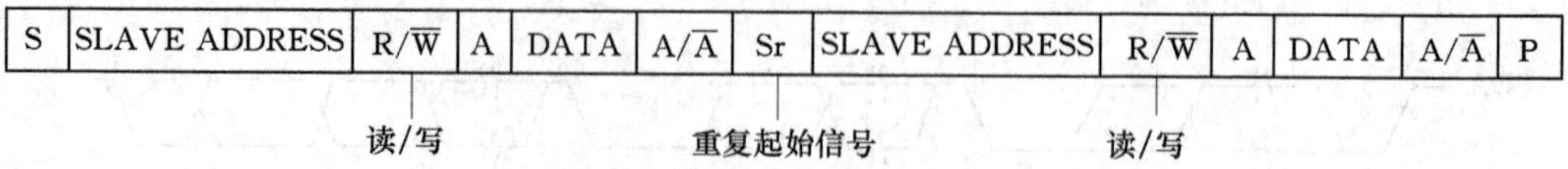

图 6-27　读/写操作数据传送格式

无论采用何种方式，起始、停止、寻址字节都由主控器发送，数据字节的传送方向按照寻址字节中方向位（读写标志）而确定。每个器件（主控器或被控器）内部都有一个数据存储器 RAM，RAM 的地址是连续的，并能自动加/减 1。n 个被传送数据的 RAM 地址可由系统设计者规定，通常作为数据放在上述数据传输格式中，即第一个数据字节 DATA 1。每个字节传送都必须有被控器的应答或非应答信号跟随以表明被控器（从机）是否收到。

（三）利用一般 I/O 口线模拟 I^2C 操作

通常大多数单片机应用系统中只有一个 CPU，这种系统如果采用 I^2C 总线技术，则总线上只有单片机对 I^2C 总线从器件的访问，没有总线的竞争等问题，这种情况下只需要模拟主发送和主接收时序。

对于单片机与带 I^2C 串行总线的外围器件的接口，主机也可以采用不带 I^2C 总线接口的单片机，如 89C51、AT89C2051 等单片机，利用软件实现 I^2C 总线的数据传送，即软件与硬件结合的信号模拟。

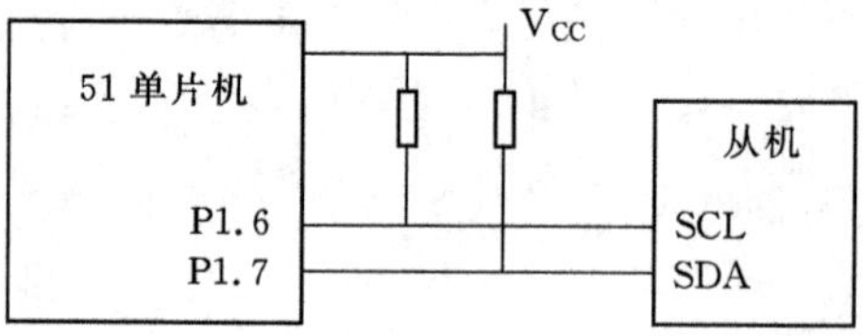

图 6-28　单片机与 I^2C 总线的硬件连接

用不带 I^2C 接口的 51 单片机控制 I^2C 总线时，硬件也非常简单，只需两个 I/O 口线，在软件中分别定义成 SCL 和 SDA，与 I^2C 总线的 SCL 和 SDA 直接相连，再加上上拉电阻即可。

在模拟主方式下的 I^2C 总线时序时，选用如图 6-28 所示 P1.6 和 P1.7 作为时钟线 SCL 和数据线 SDA，晶振采用 6MHz。I^2C 总线数据传送时，有起始位（S）、终止位（P）、应答位（A）、非应答位（$\overline{A}$）等信号。按照典型 I^2C 总线传送速率的要求，这些信号及时序如图 6-29 所示。

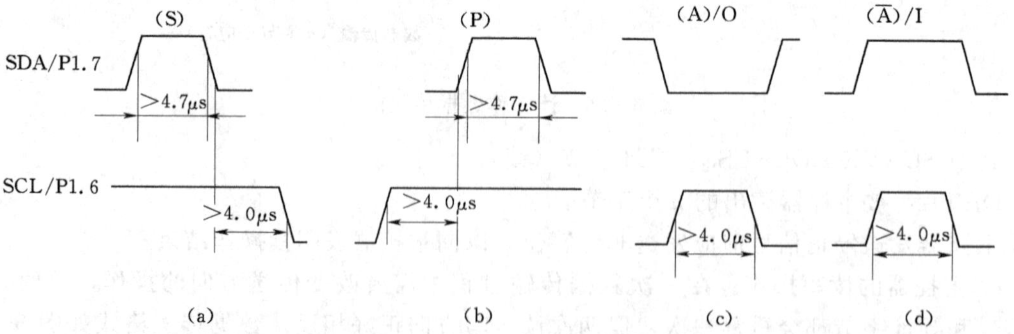

图 6-29　I^2C 总线数据传送典型信号时序

(a) 起始位；(b) 终止位；(c) 应答位；(d) 非应答位

对于I^2C总线的典型信号，可以用指令操作来模拟其时序过程。起始（STA）、终止（STOP）、发送应答位（MACK）、发送非应答位（MNACK）的4个模拟子程序如下。

1. 启动I^2C总线子程序STA

```
SETB    SDA
SETB    SCL             ;起始条件建立时间大于4.7μs
NOP
NOP
CLR     SDA
NOP                     ;起始条件锁定时间大于4μs
NOP
CLR     SCL             ;箝住总线,准备发送数据
RET
```

2. 停止I^2C总线子程序STOP

```
CLR     SDA
SETB    SCL             ;发送停止条件的时钟信号
NOP                     ;停止总线时间大于4μs
NOP
SETB    SDA             ;停止总线
NOP
NOP
CLR     SDA
CLR     SCL
RET
```

3. 发送应答位信号子程序MACK

```
CLR     SDA
SETB    SCL
NOP                     ;保持数据时间,时间大于4.0μs
NOP
CLR     SCL
SETB    SDA
RET
```

4. 发送非应答位信号子程序MNACK

```
SETB    SDA
SETB    SCL
NOP                     ;保持数据时间,时间大于4.0μs
NOP
CLR     SCL
CLR     SDA
```

```
RET
```

在使用上述子程序时，如果单片机的主时钟不是6MHz，则应调整NOP指令个数，以满足时序要求。

从I^2C总线的数据操作中可以看出，除了基本的启动（STA）、终止（STOP）、发送应答位（MACK）、发送非应答位（MNACK）外，还应有应答位检查（CACK）、发送一字节（WRBYT）、接收一字节（RBYT）、发送N字节（WRNBYT）和接收N字节（RDNBYT），5个子程序。

5. 应答位检查子程序

在应答位检查子程序（CACK）中，设置了标志位F0。当检查到正常应答位后，F0=0；否则F0=1。

```
CACK:    SETB    SDA         ;置SDA为输入方式
         SETB    SCL         ;使SDA上数据有效
         CLR     F0          ;预设F0=0
         MOV     C,SDA       ;输入SDA引脚状态
         JNC     CEND        ;检查SDA状态
                             ;正常应答转CEND,且F0=0
         SETB    F0          ;无正常应答,F0=1
CEND:    CLR     SCL         ;子程序结束,使SCL=0
         RET
```

6. 发送一个字节数据（WRBYT）子程序

该子程序是向虚拟I^2C总线的数据线SDA上发送一字节数据的操作。调用该子程序前，将要发送的数据送入A中。占用资源：R0，C。

```
WRBYT:   MOV     R0,#08H     ;8位数据长度送R0中
WLP:     RLC     A           ;发送数据左移,使发送位入C
         JC      WR1         ;如发送1转WR1
         AJMP    WR0         ;如发送0转WR0
WLP1:    DJNZ    R0,WLP      ;8位是否发送完,未完转WLP
         RET                 ;8位发送完结束
WR1:     SETB    SDA         ;发送1程序段
         SETB    SCL
         NOP
         NOP
         CLR     SCL
         CLR     SDA
         AJMP    WLP1
WR0:     CLR     SDA         ;发送0程序段
         SETB    SCL
         NOP
```

```
        NOP
        CLR     SCL
        AJMP    WLP1
```

7. 从SDA上接收一个字节数据（RDBYT）子程序

该子程序用来从SDA上读取一字节数据，执行本程序后，从SDA上读取的一字节存放在R2或A中。占用资源：R0、R2和C。

```
RDBYT:  MOV     R0,#08H     ;8位数据长度送R0中
RLP:    SETB    SDA         ;置SDA为输入方式
        SETB    SCL         ;使SDA上数据有效
        MOV     C,SDA       ;读入SDA引脚状态
        MOV     A,R2        ;读入0程序段,由C拼
                            ;装入R2中
        RLC     A
        MOV     R2,A
        CLR     SCL         ;使SCL=0可继续接收数据位
        DJNZ    R0,RLP      ;8位读完了吗？未读完转RLP
        RET
```

8. 向被控器发送 n 个字节数据（WRNBYT）子程序

在I²C总线数据传送中，主节点常常需要连续地向外围器件发送多个字节数据，本子程序是用来向SDA线上发送N字节数据的操作。该子程序的编写必须按照I²C总线规定的读/写操作格式进行。

主控器向I²C总线上某个外围器件连续发送N个字节数据时，其数据操作格式如图6－25所示，按照该操作格式所编写的发送N个字节数据的通用子程序（WRNBYT）清单如下：

```
WRNBYT: MOV     R3,NUMBYT
        LCALL   STA         ;启动I²C总线
        MOV     A,SLA       ;发送SLAW字节
        LCALL   WRBYT
        LCALL   CACK        ;检查应答位
        JB      F0,WRNBYT   ;非应答位则重发
        MOV     R1,#MTD
WRDA:   MOV     A,@R1
        LCALL   WRBYT
        LCALL   CACK
        JB      F0,WRNBYT
        INC     R1
        DJNZ    R3,WRDA
        LCALL   STOP
        RET
```

在使用本子程序时，占用资源为 R1 和 R3，但须调用 STA、STOP、WRBYT 和 CACK 子程序，而且使用了一些符号单元。

在使用这些符号单元时，应在片内 RAM 中分配好这些地址。这些符号单元有：

MTD 主节点发送数据缓冲区首址；

SLA 外围器件寻址字节存放单元；

NUMBYT 发送数据字节数存放单元。

在调用本子程序之前，必须将要发送的 N 字节数据依次存放在以 MTD 为首地址的发送数据缓冲区中。调用本子程序后，N 字节数据依次传送到外围器件内部相应的地址单元中。

9. 从被控器件读取 n 个字节数据（RDNBYT）子程序

在 I^2C 总线系统中，主控器按主接收方式从被控器件中读出 n 个字节数据的操作格式如图 6－26 所示，按照该操作格式所编写的通用 n 字节接收子程序（RDNBYT）清单如下：

```
RDNBYT:  MOV     R3,NUMBYT
         LCALL   STA           ;发送启动位
         MOV     A,SLA         ;发送寻址字节(读)
         LCALL   WRBYT
         LCALL   CACK          ;检查应答位
         JB      F0,RDNBYT     ;非正常应答时重新开始
RDN:     MOV     R1,#MRD       ;接收数据缓冲区
                               ;首址 MRD 入 R1
RDN1:    LCALL   RDBYT         ;读入一字节到接收数据缓冲区
         MOV     @R1,A
         DJNZ    R3,ACK        ;N 字节读完了吗？未完转 ACK
         LCALL   MNACK         ;N 字节读完发送非应答位
         LCALL   STOP          ;发送停止信号
         RET                   ;子程序结束
ACK:     LCALL   MACK          ;发送应答位
         INC     R1            ;指向下一个接收数据缓冲单元
         SJMP    RDN1          ;转读入下一个字节数据
```

在使用 RDNBYT 子程序时，占用资源 R1 和 R3，但须调用 STA、STOP、WRBYT、RDBYT、CACK、MACK 和 MNACK 等子程序并满足这些子程序的调用要求。RDNBYT 子程序中使用了一些符号单元，除了在 WRNDYT 子程序中使用过的 SLA、MTD 和 NUMBYT 外，还有以下几个：

SLA：器件寻址（读）存放单元；

MRD：主节点中数据接收缓冲区首址。

在调用 RDNBYT 子程序后，从节点中所指定首地址中的 N 字节数据将被读入主节点片内以 MRD 为首址的数据缓冲器中。

10. 主程序

在主程序初始化中，应有如下的语句：

```
SDA      BIT     P1.7
SCL      BIT     P1.6
MTD      EQU     30H          ;MTD：发送数据缓冲区首址
MRD      EQU     40H          ;MRD：接收数据缓冲区首址
SLA      EQU     60H          ;SLA：寻址字节 SLAR/W
                              ;的存放单元
NUMBYT   EQU     61H          ;NUMBYT：传送字节数存放
                              ;单元
```

本 章 小 结

本章主要就单片机应用系统中的常见接口技术做出了介绍，其中包括键盘接口设计LED接口设计、LCD接口设计、串行输出A/D转换器TLC1549接口技术、并行输出A/D转换器ADC0809接口技术、串行输入D/A转换器TLC5615接口技术、并行输入D/A转换器DAC0832接口技术。本章的重点在于掌握常见键盘、显示、A/D以及D/A接口技术的原理与方法，难点在于掌握几种典型的外围接口芯片的结构、工作原理、接口电路以及编程实现特定功能。

思 考 与 练 习 题

1. 在89C51扩展系统中，片外程序存储器和片外数据存储器用相同的编址方法是否会在数据总线上出现总线竞争现象？为什么？

2. 存储器可分为哪几类？各有哪些特点和用途？

3. 用到三片74HC373的某89C51应用系统的电路如图6－30所示。现要求通过

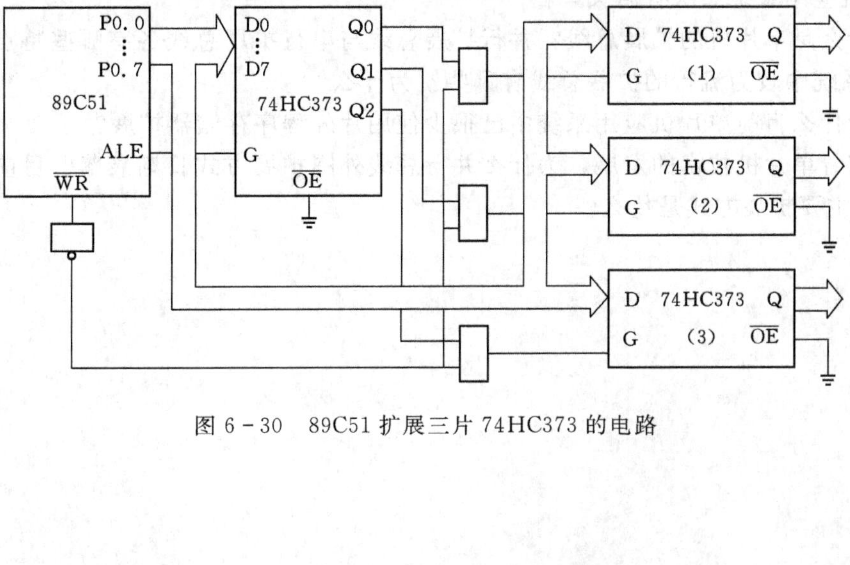

图6－30　89C51扩展三片74HC373的电路

74HC373（2）输出 80H，请编写相应的程序。

4. 试设计符合下列要求的 89C51 微机系统：有两个 8 位扩展输出口（用两片 74HC377），要选通、点亮 6 个数码管。

5. 图 6-31 是 4 片 8K×8 位存储器芯片的连接图。请确定每片存储器芯片的地址范围。

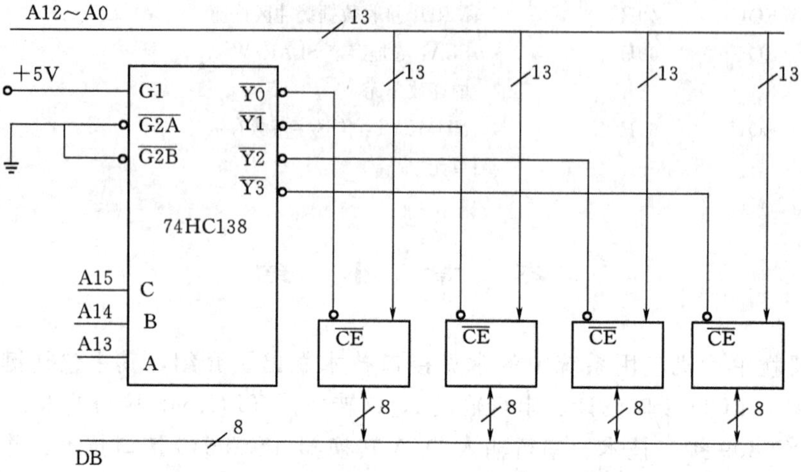

图 6-31 89C51 扩展 4 片存储器芯片连接

6. 为什么要进行 I/O 口扩展？

7. 如何由 8155 计数状态确定外部输入脉冲的个数？

8. 说明 I^2C 和 SPI 两种串行总线接口的传输方法。它们与并行总线相比各有什么优缺点？

9. 设以 89C51 为主机的系统，模拟扩展 8KB 的片外数据存储器，请以并行方式和串行方式选择合适的芯片，并分别绘出电路原理图。请指出这两种电路各有什么特点，各适用于什么情况，并给出串行方式时读取一字节数据的程序。

10. 什么是单片机的最小系统、最小应用系统和应用系统？其与单片机、单片机系统、单片机应用系统层次有何关系？

11. 什么是单片机的扩展总线？并行扩展总线与串行扩展总线各有哪些特点？目前单片机应用系统中较为流行的扩展总线有哪些？为什么？

12. 为什么目前单片机应用系统中已很少使用片外程序存储器扩展？

13. 随着单片机技术的发展，为什么并行总线外围扩展方式日渐衰落？目前外围设备（器件）的主要扩展方式是什么？

第七章　单片机接口技术

单片机广泛地应用于测控和智能化仪器仪表之中，由于实际需要和用户要求不同，单片机应用系统通常需要接键盘、显示系统、模拟/数字转换器、数字/模拟转换器等不同的外设，接口技术就是解决单片机与外部联系的技术。图 7－1 为具有模拟量输入、模拟量输出以及键盘、显示器、打印机等配置的 89C51 应用系统框图。不同的外设有不同的接口方法和电路，为节省 I/O 口线，89C51 片外扩展应尽量采用串行外设接口芯片。

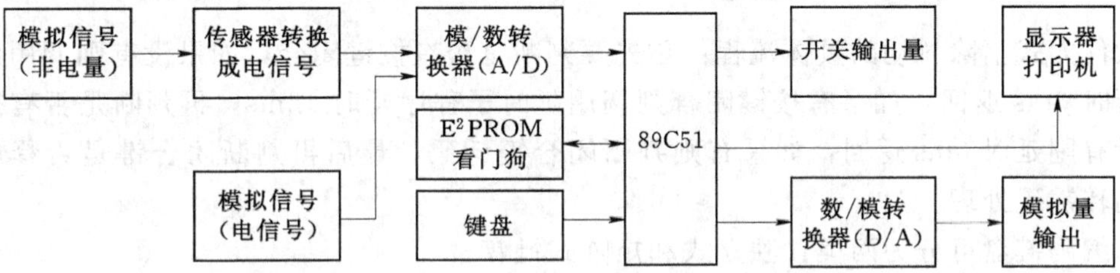

图 7－1　89C51 应用系统框图

第一节　键　盘　接　口

键盘是单片机系统中一个非常重要的部件，是实现人—机接口常用的器件。利用键盘可以实现向单片机输入数据、传送命令、进行功能切换等，是人工干预单片机系统的主要手段。

一、键盘结构及消抖方法

键盘分编码键盘和非编码键盘。编码键盘是指键盘上闭合键的识别由专用的硬件译码器实现，并产生键编号或键值，如 BCD 码键盘、ASCII 码键盘等；非编码键盘是指按键的状态靠软件来识别。在单片机组成的测控系统及智能化仪器中，用得最多的是非编码键盘，本章着重讨论非编码键盘。

键盘中每个按键都是一个常开开关电路，如图 7－2 所示。当按键 S 未被按下时，P1.0 输入为高电平；当 S 闭合时，P1.0 输入为低电平。

常用的按键都是机械弹性开关，由于按键按下时的机械动作，免不了产生抖动，因此必须消除抖动影响。对于非编码键盘可由如图 7－3 所示的硬件电路或软件延时的方法来解决。对于编码键盘则由专门的接口电路（例如 8279）自行消除。

如图 7－3 所示电路实际上是由 R－S 触发器构成的单脉冲电路。当按钮开关按下时 Q 端输出低电平，当开关松开时 Q 端恢复高电平，即输出一个负脉冲，以此消除抖动。

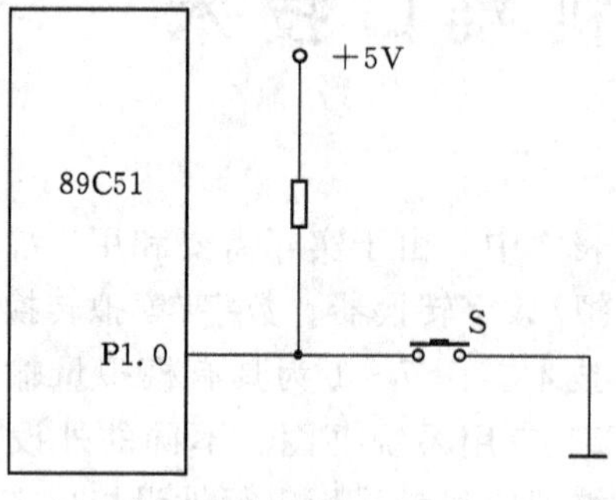

图 7－2 按键电路

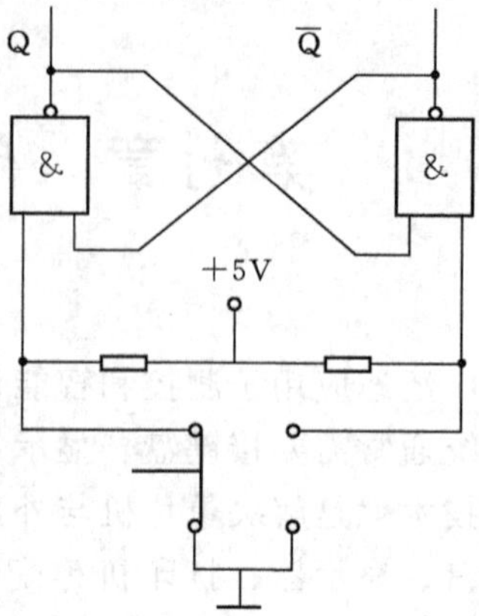

图 7－3 去抖动电路

软件方式消除抖动的具体流程：首先要判断是否有按键闭合，如果没有则调用延时子程序延时 6ms 返回，如果有按键闭合则调用延时子程序延时 12ms，再判断是否有按键闭合，没有则延时 6ms 返回，如果有则判断闭合键键码，最后再判断闭合键是否释放，释放后则转键码处理。

非编码键盘可分为两类：独立式和矩阵式键盘。

1. 独立式键盘

这是最简单的键盘电路，各个按键相互独立，每个按键独立地与一根数据输入线相连接，如图 7－4 所示。

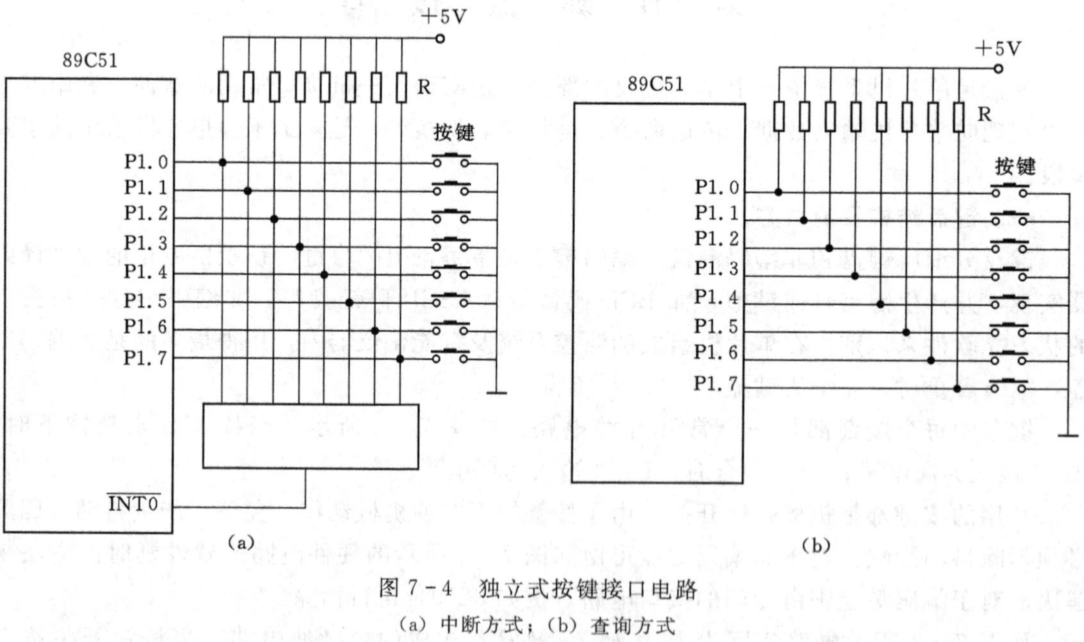

图 7－4 独立式按键接口电路

（a）中断方式；（b）查询方式

图 7－5 中（a）为中断方式，任何一个按键按下时，通过门电路都会向 CPU 申请中断，在中断服务程序中，读入 P1 口的值，从而判断是哪一个按键被按下。图 7－5 中（b）

为查询方式，在未有按键按下时，所有的数据输入线都通过上拉电阻被连接成高电平；当任何一个键被压下时，与之连接的数据输入线将被拉成低电平。

2. 矩阵式键盘

独立式按键电路每一个按键开关占用一根I/O口线，当按键数较多时，要占用较多的I/O口线。因此在按键较多的情况下通常多采用矩阵式键盘电路。

矩阵式键盘输入电路如图7-5所示，若有四根行线，四根列线，则构成4×4键盘，最多可定义16个按键。

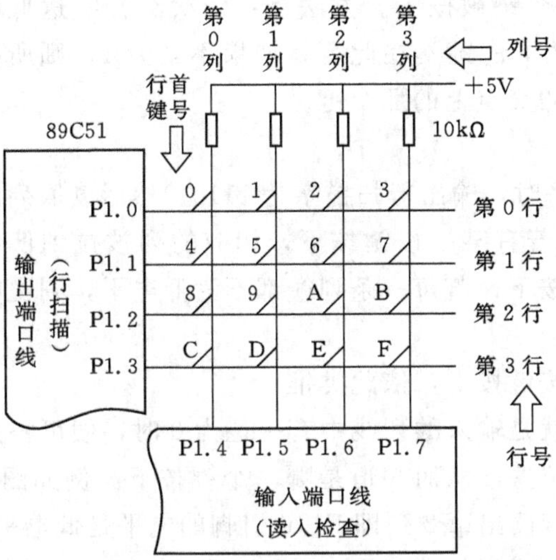

图7-5 4×4矩阵键盘接口图

二、矩阵式键盘的工作原理

（一）键盘扫描原理

键盘扫描的工作过程如下：

（1）判断键盘中是否有键按下。

（2）进行行扫描，判断是哪一个键按下，若有键按下，则调用延时子程序去抖动。

（3）读取按键的位置码。

（4）将按键的位置码转换为键值（键的顺序号）0、1、2、…、F。图7-6为4×4键盘行扫描法流程图。

下面以如图7-6所示的4×4键盘为例，说明行扫描法识别按键的工作原理。

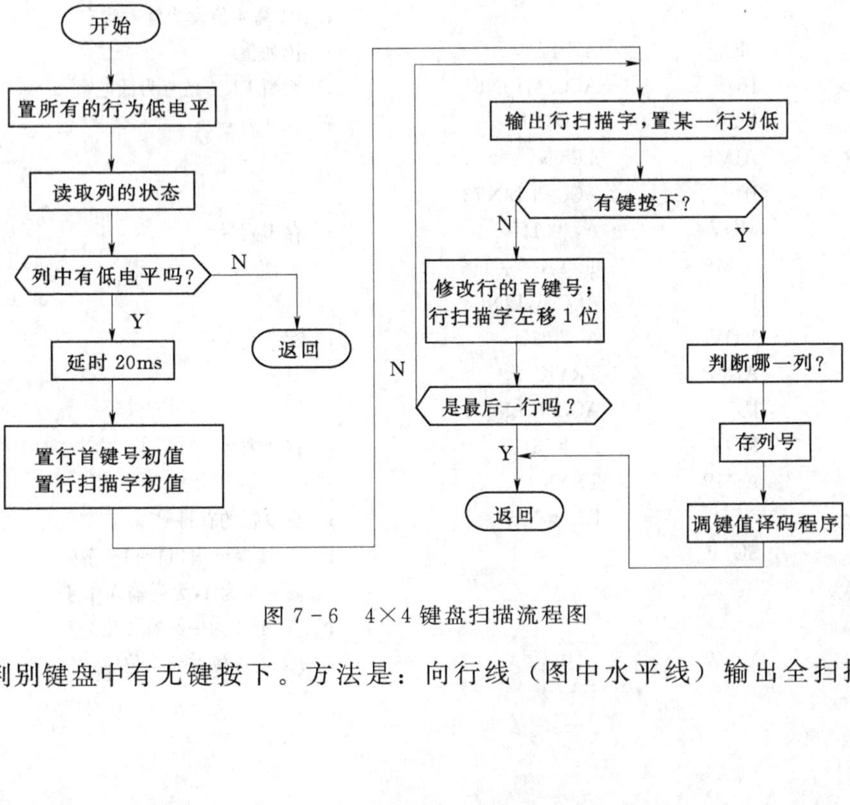

图7-6 4×4键盘扫描流程图

首先判别键盘中有无键按下。方法是：向行线（图中水平线）输出全扫描字00H，把全部行线置为低电平，然后将列线的电平状态读入累加器 A 中。如果有按键按下，则总会有一根列线电平被拉至低电平，从而使列输入不全为 1。

接着采用行（列）扫描法判断键盘中哪一个键被按下。方法是：依次给行线送低电平，然后查所有列线状态，如果全为 1，则所按下的键不在此行；如果不全为 1，则所按下的键必在此行，而且是在与零电平列线相交的交点上的那个键。

行扫描法识别按键的工作原理如下：

（1）将第 0 行变为低电平，其余行为高电平时，输出行扫描字为 1110。然后读取列的电平，判别第 0 行是否有键按下。在第 0 行上若有某一按键按下，相应的列被拉到低电平，则表示第 0 行和此列相交的位置上有按键按下；若每一条列线都不为低电平，则说明 0 行上无键按下。

（2）改变行扫描字，逐一判断其他行有无按键按下，依此类推。

在扫描过程中，当发现某行有键按下，也就是输入的列线中有一位为 0 时，便可根据行线位置和列线位置就能判断按键在矩阵中的位置，从而知道是哪一个键按下。例如图 7-6 中，如果扫描第 2 行即 P1.2 对应的行时，若读出第 2 列即 P1.6 引脚的电平是低电平，则可以求得该按键的键值 A=8+2，其中 8 为扫描行的首键号，2 为列号。

下面以图 7-6 所示的 4×4 键盘为例，给出键盘扫描子程序：

```
SERCH:    MOV     R2,#0FEH         ; R2 为扫描字暂存
                                   ; 低 4 位为行扫描字
          MOV     R3,#00H          ; R3 为每行的首键号
LINE0:    MOV     A,R2
          MOV     P1,A             ; 输出行扫描字
                                   ; P1 高 4 位设为输入状态
          MOV     A,P1             ; 读列值
          JB      ACC.4,LINE1      ; 判断 P1.4 是否为低电平
          MOV     A,#00H           ; 存 0 列号
          AJMP    TRYK
LINE1:    JB      ACC.5,LINE2
          MOV     A,#01H           ; 存 1 列号
          AJMP    TRYK
LINE2:    JB      ACC.6,LINE3
          MOV     A,#02H           ; 存 2 列号
          AJMP    TRYK
LINE3:    JB      ACC.7,LINE4
          MOV     A,#03H           ; 存 3 列号
          AJMP    TRYK
LINE4:    ADD     R3,#04H          ; 更改行的首键号
          SETB    C                ; C=1 保证输出行扫描字中
                                   ; 高 4 位为 1,为列输入作准
                                   ; 备,低 4 为中只有 1 位为 0
          MOV     A,R2             ; R2 带进位左移 1 位
```

```
          RLC       A
          JNB       ACC.4,BACK     ；最后一行扫描完了吗?
          MOV       R2,A           ；形成下一个扫描字→R2
          AJMP      LINE0
TRYK：    ADD       A,R3           ；行首键号+列号=键值
BACK：    RET
```

（二）单片机对非编码键盘的控制

在复杂的单片机应用系统中，按键识别只是键盘程序设计的内容之一。CPU 在忙于处理各项工作任务时，如何响应键盘的输入，由键盘的工作方式决定。键盘的工作方式应根据实际应用系统中 CPU 工作的状况而定。其选取的原则是既保证 CPU 能及时响应按键操作，又不会多占用 CPU 的工作时间。

键盘的工作方式主要有以下三种。

1. 程序控制方式

程序控制方式是利用 CPU 在完成其他工作后的空余或者专门分配的时间，调用键盘扫描子程序，来响应键输入要求。该工作方式只有在 CPU 空闲时才能调用键盘扫描子程序，其对资源要求比较苛刻。因此，在应用系统软件方案设计时，键盘扫描子程序的编程调用应能满足键盘响应要求。

2. 定时扫描方式

定时扫描方式利用定时器的溢出中断请求，每隔一定的时间对键盘扫描一次。在初始化程序中对定时器进行编程，使之每隔 10ms，对键盘扫描一遍，检查键盘的状态。当两遍扫描到都有键按下时，CPU 才作键处理。

3. 中断扫描方式

为了提高 CPU 的效率，可以采用中断扫描工作方式，即只有在键盘有键按下时才产生中断申请；CPU 响应中断，进入中断服务程序进行键盘扫描，并做相应处理。中断扫描工作方式的键盘接口如图 7-7 所示。

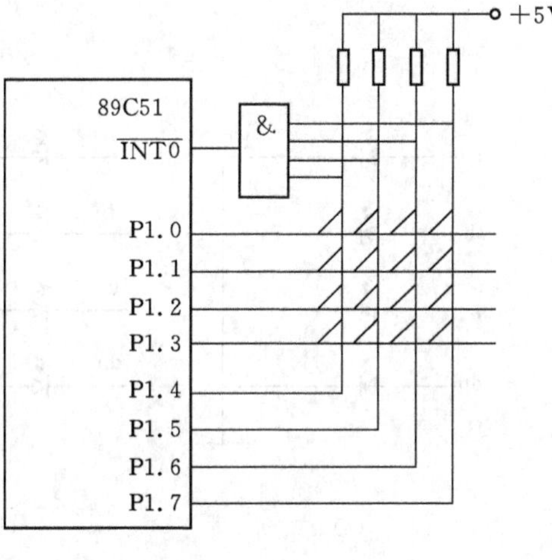

图 7-7　中断方式键盘接口

图 7-7 中，P1.4～P1.7 作列线，P1.0～P1.3 作行扫描线。扫描时，使 P1.0～P1.3 位清 0。当有键按下时，$\overline{INT0}$端为低电平，向 CPU 发出中断申请。若 CPU 开放外部中断，则响应中断请求，进入中断服务程序，从而进行键盘扫描程序。

第二节　显示器接口

在单片机应用系统运行过程中，用户往往需要知道当前运行状况以及一些过程值，即希望通过显示的手段获取这些信息。当单片机用于测量仪表时，显示接口则是系统不可缺

少的部分。

可用于单片机应用系统的显示器件很多，常用的主要有：发光二极管 LED（Light Emitting Diode），液晶显示 LCD（Liquid Crystal Display）和 CRT 显示等。LED 显示器价格低廉、发光较强、机械性能好，在普通单片机系统中应用广泛；液晶 LCD 显示器重量轻、功耗低，可以显示文字、图形等；CRT 显示器显示功能强大，但接口较复杂，成本也较高。以下将详细介绍 LED 显示器和 LCD 显示器的结构、原理以及接口。

一、LED 显示器

（一）7 段码 LED 显示器的结构

LED 显示器是由发光二极管显示字段的显示器件。在单片机应用系统中通常使用的是由 7 段 LED 所构成 8 字形，另外，还有一个用以显示小数点的发光二极管。这种显示器有共阴极与共阳极两种，如图 7－8 所示。发光二极管的阴极连在一起的（公共端 COM）称为共阴极显示器，如图 7－8（a）所示；阳极连在一起的称为共阳极显示器，如图 7－8（b）所示。一位显示器由 8 个发光二极管组成，其中，7 个发光二极管构成 8 字形的各个笔画（段）a～g；另一个发光二极管 dp 用以显示小数点。当在某段发光二极管上施加一定的正向电压时，该段笔画即亮；不加电压则暗。为了保护各段 LED 不被损坏，须外加限流电阻。

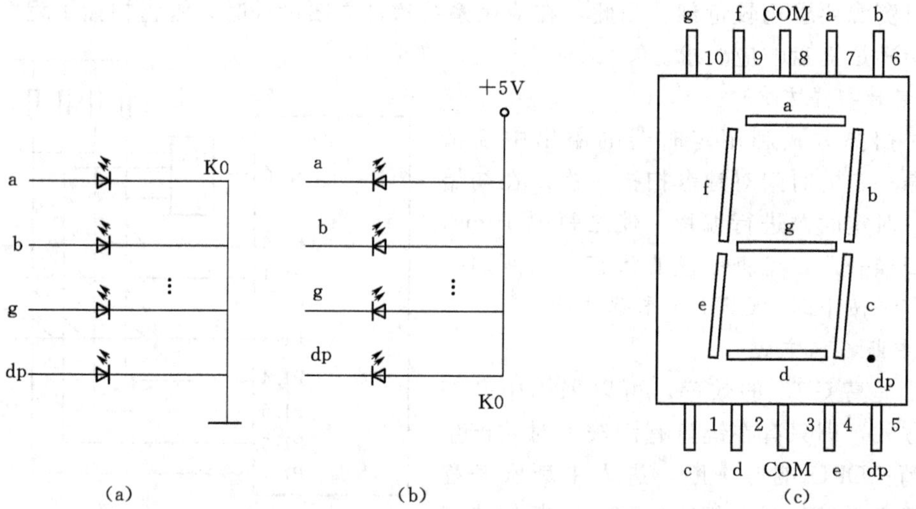

图 7－8 LED 7 段显示器

（a）共阴极；（b）共阳极；（c）引脚配置外形图

近年来，由于生产器件工艺的进步，也出现了十六段码 LED 显示器和点阵式单色和双色显示器，这些 LED 显示器被广泛应用于电梯、大屏幕 LED 显示器、公共汽车报站器、车站车次显示等领域，特别是点阵式双色显示器的出现，极大地方便了汉字的显示和图形显示，应用范围很广。

7 段显示器与单片机接口比较容易，只要将一个 8 位并行输出口与显示块的发光二极管引脚直接相连即可。8 位并行输出口输出不同的字节数据即可显示不同的数字或字符。通常将控制发光二极管的 8 位字节数据称为段选码，如表 7－1 所示，共阳极与共阴极的段选码互为反码。

表 7-1　　**共阴极和共阳极 7 段 LED 显示字形代码表**

显示字符	0	1	2	3	4	5	6	7	8
共阴极段选码	3F	06	5B	4F	66	6D	7D	07	7F
共阳极段选码	C0	F9	A4	B0	99	92	82	F8	80
显示字符	9	A	B	C	D	E	F	—	熄灭
共阴极段选码	6F	77	7C	39	5E	79	71	40	00
共阳极段选码	90	88	82	C6	A1	86	8E	BF	FF

（二）7 段码 LED 显示器的工作方式

LED 显示器有静态显示和动态显示两种方式。

1. 静态显示方式

所谓静态显示，就是当显示器显示某个字符时，相应的段（发光二极管）恒定地导通或截止，直到显示另一个字符为止。即每一个显示器的每位段选线（a～dp）分别与一个 8 位锁存器的输出口相连，显示器中的各位相互独立。LED 显示器工作于静态显示方式时，若采用共阴极 LED，则共端 COM 接地；若为共阳极，公共端 COM 则接＋5V 电源，如图 7-9 所示。

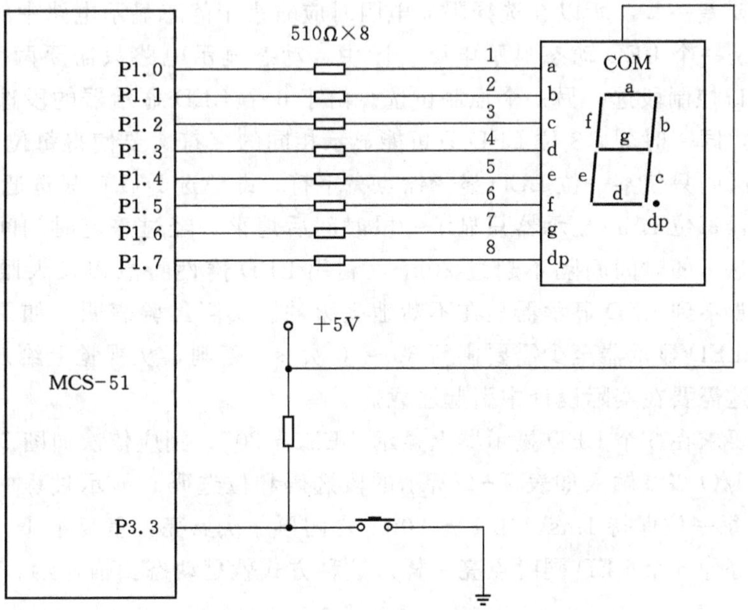

图 7-9　LED 静态显示接口电路

例如，若要在图 7-10 的 LED 显示器中显示字符 2，则把段选码 5BH 送往 P1 口输出。若该 LED 显示器采用共阴极接法，则将段选码 A4H 送往 P1 口输出；显示字符对应的段选码可通过查表 7-1 获得。

静态显示方式下，由于每一个 LED 显示器由一个 8 位输出口控制段选码，故在同一时间里每一位显示的字符可以各不相同，且显示器的亮度较高。这种静态显示方式编程容易，管理也较简单，占用 CPU 时间少，硬件电路开销大。在显示位数较少时，可采用静态显示方式。

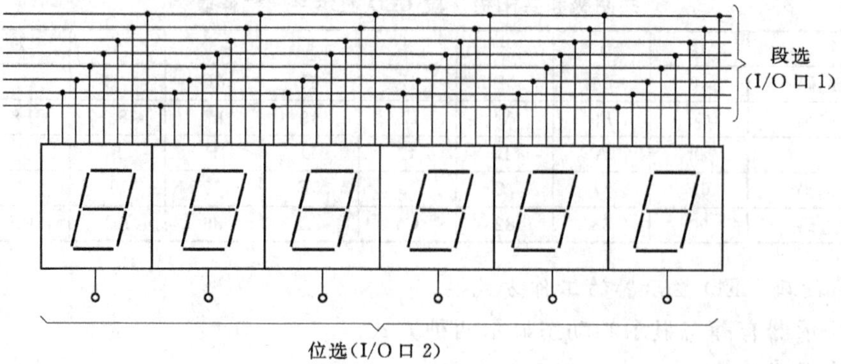

图 7-10 LED 动态显示接口电路

2. 动态显示方式

所谓动态扫描显示，就是 CPU 轮流向各位显示器送出字形码和相应的位选，利用发光管的余晖和人眼视觉暂留效应，使人感觉好像各位显示器同时都在显示。其特点是将所有 LED 显示器的段选线并联在一起，由位选线控制是哪一位显示器有效。动态显示的亮度比静态显示要差一些，所以在选择限流电阻时应略小于静态显示电路中的阻值。

图 7-11 是一个 LED 动态显示电路。图中，动态显示电路只需要两个 8 位 I/O 口，其中一个 I/O 口控制段选；另一个控制位选。由于 6 个 LED 显示器的段选码都由一个 I/O 控制，因此，同一时刻，8 位 LED 只可能显示相同的字符。要使得每位 LED 显示不同字符，则在一瞬间只使某一位 LED 显示器点亮字符，即位选 I/O 口只选通一位 LED 显示器。如此轮流，每位 LED 显示器只显示一段时间后熄灭，经过一定时间间隔后又重新点亮。如果每位显示的时间间隔不超过 20ms，利用 LED 惰性特点以及人眼的视觉暂留效应，人们是感觉不到 LED 显示器是在不断地亮灭的。实际经验表明，如果需要良好的视觉效果，每个 LED 显示器至少需要刷新 30～40 次/s，否则，从视觉上给人感觉到闪烁或者亮度不够，这需要在实际设计中引起注意。

例如，若要求在 6 个 LED 显示器上显示“EE0—20”，则应依次向图 7-10 的段选 I/O 口 1 和位选 I/O 口 2 输入如表 7-2 所示的段选码和位选码。显示过程中，逐位轮流点亮各个 LED，每一位保持 1ms，在 10～20ms 之内再一次点亮，重复不止。这样，利用人的视觉暂留，好像 6 个 LED 同时点亮一样。这种方式就是动态扫描显示。

表 7-2 动态扫描显示状态

段选码（字形码）	位选码	显示器显示状态					
3FH	1FH						0
5BH	2FH					2	
40H	37H				—		
3FH	3BH			0			
79H	3DH		E				
79H	3FH	E					

（三）LED显示器接口实例

图7－11是89C51利用P0和P1口控制6位共阴极LED动态显示的接口电路。图中，P0口输出段选码，P1口输出位选码，位选码占用输出口的线数决定于显示器位数。89C51的P1口正逻辑输出的位控与共阴极LED点亮所要求的低电平正好相反，即当P1口位控线输出高电平时，点亮一位LED。图中75452（或7406）是反相驱动器，7407是同相OC门，作段选码驱动器。

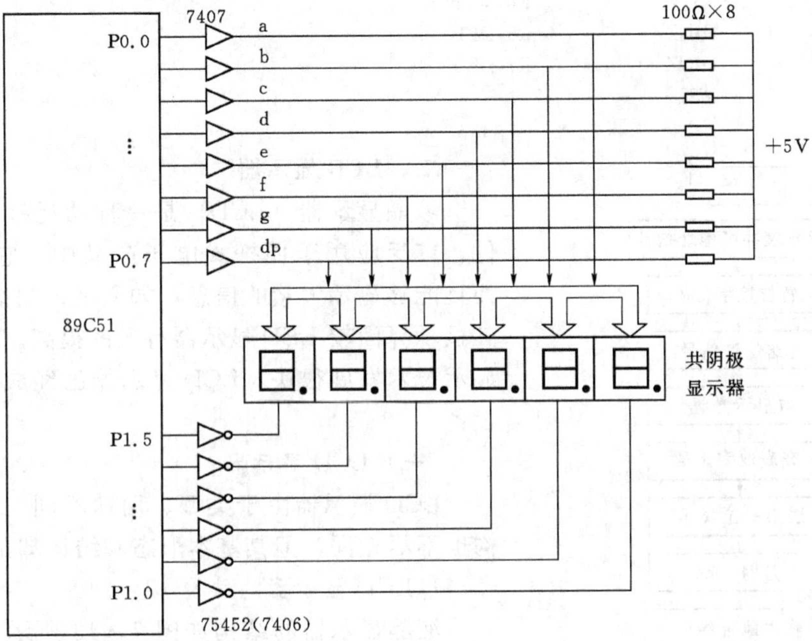

图7－11　6只LED动态显示接口

图7－12是扫描显示器流程图，其功能是将片内RAM 79H～7EH存储单元显示缓冲区的显示字符逐一送往6个LED显示器显示，每个字符显示时间约为1ms。

DIS显示子程序清单如下：

```
DIS:    MOV     R0,#7EH         ; 置显示缓冲区指针指向末地址
        MOV     R2,#01H         ; 置位控字,相应点亮最低位
        MOV     DPTR,#TAB
LP0:    MOV     A,R2            ; 字型代码表首地址→DPTR
        MOV     P1,A
        MOV     A,@R0           ; 取显示数据
        MOVC    A,@A+DPTR       ; 查表求显示字形代码
        MOV     P0,A            ; 送出显示
        ACALL   D1MS            ; 调延时子程序
        DEC     R0              ; 数据缓冲区地址减1
        MOV     A,R2
        JB      ACC.5,LP1       ; 是否扫描到最左面显示器?
        RL      A               ; 没有到,左移1位
        MOV     R2,A
```

```
        AJMP    LP0
LP1:    RET
TAB:    DB      3FH,06H,5BH,4FH,66H,6DH     ; 设置字符代码表
        DB      7DH,07H,7FH,6FH,77H,7CH
        DB      39H,5EH,79H,71H,40H,00H
D1MS:   MOV     R7,#02H                     ; 延时 1ms,假设晶振
                                            ; 频率为 12MHz
DL:     MOV     R6,#0F0H
DL1:    DJNZ    R6,DL1
        DJNZ    R7,DL
        RET
```

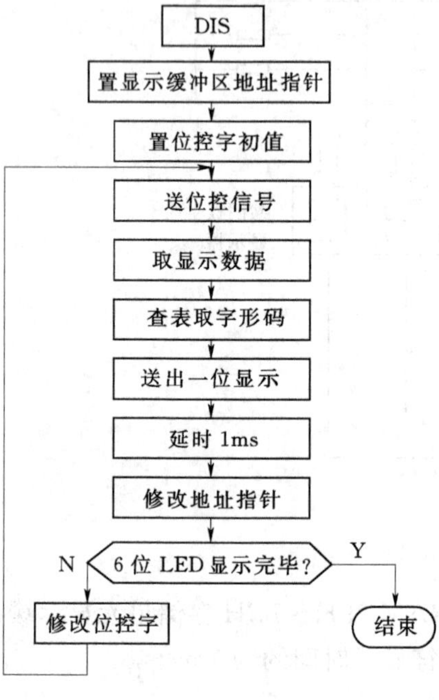

图 7-12　扫描显示子程序流程图

二、LCD 显示器

液晶显示器（LCD）是一种功耗极低的显示器件，广泛应用于便携式电子产品中，它不仅省电，而且能够显示大量的信息，如文字、曲线、图形等，其显示界面较 LED 显示器有质的提高。近年来液晶显示技术发展很快，LCD 显示器已经成为主流显示设备。

（一）LCD 显示器

LCD 显示器由于类型、用途不同，其性能、结构也不尽相同，但其基本形态和结构却是大同小异。

1. LCD 显示器的结构

液晶显示器的结构如图 7-13 所示。所有液晶显示器件都可以认为是将液晶置于两片电极基板（上电极基板和下电极基板）之间，靠两个电极间电场的驱动，引起液晶分子扭曲向列的电场效应，以控制光源透射或遮蔽功能，在电源开关之间产生明暗而将影像显示出来，若加上彩色滤光片，则可显示彩色影像。在两个玻璃基板上装有配向膜，所以液晶会沿着沟槽配向，由于玻璃基板配向膜沟槽配向偏离 90°，所以液晶分子成为扭转

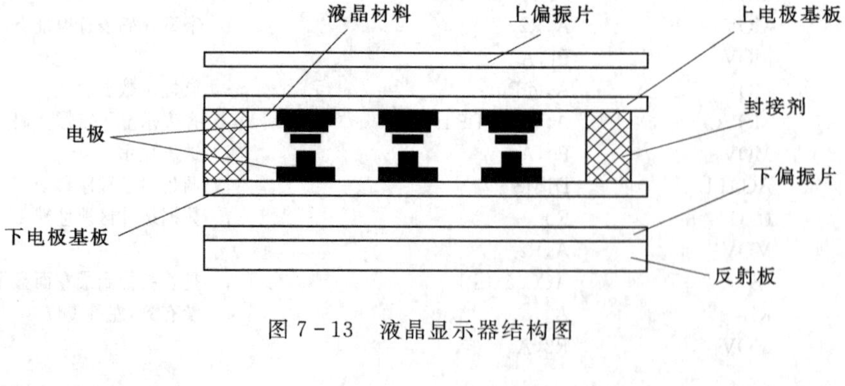

图 7-13　液晶显示器结构图

型，当电极基板没有加入电场时，光线透过偏光片跟着液晶作 90° 扭转，通过下偏振片，液晶面板显示白色；当电极基板加入电场时，液晶分子产生配列变化，光线通过液晶分子空隙维持原方向，被下偏振片遮蔽，光线被吸收无法透出，液晶面板显示黑色。液晶显示器便是根据电压有无，使面板达到显示效果。

2. LCD 显示器的特点

液晶显示器主要有以下显著特点：

(1) 低压微功耗：工作电压只有 3～5V，工作电流只有几个 $\mu A/cm^2$，因此它成为大多数便携式和手持仪器仪表的显示屏幕。

(2) 平板型结构：LCD 显示器内由两片平行玻璃组成的夹层盒，面积可大可小，且适合于大批量生产，安装时占用体积小，因此可减小设备体积。

(3) 被动显示：液晶本身不发光，而是靠调制外界光进行显示，因此适合人的视觉习惯，不会使人眼睛疲劳。

(4) 显示信息量大：LCD 显示器的像素可以做得很小，相同面积上可容纳更多信息。

(5) 易于彩色化。

(6) 没有电磁辐射：不产生电磁辐射，对环境无污染，有利于人体健康。

(7) 寿命长：LCD 器件本身无老化问题，寿命极长。

(二) 液晶显示模块 LCM (Liquid Crystal Display Module)

液晶显示器件是一种高新技术的基础元器件，虽然其应用已很广泛，但对很多人来说，使用、装配时仍感到困难。特别是点阵型液晶显示器件，使用者更是感到无从下手。特殊的连接方式和所需的专用设备并不是人人都了解，所以用户希望有这样的一个模块将液晶显示器件与控制、驱动集成电路安装在一起，形成一个功能部件。液晶显示模块 LCM 就是将液晶显示器件、连接件、集成电路、PCB 线路板、背光源、结构件装配在一起的商品化部件，它一般带有内部显示 RAM 和字符发生器，只要输入 ASCII 码就可以进行显示。

现在市面上供开发使用的常为液晶显示模块 LCM。在实际应用中，用户很少直接设计 LCD 显示器驱动接口，一般是直接使用专用的 LCD 显示驱动器和 LCD 显示模块 LCM 。

常用的 LCM 有以下几种。

1. 笔段型液晶模块

它只能显示数字和一些标识符号，大多应用在便携、袖珍设备上。由于这些设备体积小，所以尽可能不将显示部分设计成单独的显示组件。

2. 点阵字符液晶模块

它是由若干个 5×8 或 5×11 点阵块组成的字符块集，每一个字符块是一个字符位，每一位都可以显示一个字符，字符位之间空有一个点距的间隔起着字符间距和行距的作用；可显示字母、数字和符号，但显示不了图形，所以称其为字符型液晶显示模块。

3. 点阵图形液晶模块

它也是点阵模块的一种，其特点是点阵像素连续排列，行和列在排布中均没有空隔。因此可以显示连续、完整的图像。这类液晶显示器可广泛用于图形显示如游戏机、笔记本电脑和彩色电视等设备中。

（三）89C51与字符型液晶显示模块的接口

字符型液晶显示模块比较通用，而且接口格式也比较统一，其主要原因是各制造商所采用的模块控制器大都是HD44780U及其兼容品，它的操作指令及其形成的模块接口信号定义都是兼容的。所以，只要会使用一种字符型液晶显示模块，就会通晓所有的字符型液晶显示模块。

液晶显示模块由控制器，驱动器和接口三部分组成，如图7-14所示。

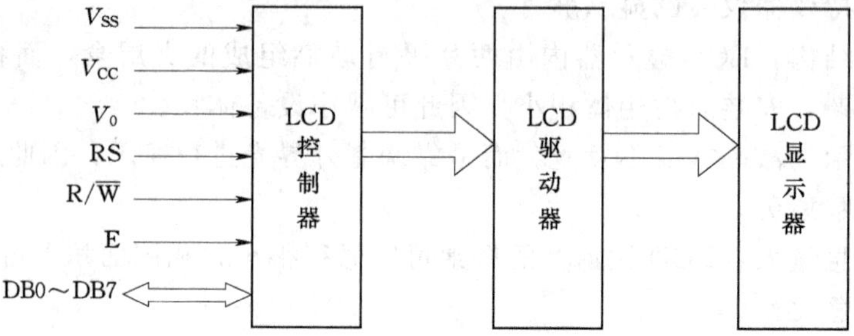

图7-14　LCM内部组成结构

控制器是LCM的核心，它由时序发生器电路、地址指针计数器AC、光标闪烁控制电路、字符发生器、显示存储器和复位电路组成。其功能是产生LCM内部的工作时钟，控制各功能电路的工作，包括全部功能逻辑电路工作状态的控制、字符发生器CGROM（存放192个5×7的点阵字符，只读不写）和CGRAM（存储特殊造型的造型码）的管理、存储器DDRAM（存放要LCD显示的数据）的显示等。

LCM的驱动器分具有液晶显示驱动能力和扩展驱动能力，由并/串数据转换电路、16路行驱动器和16位移位寄存器、40路列驱动器和40位锁存器、40位移位寄存器和液晶显示驱动信号输出和液晶显示驱动偏压等组成。

LCM的接口是LCM与计算机的接口，由I/O缓冲器、指令寄存器和译码器、数据寄存器、“忙”标志BF触发器等组成。

HD44780设有11条指令，用户对模块写入适当的控制命令，即可完成清屏、显示、地址设置等操作。例如，向显示模块的口地址中写入＃01H即可实现清显示器功能。指令表如表7-3所示。

表7-3　　HD44780 指 令 表

指令名称	控制信号		控制代码							
	RS	RW	D7	D6	D5	D4	D3	D2	D1	D0
清屏	0	0	0	0	0	0	0	0	0	1
归home位	0	0	0	0	0	0	0	0	1	*
输入方式设置	0	0	0	0	0	0	0	1	I/D	S
显示状态设置	0	0	0	0	0	0	1	D	C	B
光标画面滚动	0	0	0	0	0	1	S/C	R/L	*	*

续表

指令名称	控制信号		控制代码							
	RS	RW	D7	D6	D5	D4	D3	D2	D1	D0
功能设置	0	0	0	0	1	DL	N	F	*	*
CGRAM 地址设置	0	0	0	1	A5	A4	A3	A2	A1	A0
DDRAM 地址设置	0	0	1	A6	A5	A4	A3	A2	A1	A0
读 BF 和 AC	0	1	BF	AC6	AC5	AC4	AC3	AC2	AC1	AC0
写数据	1	0	数据							
读数据	1	1	数据							

单片机与字符型 LCD 显示模块的连接方法分为直接访问和间接访问两种，数据传输的形式可分为 8 位和 4 位两种。

1. 直接访问方式

直接访问方式是把字符型液晶显示模块作为存储器或 I/O 接口设备直接连到单片机总线上。图 7-15 给出了 89C51 以存储器访问方式与 HD44780 的接口电路。图中，数据端 DB0～DB7 直接与单片机的数据线相连，寄存器选择端 RS 信号和读写选择端 R/$\overline{W}$信号利用单片机的地址线控制。使能端 E 信号由$\overline{RD}$和$\overline{WR}$信号逻辑与非后产生，然后与高位地址线组成的“片选”信号选通控制。高 3 位地址线经译码输出打开了 E 信号的控制

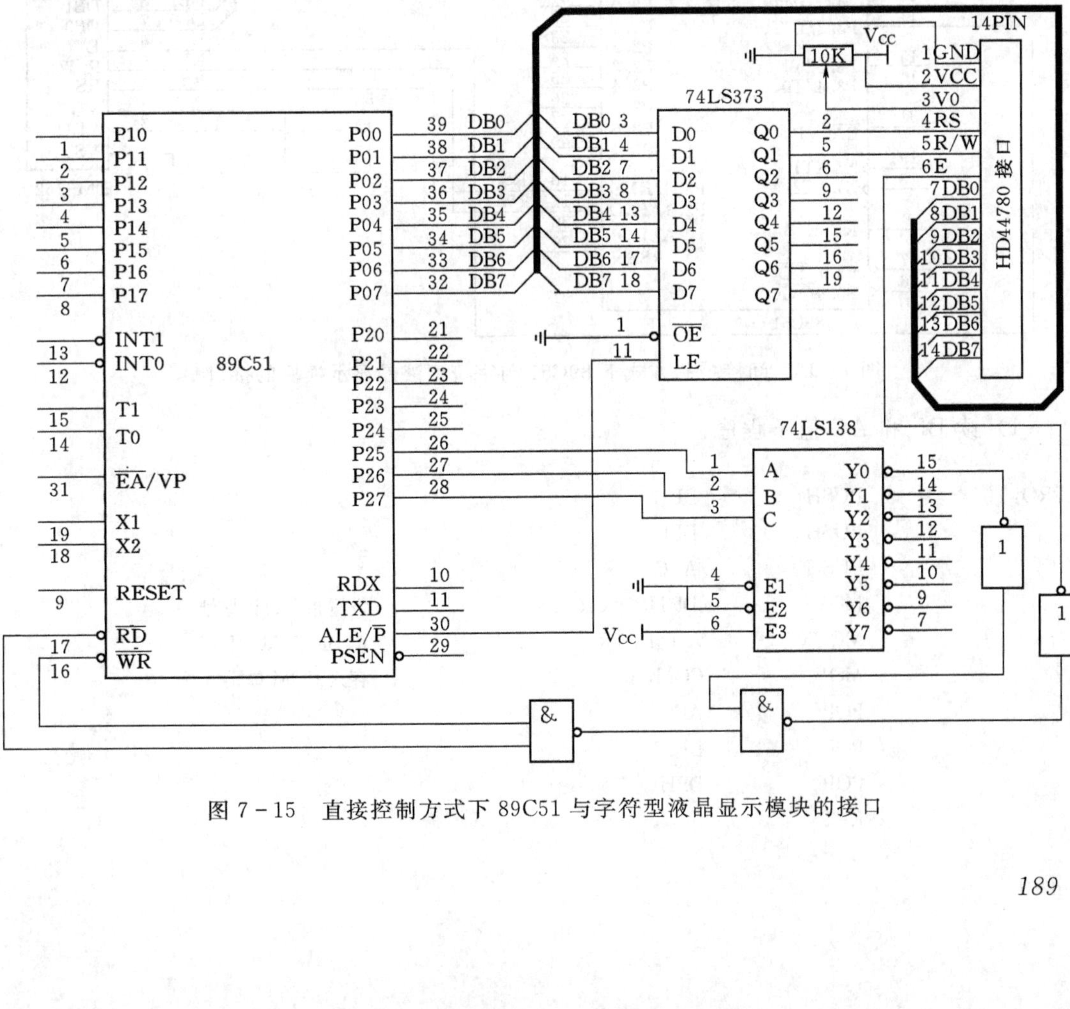

图 7-15　直接控制方式下 89C51 与字符型液晶显示模块的接口

门，接着$\overline{RD}$或$\overline{WR}$控制信号和 P0 口进行数据传输，实现对字符型 LCD 显示模块的每一次访问。

单片机对字符型 LCD 显示模块的操作是通过软件实现的。编程时要求单片机每一次访问都要先对“忙”标志 BF 进行识别，当 BF 为 0 时，即 HD44780 允许单片机访问时，再进行下一步操作。

在图 7－16 的电路下产生操作字符型液晶显示模块的各驱动子程序如下。

```
COM        EQU    20H       ;  指令寄存器
DAT        EQU    21H       ;  数据寄存器
CW _ Add   EQU    7FFCH     ;  指令口写地址
CR _ Add   EQU    7FFEH     ;  指令口读地址
DW _ Add   EQU    7FFDH     ;  数据口写地址
DR - Add   EQU    7FFFH     ;  数据口读地址
```

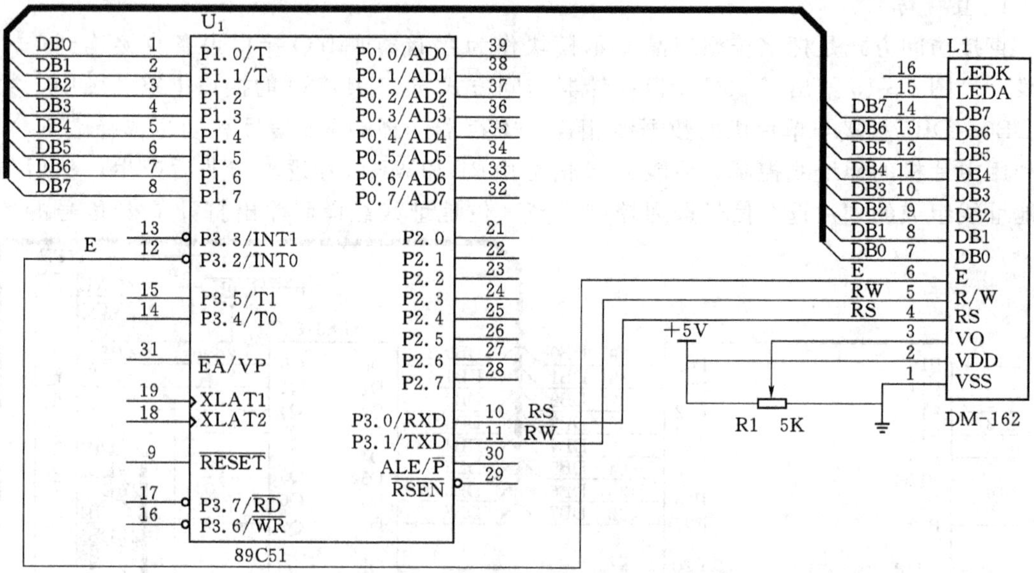

图 7－16 间接控制方式下 89C51 与字符型液晶显示模块的接口

(1) 读 BF 和 AC 值子程序。

```
PRO:    PUSH    DPH
        PUSH    DPL
        PUSH    ACC
        MOV     DPTR,#CR_Add        ;  设置指令口读地址
        MOVX    A,@DPTR             ;  读 BF 和 AC 值
        MOV     COM,A               ;  存入 COM 单元
        POP     ACC
        POP     DPL
        POP     DPH
        RET
```

（2）写指令代码子程序。

```
PR1:    PUSH    DPH
        PUSH    DPL
        PUSH    ACC
        MOV     DPTR,#CR_Add        ; 设置指令口读地址
PRll:   MOVX    A,@DPTR             ; 读 BF 和 AC 值
        JB      ACC.7,PRll          ; 判 BF=0? 是,继续
        MOV     A,COM               ; 取指令代码
        MOV     DPTR,#CW_Add        ; 设置指令口写地址
        MOVX    @DPTR,A             ; 写指令代码
        POP     ACC
        POP     DPL
        POP     DPH
        RET
```

（3）写显示数据子程序。

```
PR2:    PUSH    DPH
        PUSH    DPL
        PUSH    ACC
        MOV     DPTR,#CR_Add        ; 设置指令口读地址
PR21:   MOVX    A,@DPTR             ; 读 BF 和 AC 值
        JB      ACC.7,PR21          ; 判 BF=0? 是继续
        MOV     A,DAT               ; 取数据
        MOV     DPTR,# DW_Add       ; 设置数据口写地址
        MOVX    @DPTR,A             ; 写数据
        POP     ACC
        POP     DPL
        POP     DPH
        RET
```

（4）读显示数据子程序。

```
PR3:    PUSH    DPH
        PUSH    DPL
        PUSH    ACC
        MOV     DPTR,#CR_Add        ; 设置指令口读地址
PR31:   MOVX    A,@DPTR             ; 读 BF 和 AC 值
        JB      ACC.7,PR31          ; 判 BF=0? 是,继续
        MOV     DPTR,#DR_Add        ; 设置数据口读地址
        MOVX    A,@DPTR             ; 读数据
        MOV     DAT,A               ; 存入 DAT 单元
        POP     ACC
        POP     DPL
        POP     DPH
        RET
```

（5）初始化子程序。

```
INT:      MOV      A,#30H          ; 工作方式设置指令代码
          MOV      DPTR,#CW_Add    ; 指令口地址设置
          MOV      R2,#03H         ; 循环量=3
INT1:     MOVX     @DPTR,A         ; 写指令代码
          LCALL    DELAY           ; 调延时子程序
          DJNZ     R2,INT1
          MOV      A,#38H          ; 设置工作方式(8位总线)
          MOV      A,#28H          ; 设置工作方式(4位总线)
          MOVX     @DPTR,A
          MOV      COM,#28H        ; 以4位总线形式设置
          LCALL    PR1
          MOV      COM,#01H        ; 清屏
          LCALL    PR1
          MOV      COM,#06H        ; 设置输入方式
          LCALL    PR1
          MOV      COM,#OFH        ; 设置显示方式
          LCALL    PRI
          RET
DELAY:……                           ; 延时子程序
          RET
```

2. 间接访问方式

间接控制方式是计算机把字符型液晶显示模块作为终端与计算机的并行接口连接，计算机通过对该并行接口的间接操作，实现对字符型液晶显示模块的控制。图 7－17 是 89C51 单片机与 DM－162 液晶显示模块连接的实用接口电路。图中电位器为 V0 口提供可调的驱动电压，用以实现显示对比度的调节；DM－162 的 DB0～DB7 与 89C51 的 P1.0～P1.7 相连，E 端、R/$\overline{W}$端和 RS 端分别与单片机的 P3.2、P3.1 和 P3.0 引脚相连。

在写操作时，使能信号 E 的下降沿有效，所以在软件设置顺序上，先设置 RS，R/$\overline{W}$状态，再设置数据，然后产生 E 信号的脉冲，最后复位 RS 和 R/$\overline{W}$状态。在读操作时，使能信号 E 的高电平有效，所以在软件设置顺序上，先设置 RS 和 R/$\overline{W}$状态，再设置 E 信号为高，这时从数据口读取数据，然后将 E 信号置低，最后复位 RS 和 R/$\overline{W}$状态。间接控制方式通过软件执行产生操作时序，所以在时间上是足够满足要求的。因此，间接控制方式能够实现高速计算机与字符型液晶显示模块的连接。

程序设计主要包括三个操作：

（1）功能设置，即设计写命令子程序，主要是 LCD 初始化，如写清屏命令字、写 DDRAM 光标定位地址命令字等。

（2）显示数据，即设计写数据子程序。

（3）读入状态字，即设计读状态子程序。

由于液晶显示模块是一个慢显示器件，所以在执行每条指令之前，一定要确认模块的忙标志为低电平，表示不忙，否则此指令失效。显示字符时，首先应输入显示字符地址，

也就是告诉模块在哪里显示字符，然后再待显示字符的字符代码（ASCII码）。由于写入显示地址时要求最高位D7恒定为高电平1，因此，实际写入的地址是跟显示器的地址有差别的。如第二行显示第一个字符的地址是40H（01000000B），而实际写入的地址数据应该是C0H（11000000B）。

以下是在如图7-16所示的TM-162液晶模块的第二行第一个字符的位置显示字母“A”的程序：

```
RS          EQU      P3.0
RW          EQU      P3.1
E           EQU      P3.2
            ORG      0000H
            MOV      P1,#00000001B         ；清屏并光标复位
            ACALL    ENABLE                ；调用写入命令子程序
            MOV      P1,#00111000B         ；设置显示模式:8位
                                           ；2行5×7点阵
            ACALL    ENABLE                ；调用写入命令子程序
            MOV      P1,#00001111B         ；显示器开、光标开
                                           ；光标允许闪烁
            ACALL    ENABLE                ；调用写入命令子程序
            MOV      P1,#00000110B         ；文字不动,光标自动右移
            ACALL    ENABLE                ；调用写入命令子程序
            MOV      P1,#0C0H              ；写入显示起始地址第
                                           ；二行第一个位
            ACALL    ENABLE                ；调用写入命令子程序
            MOV      P1,#01000001B         ；字母A的代码
            SETB     RS                    ；RS=1
            CLR      RW                    ；RW=0准备写入数据
            CLR      E                     ；E=0执行显示命令
            ACALL    DELAY                 ；判断液晶模块是否忙?
            SETB     E                     ；显示完成,程序停车
            AJMP     $
ENABLE:     CLR      RS                    ；写入控制命令的子程序
            CLR      RW
            CLR      E
            ACALL    DELAY
            SETB     E
            RET
DELAY:      MOV      P1,#0FFH              ；判断液晶显示器是否忙子程序
            CLR      RS
            SETB     RW
            CLR      E
            NOP
            SETB     E
            JB       P1.7, DELAY           ；如果P1.7为高电平表示
                                           ；忙就循环等待
            RET
            END
```

说明：程序在开始时对液晶模块功能进行了初始化设置，约定了显示格式。注意显示字符时光标是自动右移的，无需人工干预，每次输入指令都先调用判断液晶模块是否忙的子程序 DELAY，然后输入显示位置的地址 0C0H，最后输入要显示的字符 A 的代码 41H。

（四）图形液晶显示模块及其接口

图形液晶显示器可显示汉字及复杂图形，广泛应用于游戏机、笔记本电脑和彩色电视等设备中。常用的图形液晶显示控制器有 SED1520，HD61202，T6963C，HD61830A/B，SED1330/1335/1336/E1330，MSM6255，CL-GD6245 等。各类液晶显示控制器的结构各异，指令系统也不同，但其控制过程基本相同。

在中规模图形式液晶显示模块中，内置 T6963C 控制器的液晶显示模块是目前较为常用的一种。该液晶显示模块由液晶显示控制器 T6963C 及其周边电路、行驱动器 T6A40 组、列驱动器 T6A39 组、液晶驱动偏压电路、显示存储器以及液晶屏组成，对外仅是一个 20 芯的双列扁平电缆接口。对于使用内置 T6963C 控制器的液晶显示模块的用户而言，用户无需了解 T6963C 对液晶屏的显示驱动、点阵扫描、显示存储器管理等操作，这一切都由 T6963C 自动进行。用户需要了解的是 T6963C 各种数据/指令格式、显示存储器的区间划分和接口引脚的功能定义。

1. 内置 T6963C 控制器的液晶显示模块的结构

（1）内部结构框图。内置 T6963C 的液晶显示模块已具备 T6963C 与行、列驱动器及显示缓冲区 RAM 的接口，数据传输方式、显示窗口长度、宽度等也可用硬件进行设置。图 7-17 是内置 T6963C 的单屏点阵图形液晶显示模块结构。

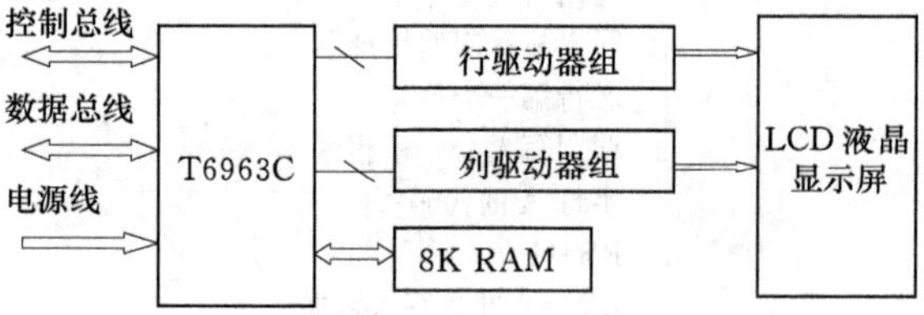

图 7-17 内置 T6963C 的点阵图形液晶显示模块原理图

（2）引脚说明。T6963C 的 QFP 封装共有 67 个引脚，以下只列出 T6963C 与 MPU 接口的引脚。

1）D0～D7：T6963C 与 MPU 接口的数据总线。

2）$\overline{RD}$，$\overline{WR}$：读、写选通信号，低电平有效。

3）$\overline{CE}$：T6963C 的片选信号，低电平有效。

4）C/D：通道选择信号，1 为指令通道，0 为数据通道。

5）RESET：RESET 为低电平有效的复位信号，它将行、列计数器和显示寄存器清零，关显示。

6）$\overline{HALT}$：具有 RESET 的基本功能，还可中止内部时钟振荡器的工作。

2. 控制指令

（1）T6963C 的状态字。内置 T6963C 的液晶显示模块的初始化设置一般由管脚设置完成，所以初始化时，由软件编写的指令主要集中在显示功能的设置上。每次操作之前最好先进行状态字检测。T6963C 的状态字如图 7-18 所示（STA7 是最高位、STA0 是最低位）：

这 7 个标志位各有各的应用场合，并非同时都有效。在计算机写命令或一次读/写数

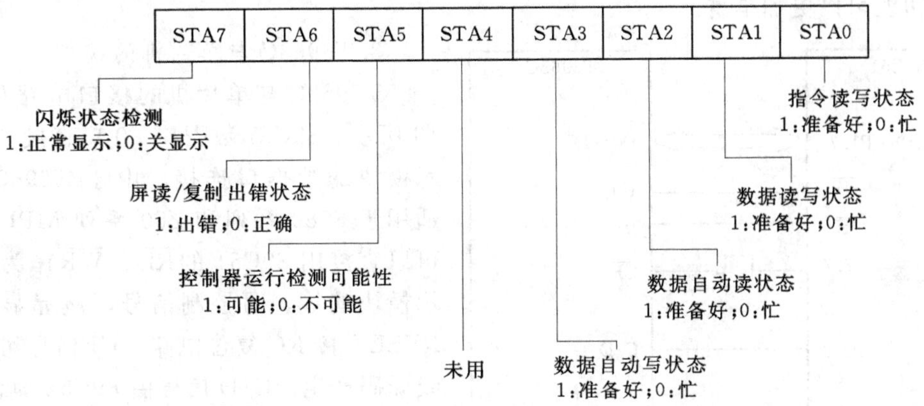

图 7-18 T6963C 的状态字

据时，STA0 和 STA1 要同时有效，即“准备好”状态；当 MPU 使用自动读/写功能时，STA2、STA3 将取代 STA0、STA1 作为“忙”标志位，此时 MPU 就要判别它是否有效；STA6 标志是考察 T6963C 屏读或屏拷贝指令执行情况的标志位；STA5 和 STA7 表示控制器内部运行状态，在 T6963C 的应用上一般不会使用它们。因此，在对 T6963C 进行每次操作之前都要进行“忙”判断，只有在状态标志指示为不“忙”时，计算机对 T6963C 的操作才有效。

(2) T6963C 的指令集。T6963C 模块的控制命令可带一个或两个参数，或无参数。每条命令的执行都是先送入参数（如果有的话），再送入命令代码。对 T6963C 模块的控制命令共有 10 条，其格式分别如表 7-4 所示：

表 7-4　　T6963C 控制命令指令集

指令名称	控制状态 C/D RD WR	指令代码 D7 D6 D5 D4 D3 D2 D1 D0	参数量	运行时间
读状态字	1 0 1	S7 S6 S5 S4 S3 S2 S1 S0	无	—
地址指针设置	1 1 0	0 0 1 0 0 N2 N1 N0	2	状态检测
显示区域设置	1 1 0	0 1 0 0 0 0 N1 N0	2	状态检测
显示方式设置	1 1 0	1 0 0 0 CG N2 N1 N0	无	32xl/Fosc
显示状态设置	1 1 0	1 0 0 1 N3 N2 N1 N0	无	32xl/Fosc
光标形状设置	1 1 0	1 1 0 0 0 N2 N1 N0	无	32xl/Fosc
数据自动读写设置	1 1 0	1 0 1 1 0 0 N1 N0	无	32xl/Fosc
数据一次读写设置	1 1 0	1 1 0 0 0 N2 N1 N0	无	32xl/Fosc
屏读（一字节）设置	1 1 0	1 1 1 0 0 0 0 0	无	状态检测
屏复制（一行）设置	1 1 0	1 1 1 0 1 0 0 0	无	状态检测
位操作	1 1 0	1 1 1 1 N3 N2 N1 N0	无	状态检测
数据写操作	0 1 0	数据	无	状态检测
数据写操作	0 0 1	数据	无	状态检测

其中 N3、N2、N1、N0 等为不同的二进制位，根据它们的不同组合，T6963C 模块

的控制功能可以更加丰富。

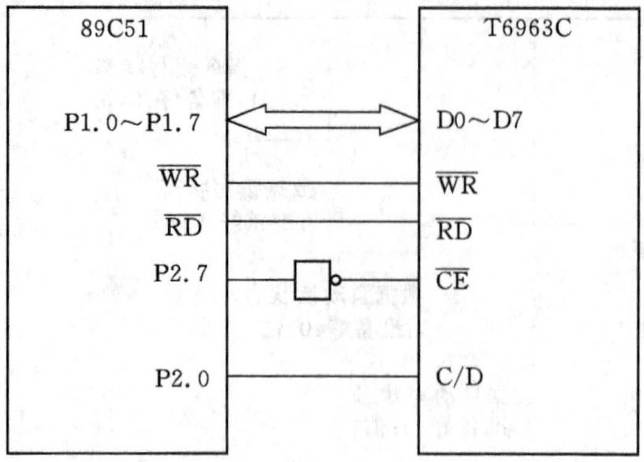

图 7-19 89C51 与 T6963C 的接口电路

3. T6963C 与单片机的接口

T6963C 与单片机的接口电路如图 7-19 所示。89C51 数据口 P0 口直接与液晶显示模块的数据口连接，由于 T6963C 接口适用于 8080 系列和 Z80 系列 MPU，所以可以直接用 89C51 的$\overline{RD}$、$\overline{WR}$作为液晶显示模块的读、写控制信号，液晶显示模块 RESET 接 RC 复位电路。$\overline{CE}$信号可由地址线译码产生。C/D 信号由 89C51 地址线 A8（P2.0）提供，A8＝1 为指令口地址；A8＝0 为数据口地址。

各驱动子程序如下：

```
DAT1      EQU     30H       ；第一参数单元
DAT2      EQU     31H       ；第二参数/数据单元
COM       EQU     32H       ；指令代码单元
C_ADD     EQU     8100H     ；指令通道地址
D_ADD     EQU     8000H     ；数据通道地址
```

（1）读状态字子程序。

```
占用寄存器：      DPTR,A;
输出寄存器：      A 存储标志字
R_ST：            MOV      DPTR,#C_ADD     ；设置指令通道地址
                  MOVX     A,@DPTR
                  RET
```

由此程序派生出判断有关标志位的子程序：

1）判状态位 STA1，STA0 子程序（读写指令和读写数据状态），在写指令的读、写数据之前这两个标志位必须同时为“1”。

```
ST01：    LCALL    R_ST
          JNB      ACC.0,ST01
          JNB      ACC.1,ST01
          RET
```

2）判状态位 STA2 子程序（数据自动读状态），该位在数据自动读操作过程中取代 STA0 和 STA1 有效。在连续读过程中每读一次之前都要确认 STA2＝1。

```
ST2：     LCALL    R_ST
          JNB      ACC.2,ST2
          RET
```

3）判状态位 STA3 子程序（数据自动写状态）

```
ST3:        LCALL       R_ST
            JNB         ACC.3,ST3
            RET
```

4）判状态位 STA6 子程序（屏读/屏复制状态）

```
ST6:        LCALL       R_ST
            JB          ACC.6,ERR
            RET
ERR:        LJMP        ST6             ；出错处理程序
```

（2）写指令和写数据子程序。

```
PR1:        LCALL       ST01            ；双字节参数指令写入入口
            MOV         A,DAT1          ；取第一参数单元数据
            LCALL       PR13            ；写入参数
PR11:       LCALL       ST01            ；单字节参数指令写入入口
            MOV         A,DAT2          ；取第二参数单元数据
            LCALL       PR13            ；写入参数
PR12:       LCALL       ST01            ；无参数指令写入入口
            MOV         A,COM           ；取指令代码单元数据
            LJMP        PR14            ；写入指令代码
PR13:       MOV         DPTR,#D_ADD     ；设置数据通道地址/数据
                                        ；写入口
PR14:       MOVX        @DPTR,A         ；写入操作
            RET
```

此程序是通用程序，当写入单参数指令时，应把参数或数据送入 DAT2 内，其子程序入口为 PR11。无参数指令写入子程序入口为 PR12。

（3）读数据子程序。

```
PR2:        LCALL       ST01            ；判状态位
            MOV         DPTR,#D_ADD     ；设置数据通道地址
            MOVX        A,@DPTR         ；读数据操作
            MOV         DAT2,A          ；数据存入第二参数/数据单元
            RET
```

第三节　A/D 转换器接口

当单片机用于测控系统时，总是需要测量对象的一些参数，在绝大多数的情况下，从

外界获取的信号通常为模拟信号，因此有必要将这些信息从模拟型转化为数字形，A/D转换器就充当这一重要的角色。

一、ADC（A/D Converter）概述

（一）ADC的性能指标

1. 分辨率

ADC的分辨率是指当输出数字量变化一个相邻数码时，其对应输入模拟量的变化值。可表示为满刻度电压值与2^n的比值，其中n为ADC的位数。例如，10V满刻度的12位ADC能分辨输入电压变化最小值是$10V \times 1/2^{12} = 2.4mV$。

通常用芯片的位数来衡量分辨率的高低：3～8位的为低分辨率；9～12位的为中分辨率，中分辨率还包括BCD3和BCD3位半；13位以上称为高分辨率，高分辨率还包括BCD4和BCD4位半。

2. 量化误差

ADC把模拟量变为数字量，用数字量近似表示模拟量，这个过程称为量化。量化误差是因ADC的有限数字量位数对模拟量进行量化引起的误差。实际上，要准确表示模拟量，ADC的位数需很大甚至无穷大。一个分辨率有限的ADC的阶梯状转换特性曲线与具有无限分辨率的ADC转换特性曲线（直线）之间的最大偏差即是量化误差。

3. 满刻度误差

满刻度误差又称为增益误差，它是指输出数字量满刻度时，对应的实际输入电压与理想输入电压之差值。

4. 线性度

线性度有时又称为非线性度，它是指转换器实际的转换特性与理想直线的最大偏差。

5. 偏移误差

偏移误差是指输入信号为零时，输出信号不为零的值，所以有时又称为零值误差。假定ADC没有非线性误差，则其转换特性曲线各阶梯中点的连线必定是直线，这条直线与横轴相交点所对应的输入电压值就是偏移误差。

6. 绝对精度

在一个转换器中，任何输出数字量所对应的实际模拟量输入与理论模拟输入之差的最大值，称为绝对精度。对于ADC而言，绝对精度包括了所有的误差。

7. 转换速率

ADC的转换速率是指能够重复进行数据转换的速度，即每秒转换的次数。而完成一次A/D转换所需的时间（包括稳定时间），则是转换速率的倒数。

根据转换速率的不同，ADC可分为低速、中速和高速三种。

转换速率越快，采样频率越高，采集的数据就越多，误差也就越小。

（二）ADC的分类

按ADC接口分类，ADC可分为并行输出ADC和串行输出ADC。近年来，串行输出的A/D芯片由于节省单片机的I/O口线，越来越多地被采用，如具有SPI三线接口的TLC1549、TLC1543、TLC2543、MAX187以及具有2线I^2C接口的MAX127、PCF8591（4路8位A/D，还含1路8位D/A）等。

按转换方法分类，A/D 转换电路的种类有：双积分型、逐次逼近型、计数比较型、Σ－Δ 调制型、电容阵列逐次比较型及压频变换型等。逐次逼近式 A/D 转换是最常用的 A/D 转换方法，在精度、速度和价格上都适中，中速的 ADC 常常采用这种方法；双积分式 ADC 具有精度高、抗干扰性好、价格低廉等优点，但转换速度低。

1. 逐次逼近式 A/D 转换原理

逐次逼近式 ADC 如图 7－20 所示，由五部分组成，即逐次逼近寄存器 SAR、D/A 转换器、电压比较器、输出缓冲器及时序与控制逻辑电路。转换电压由 V_{IN}端输入，启动转换信号由 START 端输入。转换开始后，首先由控制逻辑电路将逐次逼近寄存器 SAR 的最高位置 1，其余位清 0。然后将该假定数据送 D/A 转换器转换成模拟电压 V_A，并与输入的电压信号一起送电压比较器进行比较。如果 $V_{IN}<V_A$，则说明将 SAR 的最高位置 1 不合适，应清 0；如果 $V_{IN}\geqslant V_A$，则说明 SAR 的最高位置 1 合适，应保留。然后，再把 SAR 的次高位置 1，重复上述的转换、比较、判断决定该位置 1 还是清 0。上述过程反复进行，直到确定了 SAR 的最低位时为止。这样 SAR 中的数就是 V_{IN}所转换成的二进制数。最后将 SAR 中的数送入输出缓冲器，准备输出。在转换过程中控制逻辑电路输出“忙”（BUSY）信号，转换结束后输出 DONE 信号，即完成了一次转换。

从整个工作过程的分析中可以看出，整个过程就是一个逐次比较逼近的过程，所以这种转换方式称作逐次逼近式。

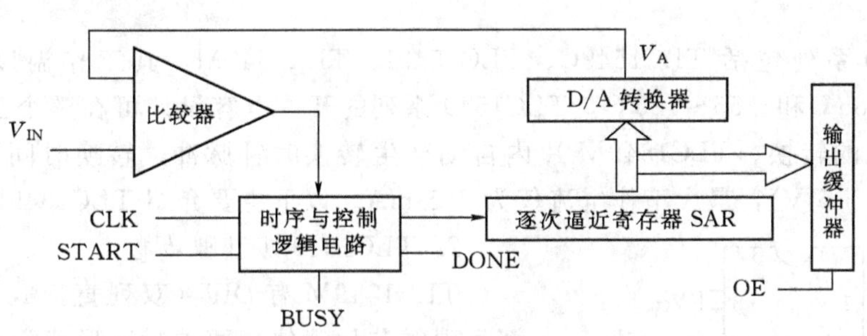

图 7－20　逐次逼近 ADC 逻辑框图

2. 双积分式 A/D 转换原理

双积分式 ADC 是一种间接 A/D 转换器。间接 A/D 转换器是先将模拟信号电压变换为相应的某种形式的中间信号（如变为时间、频率等），然后再将这个中间信号变换为二进制代码输出。目前，采用的最多的是电压－时间（V－T）变换型间接 A/D 转换器。图 7－21 和图 7－22 分别为双积分 A/D 转换组成框图和原理图。它由积分器、过零比较器、脉冲信号源及控制逻辑电路组成。双积分式 A/D 转换方法的基础是测量两个时间，一个是输入模拟电压向电容充电的固定时间；另一个是在已知参考电压下电容放电所需的时间。输入模拟电压与参考电压的比值就等于上述两个时间之比。

二、单通道串行输出 A/D 芯片 TLC1549 接口技术

（一）TLC1549 概述

1. TLC1549 特性

TLC1549 系列是美国德州仪器公司生产的逐次逼近型 10 位 A/D 转换器。该系列

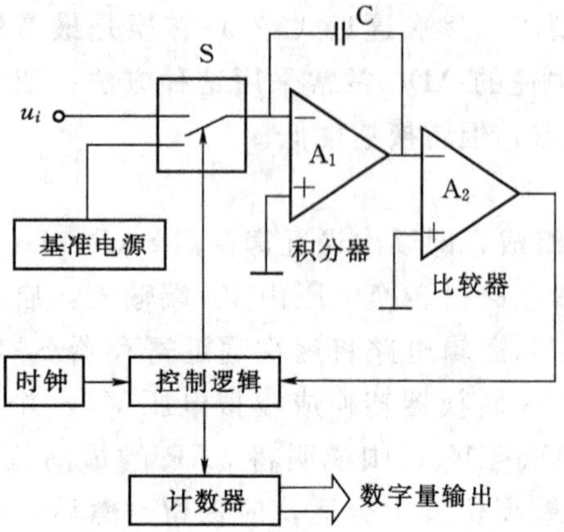

图 7-21 双积分式 A/D 转换器组成框图

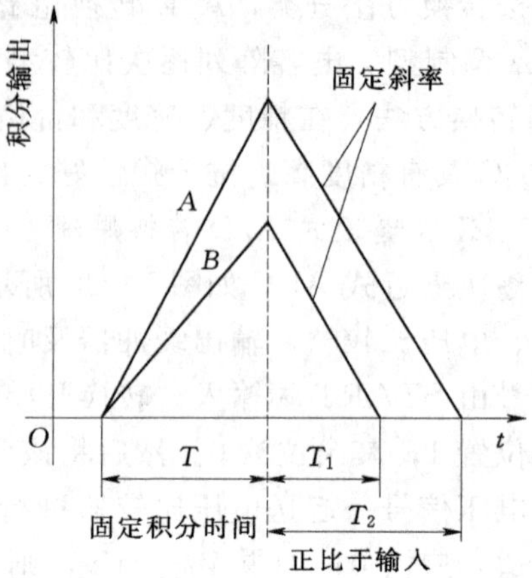

图 7-22 双积分式 A/D 转换器原理图

提供了与主处理器串行端口的 3 线接口，分别是片选（$\overline{CS}$）、输入/输出时钟（I/O CLOCK）和数据输出（DATA OUT）。TLC1549 系列采用 CMOS 工艺，其功耗较低，具有自动采样保持、可按比例量程校准转换范围、抗噪声干扰等功能，而且开关电容设计使在满刻度时总误差最大仅为±1 LSB（4.8 mV），因此广泛应用于模拟量和数字量的转换电路。

TLC1549 系列包括 TLC1549C、TLC1549I、TLC1549M。其工作温度分别为 0～70℃、－40～85℃和－55～125℃。TLC1549 系列的开关电容设计可在整个工作温度范围内实现低误差的转换。TLC1549M 片内自动产生转换时钟脉冲，转换时间不大于 21μs，单电源供电（+5 V），最大工作电流仅为 2.5 mA。以下主要介绍 TLC1549M。

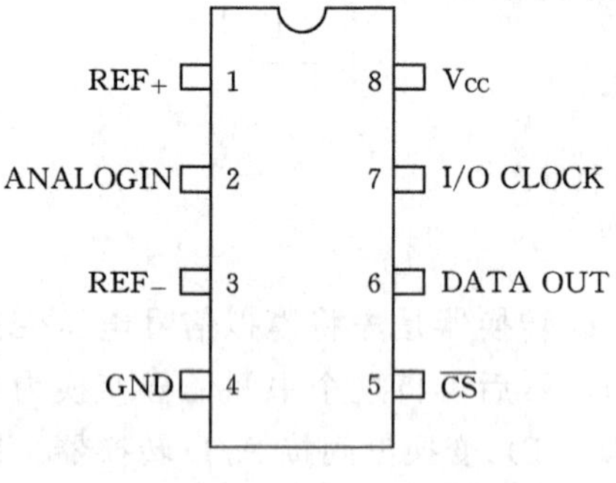

图 7-23 TLC1549M DIP 封装的引脚

2. TLC1549M 引脚功能

TLC1549M 有 DIP（双列直插式）和 FK（陶瓷无引线芯片载体）两种封装形式。其中，DIP 封装的引脚排列如图 7-23 所示。引脚功能如下：

$\overline{CS}$：片选，低电平有效。

ANALOG IN：模拟信号输入端，驱动源阻抗应不大于 1kΩ。接至 ANALOG IN 的外部驱动源应具有≥10mA 的电流驱动能力。

I/O CLOCK：I/O 时钟，下降沿输出数据，最大频率可达 2.1MHz。

DATA OUT：转换后的数字信号输出，$\overline{CS}$=1 时，呈现高阻；$\overline{CS}$=0 时，在时钟作用下将数据由高到低依次输出。

REF+：参考电源高端，通常接 $+V_{CC}$。

REF−：参考电源低端，通常接 GND。

V_{CC}：正电源（$4.5V \leqslant V_{CC} \leqslant 5.5V$），通常取 5V。

GND：接地端。除非另有说明，所有电压测量值均相对于 GND 而言。

(二) TLC1549 的工作原理

1. TLC1549 的工作方式

TLC1549 有 6 种工作方式，如表 7-5 所示。其中方式 1 和方式 3 属同一类型，方式 2 和方式 4 属同一类型。一般来说，时钟频率 I/O CLOCK 高于 280kHz 时，可认为是快速工作方式；低于 280 kHz 时，可认为是慢速工作方式。因此，如果不考虑 I/O CLOCK 周期大小，方式 5 与方式 3 相同，方式 6 与方式 4 相同。

表 7-5　TLC1549 的 6 种工作方式

工作方式		$\overline{CS}$ 状态	I/O 时钟个数	DATA OUT 输出 MSB 时刻
快速方式	方式 1	转换周期之间为高电平	10	$\overline{CS}$下降沿
	方式 2	持续低电平	10	21μs 以内
	方式 3	转换周期之间为高电平	11～16	$\overline{CS}$下降沿
	方式 4	持续低电平	16	21μs 以内
慢速方式	方式 5	转换周期之间为高电平	11～16	$\overline{CS}$下降沿
	方式 6	持续低电平	16	第 16 个时钟的下降沿

2. TLC1549 的时序

方式 1 为经典工作方式，下面仅对工作方式 1 作详细介绍，其工作时序如图 7-24 所示。

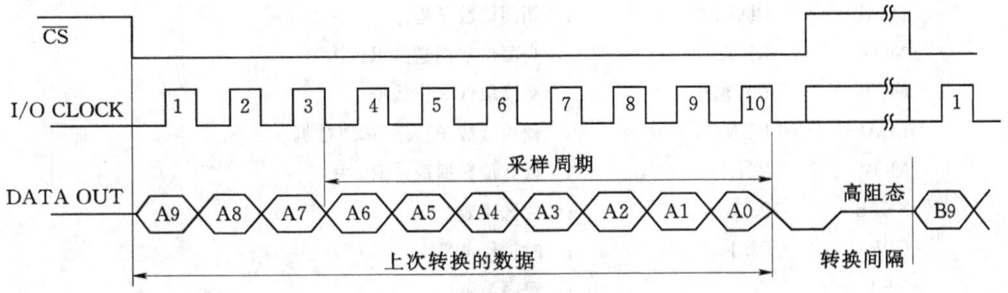

图 7-24　方式 1 工作时序

在芯片选择$\overline{CS}$无效情况下，I/O CLOCK 被禁止，DATA OUT 处于高阻状态。

当$\overline{CS}$有效时，转换时序开始，允许 I/O CLOCK 工作，并使 DATA OUT 脱离高阻状态。

TLC1549 的 I/O CLOCK 可由单片机产生。在$\overline{CS}$的下降沿时刻，前次转换的 MSB 出现在 DATA OUT 引脚，供单片机接收。如果连续进行 A/D 转换，TLC1549 能在前次转换结果输出的过程中，同时完成本次转换的采样。如果 I/O CLOCK 的时钟频率为 2.1MHz，则完成一次 A/D 转换的时间大约为 26μs。如果采用连续模拟信号进行采样转换，其转换速率则更高。

方式 3 和方式 1 相比较，所不同的是在第 10 个脉冲之后，I/O CLOCK 再产生 1～6 个脉冲，$\overline{CS}$开始无效。这几个脉冲只要仍在转换时间间隔内，就不影响数据输出。这样工作方式为单片机的操作控制和编程提供了便利条件。

方式 2 的$\overline{CS}$一直保持低电平有效，且在转换时间间隔（21μs）内，I/O CLOCK 保持低电平。这时，DATA OUT 也为低电平。转换时间间隔结束后，转换结果的最高位自动输出。

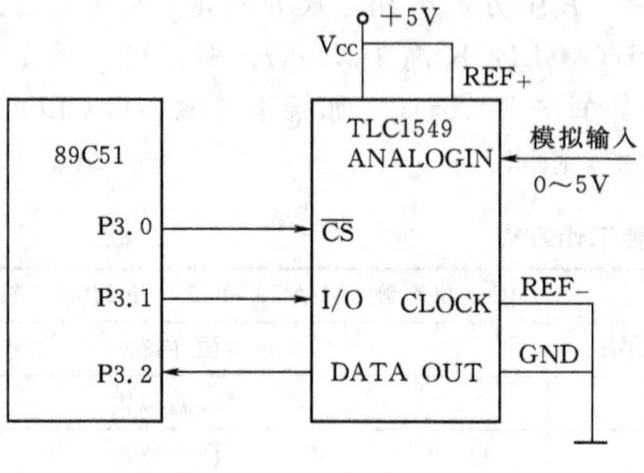

图 7-25 TLC1549M 与 89C51 的接口电路

方式 4 与方式 2 相比较，是在转换时间间隔内再产生 1～6 个脉冲，并不影响数据输出。

（三）TLC1549 与 89C51 单片机接口

1. 硬件连接

TLC1549M 与 89C51 的 SPI 接口电路如图 7-25 所示。89C51 单片机的 P3.0 和 P3.1 引脚分别与 TLC1549 的 $\overline{CS}$ 和 I/O CLOCK 相连，TLC1549 的 DATAOUT 端输出的二进制数由单片机的 P3.2 读入，Vcc 与 REF_+ 接+5V，模拟输入电压为 0～5V。

2. 软件编程

89C51 读取 TLC1549 中 10 位数据程序如下：

```
          ORG     0050H
R1549:    CLR     P3.0        ；片选有效，选中 TLC1549
          MOV     R0,#2       ；要读取高两位数据
          LCALL   RDATA       ；调用读数子程序
          MOV     R1,A        ；高两位数据送到 R1 中
          MOV     R0,#8       ；要读取低 8 位数据
          LCALL   RDATA       ；调用读数子程序，读取数据
          MOV     R2,A        ；低 8 位数据送入 R2 中
          SETB    P3.0        ；片选无效
          CLR     P3.1        ；时钟低电平
          RET                 ；程序结束
RDATA:    CLR     P3.1        ；时钟低电平
          MOV     C,P3.2      ；数据送进位位 CY
          RLC     A           ；数据送累加器 A
          SETB    P3.1        ；时钟变高电平
          DJNZ    R0,RDATA    ；读数结束了吗
          RET                 ；子程序结束
```

三、并行输出 A/D 芯片 ADC0809 接口技术

（一）ADC0809 概述

ADC0809 是采用 CMOS 工艺制成的 8 位逐次逼近式 A/D 转换器，可实现对 8 路模拟信号分时进行 A/D 转换，转换时间约为 100μs。其内部具备三态锁存输出，因而输出数字量可直接与单片机 I/O 口相连。其功耗较低，约为 15mW，可用单一电源供电，此时模拟电压输入范围为 0～5V，无需调零和满刻度调整。

1. ADC0809 引脚功能

ADC0809 芯片为 28 引脚 DIP 封装，其引脚排列如图 7－26（a）所示。

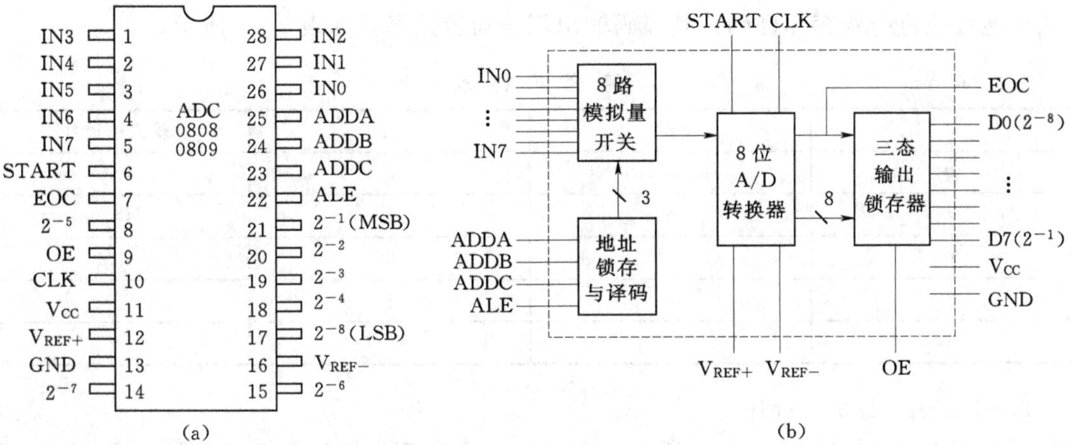

图 7－26　ADC0809 结构

（a）ADC0809 引脚；（b）ADC0809 内部逻辑结构

对 ADC0809 主要信号引脚的功能说明如下：

（1）IN7～IN0：模拟量输入通道。ADC0809 对输入模拟量的要求主要有：信号单极性，电压范围 0～5V，若信号过小还需进行放大。另外，模拟量输入在 A/D 转换过程中其值不应变化太快，因此对变化速度快的模拟量，在输入前应增加采样保持电路。

（2）ADDA、ADDB、ADDC（以下简称 A、B、C）：地址线。A 为低位地址，C 为高位地址，用于对模拟通道进行选择，其地址状态与通道相对应关系见表 7－6。

（3）ALE：地址锁存允许信号。ALE 上跳沿时，A、B、C 地址状态送入地址锁存器中，并经译码器得到地址输出，以选择相应的模拟输入通道。

（4）START：转换启动信号。

（5）D7～D0：数据输出线。

为三态缓冲输出形式，可以和单片机的数据线直接相连。

（6）OE：输出允许信号。用于控制三态输出锁存器向单片机输出转换得到的数据。OE＝0，输出数据线呈高电阻；OE＝1，输出转换得到的数据。

（7）CLK：时钟信号。ADC0809 的内部没有时钟电路，所需时钟信号由外界提供，因此有时钟信号引脚。通常使用频率为 500kHz 的时钟信号，最高允许值为 640kHz。

（8）EOC：转换结束状态信号。EOC＝0，正在进行转换；EOC↑，转换结束。该状态信号既可作为查询的状态标志，又可以作为中断请求信号使用。

（9）Vcc：电源电压。由于是 CMOS 芯片，允许的电压范围较宽，可以使＋5～＋15V。

（10）V_{REF}：参考电源。参考电压用来与输入的模拟信号进行比较，作为逐次逼近的基准。其典型值 VREF＋＝＋5V，VREF－＝0V。

2. ADC0809 内部逻辑结构

ADC0809 内部逻辑结构如图 7－27（b）所示。图中多路开关可选通 8 个模拟通道，允许 8 路模拟量分时输入，共用一个 ADC 进行转换。地址锁存与译码电路完成对 A、B、C 三个地址位进行锁存和译码，其译码输出用于通道选择，如表 7－6 所示。

表 7－6 通道选择表

C	B	A	输入通道号
0	0	0	IN0
1	0	0	IN1
0	1	0	IN2
⋮	⋮	⋮	⋮
1	1	1	IN7

3. ADC0809 的工作时序

ADC0809 的时序如图 7－27 所示。在 ALE＝1 期间，模拟开关的地址（A、B 和 C）存入地址锁存器；ALE 下降沿时地址被锁存。输入启动信号 START 的上升沿复位 ADC0809，下降沿启动 A/D 转换。EOC 为输出的转换结束信号，正在转换时为 0，转换结束后为 1。OE 为输出允许控制端，在转换完成后用来打开输出三态门，以便 ADC0809 输出转换结果。

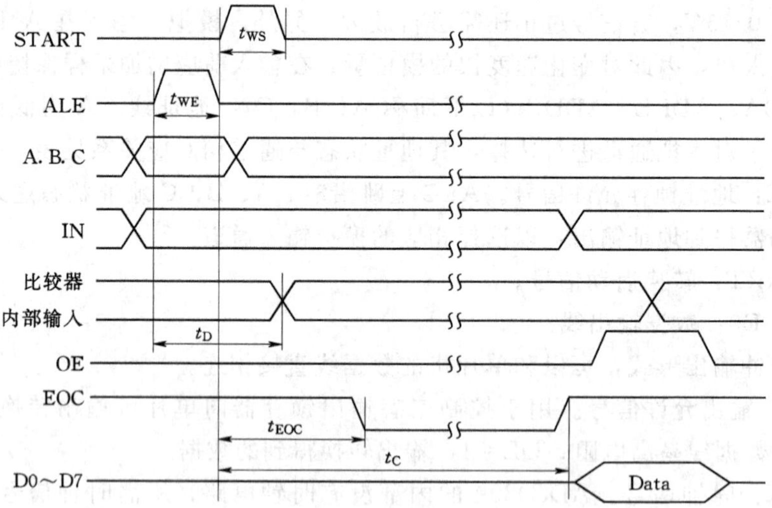

图 7－27 ADC0809 的时序图

其中：t_{WS}为最小启动脉宽，典型值为 100ns，最大值为 200ns；t_{WE}为最小 ALE 脉宽，典型值为 100ns，最大值为 200ns；t_D 为模拟开关延时，典型值为 1μs，最大值为 2.5μs；t_C 为转换时间，当 f_{clk}＝640kHz 时，典型值为 100μs，最大值为 116μs；t_{EOC}为转换结束延时，最大值为 8 个时钟周期＋2μs。

（二）ADC0809 与 89C51 单片机接口

图 7－29 和图 7－30 为 ADC0809 与 89C51 的接口电路图，其中图 7－29 为 89C51 采

用软件延时法等待 ACD0809 转换结束，图 7-30 为 89C51 采用中断方式读取 A/D 转换结果。

1. 地址线与数据线的连接

ADC0809 的内部输出电路有三态缓冲器，所以其 8 位输出数据线可以直接和 89C51 的 P0 口相连。通道地址选择信号 ADDA～ADDC 可连接至地址线或数据线（图 7-29 和图 7-30 中连接至地址线 A0、A1 和 A2）。

2. 时钟信号的连接

ADC0809 必须外接时钟。图 7-29 和图 7-30 电路中借用 89C51 的 ALE 输出信号。若 89C51 晶振频率太高，则需对 ALE 输出脉冲进行分频。如晶振采用 12MHz 时，ALE 频率为 2MHz，经 4 分频后为 500kHz，才能与 ADC0809 的 CLK 时钟端相连。

3. 控制信号的连接

由于 ADC0809 的 ALE 和 START 均为正脉冲有效，而且基本同步，所以可由 89C51 的 P2.7 和 $\overline{WR}$ 或非而成。同理，OE 信号也可以由 89C51 的 P2.7 和 $\overline{RD}$ 或非而成。

4. ADC0809 的编程步骤

（1）初始化。用来设置 ADC0809 的 IN0～IN7 通道地址，并设置存放转换结果的首单元地址和通道数。

（2）启动 ADC0809。先送通道号地址到 ADDA～ADDC，由 ALE 锁存通道号地址；再让 START 有效启动 A/D 转换，若采用图 7-29 和图 7-30 接口电路，执行一条“MOVX @DPTR，A”指令，即可使 ALE、START 有效，锁存通道号并启动 A/D 转换。

（3）判断 A/D 转换是否结束。单片机要知道 ADC0809 转换是否结束，可通过三种方式：延时等待、查询和中断。

（4）读转换结果。A/D 转换完成后，89C51 执行“MOVX A，@DPTR”指令产生 $\overline{RD}$ 信号，使 OE 端有效，打开锁存器三态门，8 位数据就读入到单片机中。

5. ADC0809 转换结束的判断方法

（1）软件延时法。指用软件延时等待一次 A/D 转换结束。延时时间取决于通过计算和调试而获得的 ADC 完成一次转换所需要的时间。

【例 7-1】 采用延时等待 A/D 转换结束方式，分别对 8 路模拟信号轮流采样一次，并依次把结果存入数据存储器。由图 7-28 可知，ADC0809 作为外扩的并行 I/O 口，由 P2.7 和 $\overline{WR}$ 同时有效来启动 A/D 转换。通道选择端 A、B、C 分别与地址线 A0、A1、A2 相连，因此可判断 ADC0809 八个模拟通道地址为 7FF8H～7FFFH。程序中，DELAY 为延时 110μs 的子程序，可采用循环程序完成。

```
        ORG     0000H
MAIN:   MOV     R1,#20H
        MOV     DPTR,#7FF8H         ; 指向通道 0 地址
        MOV     R7,#08H             ; 共需转换 8 个通道
LOOP:   MOVX    @DPTR,A             ; 启动 A/D 转换
```

```
        LCALL       DELAY           ；延时110μs等待A/D转
                                    ；换结束
        MOVX        A,@DPTR         ；读入A/D转换值并存入内存
        MOV         @R1,A
        INC         DPTR            ；指向下一通道地址
        INC         R1
        DJNZ        R7,LOOP         ；8个通道未转换完,则继续。
                    …
```

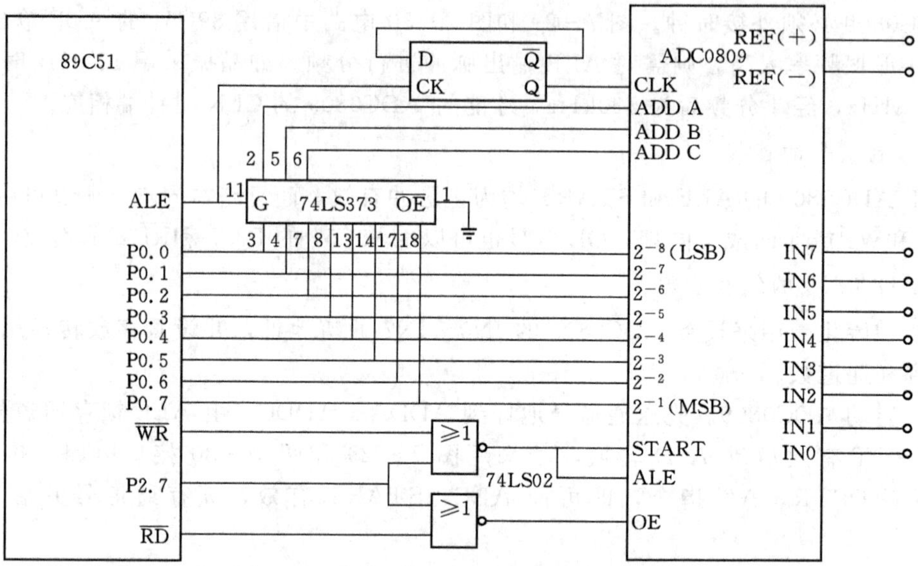

图 7-28 ADC0809 与 89C51 连接图

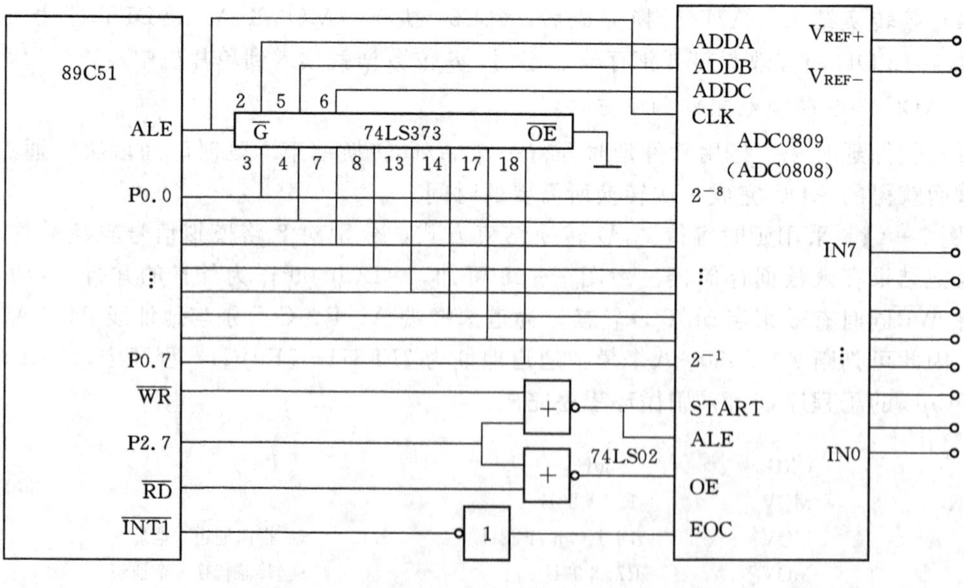

图 7-29 ADC0809 与 89C51 中断方式连接图

(2) 中断法。利用 EOC 作为向 89C51 申请中断的信号。在主程序中启动 A/D 转换，当 A/D 转换结束后，EOC 向 CPU 发出中断请求，若中断被响应，CPU 在中断服务程序中读取转换结果。

ADC0809 与 89C51 中断方式连接图接口电路如图 7－29 所示。A/D 转换结束信号 EOC 经反相后接 89C51 的外部中断 1 引脚。

【例 7－2】 采集 8 路模拟量，并存入 20H 地址开始的内部 RAM 中。

程序如下：

```
        ORG     0000H
        SJMP    MAIN
        ORG     0003H           ；外部中断 0 入口地址
        LJMP    INTD
        ORG     0100H           ；数据采集子程序
MAIN：  MOV     R0,#20H         ；数据缓冲区首址
        MOV     R2,#8           ；8 通道计数器
        MOV     DPTR,#7FF8H     ；指向 0 通道
START： CLR     F0              ；清中断发生标志
        MOVX    @DPTR,A         ；启动 A/D (P2.7=0,W/R̄=0)
        SETB    IT0             ；置外部中断 0 为边沿触发
        SETB    EX0             ；允许外部中断 0
        SETB    EA              ；开中断
LOOP：  JNB     F0,LOOP         ；判中断发生标志是否为 0
        DJNZ    R2,START        ；8 个通道转换是否结束
        RET
INTD：  MOVX    A,@DPTR         ；读数据,硬件撤销中断
        MOV     @R0,A           ；存数据
        INC     R0
        INC     DPTR            ；指向下一通道
        SETB    F0              ；置中断发生标志
        RETI
```

(3) 查询法。将 EOC 接至 89C51 的某个端口的 I/O 口线。启动 A/D 转换后，程序不断查询该 I/O 口线的状态，当引脚信号产生上升沿时读取转换结果。在图 7－30 中，只要将 EOC 接 89C51 的某一 I/O 口线（如 P1.0），CPU 在程序中不断去查询该 I/O 口线的状态，即可判断 ADC0809 转换是否结束，如果结束，则读取转换结果，否则，继续查询。

第四节　D/A 转换器接口

一、DAC（D/A Converter）概述

DAC 是一种将数字信号转换成模拟信号的器件，为计算机系统的数字信号和模拟环

境的连续信号之间提供了一种接口。

常用的DAC的数字输入是二进制或BCD码形式的，输出系数情况是电流，也可以是电压。因而，在多数电路中，DAC的输出需要用运算放大器组成的电流—电压转换器，将电流输出转换成电压输出。

（一）DAC的性能指标

衡量一个DAC的性能，可以采用许多参数。生产DAC芯片的厂家提供了各种参数供用户选择，主要参数如下。

1. 分辨率

分辨率是指输入数字量的最低有效位（LSB）发生变化时，所对应的输出模拟量（常为电压）的变化量，它反映了输出模拟量的最小变化值。分辨率与输入数字量的位数有确定的关系，可以表示成$FS/2^n$，FS表示满量程输入值，n为二进制位数。对于5V的满量程，采用8位的DAC时，分辨率为5V/256=19.5mV；当采用12位的DAC时，分辨率则为5V/4096=1.22mV。显然，位数越多分辨率就越高。

2. 绝对精度和相对精度

绝对精度（简称精度）是指在整个刻度范围内，任一输入数字量所对应的模拟量实际输出值与理论值之间的最大误差。绝对精度是由DAC的增益误差（当输入数字量为全1时，实际输出值与理想输出值之差）、零点误差（数码输入为全0时，DAC的非零输出值）、非线性误差和噪声等引起的。通常情况，绝对精度（即最大误差）应小于1个LSB。

相对精度与绝对精度表示同一含义，它用最大误差相对于满刻度的百分比表示。

3. 偏移量误差

偏移量误差是指输如数字量为0时，输出模拟量相对于0的偏移值。这种误差可以通过DAC的外接VREF和电位器加以调整。

4. 线性度

线性度（也称非线性误差）是实际转换特性曲线与理想直线特性之间的最大偏差。通常情况，线性度不应超过±1/2 LSB。

5. 建立时间

建立时间描述DAC转换速度的快慢。一般是指输入的数字量发生满刻度变化时，输出模拟信号稳定到对应数值范围内所经历的时间。

电流输出型DAC的建立时间短。电压输出型DAC的建立时间主要决定于运算放大器的响应时间。根据建立时间的长短，可以将DAC分成超高速（<1μs）、高速（10～1μs）、中速（100～10μs）、低速（≥100μs）几档。

6. 接口形式

若外接DAC不带锁存器，为了保存来自单片机的转换数据，接口时必须考虑锁存；带锁存器的DAC可直接与数据总线连接。

应当注意，精度和分辨率具有一定的联系，但概念不同。DAC的位数多时，分辨率会提高，对应于影响精度的量化误差会减小。但其他误差（如温度漂移、线性不良等）的影响仍会使DAC的精度变差。

(二) DAC 的分类

目前 DAC 从接口上可分为两大类：并行接口的 DAC 和串行接口的 DAC。并行接口 DAC 的引脚多、体积大，占用单片机的口线多；而串行 D/A 转化器的体积小，占用单片机的口线少。为减小线路板的面积，减少占用单片机的口线，越来越多地采用串行接口的 DAC，如 TI 公司的 TLC5615。

二、串行输入 D/A 芯片 TLC5615 接口技术

(一) TLC5615 简介

1. TLC5615 的特性

TLC5615 是 TI 公司生产的具有 3 线串行接口的 10 位 D/A 转换芯片。易于和工业标准的微处理器或微控制器（单片机）接口，适用于电池供电的测试仪表、移动电话，也适用于数字失调与增益调整以及工业控制等场合。TLC5615 的性能价格比比较高，市场售价比较低。其主要特点如下：

(1) 10 位数字量输入。

(2) CMOS 电压输出。

(3) 单 5V 电源工作。

(4) 3 线串行接口。

(5) 高阻抗基准输入端。

(6) 输出为电压型，最大输出电压是基准电压值的两倍。

(7) 上电时内部自动复位，把 DAC 寄存器复位至全 0。

(8) 微功耗，最大功耗为 1.75mW。

(9) 转换速率快，更新率为 1.21MHz。

2. TLC5615 功能框图

TL C5615 的内部功能框图如图 7-30 所示，它主要由以下几部分组成：

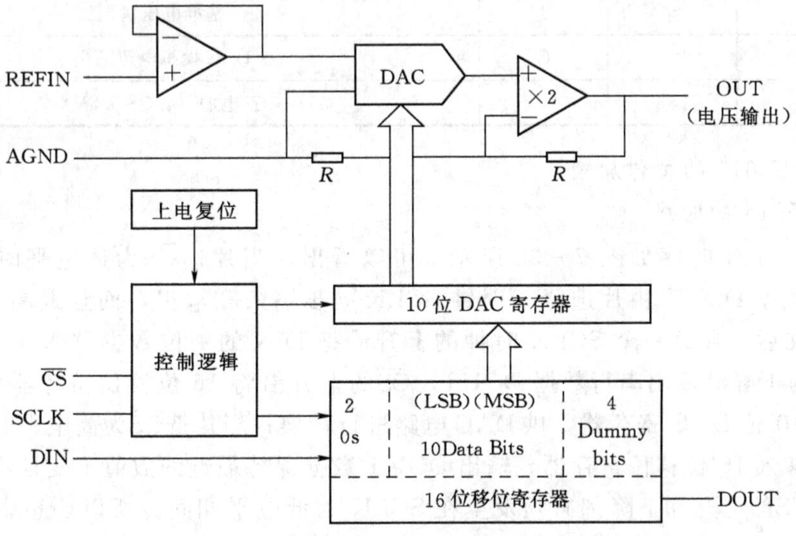

图 7-30 TLC5615 的内部功能框图

（1）10 位 DAC 电路。

（2）一个 16 位移位寄存器，接收串行移入的二进制数，并且有一个级联的数据输出端 DOUT。

（3）并行输入输出的 10 位 DAC 寄存器，为 10 位 DAC 电路提供待转换的二进制数据。

（4）×2 电路提供最大值为 2 倍于 REFIN 的输出。

（5）上电复位电路和控制电路。

3. TLC5615 引脚功能

TLC5615 的引脚分布如图 7－31 所示，各引脚功能如表 7－7 所示。

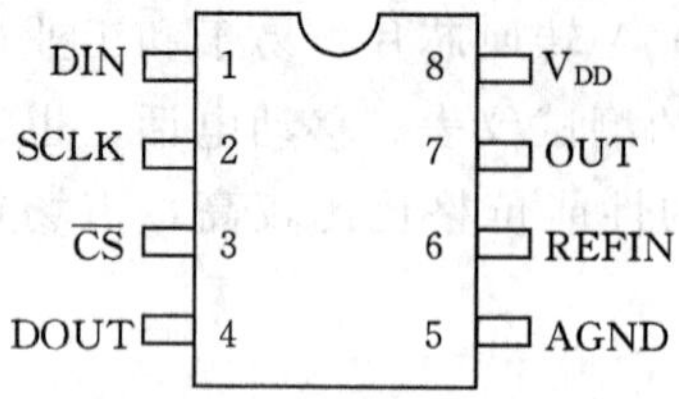

图 7－31　TLC5615 引脚排列

4. TLC5615 推荐工作条件

（1）V_{DD}：4.5～5.5V 通常取 5V。

（2）高电平输入电压：不得小于 2.4V。

（3）低电平输入电压：不得高于 0.8V。

（4）基准输入电压：通常取 2.048V。

（5）负载电阻：不得小于 2kΩ。

表 7－7　**TLC5615 引脚功能**

引脚		I/O	说明
名称	序号		
DIN	1	I	串行数据输入
SCLK	2	I	串行时钟输入
$\overline{CS}$	3	I	芯片选择。低有效
DOUT	4	O	用于菊花链（daisy chaining）的串行数据输出
AGND	5		模拟地
REFIN	6	I	基准电压输入
OUT	7	O	DAC 模拟电压输出
VDD	8		正电源（4.5～5.5V）

（二）TLC5615 的工作原理

1. TLC5615 的时序

TLC5615 工作时序如图 7－32 所示。可以看出，当片选 $\overline{CS}$ 为低电平时，输入数据 DIN 和输出数据 DOUT 由片选 $\overline{CS}$、时钟 SCLK 同步输入和输出，而且最高有效位在前，最低有效位在后，在每一个 SCLK 时钟的上升沿把 DIN 的一位数据移入 16 位移位寄存器。SCLK 的下降沿输出串行数据 DOUT，$\overline{CS}$ 的上升沿将 16 位移位寄存器的 10 位有效数据锁存于 10 位 DAC 寄存器，供 DAC 电路进行转换；当片选 $\overline{CS}$ 为高电平时，串行输入数据不能被移入 16 位移位寄存器，输出 DOUT 数据保持最近的数值不变且不进入高阻状态。注意，$\overline{CS}$ 的上升和下降都必须发生在 SCLK 为低电平期间。所以要想串行输入数据和输出数据，必须满足两个条件：第一，时钟 SCLK 的有效跳变；第二，片选 $\overline{CS}$ 为低电平。

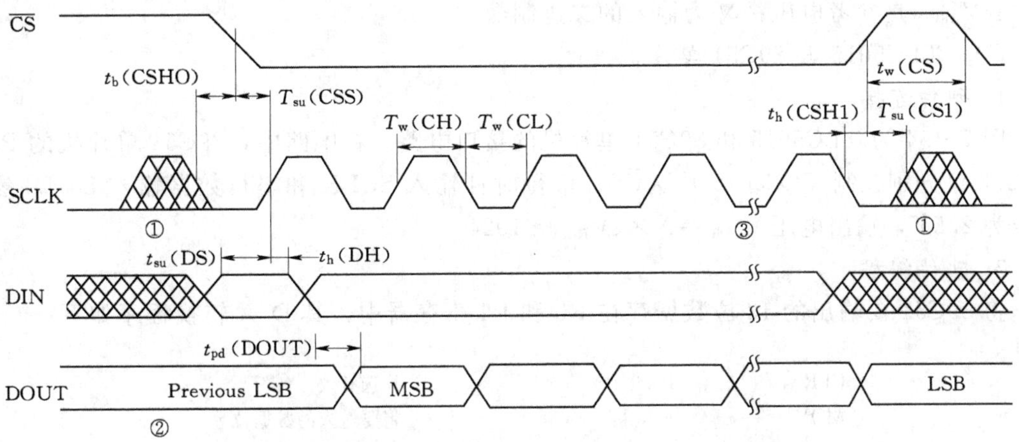

①为了使时钟馈通为最小，CS 为高电平时，加在 SCLK 端的输入时钟应当呈现低电平。
②数据输入来自先前转换周期。
③第 16 个 SCLK 下降沿。

图 7-32　TLC5615 工作时序图

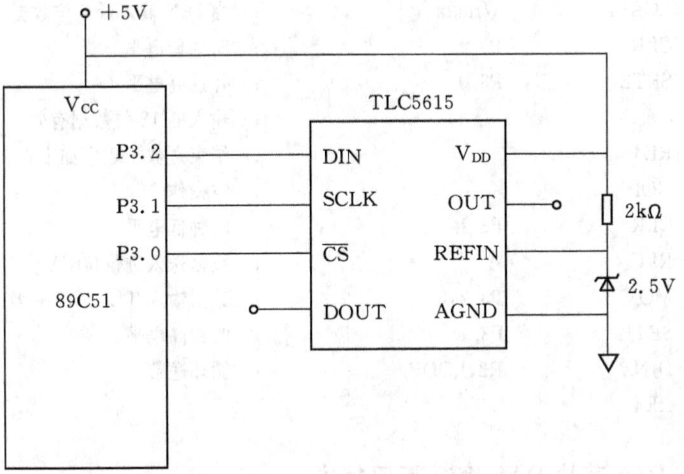

图 7-33　TLC5615 与 89C51 接口电路

2. TLC5615 的工作方式

串行 DAC TLC5615 的使用有两种方式：级联方式和非级联方式。若使用非级联方式，由于 TLC5615 的 DAC 输入锁存器为 12 位宽，则 DIN 只需输入 12 位数据：前 10 位为 TLC5615 输入 D/A 的转换数据，且输入时高位在前，低位在后；后 2 位填上数字 XX，XX 不关心状态；如果使用 TLC5615 的级联功能，则 DOUT 端的数据须输入 16 个时钟下降沿，因此完成一次数据输入需要 16 个时钟周期，输入的数据也应为 16 位。输入 16 位数据中，前 4 位为高虚拟位，中间 10 位为 D/A 转换数据，最后 2 位填上数字 XX，XX 不关心状态。

无论工作在哪一种方式，输出电压为

$$V_{OUT}=2V_{REFIN}\times N/1024$$

其中：V_{REFIN}是参考电压；N 为输入的二进制数。

（三）TLC5615 与 89C51 单片机接口

1. 硬件连接

图 7-34 为 TLC5615 和 89C51 单片机的接口电路。在电路中，89C51 单片机的 P3.0～P3.2 口分别控制 TLC5615 片选$\overline{CS}$、串行时钟输入 SCLK 和串行数据输入 DIN。参考电压为 2.5V，输出电压 $V_{OUT}=N\times 2V_{REFIN}/1024$。

2. 软件编程

将 89C51 要输出的 12 位数据存在 R0 和 R1 寄存器中，其 D/A 转换程序如下：

```
        CLR     P3.0        ; 片选有效
        MOV     R2,#4       ; 将要送入的数据位数
        MOV     A,R0        ; 高 4 位数据送累加器低 4 位
        SWAP    A           ; A 中高 4 位和低 4 位互换
        LCALL   Wrdata      ; 由 DIN 输入高 4 位数据
        MOV     R2,#8       ; 将要送入的低数据位数
        MOV     A,R1        ; 8 位数据送入累加器 A
        LCALL   Wrdata      ; 由 DIN 输入低 8 位数据
        CLR     P3.1        ; 时钟低电平
        SETB    P3.0        ; 片选高电平
                            ; 输入的 12 位数据有效
        RET                 ; 结束送数子程序如下：
Wrdata: NOP                 ; 空操作
LOOP:   CLR     P3.1        ; 时钟低电平
        RLC     A           ; 数据送入进位位 CY
        MOV     P3.2,C      ; 数据输入 TLC5615 有效
        SETB    P3.1        ; 时钟高电平
        DJNZ    R2,LOOP     ; 循环送数
        RET
```

三、并行输入 D/A 芯片 DAC0832 接口技术

（一）DAC0832 概述

1. DAC0832 特性

DAC0832 是以 CMOS 工艺制造的 8 位并行输入 DAC，由于其片内有输入数据寄存器，故可以直接与单片机接口。其价格低廉、接口简单，在单片机控制系统中广泛应用。DAC0832 以电流形式输出，当需要转换为电压输出时，可外接运算放大器。属于该系列的芯片还有 DAC0830、DAC0831，它们可以相互代换。DAC0832 主要特性有如下几点：

（1）分辨率 8 位。

（2）电流建立时间 1μs。

（3）数据输入可采用双缓冲、单缓冲或直通方式。

（4）输出电流线性度可在满量程下调节。

（5）逻辑电平输入与 TTL 电平兼容。

（6）单一电源供电（＋5～＋15V）。

（7）低功耗，约为 200mW。

（8）可与所有单片机或微处理器直接接口，需要时亦可不与微处理器连接而直接使用。

2. DAC0832 的引脚功能

DAC0832 的引脚如图 7－35（a）所示。

（1）D_7～D_0：8 位数字量数据输入线。

（2）ILE：数据锁存允许信号，高电平有效。

（3）$\overline{CS}$：输入寄存器选择信号，低电平有效。

（4）$\overline{WR1}$：输入寄存器的“写”选通信号，低电平有效。

（5）$\overline{XFER}$：数据转移控制信号线，低电平有效。

（6）$\overline{WR2}$：DAC 寄存器的“写”选通信号，低电平有效。

（7）R_{FB}：内部反馈电阻对外引脚，用以输入来自片外运算放大器的反馈信号。

（8）V_{REF}：基准电压（可为－10～＋10V），基准电压决定了 DAC 输出电压的范围。

（9）I_{OUT1}和 I_{OUT2}：电流输出线。DAC0832 属电流输出型，两输出电流之和为常数。当要得到与输入数字量成正比的电压输出时，可把此两引脚输出的电流信号转换成电压形式。

（10）V_{CC}：工作电源，在＋5～＋10V 之间。

（11）DGND：数字地。

（12）AGND：模拟地。

D/A 转换芯片输入是数字量，输出是模拟量。模拟信号很容易受到电源和数字信号等干扰而引起波动。为提高输出的稳定性和减少误差，模拟信号部分必须采用高精度基准电源 V_{REF}和独立的地线，一般把数字地和模拟地分开。模拟地是模拟信号及基准电源的参考地；其余信号的参考地，包括工作电源、数据、地址、控制等数字逻辑地都是数字地。

3. DAC0832 的内部结构

DAC0832 的内部逻辑结构如图 7－34（b）所示。DAC0832 主要由两个 8 位寄存器（8 位输入寄存器和 8 位 DAC 寄存器）和一个 8 位 D/A 转换器组成。使用两个寄存器的好处是可使 DAC 转换输出前一个数据的同时，将下一个数据传送到 8 位输入寄存器，以提高数/模转换的速度。在一些场合（例如 X－Y 绘图仪的单片微机控制），能够使多个数模转换器分时输入数据之后，同时输出模拟电压。

图 7－35（b）中，$\overline{LE1}$和$\overline{LE2}$是寄存命令。当$\overline{LE1}$＝1 时，输入寄存器的输出随输入变化；当$\overline{LE1}$＝0 时，数据锁存在寄存器中，不再随数据总线上的数据变化而变化。欲使$\overline{LE1}$＝1，则 ILE 为高电平，且$\overline{CS}$与$\overline{WR1}$同时为低。当$\overline{WR1}$变高时，$\overline{LE1}$＝0，则 8 位输入寄存器将输入数据锁存。

欲使$\overline{LE2}$＝1，则$\overline{XFER}$与$\overline{WR2}$应同时为低，这时，8 位 DAC 寄存器的输出随寄存器的输入变化。当$\overline{WR2}$产生上升沿时，$\overline{LE2}$＝0，则输入寄存器的信息锁存在 DAC 寄存器中。图 7－35（b）中的 R_{FB}是片内电阻，为外部运算放大器提供反馈电阻，用以提供适当

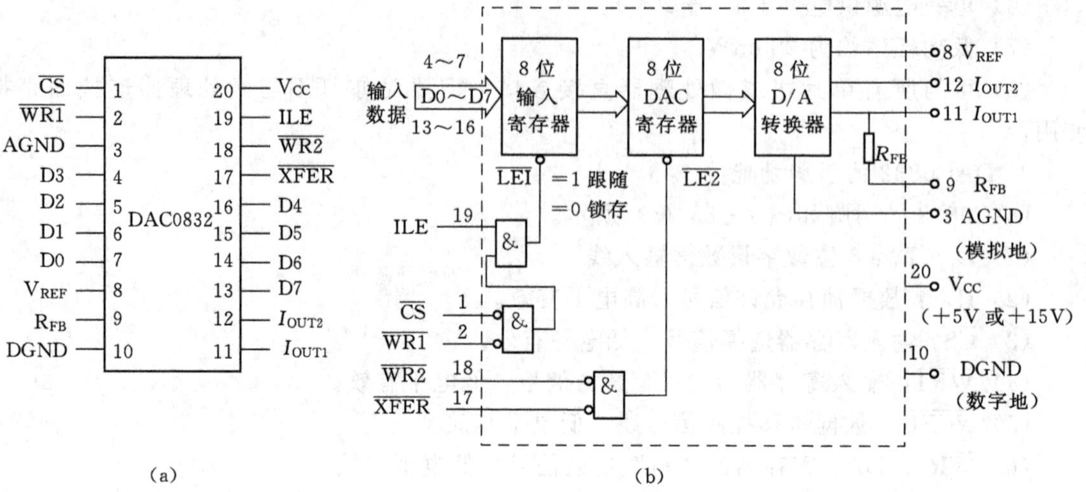

图 7-34 DAC0832 结构

(a) DAC0832 引脚图；(b) DAC0832 框图

的输出电压；V_{REF}端由外部电路提供−10～+10V 的参考电源；I_{OUT1}与I_{OUT2}是两个电流输出端。

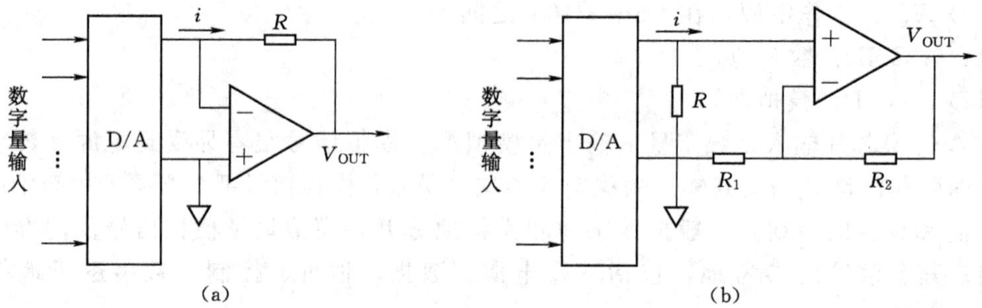

图 7-35 D/A 转换输出电路

(a) 反相输出；(b) 同相输出

欲将数字量 D_7～D_0 转换为模拟量，只要使$\overline{WR2}$=0，$\overline{XFER}$=0，DAC 寄存器为不锁存状态，而 ILE=1，$\overline{CS}$和$\overline{WR1}$端接负脉冲信号，即可完成一次转换；或者$\overline{WR1}$=0，$\overline{CS}$=0，ILE=1，输入寄存器为跟随状态，而$\overline{WR2}$和$\overline{XFER}$端接负脉冲信号，可达到同样目的。

4. DAC0832 输出量转换电路

在 D/A 芯片中，有许多芯片输出量是电流，而实际应用中常常需要的是模拟电压。DAC0832 为电流输出型 D/A 转换器，要获得模拟电压输出时，通常通过运算放大器进行变换。图 7-35 (a) 是反相电压输出电路，输出电压 $V_{OUT}=-iR$；图 7-35 (b) 是同相电压输出电路，输出电压 $V_{OUT}=iR\ (1+R_2/R_1)$，增益可调。

在过程控制应用中，有时对控制量的输出要求是单极性的，在给定值时，若要求的偏差不改变控制量的极性，这时可采用单极输出电路。图 7-36 为 DAC0832 和运放组成的单极性 D/A 转换电路。图中，$\overline{XFER}$与$\overline{WR2}$均接地，8 位 DAC0832 芯片内的 8 位 DAC 寄存器处于跟随状态，其输出随输入的变化而变化。ILE 恒接高电平，则输入信号由$\overline{CS}$和$\overline{WR1}$控制，只要$\overline{CS}$和$\overline{WR1}$端接负脉冲信号，即可完成一次转换。当基准电压 V_{REF} 为+5V 时，输出电压 V_{OUT} 的范围是 0～5V；当基准电压 V_{REF} 为+10V 时，输出电压 V_{OUT} 的范围是 0～10V。

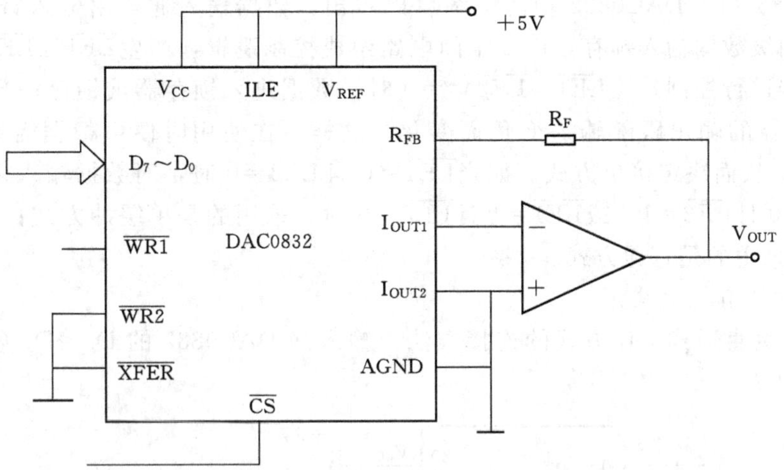

图 7-36　单极性输出 D/A 转换电路

在随动系统中，例如对马达的控制，由偏差所产生的控制量不仅大小有所不同，而且控制量的极性也会不同，这时要求 D/A 转换器有双极性输出。图 7-38 是 D/A 芯片双极性输出电路。通过运放 A2 将单向输出变为双向输出。由 V_{REF} 为 A2 运放提供一个偏移电流，该电流方向应与 A1 运放输出电流方向相反，且选择 $R_4=R_3=2R_2$。使得由 V_{REF} 引入的偏移电流恰为 A1 运放输出电流的 1/2。因而 A2 运放输出将在 A1 运放输出的基础上产生位移。双极性输出电压与 V_{REF} 及 A1 运放输出 V_{OUT1} 的关系是：$-V_{OUT}=2V_{OUT1}+V_{REF}$。图 7-38 中，当输入数字量从 00H～FFH 变化时，对应的模拟电压 V_{OUT} 的输出范围是 -5～+5V。

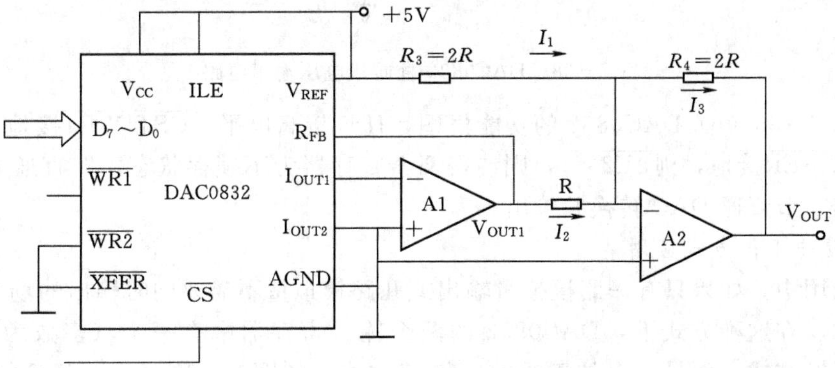

图 7-37　双极性输出 D/A 转换电路

（二）DAC0832 与 89C51 单片机接口

DAC0832 系列转换器与 MCS－51 系列单片机有 3 种基本的接口方法，即直通方式、单缓冲方式和双缓冲方式。三种方式中，直通方式最便捷，但容易受到干扰；而后两种方式都具有缓冲功能，抗干扰能力强，其中双缓冲方式可用于多路转换通道的同步转换控制。

从图 7－35（b）DAC0832 功能框图可以看出，数据输入通道由输入寄存器和 DAC 寄存器构成两级数据输入锁存，由 3 个门电路组成控制逻辑，产生$\overline{LE1}$和$\overline{LE2}$信号，分别对两个寄存器进行控制。当$\overline{LE1}$（$\overline{LE2}$）＝0 时，数据进入锁存器被锁存；当$\overline{LE1}$（$\overline{LE2}$）＝1 时，锁存器的输出跟随输入变化而变化。这样，在使用时便可根据需要，设置$\overline{LE1}$（$\overline{LE2}$）信号，从而决定接口方式。如当$\overline{LE1}$＝0 且$\overline{LE2}$＝0 时，对数据输入采用双缓冲方式；当$\overline{LE1}$＝0 且$\overline{LE2}$＝1，或$\overline{LE1}$＝1 且$\overline{LE2}$＝0 时，采用的是单缓冲方式；当$\overline{LE1}$＝1 且$\overline{LE2}$＝1 时，采用的是直通方式。

1．直通式工作方式应用

图 7－38 为直通式工作方式的连接方法。输入到 DAC0832 的 $D_7 \sim D_0$ 数据不经控制直达 8 位 DAC。

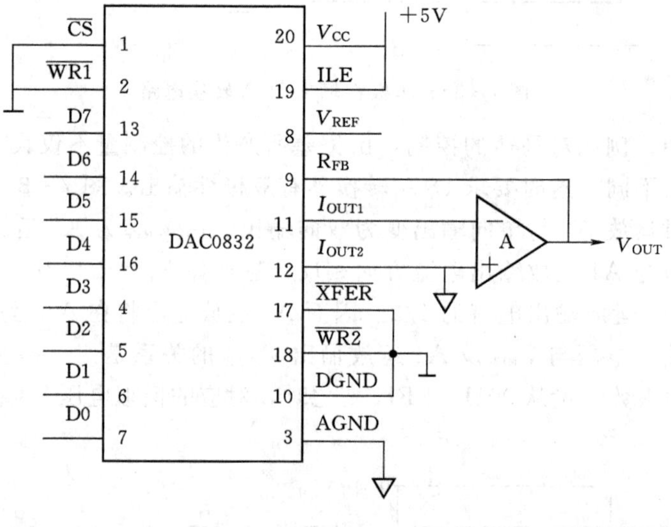

图 7－38 DAC0832 直通式电压输出电路

结合图 7－35（b）DAC0832 的功能框图，ILE 接高电平，$\overline{CS}$和$\overline{WR1}$接地，则$\overline{LE1}$＝1，$\overline{WR2}$和$\overline{XFER}$接地，则$\overline{LE2}$＝1，则使得两个寄存器为不锁存状态，即直通方式，数据线上的数据字节直通 DAC 转换并输出。

2．单缓冲工作方式应用

实际应用中，如果只有一路模拟量输出或几路模拟量不需要同时输出的场合，应采用单缓冲方式。在这种方式下，DAC0832 的两个输入寄存器中有一个（多数为 DAC 寄存器）处于直通方式，而另一个处于受控的锁存方式。如图 7－39 所示，ILE 接＋5V，片选信号$\overline{CS}$和转移控制信号$\overline{XFER}$都连到地址线 P2.7。这样，输入寄存器和 DAC 寄存器的地址都是 7FFFH。$\overline{WR1}$和$\overline{WR2}$都与 89C51 的$\overline{WR}$连接，CPU 对 DAC0832 执行一次“写”

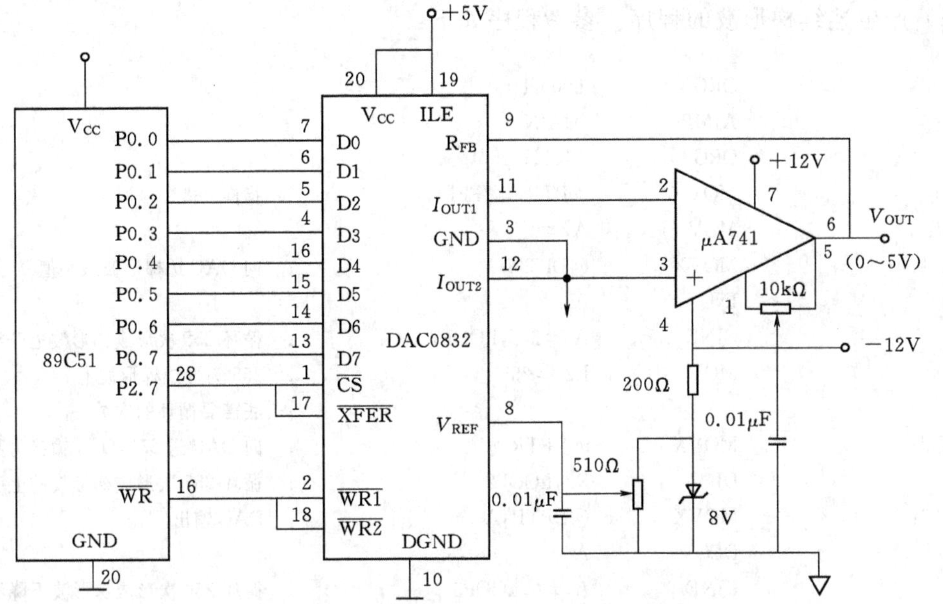

图 7-39　一路 D/A 输出连线图（单路模拟量输出）

操作，把一个数据直接写入 DAC 寄存器，DAC0832 的输出模拟信号随之发生变化。此方式下，$\overline{LE1}$和$\overline{LE2}$受制于同一组外部信号。当执行“写”命令时，DAC0832 相应的控制信号时序如图 7-40 所示。

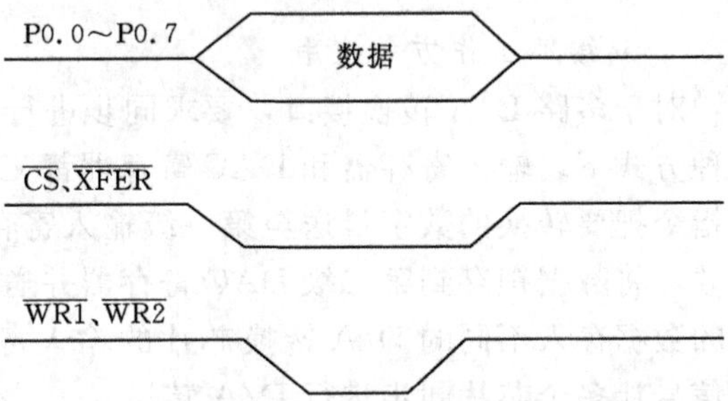

图 7-40　DAC0832 时序图

下面几个程序将在运放输出端 V_{OUT} 产生程控波形。

(1) 产生连续方波的程序。参考程序如下：

```
        ORG     0000H
        AJMP    MAIN
        ORG     0100H
MAIN:   MOV     DPTR,#2FFFH     ; 指向0832
LOOP:   MOV     A,#0
        MOVX    @DPTR,A         ; 向DAC送方波最小值0
        MOV     R7,#255         ; 循环次数初始化
        DJNZ    R7,$            ; 循环255次,形成方波低电平
        MOV     A,#255          ; 将方波最大值255送到A
        MOVX    @DPTR,A         ; 向DAC送255,D/A输出为高
        MOV     R7,#255         ; 重置循环次数
        DJNZ    R7,$            ; 循环255次,形成方波高电平
        AJMP    LOOP            ; 重复上述过程,形成连续方波
        END
```

（2）产生连续梯形波的程序。参考程序如下：

```
          ORG     0000H
          AJMP    MAIN
          ORG     0100H
MAIN:     MOV     DPTR,#2FFFH       ; 指向0832
LOOP:     MOV     A,#0
LOOP 1:   MOVX    @DPTR,A           ; 向DAC送梯形波最小值0
          INC     A
          CJNE    A,#255,LOOP1      ; 循环255次形成梯形波上升沿
          MOV     R2,#255           ; 255为形成梯形波上
                                    ; 底需要循环的次数
LOOP 2:   MOVX    @DPTR,A           ; 向DAC送255,D/A输出为高
          DJNZ    R2,LOOP2          ; 循环255次形成梯形波的上底
LOOP 3:   MOVX    @DPTR,A           ; DAC输出
          DEC     A
          CJNE    A,#0,LOOP3        ; 循环256次形成梯形波下降沿
          LJMP    LOOP              ; 重复上述过程形成多个梯形波
          END
```

3. 双缓冲工作方式应用

对于多路D/A转换接口，要求同步进行D/A输出时，必须采用双缓冲同步方式。在这种方式下，输入寄存器和DAC寄存器都工作在锁存状态，分别由单片机进行控制。通过指令把要转换的数字量送至第一级输入寄存器后，锁存数据；然后再通过指令使$\overline{XFER}$有效，将数据锁存到第二级DAC寄存器并送至D/A转换器。也可在不同时刻分别把要转换的数据存入不同的D/A转换芯片的输入寄存器中，然后再用同一条指令发出$\overline{XFER}$控制信号让多个芯片同步进行D/A转换。

如图7－41所示是一个两路同步输出的D/A转换接口电路（略去模拟电压输出电路）。单片机的口线P2.5控制第一片DAC0832的输入锁存器，则DAC0832（1）的地址为DFFFH；口线P2.6控制第二片DAC0832的输入锁存器，则DAC0832（2）的地址为BFFFH；口线P2.7同时控制二片DAC0832的第二级DAC寄存器，则地址为7FFFH。在执行MOVX输出指令时，CPU自动输出$\overline{WR}$控制信号。

执行以下几条指令后，就能完成两路D/A的同步转换输出。

```
MOV     DPTR,#0DFFFH     ;指向第一片0832的输入锁存器
MOV     A,#data1
MOVX    @DPTR,A          ;data1送入第一片0832的输入锁存器
MOV     DPTR,#0BFFFH     ;指向第二片0832的输入锁存器
MOV     A,data2
MOVX    @DPTR,A          ;data2送第二片0832的输入锁存器
MOV     DPTR,#7FFFH      ;产生两片0832的XFER信号
MOVX    @DPTR,A          ;两片0832同时完成D/A转换
```

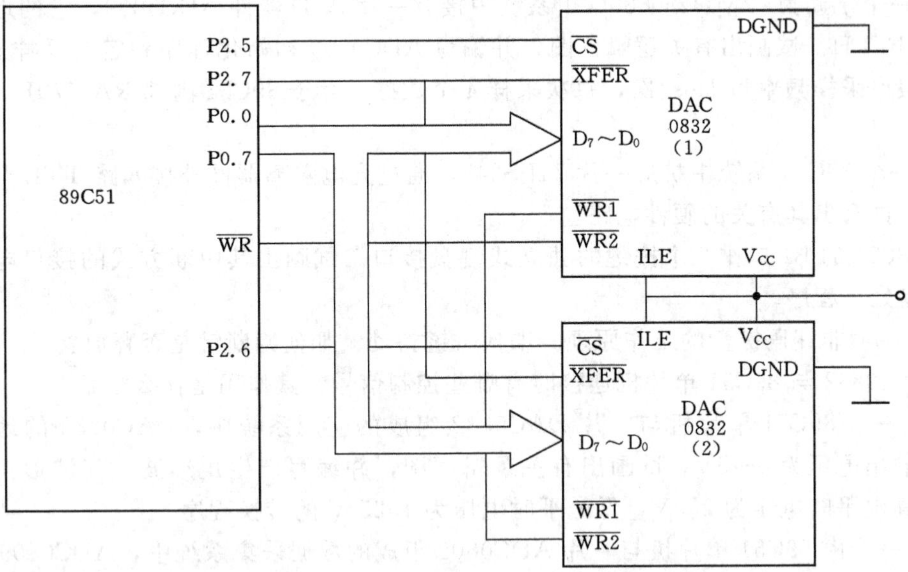

图 7-41　DAC0832 的双缓冲同步方式接口电路

本 章 小 结

本章主要就单片机应用系统中的系统扩展技术做出了介绍，总体分为并行总线扩展技术和串行总线扩展技术。其中并行总线扩展技术包括扩展程序存储器、扩展数据存储器、扩展 I/O 口、利用可编程并行接口芯片 8155 进行扩展、利用 74LS165 扩展并行输入口、利用 74LS164 扩展并行输出口，串行总线扩展技术包括 SPI 总线扩展、I^2C 总线扩展。本章的重点在于掌握并行扩展以及串行扩展的原理以及扩展方法，难点在于掌握几种典型的外围接口芯片的结构、工作原理、接口电路以及编程实现特定功能。

思 考 与 练 习 题

1. 为什么要消除键盘的机械抖动？有哪些方法？

2. 试述 ADC 以及 DAC 的种类及特点。

3. 设计一个 2×2 行列（同在 P1 口）式键盘电路并编写键扫描子程序。

4. 试设计一个 LED 显示器/键盘电路。

5. 在一个 89C51 应用系统中，89C51 以中断方式通过并行接口 74LS244 读取 A/D 器件 5G14433 的转换结果。试画出有关逻辑电路，并编写读取 A/D 结果的中断服务程序。

6. 在一个 f_{OSC} 为 12 MHz 的 89C51 系统中接有一片 D/A 器件 DAC0832，它的地址为 7FFFH，输出电压为 0～5V。请画出有关逻辑框图，并编写一个程序，使其运行后能在示波器上显示出锯齿波（设示波器 X 方向扫描频率为 50μs/格，Y 方向扫描频率为 1V/格）。

7. 在一个 f_{osc} 为 12MHz 的 89C51 系统中接有一片 A/D 器件 ADC0809，它的地址为 7FF8H～7FFFH。试画出有关逻辑框图，并编写 ADC0809 初始化程序和定时采样通道 2 的程序（假设采样频率为 1ms/次，每次采样 4 个数据，存于 89C51 内部 RAM70H～73H 中）。

8. 在一个 89C51 系统中扩展一片 74LS245，通过光电隔离器件外接 8 路 TTL 开关量输入信号。试画出其有关的硬件电路。

9. 用 8051 的 P1 口作 8 个按键的独立式键盘接口。试画出其中断方式的接口电路及相应的键盘处理程序。

10. 试说明非编码键盘的工作原理。如何去键抖动？如何判断键是否释放？

11. DAC0832 与 89C51 单片机连接时有哪些控制信号？其作用是什么？

12. 在一个 89C51 单片机与一片 DAC0832 组成的应用系统中，DAC0832 的地址为 7FFFH，输出电压为 0～5V。试画出有关逻辑框图，并编写产生矩形波，其波形占空比为 1∶4，高电平时电压为 2.5V，低电平时电压为 1.25 V 的转换程序。

13. 在一个由 89C51 单片机与一片 ADC0809 组成的数据采集系统中，ADC0809 的地址为 7FF8H～7FFFH。试画出有关逻辑框图，并编写出每隔 1 min 轮流采集一次 8 个通道数据的程序。共采样 100 次，其采样值存入片外 RAM 3000H 开始的存储单元中。

14. 以 DAC0832 为例，说明 D/A 的单缓冲与双缓冲有何不同。

15. 使用 DAC 产生如图 7-42 所示的三角波，请编程实现。

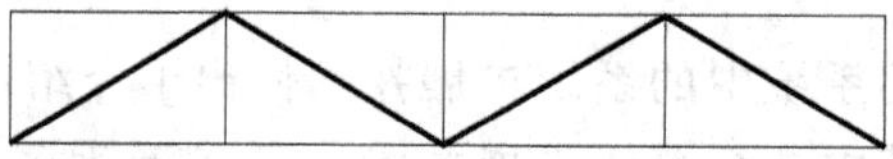

图 7-42

第二部分

开发实例篇

第八章 单片机开发工具介绍与比较

单片机是目前应用最为广泛的微处理器，其以价格低廉、功能强大、性能稳定等优点，深受广大电子设计爱好者喜爱。而其中的51系列单片机是最早兴起，发展的最为成熟的一类。目前，市场上的各类产品均能看到单片机的身影，小到报警器、玩具、智能充电器，大到冰箱、电视、空调以及数据采集系统和控制终端等。本章将重点介绍单片机开发流程以及各种开发工具。

第一节 单片机开发流程

单片机应用系统的开发主要包括单片机的外部电路设计和单片机的控制程序设计，其中以单片机的控制程序设计为核心。一般来说，一个完整的单片机应用系统设计包括系统分析、单片机选型、单片机程序设计、仿真测试并最终下载到实际硬件电路中执行。单片机开发的整体流程，如图8-1所示。

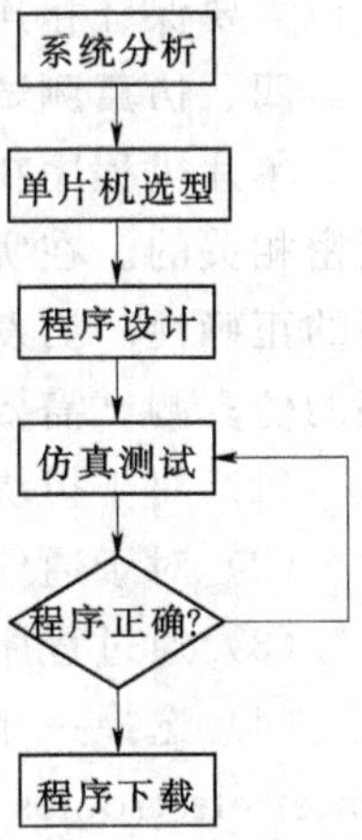

图8-1 单片机开发流程图

一、系统分析

设计者在开始单片机应用系统开发之前，除了需要掌握单片机的硬件及程序设计方法外，还需要对整个系统进行可行性分析和系统总体方案分析。这样，可以避免盲目地开始工作，浪费宝贵的时间。可行性分析用于明确整个设计任务在现有的技术条件和个人能力上是可行的。

一方面，要保证设计要求可以利用现有的技术来实现，一般可以通过查找相关文献、寻找类似设计等方法找到与该任务相关的设计方案。这样可以参考这些相关的设计，分析该项目是否可行以及如何实现。如果设计的是一个全新的项目，则需要了解该项目的功能需求、体积和功耗等，同时需要对当前的技术条件和器件性能非常熟悉，以确保合适的器件能够完成所有的功能。

另一方面，需要了解整个项目开发所需要的知识是否具备。如果不具备，则需要估计在现有的知识背景和时间限制下能否掌握并完成整个设计。必要时，可以选用成熟的开发板来加快学习和程序设计的速度。

二、单片机选型

在单片机应用系统开发中，单片机是整个设计的核心。设计者需要为单片机安排合适的外部器件，同时还需要设计整个控制软件，因此选择合适的单片机型号很重要。目前，市场上的单片机种类繁多，在进行正式的单片机应用系统开发之前，需要根据不同单片机的特性和功能从中做出合理的选择。

三、程序设计

当完成系统总体方案并确定单片机型号后，便可以开始电路和程序设计。在电路设计时，需要仔细规划整个硬件电路的资源分配以及扩展器件，同时需要规划哪部分的功能用硬件来实现以及用什么器件来实现，哪部分的功能用软件来实现等。这里需要注意以下几点：

（1）如果所选单片机的硬件资源丰富且性能指标达到要求，则应尽量使用其内部集成的硬件资源来实现，这样可以减少额外的器件投资，同时提高系统的集成度和降低电路的复杂性。

（2）合理规划和使用单片机的硬件资源，充分发挥单片机的性能。

（3）尽量选择一些标准化、模块化的典型电路，这样可以加速电路设计速度，提高设计的灵活性，确保成功率等。

（4）硬件电路上最好将不用的引脚留为扩展的接口，以方便后期的电路维护及硬件升级。

（5）要仔细考虑各部分硬件的功耗以及驱动能力，确保电源具有足够的驱动能力，同时也需要保证相连接的两个器件之间的驱动能力，否则将导致系统无法正确运行。

四、仿真测试

单片机程序在实际使用前，一般均需要进行代码仿真。单片机仿真测试和程序设计是紧密相关的。在实际设计过程中，通过仿真测试，这样可以及时发现问题，确保模块及程序的正确性。当发现问题时，需要重新进行修改设计，直到程序通过仿真测试。单片机程序的仿真测试需要从如下几点考虑：

（1）对于模块化的程序，可以通过仿真测试单独测试每一个模块的功能是否正确。

（2）对于通信接口，如串口等，可以在仿真程序中测试通信的流程。

（3）通过程序仿真测试可以预先了解软件的整体运行情况是否满足要求。

（4）选择一个好的程序编译仿真环境，例如 Keil 公司的 μVision 系列、英国 Labcenter electronics 公司的 PROTEUS 软件等。

（5）如果条件允许，可以选择一款和单片机型号匹配的硬件仿真器。硬件仿真器一般支持在线仿真调试，可以实时观察程序中的各个变量，最大程度上对程序进行测试。

五、程序下载

当程序设计完毕并初步通过仿真测试后，便可以将其下载到单片机中，并结合硬件电路来测试系统整体运行。此时，主要测试单片机程序和外部硬件接口是否正常，整个硬件电路的逻辑时序配合是否正确等。如果发现问题，则要返回设计阶段，逐个解决问题，直至解决所有问题，达到预期设计功能和指标。在程序下载和实践电路调试时，可以从如下几点考虑：

（1）在设计调试时，尽量选择可重复编程的单片机，这样便于及时修改程序。

（2）在投入生产时，可以根据需要选择一次性编程的器件。

（3）尽量选择 Flash 编程的单片机，相比早期的单片机来说，其程序下载方式简单，下载器投资较少。

(4) 选择合适的程序下载器，最好同时具有在线调试功能，这样便于硬件的仿真调试。

第二节　编程环境及常用软件

Keil 公司于 1999 年推出了一种全新的集成开发环境 μVision2，它是目前开发 MCS—51 系列单片机最流行的软件之一。它包含了源程序文件编辑器、项目管理器（Project）、源程序调试器（Debug）等，并且为 CX51 编译器、AX51 编译器、BL51/LX51 连接定位器、RTX51 实时操作系统提供了单一而灵活的开发环境。μVision2 还提供针对第三方工具软件的接口。

一、工程建立及设置

μVision2 集成环境提供了强大的项目（Project）管理功能，通过项目文件可以十分方便地进行应用程序开发。一个项目中可以包括各种文件，如源程序文件、包含头文件、说明文件等。通过项目管理操作用户能够随时对项目文件进行修改，如增删程序模块文件、改变目标 CPU、配置不同的 C51 编译链接命令、使用模拟器（Simulator）带监控的用户目标板（Monitor—51）调试程序等。

（一）μVision2 工程的建立

点击“Project—>New Project…”菜单，出现一个对话框，要求给将要建立的工程命名，不需要扩展名，点击“保存”按钮，出现第二个对话框，如图 8-2 所示，这个对话框要求选择目标 CPU。

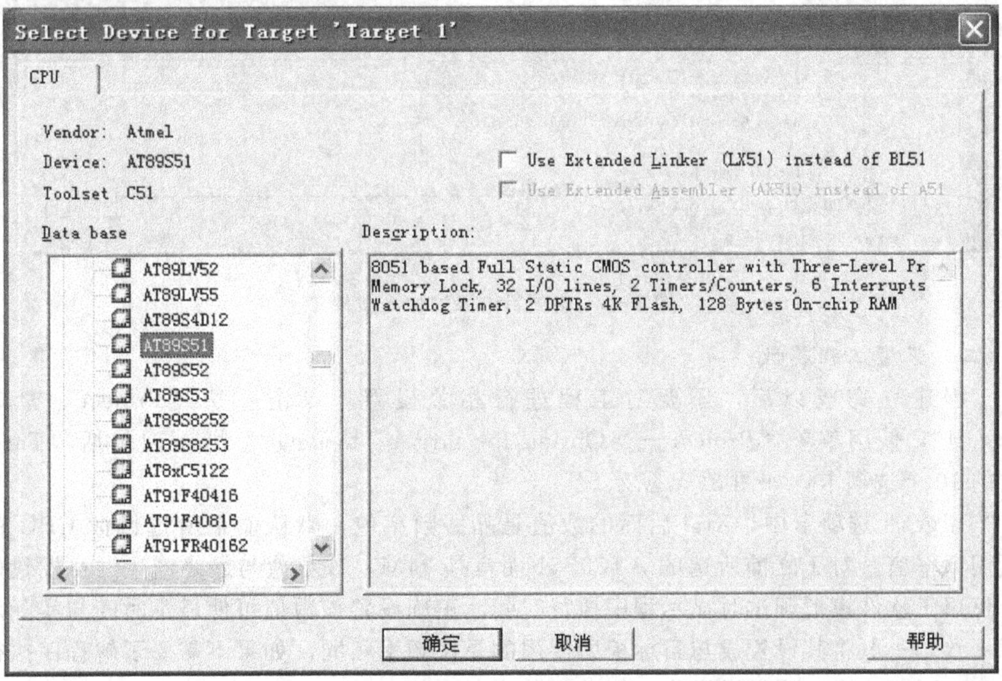

图 8-2　选择目标 CPU

μVision2 支持很多类型的 CPU。例如，选择 Atmel 公司的 AT89S51 芯片，点击“ATMEL”前面的“+”号，展开该层，点击其中的 AT89S51，然后再点击“确定”按钮，回到主界面，此时在工程窗口的文件页中，出现了前面有“+”号的“Target1”。点击“Target1”左边的“+”号展开，可以看到下一层的“Source Group1”，如图 8-3 所示。右击“Source Group1”，出现如图 8-2 所示的下拉菜单，选中其中的“Add file to Group ‘Source Group1’”，出现一个对话框，要求寻找源文件，一般该对话框下面的“文件类型”默认为 C source file(＊.c)，也就是以 C 为扩展名的文件，如果要添加汇编文件，则点击对话框中“文件类型”后的下拉列表，找到并选中 Asm Source File(＊.a51，＊.asm)，选择目标路径，即可出现所有的汇编文件，双击某一汇编文件，则可将其加入到项目中。

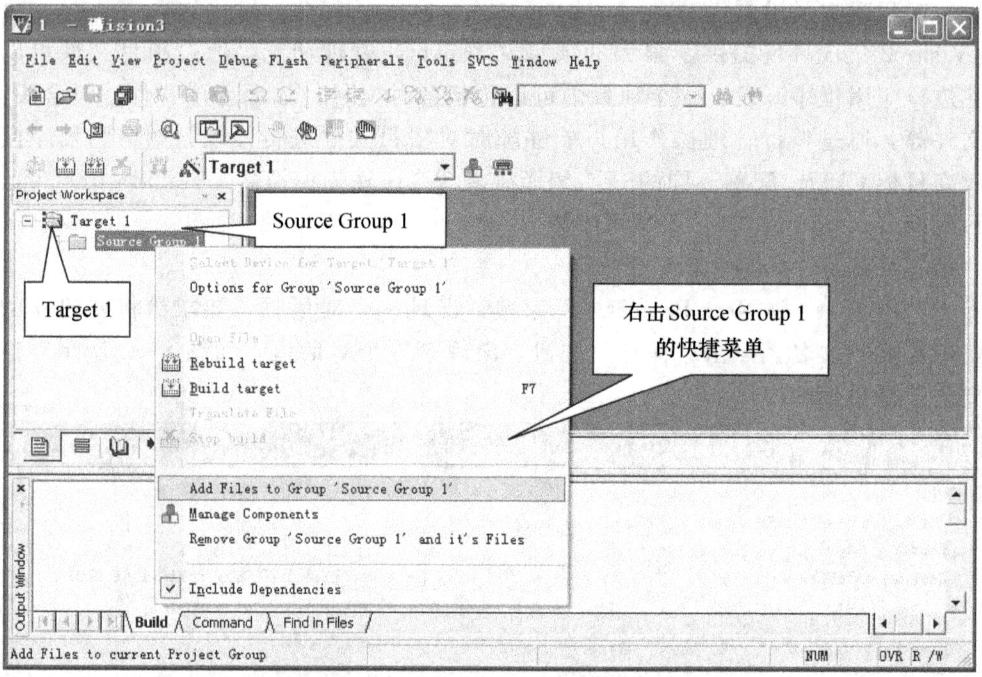

图 8-3 向项目中添加加入文件

（二）设置工程属性

工程建立完成以后，还要对工程进行相关设置。点击左边“Project”窗口的“Target1”，使用菜单“Project－＞Option for target ‘target1’”即出现包括“Target”在内的 10 个选项卡，如图 8-4 所示。

“Target”选项卡中，Xtal 后面的数值是晶振频率值，默认值是所选目标 CPU 的最高可用频率值，对于之前所选的 AT89S51 而言是 24M，该数值与最终产生的目标代码无关，仅用于软件模拟调试时显示程序执行时间。正确设置该数值可使显示时间与实际所用时间一致，一般将其设置成与目标板所使用的晶振频率相同，如果不需要了解程序执行的时间，也可以不设，这里设置为常用的 12。

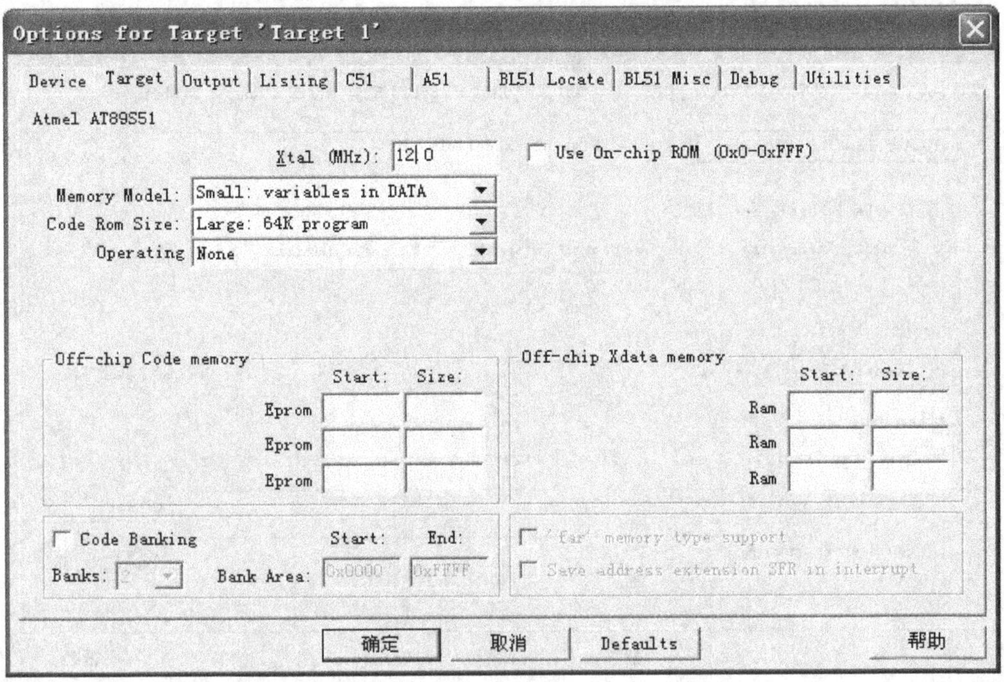

图 8-4　工程属性设置

“Memory Model”用于设置 RAM 使用情况，有三个选择项：

(1)“Small”是所有变量都在单片机的内部 RAM 中。

(2)“Compact”是可以使用一页外部扩展 RAM。

(3)“Large”则是可以使用全部外部的扩展 RAM。

“Code Model”用于设置 ROM 空间的使用，同样也有三个选项：

(1)“Small”模式，只用低于 2K 的程序空间。

(2)“Compact”模式，单个函数的代码量不能超过 2K，整个程序可以使用 64K 程序空间。

(3)“Large”模式，可用全部 64K 空间。

“Use on－chip ROM”选择项，确认是否仅使用片内 ROM（注意：选中该项并不会影响最终生成的目标代码量）。

“Operating”项是操作系统选择，uVision2 提供了两种操作系统：“Rtx tiny”和“Rtx full”，通常使用该项的默认值：“None”（不使用任何操作系统）。

“Off Chip Code memory”用以确定系统扩展 ROM 的地址范围。

“Off Chip xData memory”组用于确定系统扩展 RAM 的地址范围。

这些选择项必须根据所用硬件来决定。

设置对话框中的“Output”页面，如图 8-5 所示，这里面也有多个选择项，其中“Creat Hex File”用于生成可执行代码文件（可以用编程器写入单片机芯片的 HEX 格式文件，文件的扩展名为“. HEX”），默认情况下该项未被选中，如果要将程序烧写到芯片中做硬件实验，就必须选中该项。

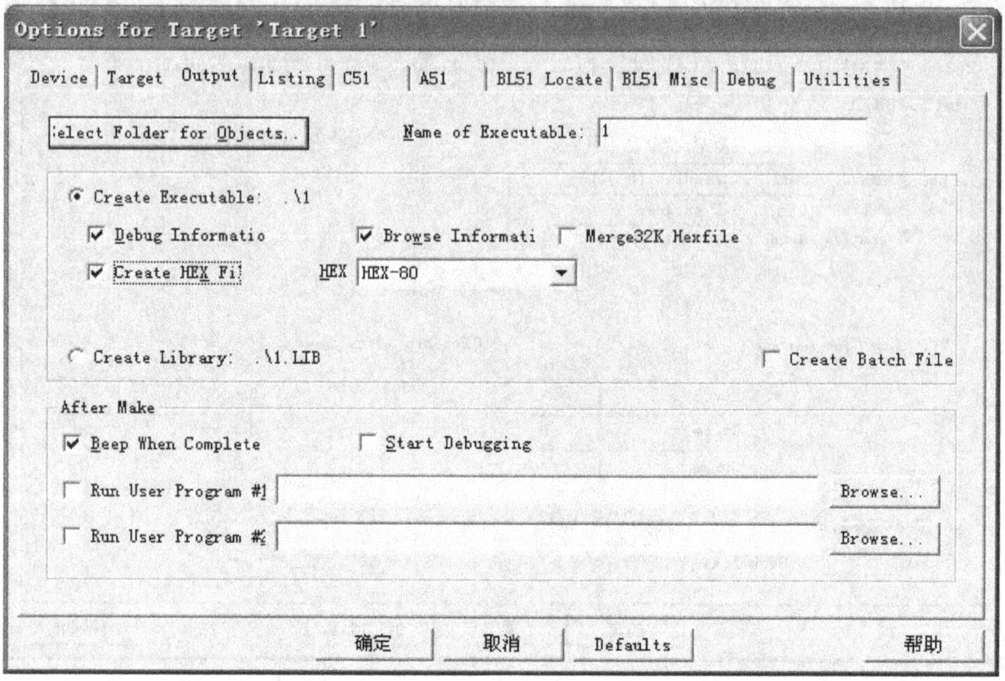

图 8－5　输出控制界面

其他选项卡中的大部分设置均使用默认值，设置完成后按“确认”键返回主界面，工程文件建立、设置完毕。

二、代码编译

在设置完成工程后，可通过“Project”中的相应选项或工具栏中的快捷按钮进行编译、连接。图 8－6 是有关编译、连接、项目设置的工具条，从左到右分别是：编译、编译连接、全部重建、停止编译和对工程进行设置。编译是指编译当前文件，只编译，不连接；编译连接是指编译当前系统里修改过后尚未编译过的文件并连接，如果所有源代码都已经编译过，它就只做连接；全部重建是指全部重新编译所有文件并连接。

图 8－6　有关编译、链接、项目设置的工具条

编译过程中的信息将出现在输出窗口中的 Build 页中，如果源程序中有语法错误，会有错误报告出现，双击该行，可以定位到出错的位置，对源程序反复修改之后，最终会得到如图 8－7 所示的结果，提示源程序通过了编译，生成了相同名称但后缀为“.HEX”的可执行文件。

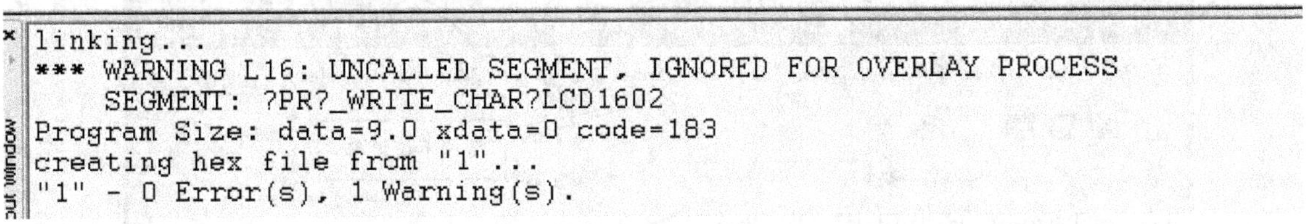

```
linking...
*** WARNING L16: UNCALLED SEGMENT, IGNORED FOR OVERLAY PROCESS
    SEGMENT: ?PR?_WRITE_CHAR?LCD1602
Program Size: data=9.0 xdata=0 code=183
creating hex file from "1"...
"1" - 0 Error(s), 1 Warning(s).
```

图 8-7　正确编译、连接后的结果

三、调试命令

事实上，除了极简单的程序以外，绝大部分的程序都要通过反复调试才能得到正确的结果，因此，调试是软件开发中重要的一个环节。

1. 常用调试命令

在对工程成功地进行汇编、连接以后，按"Ctrl＋F5"或者使用菜单"Debug－>Start/Stop DebugSession"即可进入调试状态，工具栏会多出一个用于运行和调试的工具条，如图 8-8 所示。Debug 菜单上的大部分命令可以在此找到对应的快捷按钮，从左到右依次是复位、运行、停止、单步、过程单步、执行完当前子程序、运行到当前行、下一状态、打开跟踪、观察跟踪、反汇编窗口、观察窗口、代码作用范围分析、1＃串行窗口、内存窗口、性能分析窗口、工具按钮等命令。

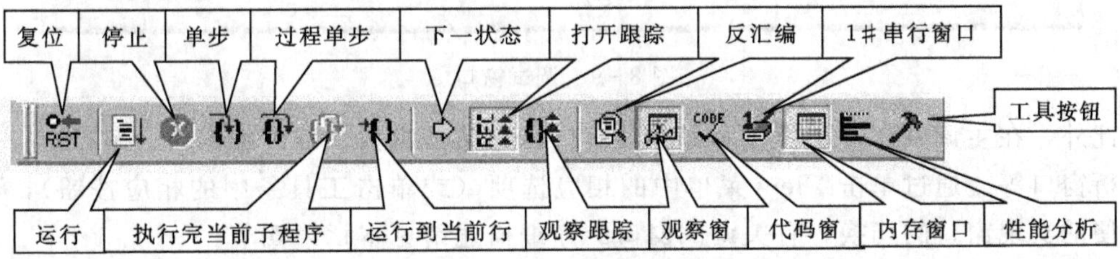

图 8-8　调试工具栏

学习程序调试，必须明确两个重要的概念，即单步执行与全速运行。

全速执行是指一行程序执行完以后紧接着执行下一行程序，中间不停止，这样程序执行的速度很快，并可以看到该段程序执行的总体效果，即最终结果正确还是错误，但如果程序有错，则难以确认错误出现在哪些程序行。

单步执行是每次执行一行程序，执行完该行程序以后即停止。通过单步执行程序，可以找出程序中存在的问题，但是有时效率偏低，为此必须辅之以其他的方法。通过菜单"Debug－>Run to Cursor line"（执行到光标所在行）命令，用鼠标在某一子程序的最后一行点一下即可全速执行完黄色箭头与光标之间的程序行。在进入该子程序后，使用菜单"Debug－>Step Out of Current Function"（单步执行到该函数外），使用该命令后，即全速执行完调试光标所在的子程序或子函数并指向主程序中的下一行程序。调试窗口如图 8-9所示。

主调试窗口用于用户显示源程序，窗口左边的小箭头指向当前程序语句，每执行一条语句小箭头会自动向后移动，便于观察程序当前执行点。命令窗口用户键入各种调试命令。观察窗口用于显示局部变量和观察点的状态。

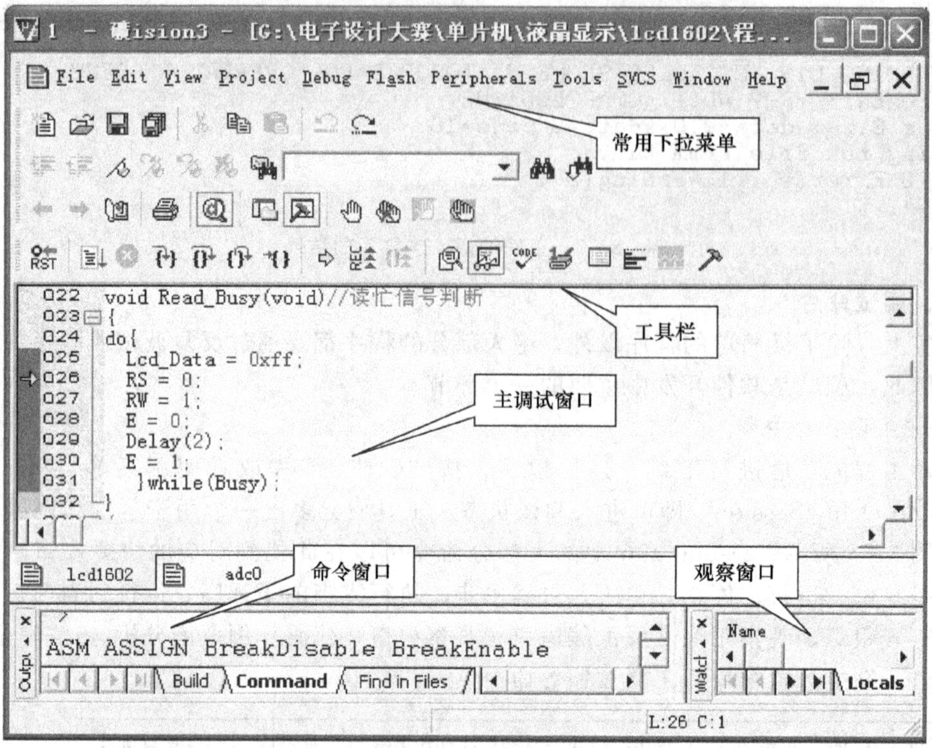

图 8-9　调试窗口

此外，在主调试窗口还可显示寄存器窗口、存储器窗口、反汇编窗口、串行窗口及性能分析窗口等。通过单击 View 菜单中的相应选项（或单击工具条中的相应按钮），可以很方便的实现窗口的切换。有关调试窗口的详细描述请见本章第四节。

2. 在线汇编

在进入 μVision2 的调试环境以后，如果发现程序有错，可以直接对源程序进行修改，但是要使修改后的代码起作用，必须先退出调试环境，重新进行编译、连接后再次进入调试，如果只是需要对某些程序行进行测试，或仅需对源程序进行临时的修改，这样的过程未免有些麻烦，为此 μVision2 软件提供了在线汇编的能力。

将光标定位于需要修改的程序行上，用菜单"Debug－＞Inline Assambly…"即可出现如图 8-10 所示的对话框，其中，"Current Instruction"栏显示的是指定行当前的汇编

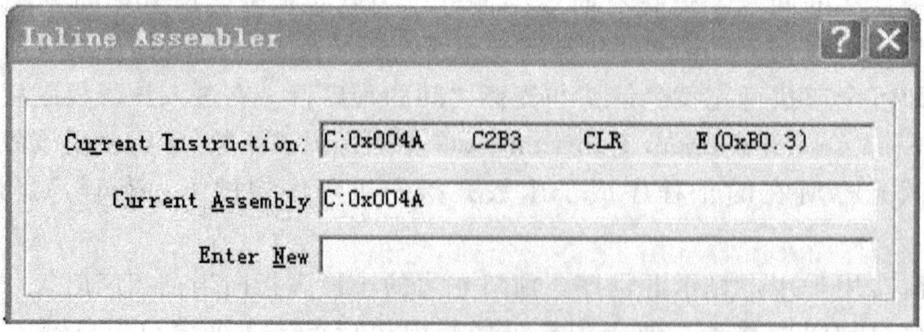

图 8-10　在线汇编窗口

指令，“Current Assembly”栏显示当前指定行地址，在“Enter New”后面的编辑框内直接输入新的汇编指令（如 LJMP LCD1602），输入完后键入回车，新键入的指令将取代指定行上原有的指令，实现“在线汇编”功能。如果不再需要修改，可以点击右上角的关闭按钮关闭窗口。

3. 断点设置

程序调试时，一些程序行必须满足一定的条件才能被执行（如程序中某变量达到一定的值、按键被按下、串口接收到数据、有中断产生等），这些条件往往是异步发生或难以预先设定的，这类问题使用单步执行的方法很难调试，一般通过设置断点解决该问题。断点设置的方法有多种，常用的是在某一程序行设置断点，设置好断点后可以全速运行程序，一旦执行到该程序行即停止，可在此观察有关变量值，以确定问题所在。

在程序行设置/移除断点的方法是将光标定位于需要设置断点的程序行，使用菜单“Debug－>Insert/Remove BreakPoint”设置或移除断点，也可以用鼠标双击该行实现同样的功能；“Debug－>Enable/Disable Breakpoint”是开启或暂停光标所在行的断点功能；“Debug－>Disable All Breakpoint”暂停所有断点；“Debug－>Kill All BreakPoint”清除所有的断点设置。这些功能也可以用工具条上的快捷按钮进行设置。除了在某程序行设置断点这一基本方法以外，μVision2 软件还提供了多种设置断点的方法，按“Debug－>Breakpoints…”即出现一个对话框，该对话框用于对断点进行详细的设置，如图 8－11 所示。

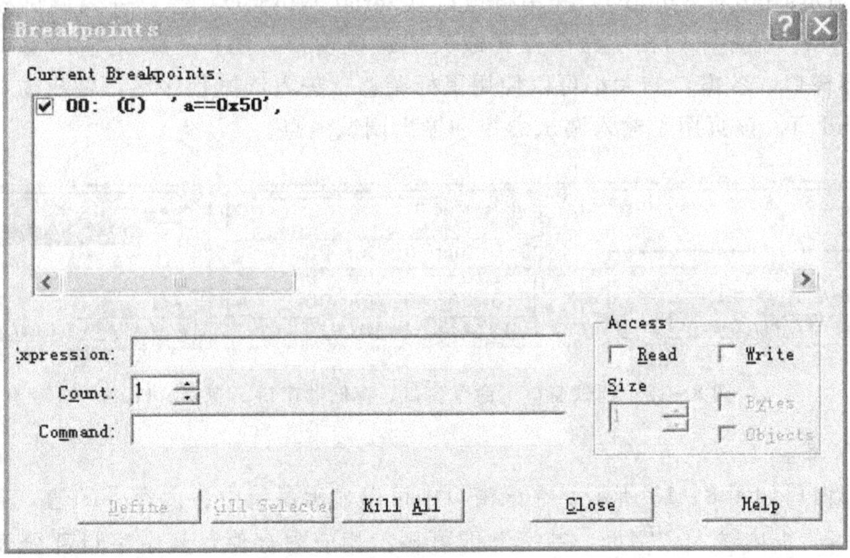

图 8－11　断点设置对话框

图 8－11 中 Expression 后的编辑框内用于输入表达式，该表达式用于确定程序停止运行的条件，例如：

(1) 在 Experssion 中键入 a==0x50，再点击 Define 即定义了一个断点，该表达式的含义是：如果 a 的值等于 0x50 则停止程序运行。

(2) 在 Experssion 后中键入 Delay 再点击 Define，其含义是如果执行标号为 Delay 的行则中断。

(3) 在 Experssion 后中键入 Delay，按 Count 后的微调按钮，例如将值调到 3，其意义是当第 3 次执行到 Delay 时才停止程序运行。

(4) 在 Experssion 后键入 Delay，在 Command 后键入 printf（"SubRoutin 'Delay' has been Called \ n"）主程序每次调用 Delay 程序时并不停止运行，但会在输出窗口 Command 页输出一行字符，即"SubRoutine 'Delay' has been Called"。其中"\ n"是回车换行，使窗口输出的字符整齐。

(5) 设置断点前先在输出窗口的 Command 窗口断点设置对话框页中键入 DEFINE intI，然后在断点设置时同 4)，但是 Command 后键入 printf（"SubRoutine 'Delay' has been Called %dtimes \ n"，++I)，则主程序每次调用 Delay 时将会在 Command 窗口输出该字符及被调用的次数，如"SubRoutine 'Delay' has been Called 10 times"则表示子程序"Delay"已是第十次调用。

对于调试使用 C 语言的源程序，表达式中可以直接使用变量名，但必须要注意，设置时只能使用全局变量名和调试箭头所指模块中的局部变量名。

四、程序调试窗口

μVision2 软件在调试程序时提供了多个窗口，主要包括输出窗口（Output Windows)、观察窗口（Watch&Call Stack Windows)、存储器窗口（Memory Window)、反汇编窗口（Dissambly Window）和串行窗口（Serial Window）等。进入调试模式后，可以通过"View"菜单下的相应命令打开或关闭这些窗口。图 8-12 是输出窗口、观察窗口和存储器窗口，各窗口的大小可以使用鼠标调整。进入调试程序后，输出窗口自动切换到 Command 页。该页用于输入调试命令和输出调试信息。

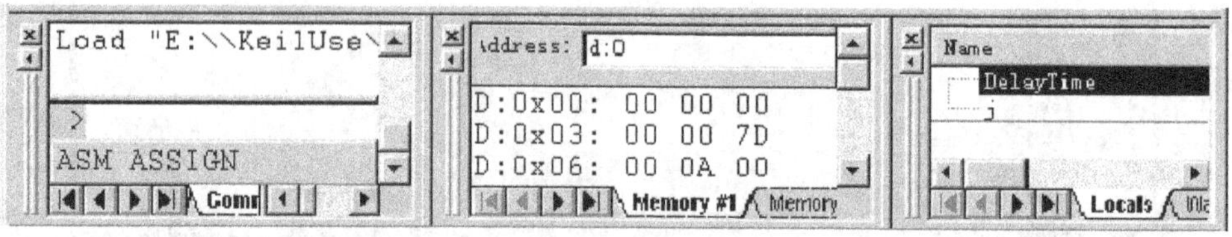

图 8-12　调试窗口（命令窗口、存储器窗口、观察窗口）

1. 存储器窗口

存储器窗口如图 8-13 所示，在该窗口中可以显示系统中各内存中的值，通过在 Address 后的编辑框内输入"字母：数字"即可显示相应内存值，其中字母部分表示四类存储器（C、D、I、X）空间。C—代表代码存储空间；D—直接寻址的片内存储空间，I—间接寻址的片内存储空间；X—扩展的外部 RAM 空间。数字代表要查看的地址。例如，输入 D：0 即可观察到地址 0 开始的片内 RAM 单元值，键入 C：0 即可显示从地址 0 开始的 ROM 单元中的值，即查看程序的二进制代码。窗口分为"Memory #1"—"Memory #4"四栏，每栏可指定不同的地址空间。

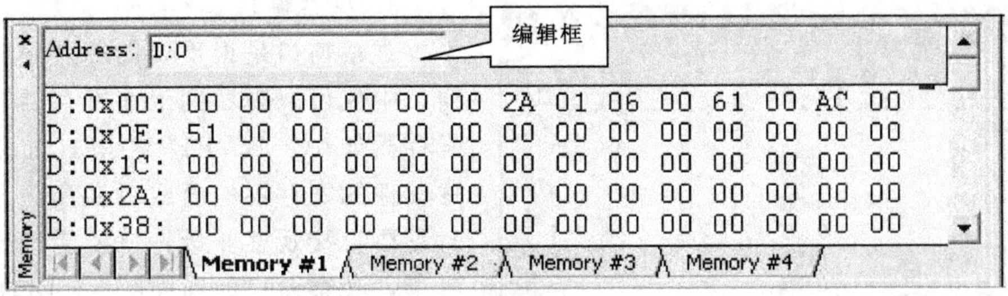

图 8-13　存储器窗口

该窗口的显示值可以以各种形式显示，如十进制、十六进制、字符型等。改变显示方式的方法是点鼠标右键，在弹出的快捷菜单中选择，如图 8-14 所示。在此快捷菜单中改变存储器内容按不同方式显示：可以采用十进制（Decimal）显示、按无符号（Unsigned）或有符号（Signed）的字符类型（Char）、整型（Int）或长整型（Long）、Ascii 码、浮点型（Float）、双精度型（Double）等方式显示。

Unsigned 和 Signed 则分别代表无符号形式和有符号形式，具体从哪一个单元开始的连续单元则与设置有关，例如输入 1：0，那么 00H 和 01H 单元的内容将会组成一个整型数，而如果输入 1：1，则 01H 和 02H 单元的内容全组成一个整型数。Unsigned 和 Signed 后分别有三个选项：Char、Int、Long，分别代表以单字节方式显示、将相邻双字节组成整型数方式显示、将相邻四字节组成长整型方式显示，有关数据格式与 C 语言规定相同，请参考 C 语言教材书籍，默认以无符号单字节方式显示。

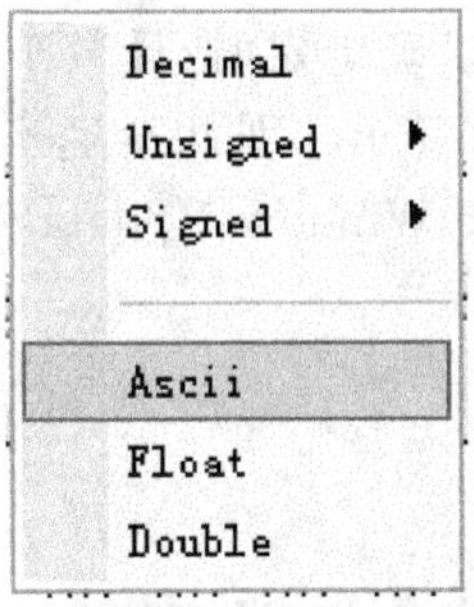

图 8-14　存储器窗口的右键菜单

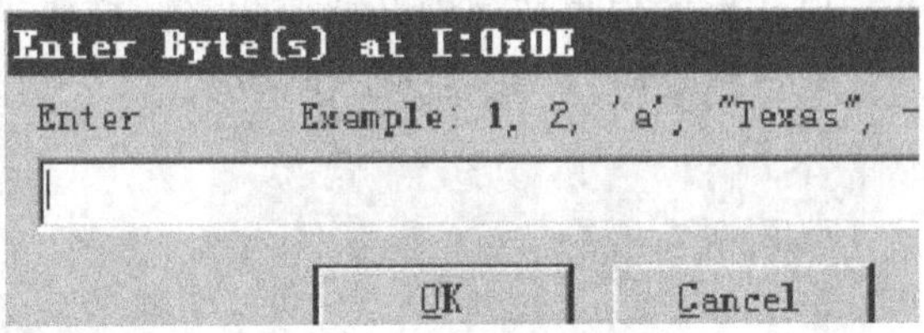

图 8-15　存储器单元数值的修改

Modify Memory at X：xx 用于更改鼠标处的内存单元值，选中该项即出现如图 8-15 所示的对话框，可以在对话框内输入要修改的内容。

2. 工程窗口寄存器页

图 8-16 是工程窗口寄存器页的内容，寄存器页包括了当前的工作寄存器组和系统寄存器组，系统寄存器组有一些是实际存在的寄存器如 A、B、DPTR、SP、PSW 等，有一些是实际中并不存在或虽然存在却不能对其操作的如 PC、Status 等。每当程序中执行到对某寄存器的操作时，该寄存器会以反色（蓝底白字）显示，用鼠标单击，然后按下 F2 键，即可修改此值。

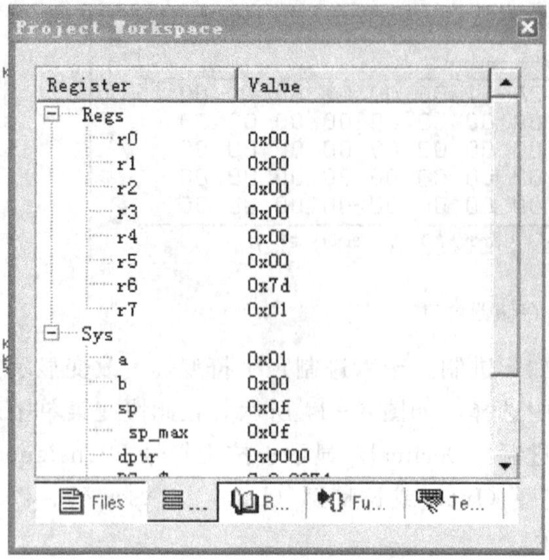

图 8-16　寄存器窗口

3. 观察窗口

观察窗口是很重要的一个窗口，工程窗口中仅可以观察到工作寄存器和有限的寄存器如 A、B、DPTR 等，如果需要观察其他的寄存器的值或者在高级语言编程时需要直接观察变量，就要借助于观察窗口了，观察窗口如前面图 8-12 所示。

4. 外围接口

为了能够比较直观地了解单片机中定时器、中断、并行端口、串行端口等常用外设的使用情况，μVision2 提供了一些外围接口对话框，通过“Peripherals”菜单选择，该菜单的下拉菜单内容与建立项目时所选的 CPU 有关，如果是选择的 AT89S51 这一类“标准”的 51 内核，那么将会有 Interrupt（中断）、I/O Ports（并行 I/O 口）、Serial（串行口）、Timer（定时/计数器）这四个外围设备菜单。打开这些对话框，列出了外围设备的当前使用情况、各标志位的情况等，在这些对话框中可以直观地观察和更改各外围设备的运行情况。

单击“Peripherals－>I/O－Ports－>Timer0”，出现如图 8-17 所示定时/计数器 0 的外围接口界面，可以直接选择“Mode”组中的下拉列表，以确定定时/计数工作方式、设定定时初值等。点击选中 TR0，Status 右侧的 Stop 就变成了 Run，如果全速运行程序，此时 TH0，TL0 后的值也快速地开始变化（同样要求 Periodic Window Updata 处于选中状态），直观地显示定时/计数器的工作情况。

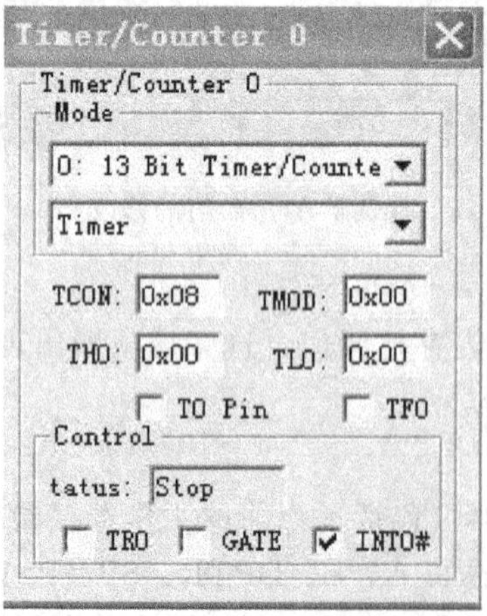

图 8-17　定时外围窗口

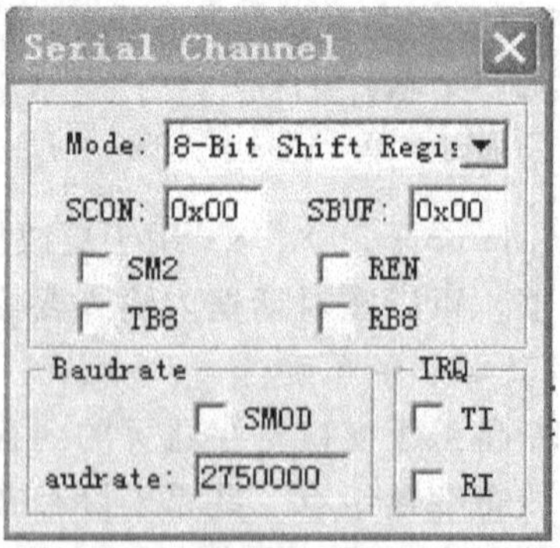

图 8-18　串行口外围窗口

单击“Peripherals－> Serial”即出现图 8-18 串行口外围接口界面。窗口中

"Mode"栏用于选择串行口的工作方式，单击其中的箭头很容易选择8位移位寄存器、8位/9位可变波特率UART等不同工作方式。选定工作方式后相应特殊工作寄存器SCON和SBUF的控制字也显示在窗口中。通过对特殊控制位SM2、REN、TB8、RB8、TI和RI复选框的置位和复位操作，很容易实现对8051单片机内部串行口的仿真。"Baudrate"栏用于显示串行口的工作波特率，SMOD位置位时将波特率加倍。"IRQ"栏用于显示串行口的发送和接收中断标志。

第三节 仿真软件

PROTEUS是英国Labcenter electronics公司研发的多功能EDA软件，它具有功能很强的ISIS智能原理图输入系统，有非常友好的人—机互动窗口界面和丰富的操作菜单与工具。在ISIS编辑区中，能方便地完成单片机系统的硬件设计、软件设计、单片机源代码级调试与仿真。

PROTEUS有30多个元器件库，拥有数千种元器件仿真模型和形象生动的动态器件库、外设库，特别是有从8051系列8位单片机至ARM7 32位单片机的多种单片机类型库。支持的单片机类型有：68000系列、8051系列、AVR系列、PIC12系列、PIC16系列、PIC18系列、Z80系列、HC11系列以及各种外围芯片，它们是单片机系统设计与仿真的基础。

单片机应用产品的PROTEUS开发主要分为以下4个步骤：

(1) 在PROTEUS平台上进行单片机系统电路设计、选择元器件、接插件、连接电路和电气检测等即PROTEUS电路设计。

(2) 在PROTEUS平台上进行单片机系统源程序设计、编辑、汇编编译、调试，最后生成目标代码文件（*.hex）。

(3) 在PROTEUS平台上将目标代码文件加载到单片机系统中，并实现单片机系统的实时交互、协同仿真。

(4) 仿真正确后，制作、安装实际单片机系统电路，并将目标代码文件（*.hex）下载到实际单片机中运行、调试。若在调试过程中出现问题，可与PROTEUS软件相互配合调试，直至运行成功。

Proteus ISIS的工作界面是一种标准的Windows界面，如图8-19所示。主要包括：主菜单、标准工具栏、绘图工具栏、对象选择按钮、旋转控制按钮、仿真进程控制按钮、预览窗口、对象选择窗口、图形编辑窗口。

下面将列举一个实例讲解KeilC与Proteus相结合的仿真过程。如图8-20所示，电路的核心是单片机AT89C51。单片机的P1.0～P1.7引脚分别连接LCD显示器的段选码（a、b、c、d、e、f、g、dp）引脚，单片机的P2.0～P2.5引脚分别连接LCD显示器的位选码（1、2、3、4、5、6）引脚，其中电阻R1～R8起限流作用。

1. 元器件查找

首先将所需元器件加入到对象选择器窗口，单击对象选择器按钮P，如图8-21所示，弹出"Pick Devices"页面，在"Keywords"输入AT89C51，系统会在对象库中进行

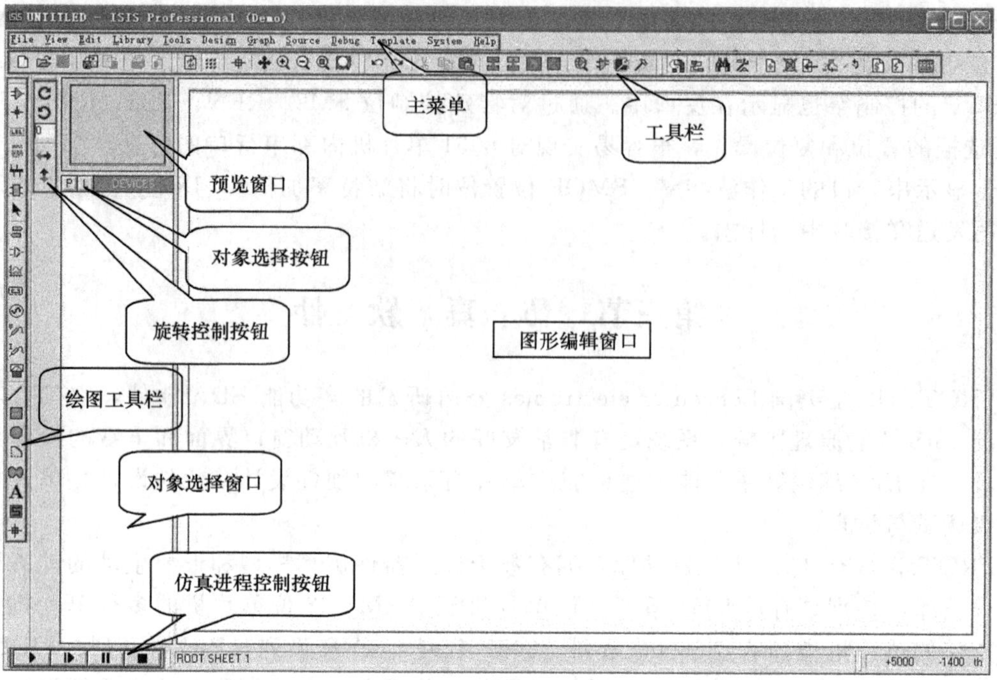

图 8-19　Proteus ISIS 工作界面图

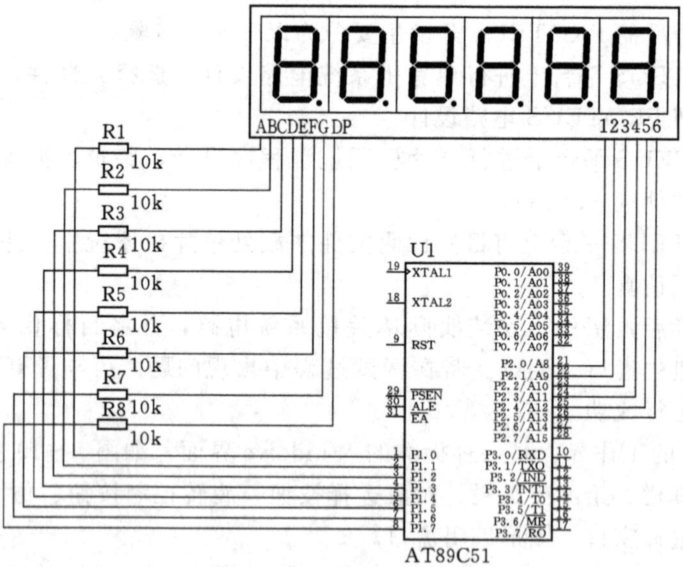

图 8-20　实例电路图

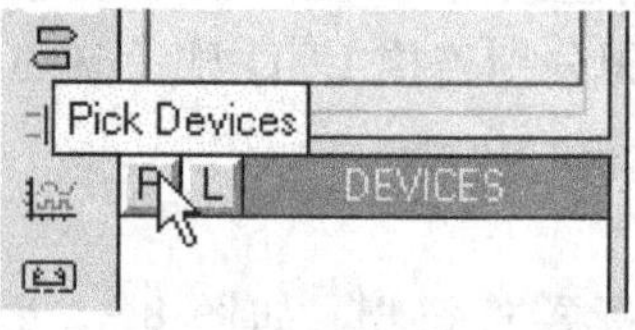

图 8-21　对象选择器按钮

搜索查找，并将搜索结果显示在“Results”中，如图 8-22 所示。在“Results”栏中的列表项中，双击“AT89C51”，则可将“AT89C51”添加至对象选择器窗口。

重复以上步骤分别查找 6 位共阳七段显示器 7SEG－MPX6－CA 和电阻 RES 并添加至对象选择器窗口。

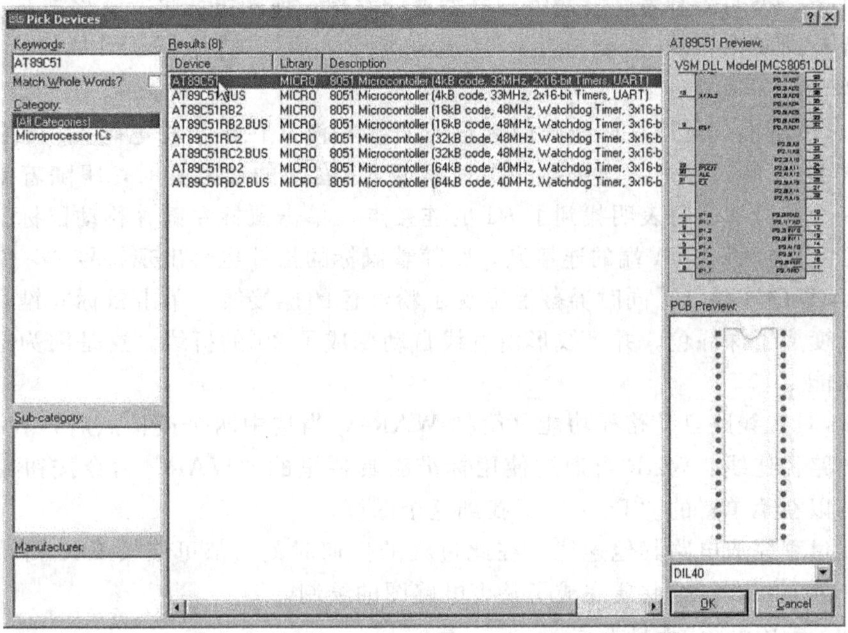

图 8-22　元件库搜索界面图

2. 放置元器件至图形编辑窗口

在对象选择器窗口中，选中 7SEG－MPX6－CA，将鼠标置于图形编辑窗口该对象的欲放位置并单击鼠标左键，该对象被完成放置。同样，将 AT89C51 和 RES 放置到图形编辑窗口中，如图 8-23 所示。

若需要移动对象位置，将鼠标移到该对象上，单击鼠标右键，此时注意到该对象的颜

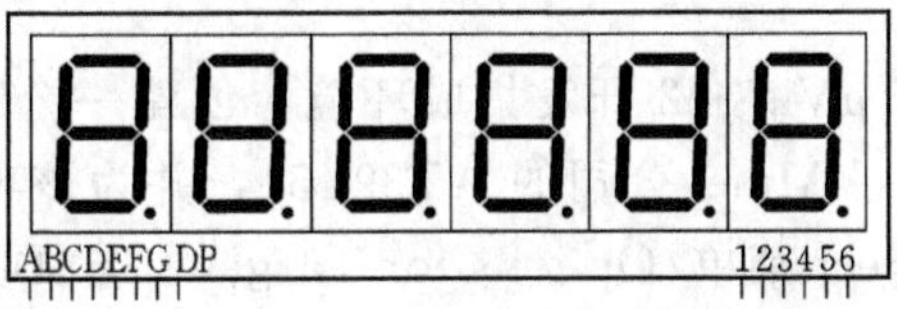

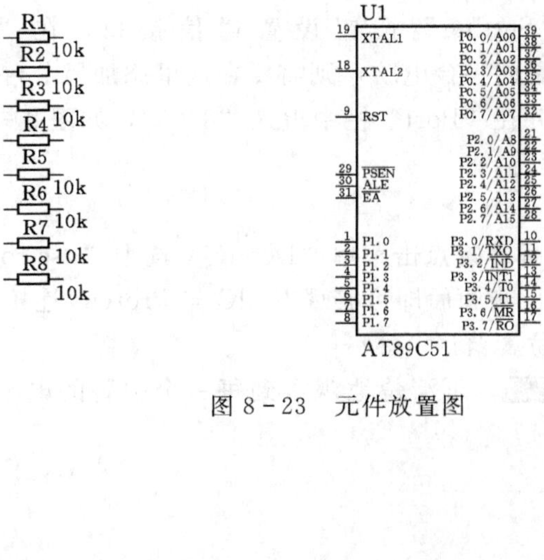

图 8-23　元件放置图

色已变至红色，表明该对象已被选中，单击鼠标左键，拖动鼠标将对象移至新位置后，松开鼠标完成移动操作。

3. 元器件之间的连线

Proteus 的智能化可以在画线的时候进行自动检测。在操作将电阻 $R1$ 的右端连接到 LCD 显示器的 A 端过程中，当鼠标的指针靠近 $R1$ 右端的连接点时，跟随着鼠标的指针就会出现一个符号“×”表明找到了 $R1$ 的连接点，单击鼠标左键并移动鼠标（不用拖动鼠标）至 LED 显示器的 A 端的连接点，跟随着鼠标的指针也会出现符号“×”表明找到了 LED 显示器的连接点，同时屏幕上出现了粉红色的连接线，单击鼠标左键，粉红色的连接线就会变成了深绿色，并且线形由直线自动变成了 90°的折线，这是因为选中了线路自动路径功能。

Proteus 具有线路自动路径功能（简称 WAR），当选中两个连接点后，WAR 将选择一个合适的路径连线。WAR 可通过使用标准工具栏里的“WAR”命令按钮来关闭或打开，也可以在菜单栏的“Tools”下找到这个图标。

按上述过程完成电路其他连线。在此过程的任何时刻，都可以按 ESC 键或者单击鼠标的右键来放弃画线。至此便完成了整个电路图的绘制。

4. KeilC 与 Proteus 连接调试

（1）将 KeilC 与 Proteus 都正确安装在 C：\ Program Files 的目录里，把 C：\ Program Files \ Labcenter Electronics \ Proteus 6 Professional \ MODELS \ VDM51. dll 文件复制到 C：\ Program Files \ keilC \ C51 \ BIN 目录中。

（2）用记事本打开 C：\ Program Files \ keilC \ C51 \ TOOLS. INI 文件，在［C51］栏目下加入：TDRV5＝BIN \ VDM51. DLL（" Proteus VSM Monitor－51 Driver"），其中“TDRV5”中的“5”要根据实际情况写，不要和原来的重复。（步骤 1 和步骤 2 只需在初次使用设置。）

（3）进入 KeilC μVision2 开发集成环境，创建一个新项目（Project），并为该项目选定单片机 CPU 器件：Atmel 公司的 AT89C51，并为该项目加入 KeilC 源程序。

（4）单击“Project 菜单/Options for Target”选项或者点击工具栏的“option for target”按钮弹出输出控制界面，点击“Debug”按钮并在仿真软件当中选择 Proteus VSM Monitor－51 Driver，如图 8－24 所示。

点击仿真软件设置“Setting”按钮设置通信接口，在“Host”栏中填入“127.0.0.1”，如果使用的不是同一台电脑，则需要在这里添加另一台电脑的 IP 地址（另一台电脑也应安装 Proteus）并在“Port”栏中填入“8000”，如图 8－25 所示。最后将工程编译，进入调试状态，并运行。

5. Proteus 的设置

进入 Proteus 的 ISIS，鼠标左键点击菜单“Debug”，选中“use romote debuger monitor”，如图 8－26 所示。完成此步骤后即可实现 KeilC 与 Proteus 连接调试。

6. KeilC 与 Proteus 连接仿真调试

单击仿真运行开始按钮，可清楚地观察到每一个引脚的电平变化，红色代表高电平，蓝色代表低电平。

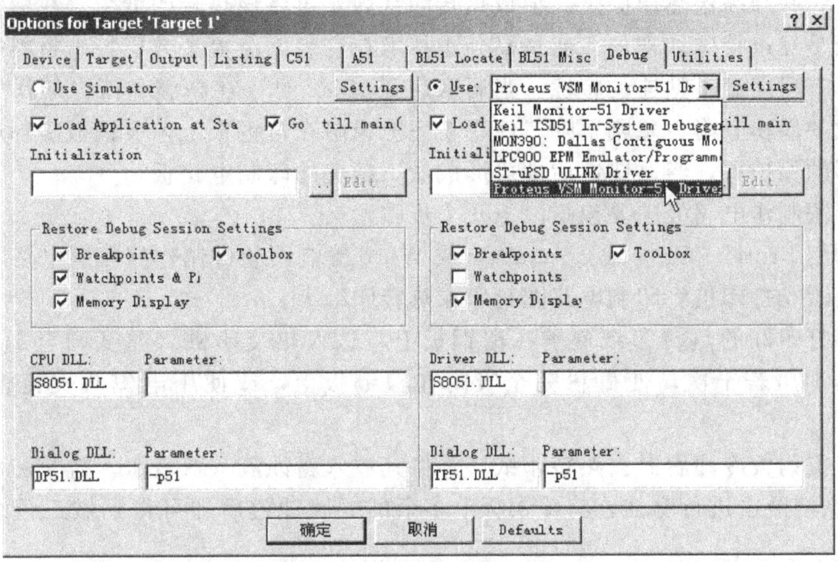

图 8－24　输出控制界面设置

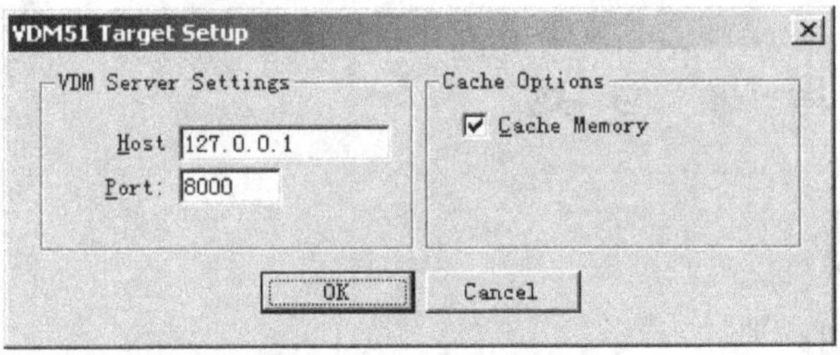

图 8－25　通信接口设置图

图 8－26　远程调试器选择图

第四节　印制电路板制板步骤

在业余条件下制作电路板的方法很多，有刀刻法、描漆法、热转法、感光电路板法等。其中制作精度较高，质量较好，速度较快的要属热转法和感光电路板法。由于感光电路板材料价格昂贵并且不易购买，曝光时间不容易掌握，因此本节为读者重点介绍用热转印法制作电路板的详细方法。

热转印法主要采用了热转移原理，利用激光打印机的碳粉受激光打印机的硒鼓静电吸引，在硒鼓上排列出精度极高的图形及文字，在消除静电后，转移至经过特殊处理的专用热转印纸上，并经高温热压固定，形成热转印纸版，再将该热转印纸覆盖在覆铜板上，由于热转印纸是经过特殊处理的，通过高分子技术在它表面覆盖了数层特殊材料的涂层，使热转印纸具有耐高温不粘连的特性，当温度达到180℃时，在高温和压力的作用下，热转印纸对溶化的墨粉吸附力急剧下降，使墨粉完全吸附在覆铜板上，覆铜板冷却后，形成紧固的有图形的保护层，经过腐蚀后即可形成做工精美的印制电路板。

热转印法制作电路板主要包括以下几个步骤：

(1) 利用Protel、Orcad、Coreldraw或Word等制图软件制作好印制电路图。

(2) 用激光打印机将印制电路图打印在热转印纸上。

(3) 将打印好的热转印纸覆盖在覆铜板上，送入热装印机（温度调至180～200℃）并来回加热加压若干次，使墨粉完全吸附在覆铜板上，或使用电熨斗熨烫也可完成本步骤。

(4) 待覆铜板冷却后揭去热转印纸，并将其放入腐蚀液（双氧水：盐酸：水=2：1：2）或氯化铁溶液中进行腐蚀，将覆铜板上多余的铜腐蚀过后即可得到做工精细的印制电路板。

本章小结

本章介绍了单片机系统开发流程以及相关常用软件，通过实例分析讲解了仿真软件Proteus与KeilC连接仿真调试的使用方法，并介绍了印制电路板制板的详细步骤。通过本章的学习可以使读者加深对单片机系统开发方法和流程的理解，并且掌握一定的电路板制作技能。

思考与练习题

1. 请详细描述单片机系统开发流程。

2. 什么是在线汇编？其作用是什么？

3. 软件模拟仿真与硬件连接调试有何区别？

4. 利用Proteus与KeilC结合，设计一个D/A转换电路并编写程序分别产生三角波、锯齿波与方波。

第九章　单片机的C语言编程

51单片机有两种常用的编程语言，一种是汇编语言；另一种是C语言。汇编语言的机器代码生成效率高但可读性和可移植性均不强，采用汇编语言编写应用系统程序的周期长，而且调试和排错也比较困难。C语言在大多数情况下机器代码生成效率和汇编语言相当，但是具有模块化程度高，容易阅读和维护等优点。

第一节　C语言语法规范

一、单片机C语言的优点

对于大多数51单片机来说，C语言既具有一般高级语言的特点，又能直接对单片机的硬件进行操作。由于模块化，用C语言编写的程序具有较高的可移植性，功能化的代码能够很方便地从一个工程移植到另一个工程，从而减少开发时间。此外，C语言还可以嵌入汇编来解决高时效性的代码编写问题。

使用C语言等高级语言与使用汇编语言相比具有以下优点：

(1) 大多数程序开发时不需要了解处理器的汇编指令集和存储器结构。

(2) 在对片内存储资源要求不高的条件下，寄存器分配和寻址方式可由编译器完成，编程时不需要考虑存储器的寻址和数据类型等细节。

(3) 可使用与人的思维更相近的变量名、关键字、注释和操作数。

(4) C语言库文件可提供大量的标准例程，如格式化输出、数据转换和浮点运算等。

(5) 模块化程度较高，可移植性好，已完成的软件项目可以很容易地转换到其他微处理器平台，提高了程序开发效率，缩短了产品开发周期。

二、单片机C语言语法规范

C语言是一门得到广泛应用的高级程序设计语言，对于C语言的基本用法，本书不做过多介绍，请读者参考其他教材。51系列单片机的C语言（简称C51）在标准C语言的基础上，针对51系列单片机进行了扩展，其特色主要体现在以下几个方面：

(1) C51在继承了标准C语言绝大部分特性且基本语法相同的基础上，针对特定的硬件结构有所扩展，如关键字sbit、data、idata、pdata、code等。

(2) 由于单片机的系统资源相对于计算机来说较贫乏，需充分利用RAM和ROM以及外扩的存储器中的资源，因此应用C51编程时更要注意对系统资源的理解。

(3) 由于51单片机的数据宽度只有8位，在编程时尽量少用浮点运算和多字节的乘除运算，多使用移位运算，可以使用无符号型数据完成就不要使用有符号型数据，尽可能地降低系统负担。

C51主要从以下几个方面针对51系列单片机CPU硬件对标准C语言的扩展。

1. 特殊数据类型

C51 具有标准 C 语言的所有标准数据类型，除此以外，为了更加有效地利用 8051 单片机，还加入了以下的特殊数据类型：

（1）bit 位标量。bit 位标量是 C51 编译器的一种扩充数据类型，利用它可定义一个位标量，但不能定义位指针，也不能定义位数组。它的值是一个二进制位，不是 0 就是 1，类似一些高级语言中的 Boolean 类型中的 True 和 False。

（2）sfr 特殊功能寄存器。sfr 也是一种扩充数据类型，占用一个内存单元，值域为 0～255。利用它可以访问和操作 51 单片机内部的所有特殊功能寄存器。如用

sfr P1＝0x90；

定义字符“P1”为端口 P1 在片内的特殊功能寄存器，在后续程序中可用

P1＝255；

将 P1 端口的所有引脚置高电平。

（3）sbit 可寻址位。sbit 同样是 C51 中的一种扩充数据类型，利用它可以访问芯片内部 RAM 中的可寻址位或特殊功能寄存器中的可寻址位。如上述定义的

sfr P1＝0x90；

由于 P1 端口的寄存器是可位寻址的，所以可以定义

sbit P1_1＝P1^1；

P1_1 为端口 P1 中的 P1.1 引脚。同样可以用 P1.1 的地址去写，如：

sbit P1_1＝0x91；

这样在以后的程序语句中就可以用 P1_1 来对 P1.1 引脚进行读写操作了。通常位寻址定义可以直接使用系统提供的预处理文件，里面已定义好各特殊功能寄存器的简单名字。

（4）sfr16 16 位特殊功能寄存器。sfr16 占用两个内存单元，值域为 0～65535。sfr16 和 sfr 一样用于操作特殊功能寄存器，所不同的是它用于操作占两个字节的寄存器，如定时器 T0 和 T1。

其余数据类型如 char、enum、short、int、float、long 等与标准 C 语言相同，当结果为不同的数据类型时，C51 编译器自动完成数据类型的隐式转换。隐式转换按以下优先级别自动进行：

bit char int long float signed unsigned

转换时由低向高进行，而不是数据转换时的顺序。一般情况，如果有几个不同类型的数据同时参加运算，先将低级别类型的数据转换成高级别类型，再作运算处理，并且运算结果为高级别类型数据。

完整的数据类型如表 9－1 所示。

表 9－1　C51 数据类型

数据类型	位数	字节数	数值范围
bit	1		0～1
char	8	1	－128～＋127
unsigned char	8	1	0～255
enum	16	2	－32768～＋32767

续表

数据类型	位数	字节数	数值范围
short	16	2	－32768～＋32767
unsigned short	16	2	0～65535
int	16	2	－32768～＋32767
unsigned int	16	2	0～65535
long	32	4	－2147483648～＋2147483647
unsigned long	32	4	0～4294967295
float	32	4	±1.175494E－38～±3.402823E＋38
sbit	1		0～1
sft	8	1	0～255
Sfr16	16	2	0～65535

另外，由于8051单片机不包括捕获浮点运算错误的中断向量，因此必须由用户自己根据可能出现的错误条件用软件来进行适当的处理。

2. 存储类型及存储区

C51编译器支持8051及其扩展系列，并提供对8051单片机所有存储区的访问。每个变量可以被明确地分配到指定的存储空间。由于51单片机对内部数据存储器的访问比对外部数据存储器的访问快得多，因此应当将频繁使用的变量存放在内部数据存储器中，而把较少使用的变量存放在外部数据存储器中。各存储区的简单描述如表9-2所示。

表9-2　　存储区描述

存储区	标识符	汇编语言操作范例	说明
CODE	code	MOVC @A＋DPTR	程序存储空间
DATA	Data	MOV A，30H	RAM的低128字节，可在一个周期内直接寻址
IDATA	Idata	MOV A，@R0	RAM区的高128字节，必须采用间接寻址
BDATA	Bdata	MOV A，＃15H	DATA区可字节、位混合寻址的16字节区
PDATA	Pdata	MOVX A，@R0	外部存储区的256字节，通过P0口的地址对其寻址
XDATA	xdata	MOVX A，@DPTR	程序存储区使用DPTR寻址

(1) 程序存储区CODE。程序存储区CODE生命中的标识符为code，在C51编译器中可用code存储区类型标识符来访问程序存储区。

下面是程序存储区声明的例子：

unsigned char code a [] ＝ {0x00，0x01，0x02，'a'，0x03，}；

(2) DATA区。内部数据RAM，只需要较少的指令时间就可存取，使用直接寻址法，因此存取速度较快，但data类型的内存只有0～0x7f，通常将需要高速存取的变量定义成data类型，而data类型内存也包含了位寻址的区域。声明举例如下：

unsigned char data system_status ＝ 0；

unsigned int data unit_id[2]；

```
float data outp_value;
mytype data new_var;
```

(3) IDATA 区。使用间接寻址法的内部数据 RAM，地址范围为 0～0xff，访问速度比 data 类型稍慢一些，声明举例如下：

```
unsigned char idata system _ status = 0;
char idata inp _ string [16];
```

(4) BDATA 区。BDATA 区是 DATA 区中的位寻址区，在这个区声明变量就可以进行位寻址。BDATA 区的地址范围是 0x20～0x2f，共 16 个字节。在 BDATA 区中声明位变量和使用位变量的例子如下：

```
unsigned char bdata status_byte;
unsigned int bdata status_word;
sbit stat_flag=status_byte^4;
if(status_word^15){stat_flag=1;}
```

编译器不允许在 BDATA 区中声明 float 和 double 型变量。如果需要对浮点数的每一位进行寻址，可以通过包含 float 和 long 的联合体来实现，如：

```
typedef union{
unsigned long lvalue;
float fvalue;
}bit_float;
bit float bdata myfloat;
sbit float_ld=myfloat^31;
```

(5) PDATA 区和 XDATA 区。PDATA 区和 IDATA 区属于外部存储区，51 单片机外部数据区最多有 64KB。由于访问外部数据存储区是通过数据指针加载地址来间接访问，因此访问外部数据存储区比访问内部数据存储区慢。

对 PDATA 和 XDATA 的操作是相似的，但是 PDATA 只有 256 个字节，而 XDATA 区可达 65536 字节；对 PDATA 区的寻址比 XDATA 区快，因为对 PDATA 区寻址只需要装入 8 为地址，而对 XDATA 区寻址需装入 16 位地址。对 PDATA 和 XDATA 区变量声明如下：

```
unsigned char xdata system_status = 0;
unsigned int pdata unit_id[2];
char xdata inp_string[16];
float pdata outp_value;
```

3. 存储器模式

如果省略存储器类型，系统则会按编译模式 SMALL，COMPACT 或 LARGE 所规定的默认存储器类型去指定变量的存储区域。无论哪种存储模器式都可以在任何的 51 单片机存储区范围内声明变量。然而，把最常用的命令如循环计数器和队列索引放在内部数据区可以显著的提高系统性能。此外，变量的存储种类与存储器类型是完全无关的。指定存储器模式需要在命令行中使用 SMALL，COMPACT 和 LARGE 等 3 个控制命令中的一个，例如：

void fun1(void) small {};

SMALL 存储模式把所有函数变量和局部数据段放在 51 单片机系统的内部数据存储区这使访问数据非常快，但 SMALL 存储模式的地址空间受限。在写小型的应用程序时，变量和数据放在 data 内部数据存储器中是很好的因为访问速度快，但在较大的应用程序中 data 区最好只存放小的变量、数据或常用的变量（如循环计数、数据索引），而大的数据则放置在别的存储区域。

COMPACT 存储模式变量被定义在分页外部数据存储器中，外部数据段的长度可达 256 字节。这时对变量的访问是通过寄存器间接寻址（MOVX @Ri）进行的，堆栈位于 8051 单片机内部数据存储器中。采用这种编译模式时，变量的高 8 位地址由 P2 口确定。因此，在采用这种模式的同时，必须适当改变启动程序 STARTUP. A51 中的参数：PDATASTART 和 PDATALEN；用 L51 进行连接时还必须采用连接控制命令 PDATA 来对 P2 口地址进行定位，这样才能确保 P2 口为所需要的高 8 位地址。

LARGE 存储模式所有函数和过程的变量和局部数据段都定位在 8051 系统的外部数据区外部数据区最多可有 64KB，这要求用 DPTR 数据指针访问数据。这种访问数据的方法效率是不高的，尤其是对于 2 个或多个字节的变量，用这种数据访问方法相当影响程序的代码长度。另外，其缺点是这种数据指针不能对称操作。

4. 特殊功能寄存器（SFR）

51 单片机提供 128 字节的 SFR 寻址区，地址为 80H～FFH。51 单片机中，除了程序计数器 PC 和 4 组通用寄存器外，其他所有的寄存器均为 SFR，并位于片内的特殊功能寄存器区。该区域可位寻址，字节寻址或字寻址。特殊功能寄存器可由以下几种关键字说明：

（1） sfr 声明字节寻址的特殊功能寄存器，例如 sfr P0 = 0x80；表示 P0 口地址为 80H。“sfr” 后面必须跟一个特殊功能寄存器名；“=” 后面的地址必须是常数，不允许带有运算符的表达式，且范围必须在特殊功能寄存器地址范围内。

（2） sfr16 许多新的 8051 派生系列单片机使用两个连续地址的 SFR 来指定 16 位值，例如 8052 用地址 0xCC 和 0xCD 表示定时器/计数器 2 的低和高字节，如：

sfr16 T2 = 0xCC;

表示 T2 地址的低地址 T2L=0xCC，高地址 T2L=0xCD。

（3） sbit 声明可位寻址的特殊功能寄存器和别的可位寻址目标。“=” 后面将绝对地址赋给变量名，3 种变量声明方式如下：

1） sfr_name^int_constant

该方式用一个已声明的 SFR sfr _ name 作为 sbit 的基地址（SFR 的地址必须能被 8 整除）。“^” 后面的表达式指定了位的位置，必须是 0～7 之间的一个数字，例如：

```
sfr PSW = 0xD0;
sbit OV = PSW^2;
sbit CY = PSW^7;
```

2） int_constant^int_constant

该方式用一个整常数作为 sbit 的基地址，基地址值必须能被 8 整除。“^” 后面的表达式指定位的位置，必须在 0～7 之间。例如：

sbit OV = 0xD0^2;

sbit CY = 0xD0^7;

3) int _ constant

该方式是一个 sbit 的绝对位地址，例如：

sbit OV = 0xD2;

sbit CY = 0xD7;

注意，不是所有 SFR 都可以位寻址，只有地址可被 8 整除的 SFR 可位寻址。

5. C51 指针

(1) 通用指针。C51 提供一个 3 字节的通用指针，通用指针的声明和使用均与标准 C 语言相同，但它同时还可以说明指针的存储类型。通用指针用 3 字节保存，指针的第一字节表明指针所指的存储区空间地址，另外两个字节存储 16 位偏移量，但对 DATA、IDATA 和 PDATA 区，使用 8 位偏移量就可以了，例如：

1) long * state；为一个指向 long 型整数的指针，而 state 本身则根据存储模式存放在不同的 RAM 区。

2) char * xdata ptr；为一个指向 char 数据的指针，ptr 本身存放在外部 RAM 区。

以上的 long、char 等指针指向的数据可存放在任何存储器中。通用指针产生的代码比指定存储区指针代码的执行速度要慢，因为存储区在运行前是未知的，编译器不能优化存储区访问，必须产生可以访问任何存储区的通用代码。

(2) 存储器指针。C51 允许使用者规定指针指向的存储段，这种指针叫指定存储区指针。例如：

```
char data * str;    //str 指向 data 区中 char 型数据
int xdata * pow;    //pow 指向外部 RAM 的 int 型整数
```

存储类型在编译时是确定的，通用指针所需的存储类型字节在指定存储器的指针中是不需要的，指定存储区指针只需用一字节（idata、data、bdata 和 pdata 指针）或两字节（code 和 xdata 指针）。使用指定存储区指针的好处是节省了存储空间，编译器不用为存储器选择和决定正确的存储器操作指令产生代码，使代码更加简短，但必须保证指针不指向所声明的存储区以外的地方，否则会产生错误。

(3) 绝对指针。绝对指针类型可访问任何存储区的任何地址，也可用绝对指针调用定位在绝对或相对固定地址的函数。举例说明如下：

```
char xdata * px;    //指向 xdata 区的指针
char idata * pi;   //指向 idata 区的指针
char code * pc;    //指向 code 区的指针
```

(4) 指针转换。C51 编译器可以在指定存储区指针和通用指针之间转换，指针转换可以用类型转换的直接程序代码来强制转换，或在编译器内部强制完成。

当把指定存储区指针作为参数传递给要求使用通用指针的函数时，C51 编译器就把指定存储区指针转换为通用指针，如下例中用 printf、sprintf 和 gets 等通用指针作为参数的函数。

```
extern int printf(void *format, …);
extern int myfunc(void code *p, int xdata *pq);
int xdata *px;
char code *fmt= * value=%d|%4XH\n";
void debuf_print(void)
{
printf(fmt, *px, *px);  //fmt被转换
myfunc(fmt, px);  //没有转换
}
```

在调用函数 printf 中，参数 fmt 代表 2 字节 code 指针，自动转换或强制转换为 3 字节通用指针，这是因为 printf 的原型要求用通用指针作为第一参数。

指定存储区的指针作为函数的参数时，如果没有函数原型，就经常被转换成通用指针。如果调用的函数用短指针作为参数，会引起错误。要在程序中避免这种错误，可用#include 文件和所有外部函数原型，以确保编译器及你想那个必须的类型转换，确保编译器检测类型转换错误。

6. 函数

(1) 函数声明。Keil C51 编译器对标准 C 函数声明的扩展包括：

1) 指定一个函数作为一个中断函数。

2) 选择所用的寄存器组。

3) 选择存储模式。

4) 指定重入。

5) 指定 ALIEN PL/M51 函数。

在函数声明中可以包含这些扩展属性，声明 C51 函数的标准格式为：

[return_type][funcname([args])[{small|compact|large}][reentrant][interrupt n][using n]

return _ type：函数返回值的类型，如果不指定缺省是 int。

funcname：函数名。

args：函数的参数列表。

small、compact、large：函数的存储模式。

reentrant：表示函数是递归的或可重入的。

interrupt：表示是一个中断函数。

using：指定函数所用的寄存器租。

(2) 函数参数和堆栈。传统的 8051 中堆栈指针只能访问内部数据存储区，Keil C51 编译器把堆栈定位在内部数据区的所有变量的后面，堆栈指针间接访问内部存储区，可以使用 0xFF 前的所有内部数据区。传统 8051 的堆栈空间是有限的，最多只有 256 字节。除了用堆栈传递函数参数外，Keil C51 编译器还为每个函数参数分配一个特定地址，当函数被调用时，调用者在传递控制权前必须把参数拷贝到分配好的存储区，函数就可以从固

定的存储区提取参数。在这个过程中，只有返回地址保存在堆栈中。中断函数要求更多的堆栈空间，因为必须切换寄存器组，在堆栈中保存寄存器值。

一些派生的 51 系列单片机的堆栈空间达到几千字节，C51 编译器在缺省情况下最多可以用寄存器传递 3 个参数以提高运行速度。另外一些派生的 C51 系列单片机只提供 64 字节的片内数据区，在决定存储模式时应考虑这个因素，因为片内 data 和 idata 直接影响堆栈空间的大小。

(3) 用寄存器传递参数。C51 编译器允许用 CPU 寄存器传递 3 个参数，这样可以明显提高系统性能。参数传递可以用 PEGPARMS 或 NOREGPARMS 控制命令来控制，表 9－3 列出了不同参数位置和数据类型所用的寄存器。

表 9－3　　参数位置及数据类型所用的寄存器

参数数目	char，1 字节指针	int，2 字节指针	long，float	通用指针
1	R7	R6&R7	R4～R7	R1～R3
2	R5	R4&R5	R4～R7	R1～R3
3	R3	R2&R3		R1～R3

如果没有寄存器可以用来传递参数，则使用固定存储区。以下是几个参数传递的例子：

func1(int a)：“a”是第一个参数，在 R6，R7 中传递。

func2(int a，int b，int ＊c)：“a”在 R6、R7 中传递，“b”在 R4、R5 中传递，“c”在 R1、R2 和 R3 中传递。

func3(long a，long b)：“a”在 R4～R7 中传递，“b”不能在寄存器中传递，只能在参数传递段中传递。

(4) 函数返回值。函数返回值一律放于寄存器中，规律如表 9－4 所示。注意，如果函数的第一个参数是 bit 类型，则别的参数不能用寄存器传递，因此 bit 参数应该在最后声明。

表 9－4　　函数返回指与寄存器对照表

返回值类型	寄存器	说明
bit	标志位	由具体标志位返回
char/unsigned char 1 byte 指针	R7	单字节由 R7 返回
int/unsigned int 2 byte 指针	R6&R7	双字节由 R6 和 R7 返回，MSB 在 R6
long&unsigned long	R4～R7	MSB 在 R4，LSB 在 R7
float	R4～R7	32bit IEEE 格式
通用指针	R1～R3	存储类型在 R3，高位在 R2，低位在 R1

(5) 函数的存储模式。函数的参数和局部变量保存在有存储模式指定的缺省存储空间中，但是单个函数可以在函数声明中用 small、compact 和 large 来声明指定存储模

式。如：

```
#pargma small /* Default to small model */   //默认为 small 模式
extern int calc(char i, int b) large reentrant;   //Large 模式
extern int func(int i, float f) large;   //Large 模式
```

函数使用 SMALL 模式时，局部变量和参数保存在 8051 内部 RAM，数据访问效率高。但是内部存储区是有限的，很多情况下 SMALL 模式不能满足程序的要求，就必须使用其他存储模式。

(6) 函数的寄存器组。51 系列单片机的最低 32 个字节划分为 4 个寄存器组，每个寄存器组的寄存器为 R0～R7，寄存器组有 PSW 的两位选择。using 函数属性用来指定函数所用的寄存器组，例如：

```
void rb_function(void) using 3
{…}
```

using 属性为 0～3 的常整数，不允许带操作数的表达式，在函数原型和用寄存器返回值的函数中不允许使用 using 属性。必须确保寄存器组切换在可控范围内，否则可能产生错误。即使使用相同的寄存器组，用 using 声明函数也不能返回 bit 值。

7. 重入函数

一般函数中的每个变量都存放在一个固定的位置，当递归调用这个函数时会导致变量被覆盖，所以在实时应用中应尽量少用一般函数。因为函数调用时可能会被中断程序中断，而在中断中可能再次调用这个函数，所以 C51 允许将函数声明为重入函数。重入函数，又称为再进入函数，是一种可以在函数体内直接调用其自身的函数。重入函数可被递归调用和多重调用而不必担心变量被覆盖，这是因为每次函数调用时的局部变量都会被单独保存起来。由于这些堆栈是模拟的，重入函数一般都比较大，运行起来也比较慢。模拟栈不允许传递 bit 类型的变量，也不能声明局部位标量。

声明重入函数关键字：reentrant。

声明格式为：函数说明 函数名（形式参数表）reentrant

例如：

```
long fact (unsigned char n) reentrant
{
 if(n==0)
   return (0x01);
 else
   return(n * fact(n-1));
}
```

8. 中断函数

51 单片机的中断系统使用十分普遍，C51 编译器支持声明中断和编写中断服务程序。中断过程通过使用 interrupt 关键字和中断编号 0～4 来实现。使用该扩展属性的方法如下：

返回值 函数名 interrupt n

n对应中断源的编号。

有关中断的详细介绍请参看本章的第二节。

9. 绝对地址访问

(1) 绝对宏。在程序中，用“#include 〈absacc.h〉”可直接使用其中声明的宏来访问绝对地址，包括 CBYTE、XBYTE、PWORD、DBYTE、CWORD、XWORD、PBYTE、DWORD等，例如：

```
#include 〈absacc.h〉    //包含 absacc.h 头文件
#define DAC0832 XBYTE [0x7fff] /*定义DAC0832端口地址*/
DAC0832=0x00;    直接使用宏定义控制端口
rval=CBYTE[0x0002];    指向程序存储器的0002h地址
rval=XWORD[0x0002];    指向片外RAM的0004h地址，外部数据存储器的地址*2
```

(2) _at_ 关键字。使用时直接在数据声明后加上 _at_ constant 即可，但是需要注意：

1) 绝对变量不能被初始化。

2) bit 型函数及变量不能用 _at_ 指定。

例如：

```
idata struct link list _at_ 0x40;    //指定 list 结构从 40H 开始
xdata char text [256] _at_ 0xE000;    //指定 text 数组从 0E0000H 开始
```

如果用 _at_ 关键字声明变量来访问一个 XDATA 外围设备，应使用 volatile 关键字确保C51编译器不进行优化，以便能访问到要访问的存储区。

三、使用C51的注意事项

C51编译器能从C程序源代码中产生高度优化的代码，而通过把握一些编程上的注意事项，又可以使代码得到进一步优化。使用C51时的一些注意事项如下：

(1) 采用短型变量。一个提高代码效率的最基本的方法就是减小变量的长度。如 int 型数据为16位，这对8位单片机来说是一种极大的浪费。应该经常使用 unsigned char 型的变量。

(2) 使用无符号类型。由于51单片机不支持符号运算，所以程序中也不要使用带符号型变量的外部代码。

(3) 避免使用浮点指针。在8位单片机上使用32位浮点指针会浪费大量的时间，所以程序在声明浮点数时要慎重考虑是否需要这种数据类型。

(4) 使用位变量。对于某些标志位，应使用位变量而不是 unsigned char 型变量以节省7位存储区，而且在RAM中访问位变量只需要一个处理周期。

(5) 用局部变量代替全局变量。编译器在内部存储区中为局部变量分配存储空间，而在外部存储区中为全局变量分配存储空间，因此全局变量的访问速度比局部变量低。

(6) 为变量分配内部存储区。经常使用的变量放在RAM中可使程序的执行速度得到提高。此外，这样做还可以缩短代码长度。

(7) 使用特定指针。在程序中应指定指针类型，确定它们指向那个区域，这样编译器就不必确定指针所指向的存储区。

(8) 使用宏替代函数。对于小段代码，可通过宏来替代函数以提高程序的可读性。当需要改变宏时，只需要在宏的声明处改变即可。

第二节　中断的C编程

一、C51编写中断服务程序

C51编译器支持在C语言源程序中直接编写51单片机的中断服务程序，从而减轻了采用汇编语言编写中断服务程序的繁琐程度。为了能在C语言源程序中直接编写中断服务函数，C51编译器对函数的定义有所扩展，增加了一个扩展关键字interrupt。关键字interrupt是函数定义时的一个选项，加上这个选项即可以将函数定义成中断服务函数。

定义中断服务函数的一般形式为：

函数类型 函数名（形式参数表）[interrupt n] [using n]

Interrupt后面的n是中断号，n的取值范围为0～31，编译器从8n+3处产生中断向量，具体的中断号n和中断向量取决于不同的51系列单片机芯片；using后面的n是所选择的寄存器组，取值为0～3。51单片机常用的中断源和中断向量如表9-5所示。

表9-5　中断源和中断向量

中断编号	中断源	中断向量地址
0	外部中断0（$\overline{INT0}$）	0003H
1	定时器T0中断	000BH
2	外部中断1（$\overline{INT1}$）	0013H
3	定时器T1中断	001BH
4	串行口中断	0023H

在进入中断函数时，特殊功能寄存器ACC、B、DPH、DPL、PSW将被保存入栈；如果不使用寄存组切换，则将中断函数中所用到的全部工作寄存器都入栈；函数返回之前，所有的寄存器内容出栈；中断函数由8051单片机指令RETI结束。

编写8051单片机中断程序时应遵循的规则：

(1) 中断函数不能进行参数传递，如果中断函数中包含任何参数声明都将导致编译出错。

(2) 中断函数没有返回值，如果企图定义一个返回值将得到不正确的结果。因此建议在定义中断函数时将其定义为void类型，以明确说明没有返回值。

(3) 在任何情况下都不能直接调用中断函数，否则会产生编译错误。因为中断函数的返回是由8051单片机指令RETI完成的，RETI指令影响8051单片机的硬件中断系统。如果在没有实际中断请求的情况下直接调用中断函数，RETI指令的操作结果会产生一个致命的错误。

(4) 如果中断函数中用到浮点运算，必须保存浮点寄存器的状态，当没有其他程序执行浮点运算时可以不保存。C51编译器的数学函数库math.h中，提供了保存浮点寄存器状态的库函数fpsave和恢复浮点寄存器状态的库函数fprestore。

(5) 如果在中断函数中调用了其他函数，则被调用函数所使用的寄存器组必须与中断函数相同。用户必须保证按要求使用相同的寄存器组，否则会产生不正确的结果，这一点必须引起足够的注意。如果定义中断函数时没有使用 using 选项，则由编译器选择一个寄存器组作绝对寄存器组访问。另外，由于中断的产生不可预测，中断函数对其他函数的调用可能形成递归调用，需要时可将被中断函数所调用的其他函数定义成再入函数。

(6) C51 编译器从绝对地址 $8*n+3$ 处产生一个中断向量，其中 n 为中断号。该向量包含一个到中断函数入口地址的绝对跳传。在对源程序编译时，可用编译控制指令 NOINTVECTOR 抑制中断向量的产生，从而使用户能够从独立的汇编程序模块中提供中断向量。

1. 中断允许控制寄存器 IE

【例 9-1】 假设允许 INT0、INT1、T0、T1 中断，试设置 IE 的值。

解：(1) 用 C 语言字节操作：

```
IE=0x8F;
```

(2) 用 C 语言位操作指令

```
EX0=1;        //允许外部中断 0 中断;
ET0=1;        //允许定时器/计数器 0 中断;
EX1=1;        //允许外部中断 1 中断;
ET1=1;        //允许定时器/计数器 1 中断;
EA=1;         //开总中断控制;
```

2. 中断优先级控制寄存器 IP

【例 9-2】 设定时器和串行口中断为高优先级，两个外部中断为低优先级，试设置 IP 的值。

解：(1) 用 C 语言：

```
IP=0x3a;
```

(2) 用汇编语言：

使用字节操作指令：

```
MOV     IP, #3AH
```

使用位操作指令：

```
CLR     PX0     ;  设置外部中断 0 为低优先级
CLR     PX1     ;  设置外部中断 1 为低优先级
SETB    PT0     ;  设置定时器/计数器 0 为高优先级中断
SETB    PT1     ;  设置定时器/计数器 1 为高优先级中断
SETB    PS      ;  设置串口中断为高优先级中断
SETB    PT2     ;  设置定时器/计数器 2 为高优先级中断
```

二、外部中断应用实例

【例 9-3】 通过 P1.0 口点亮发光二极管，通过外部中断 1 输入一串脉冲，发光二极管根据脉冲状态亮、暗交替。电路如图 9-1 所示，编写程序如下：

```
#include<reg51.h>
sbit P1_0=P1^0;
void int1_int() interrupt 2 using 1
  {P1_0=! P1_0;}

void main()
  {
    EA=1;
    IT1=1;
    EX1=1;
    P1_0=0;
    while(1){};
}
```

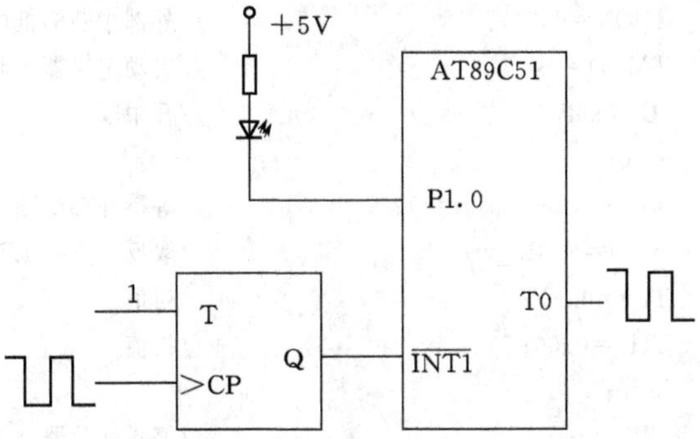

图 9-1　发光二极管交替亮、暗图

三、中断嵌套应用实例

【例 9-4】 电路如图 9-1 所示，外部中断 INT1 触发后，启动计数器 0。计数达到 10 次后停止计数，启动定时器 1。由定时器 1 控制定时，在 P1.0 输出周期为 200ms 的方波信号。接收两次中断后关闭方波发生器，P1.0 置低。计数器工作在工作方式 2。

四、外部中断的扩充

尽管 89C51 的外部中断数不应超过两个，但有方法可以使其外部中断数超过 5 个。有两个简单的方法：①把定时/计数器中断做成外部中断；②把串行口中断做成外部中断。

```
#include<reg51.h>
#define uchar unsigned char

uchar data a, b, c;
void int1 _ int () interrupt 2 using 1                    //定义外部中断 1
  {a++;}

void timer0 _ int () interrupt 1 using 2                  //定义定时器 0 中断
  {
   TL0=0xFF;
   b++;
  }
void timer1 _ int () interrupt 3 using 3                  //定义定时器 1 中断
  {
   TH1=0x06;
   c--;
  }
sbit P1 _ 0=P1^0;
void main ()
  {
  P1 _ 0=1;                            //初始化，灭 LED
```

```
    TCON=0x01;                       //外部中断为低电平触发方式
    TMOD=0x27;                       //启动定时器1和计数器0,工作方式2
    IE=0x8B;                         //开中断
    a=0;
    do {} while (a! =1);             //等待外部中断
    P1_0=! P1_0;                     //取反,点亮LED
    TL0=0xFF;                        //初值
    TH1=0x06;                        //初值
    b=0;
    TR0=0;                           //停止计数器0工作
    TR1=1;                           //启动计数器1
    Do {
      c=0xC8;                        //c=200
      Do {} while (c! =0);           //定时输出方波
      P1_0=! P1_0;
      } while (a! =3);               //等待两次外部中断
    TR1=0;                           //关闭定时器1
    P1_0=0;
    EA=0;                            //关总中断
    EX0=0;                           //禁止外部中断
}
```

扩展外部中断最简单的方法就是把定时/计数器设置为计数模式，然后把信号接到计数器相应的引脚上（T0或T1）。为了使每出现一个从高到低的脉冲时都产生中断，可以把定时器设置为自动重装模式，令重装值为0xFF。当计数器检测到从高到低的脉冲时，定时器将溢出并产生一个中断请求。实现以上过程的C语言主程序清单如下：

```
#include<reg51. h>
void main ()
  {
    ……
    TMOD=0x66;                       //两个定时/计数器都设置为工作模式2
    TH1=0xFF;                        //设定重装初值
    TH0=0xFF;
    TL1=0xFF;
    TL0=0xFF;
    TCON=0x50;                       //启动计数器,开始计数
    IE=0x9F;                         //中断使能
    …
  }
```

使用串行口作为外部中断的方法是将RXD引脚变成输入信号，检测从高到低的电平跳变。把串口设置为模式2，当检测到从高到低的电平跳变时，8为数据传输时间过后将

产生中断，当中断发生后通过软件将RI清零。

第三节　定时器/计数器的C编程

51系列单片机有两个16位定时/计数器：定时/计数器0、定时/计数器1，它们均可用作定时控制、延时以及对外部事件的计数及检测。

一、MCS－51单片机的定时器/计数器结构

MCS－51单片机内部设置两个16位可编程的定时器/计数器T0和T1，它们具有计数器方式和定时器方式两种工作方式以及4种工作模式。其控制均由相应的特殊功能寄存器完成。如前所述，对每个定时器/计数器，在特殊功能寄存器TMOD中都有一个控制位，它选择T0或T1为定时器还是计数器。

MCS－51单片机的定时/计数器T0由TL0、TH0构成，T1有TL1和TH1构成。与定时\计数器控制有关的特殊功能寄存器包括TMOD和TCON。TMOD用于控制和确定各定时/计数器的功能和工作模式，TCON用于控制定时器/计数器T0、T1的启动和停止计数，同时包含定时器/计数器的状态。有关TMOD和TCON中各位的功能以及定时/计数器的4种工作模式请参看第五章。

二、定时器/计数器综合应用

1. 控制单片机引脚输出方波

【例9－5】 设单片机系统时钟频率为12MHz，编程使P1.0和P1.1分别输出周期为500μs和1ms的方波。

解： 当系统时钟为12MHz、定时/计数器使用在工作模式2时，最大的定时时间为256μs，满足周期500μs的要求。

TH0的初值计算方法为：(2^8－TH0初值)×振荡周期×12＝250，得出TH0＝0×06。实现程序如下：

```
#include<reg51. h>
sbit P1_0=P1^0;
sbit P1_1=P1^1;
void main ()
{
    char i;
    TMOD=0x02;                          //设置定时器T0使用工作模式2
    P1_0=0;
    P1_1=0;
    TH0-0x06; TL0=0x06;                 //装入初值
    TR0=1;
    while (1)
    {
      for (i=0; i<2; i++)
        {
```

```
        while (! TF0);                              //等待定时时间到
      P1_0=! P1_0;
    }
  P1_1=! P1_1;
 }
}
```

2. 门控位应用

GATE 是控制外部输入脉冲对定时器/计数器的控制，当 GATE 为 1 时，只用 INTx =1 且软件使 TRx 置 1，才能启动定时器。利用这个特性，可通过测量耗费系统时钟周期数的方法测量输入脉冲的宽度。

【例 9-6】 利用 89C51 单片机的定时器 T0 测量某正脉冲的宽度，脉冲从 P3.2 输入。已知此脉冲的宽度小于 10ms，系统时钟频率为 12MHz。测量此脉冲宽度，并把结果转换为 BCD 码存放在片内 40H 单元为首地址的数据存储单元。程序如下：

```
#include<reg51. h>
sbit P3_2=P3^2;
void main ()
  {
   unsigned char *P, I;
int a;
P=0x40;                                //指针指向片内 40H 单元
TMOD=0x09;                             //T0 的 GATE=1，工作方式为计数器
TL0=0x00; TH0=0x00;                    //装入计数初值，均为 0
while (P3_2==1);                       //等待 INT0 由高变低
while (P3_2==0);                       //等待 INT0 由低变高
TR0=1;                                 //启动计数器 T0
while (p3_2==1);                       //等待 INT0 再次由高变低
TR0=0;                                 //停止计数器 T0
i=TH0;                                 //读入计数值的高 8 位
a=i*256+TL0;                           //将计数结果转换为 10 进制数
for (a; a! =0;)                        //a 不等于 0 的循环，转换为 BCD 码
  {
   *P=a%10;                            //各位存放在 40h 单元
  a=a/10;
  P++
  }
}
```

第四节　串行口的C编程

一、8051 单片机的串行口结构

8051 单片机的串行接口是一个可编程的全双工通信接口。它可以工作在异步通信模式（UART）与串行传送信息的外部设备相连接，也可以通过标准异步通信协议进行全双工的8051 多机通信，也可以通过同步方式，使用 TTL 或 CMOS 移位寄存器来扩充 I/O 口。

与串行口有关的特殊功能寄存器包括串行口控制寄存器 SCON 和特殊功能寄存器PCON。其中 SCON 用于定义串行口的工作方式及实施接收和发送控制，其字节地址为98H，支持位寻址。PCON 是为了在 CHMOS 的 80C51 单片机上实现电源控制而附加的，其中最高位是 SMOD，即波特率倍增位，当 SMOD＝1 时波特率提高一倍，当 SMOD＝0时波特率恢复。

8051 单片机的全双工串行口可编程为 4 种工作方式，工作方式的设定及波特率的计算请参看本书第五章第三节。

二、串行口应用实例

【例 9－7】 51 单片机与计算机间通过串行口进行通信，单片机首先接受联机信号，然后接受计算机的相关控制信号并将该信号通过 P1 口连接数码管进行显示，同时根据接收到的控制命令向计算机发送不同的字符。串行口利用中断方式。

```
#include<reg51. h>
#define uchar unsigned char
uchar time, b_break, b_break_3;
uchar buf;
void waitsend ()
  {
    while (! TI) { };
    TI=0;
  }

//串行中断程序
void int_s (void) interrupt 4
  {
    ES=0;                                    //关闭串行中断
    RI=0;                                    //清除串行接受标志位
    buf=SBUF;                                //从串口缓冲区取得数据
    P1=buf;                                  //数据送往P1口显示出来
    if (buf==255) SBUF=255;                  //发送联络信号
    else {
    switch (buf)
       {
         case 1: SBUF = 'M', waitsend (); break;    //如果接受到1，发送字符'M'给计算机
         case 2: SBUF = 'C', waitsend (); break;    //如果接受到2，发送字符'C'给计算机
```

```
        case 3：SBUF = 'S'，waitsend ()；break；           //如果接受到 3，发送字符'S'给计算机
        case 4：SBUF = '5'，waitsend ()；break；           //如果接受到 4，发送字符'5'给计算机
        case 5：SBUF = '1'，waitsend ()；break；           //如果接受到 5，发送字符'1'给计算机
        default：SBUF = 'n'，waitsend ()；break；          //如果接受到其它，发送 n 给计算机
      }
    }
  ES = 1；           //允许串口中断
  }
void main (void) {
    P1 = 0；          //关闭数码管显示
    EA=1；
    SCON=0x50；
    PCON=0x80；
    TMOD=0x20；
    ES = 1；
    TL1=TH1=0xF3；TR1=1；                        //串口工作在模 1，波特率 4800@12MHz
    while (1)；                                  //无限循环等待串行中断
    }
```

第五节　动 态 存 储 分 配

对于大多数应用来说，应尽可能在编译的时候确定所需要的内存空间并进行分配，事实上大多数程序也是这么做的。但是，对于有些需要使用动态结构（如树和链表）的应用来说，这种方式就不再适用了。Keil C 对这种应用提供了较好的支持，动态分配函数要求用户声明一字节数组作为堆，根据所需要的动态内存大小来决定数组的长度。作为堆，被声明的数组在 XDATA 中，因为 C51 的库函数使用特定指针来进行寻址。由于 51 单片机 DATA 区的空间一般较小，不在 DATA 区中动态分配内存。从堆中分配的内存需要程序员手动释放，如果不释放，而系统内存管理器又不自动回收这些堆内存（实现这一项功能的系统很少），则该内存一直被占用。

在标准 C 语言上，使用 malloc、free 等内存分配函数获取内存是从堆中分配内存，而在一个函数体中的操作是从栈中分配内存。Keil C 通过标准 C 语言的功能函数 malloc 和 free 提供了动态存储分配功能。一旦在 XDATA 中声明了数组（块），指向块的指针和块的大小就要传递给初始化函数 init _ mem。一旦初始化工作完成，就可以在任何系统中调用以下 4 个动态分配函数。

malloc：接受一个描述空间大小的 unsigned int 参数，返回一个指针。

calloc：接受一个描述数量和一个描述大小的 unsigned int 参数，返回一个指针。

realloc：接受一个指向块的指针和一个描述空间大小的 unsigned int 参数，返回一个指向按给出参数分配的空间的指针。

free：接受一个指向块的指针，使这个空间可以再次被分配。

以上函数均返回指向堆的指针，如果失败的话则返回 NULL。

第六节　C语言和汇编语言混合编程

汇编语言是一种用文字助记符来表示机器指令的符号语言，是最接近机器码的一种语言。其主要优点是占用资源少、程序执行效率高。但是不同的CPU，其汇编语言可能有所差异，所以不易移植。与汇编语言相比，C语言具有较高的可读性和可移植性，但是由于单片机硬件的限制，有些应用中无法用C语言编写完整的程序，必须使用能用汇编语言来编写如实时操作、存储器访问等程序。大多数情况下汇编程序能和C语言编写的程序很好地结合在一起。

一、单片机混合编程的基本方式

单片机C语言和汇编语言混合编程可分为汇编中调用C51函数和C51程序中引用汇编，而在C51程序中使用汇编语言又包括两种情况：C51程序调用汇编程序模块的变量和函数以及直接嵌入式汇编。本节将介绍如何进行汇编语言和C语言的混合编程，一级如何修改由C程序变异后产生的汇编代码，从而得到精确的控制时间。

1．增加段和局部变量

在把汇编程序加入到C程序之前，必须使汇编程序和C程序一样具有明确的边界、参数、返回值和局部变量。在编写汇编功能函数时仿照C函数，并按照C51的参数传递标准，则程序就会有很好的可读性，并且易于维护，很容易和C语言编写的程序进行连接。

2．函数声明

为了使汇编程序段和C程序能够兼容，必须为汇编语言编写的程序段指定段名并进行定义。如果要在它们之间传递函数，则必须保证汇编程序用来传递函数的存储区和C函数使用的存储区一致。被调用的汇编函数不仅要在汇编程序中使用伪指令以使CODE选项有效，并声明为可再定义的段类型，而且还要在调用它的C语言主程序中进行声明。函数名转换规律如表9－6所示。

表9－6　　函数名转换规律

主函数中的声明	汇编符号	说明
void func（void）	FUNC	无参数传递或不含寄存器的函数名不做改变转入目标文件中，名字简单地改为大写
void func（char）	_FUNC	带寄存器参数的函数名，前面加“_”前缀，表明这类函数包含寄存器内的参数传递
void func（void）reentrant	_？FUNC	重入函数前加“？_”前缀，表明该函数包含栈内的参数传递

【例9－8】　一个典型的可被C程序调用的汇编函数

```
？PR？CLRMEM SEGMENT CODE          ；程序存储区声明
PUBLIC CLRMEM                      ；输出函数名
RSEG ？PR？CLRMEM                  ；该函数可被连接器放置在任何地方
/ **************************************************************
```

函数：CLRMEM
功能描述：清楚内部 RAM 区
参数：无
返回值：无
**/

```
CLRMEM:        MOV       R0, #7FH
               CLR       A
IDATALOOP:     MOV       @R0, A
               DJNZ      R0, IDATALOOP
               RET
               END
```

上例中，汇编文件的格式化比较简单，只需给存放功能函数的段指定一个段名。由于程序存放于代码区内，段名的开头为 PR，这两个字符是为了和 C51 的内部命名转换兼容，命名转换规律如表 9-7 所示。

表 9-7　　存储区命名转换规律

存储区	命名转换	存储区	命名转换
CODE	? PR? CO	BIT	? BI
XDATA	? XD	PDATA	? PD
DATA	? DT		

RSEG 为段名的属性，表示连接器可把该段放置在代码区的任意位置。当段名确定后，文件必须声明公共符号，如上例中的 PUBLIC CLRMEM 语句，然后编写代码。对于有传递参数的函数必须符合参数的传递规则，Keil C51 在内部 RAM 中传递参数时一般都用当前寄存器组，当函数接收 3 个以上参数时，存储区中的一个默认段将用来传递剩余的参数。详细的参数传递规则请参看本章第一节的寄存器参数传递部分。

二、Keil C51 与汇编的接口

1. 模块内接口

可以通过预编译指令“asm”在 C 代码中插入汇编代码，用 C 语言编写主程序，用汇编语言编写如对硬件进行操作或一些对时钟要求很严格的代码段并将其嵌入 C 语言主程序中。方法是用 #pragma 语句，具体结构为：

#pragrama asm
汇编语句
#pragrama endasm

次方法通过 asm 与 endasm 告诉 C51 编译器，中间行不用进行编译。例如：

```
#include <reg51. h>
void main (void)
{
    P2=1;
```

```
    #pragma asm
            MOV     R7，#10
    DEL：   MOV     R6，#20
            DJNZ    R6，$
            DJNZ    R7，DEL
    #pragma endasm
    P2=0；
}
```

2. 模块间接口

在C51中调用汇编程序，C模块与汇编模块的接口较简单，分别用C51与A51对源程序进行编译，然后用L51将obj文件连接即可，关键问题在于C函数与汇编函数之间的参数传递和得到正确的返回值，以保证模块间的数据交换。C51中有两种参数传递方法。

通过寄存器传递函数参数。汇编函数要得到参数值时就访问这些寄存器，如果这些值正被使用并保存在其他地方或者已经不再需要了，则寄存器可用作其他用途。通过内部RAM传递参数的函数将使用规定的寄存器，汇编函数将使用这些寄存器接收参数。对于要传递多于3个参数的函数，剩余的参数将在默认的存储器段中传递。

【例9-9】 C程序与汇编程序接口

```
//C程序中汇编函数的声明
bit devwait(unsigned char ticks，unsigned char xdata #buf)；
if(devwait(5，&outbuf))
{count++；}

//汇编代码
?PR?_DEVWAIT SEGMENT CODE          ;在程序存储区中定义段
PUBLIC_DEVWAIT                     ;输出函数名
RSEG ?PR?_DEVWAIT                  ;该函数可被连接器放置在任何地方
/*****************************************************************
函数:DEVWAIT
功能描述:等待定时器0溢出,向外部期间表明P1中的数据是有效的。如果定时器尚未溢出,将被写如XDATA的指定地址中。
参数:R7—存放要等待的定时长度;R4|R5—存放要写入的XDATA区地址
返回值:读数成功返回1,时间到返回0.
*****************************************************************/
_DEVWAIT：   CLR     TR0              ;设置定时器0
             CLR     TF0
             MOV     TH0，#00H
             MOV     TL0，#00H
```

```
        SETB    TR0
        JBC     TF0, L1         ;检测定时器标志位
        JB      T1, L2          ;检测数据是否准备就绪
L1:     DJNZ    R7, _DEVWAIT    ;R7 减 1
        CLR     C
        CLR     TR0
        RET
L2:     MOV     DPH, R4         ;取地址并放入 DPTR
        MOV     DPL, R5
        PUSH    ACC
        MOV     A, P1
        MOVX    @DPTR, A
        POP     ACC
        CLR     TR0
        SETB    C               ;设置返回值
        RET
        END
```

在以上代码中函数返回一个位变量，如果时间到则返回 0，如果输入字节被写入指定的地址中，则返回 1。当从函数中返回值时，C51 通过转换使用内部存储区，编译器将使用当前寄存器组来传递返回参数。参数返回值与寄存器间对照见本章第一节表 9-4。

通过固定存储区传递参数。这种方法将 bit 型参数传到一个存储段中：

? function _ name? BIT

将其他类型参数均传给下面的段且按照顺序存放，至于这个固定存储区本身的位置由存储模式默认指定：

? function _ name? BYTE

3. C51 中调用汇编程序的实现方法

(1) 先用 C 语言程序编写出程序框架，如文件名为 a1. c（注意参数）。

(2) 在 Keil C51 的 Project 窗口中右击该 C 语言文件，在弹出的快捷菜单中选择 Options for…，右边的 Generate Assembler SRC File 和 Assemble SRC File，使检查框由灰色变成黑色（有效）状态。

(3) 根据选择的编译模式，把相应的库文件（如 Small 模式时，是 Keil \ C51 \ Lib \ C51S. Lib）加入工程中，该文件必须作为工程的最后文件。

(4) 编译后将会产生一个 SRC 的文件，将这个文件扩展名改为 ASM。这样就形成了可供 C51 程序调用的汇编程序。随后可在该文件的代码段中加入所需的指令代码。

(5) 将该汇编程序与调用它的主程序一起加到工程文件中，这时工程文件中不再需要原来的 C 语言文件和库文件，主程序只需要在程序开始处用 EXTERN 对所调用的汇编程序中的函数作声明，在主程序中就可调用汇编程序中的函数了。

本　章　小　结

应用C语言进行单片机程序设计，所编写的程序在具有较高的通用性、可读性和可移植性的同时，机器代码生成效率和汇编语言相当，并且可以通过在C语言中嵌入汇编来解决高时效性的代码编写问题，在单片机程序开发中得到越来越广泛的支持和应用。

51系列单片机的C语言在标准C语言的基础上，针对51单片机的数据类型、存储类型及时储区、存储器模式、特殊功能寄存器、C51指针、函数、重入函数、中断函数及绝对地址访问等9个方面对标准C语言进行了扩展。

本章讲解了如何通过C语言控制和使用8051单片机的内部资源，并就每个资源的使用给出了详细的应用范例。本章简要讲述了如何进行动态存储器分配，以及如何进行C语言和汇编语言的混合编程。

思　考　与　练　习　题

1. 试总结标准C语言与51单片机C语言的不同之处。

2. 试说明编写8051单片机中断程序时应遵循的规则。

3. 如图9-2所示的是利用8051串行口扩展的一种矩阵键盘接口电路。74LS164是串入/并出移位寄存器，它将来自8051串行口线的P3.0（RXD）的串行数据转换成8位并行数据，P3.4和P3.5定义为输入口线，从而可实现一个2×8矩阵键盘接口。试编程，使8051串行口初始化为工作方式0，采用查询式输入输出，判断是否有键按下，并将按键的编码值并存入以keybuf为首地址的16个内部RAM单元中。

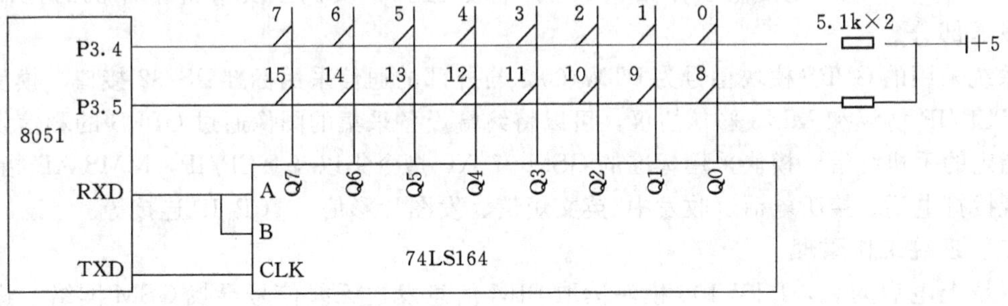

图9-2

4. 用C语言编程，使P0.0口输出1kHz和500Hz的音频信号驱动扬声器，作为报警信号。要求1kHz信号与500Hz信号交替进行。P0.7接一个开关进行控制，当开关闭合时产生报警信号，当开关断开时停止报警。外接晶振频率为6MHz。

第十章　单片机应用系统设计实例

前面章节中为读者介绍了单片机的内部基本机构和各 I/O 口的功能以及汇编语言指令等内容。本章将通过两个具体实例来学习单片机在实际系统中的应用。从这两个例子中可以看到根据实际系统的不同需要，有选择的将前面各章节的内容综合应用，从而使读者对单片机知识有更加直观的认识。

第一节　基于 GPRS 的无线通信系统

通过 STC89LE516RD＋单片机与 PTW73 GPRS 模块，实现发送短消息、彩信、拨打电话等基本功能。

一、系统总体结构

系统原理框图如图 10－1 所示。

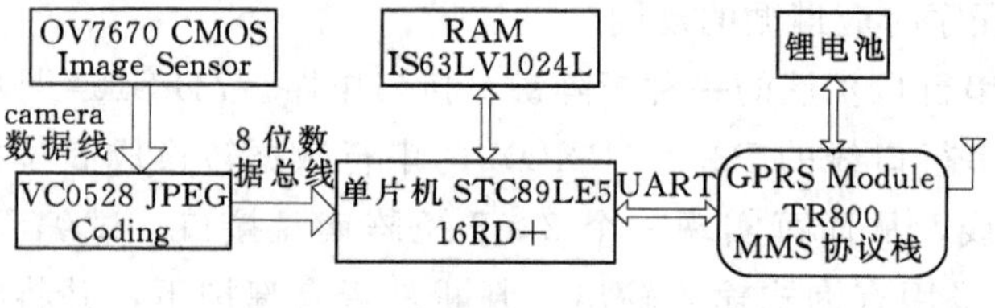

图 10－1　系统原理框图

系统主要包含 OV7670 图像捕获、VC0528 图像压缩编码、STC89LE516RD＋单片机、带彩信协议的 GPRS 模块等几部分。OV7670 和 VC0528 的工作模式、触发动作、数据类别都由单片机来控制，IS63LV1024L 主要用于存储 JPEG 图像数据。本实例主要讲解单片机的控制与图像的发送部分。

系统采用的 GPRS 模块型号为 PTW100，与外部的通信采用标准 RS232 接口。模块已经内嵌 TCP/IP 协议和 MMS 彩信协议，可以将终端设备采集的图像通过 GPRS 的彩信发送到任一指定的手机终端。模块采用标准的 GSM 07 AT 指令集以及 TCP/IP，MMS AT 指令集，可实现拨打电话、接听电话、收发中/英文短信、发图片彩信、TCP/IP 连接等。

二、系统工作原理

系统上电启动后，PTW100 模块读取 SIM 信息发送无线信号寻找 GSM 网络，进行用户号码账户和身份验证后连接到网络，然后系统发起任务读取手机模块中的信息，确定是否有网络连接，若有网络连接则系统发起任务，等待满足发送彩等无线网络请求的条件。满足该条件后，系统进入初始状态，用户可以通过键盘和液晶显示屏的提示进行发短信、发彩信、打电话等相关的操作。每一个操作结束后，程序都返回到初始状态，以便进行其他的相关操作。

三、各模块应用设计

1. PTB201 GSM/GPRS 模块开发应用套件

PTB201 GSM/GPRS 模块开发套件是谱泰通信公司用于学习调试 GSM/GPRS 模块

PTM100 功能而专门设计一组软、硬件结合的套件。利用 PTB201 开发套件，可以通过 AT 指令集实现 PTM100 GSM/GPRS 的各种功能，如信号强度实时显示，拨打、接听电话，接收、发送短消息，读取、保存电话本，管理通话记录等，还可在超级终端里实现 TCP/IP 连接，发送彩信等功能。

2. 超级终端调试

准备工作：

(1) 使用数据线连接短信收发器和计算机串口。

(2) 将一张手机卡插入 SIM 卡座内。

(3) 接上短信收发器的电源，检查无误后加电。约 1min 后，拨打手机卡号码，如果能够接通，表示设备已经准备完成，处于可用状态。

简单测试：

(1) 打开超级终端。

(2) 输入连接名称。

(3) 选择串口。

(4) 对端口进行设置，波特率：9600，数据位：8，奇偶校验：无，停止位：1，数据流控制：无。

(5) 超级终端中输入：AT<CR>，返回 OK，说明短信收发器处于正常工作状态。

图 10-2 为上传彩信数据并发送、打电话调试过程。

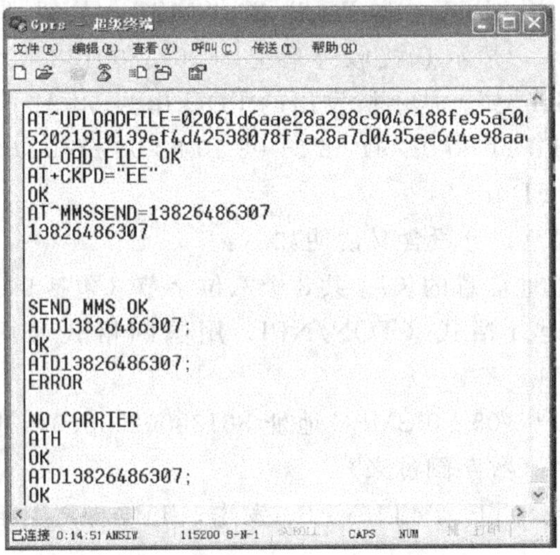

图 10-2 超级终端调试

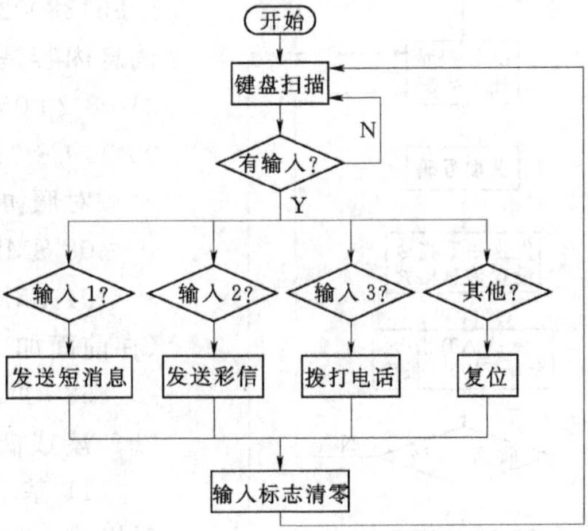

图 10-3 系统顶层流程图

四、STC89C51 单片机程序设计

1. 系统初始状态

系统顶层流程图如图 10-3 所示。

2. 发送短消息

发送短消息常用 Text 和 PDU (Protocol Data Unit，协议数据单元) 模式。使用 Text 模式收发短信代码简单，容易实现，但缺点是不能收发中文短信，而 PDU 模式则支

持中文、英文短信。

PDU 模式收发短信可以使用 7—bit、8—bit 和 UCS2 等 3 种编码。7—bit 编码用于发送普通的 ASCII 字符，8—bit 编码通常用于发送数据消息，UCS2 编码用于发送 Unicode 字符。一般的 PDU 编码由 A B C D E F G H I J K L M 十三项组成。

A：短信息中心地址长度，2 位十六进制数（1 字节）。

B：短信息中心号码类型，2 位十六进制数。

C：短信息中心号码，B+C 的长度将由 A 中的数据决定。

D：文件头字节，2 位十六进制数。

E：信息类型，2 位十六进制数。

F：被叫号码长度，2 位十六进制数。

G：被叫号码类型，2 位十六进制数，取值同 B。

H：被叫号码，长度由 F 中的数据决定。

I：协议标识，2 位十六进制数。

J：数据编码方案，2 位十六进制数。

K：有效期，2 位十六进制数。

L：用户数据长度，2 位十六进制数。

M：用户数据，其长度由 L 中的数据决定。J 中设定采用 UCS2 编码，这里是中英文的 Unicode 字符。

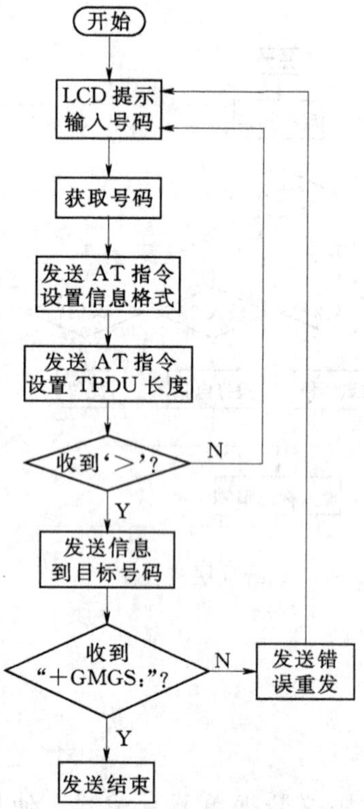

图 10-4　发送短消息流程图

例如，使用 PDU 编码发送 SMSC 号码是 +8613800250500，短消息接收号码是 +8613800138000，消息内容是“Hello!”。从手机发出的 PDU 串为 08 91 68 31 08 20 05 05 F0 11 00 0D 91 68 31 08 10 83 00 F0 00 00 00 06 C8 32 9B FD 0E 01

对照协议规范，分段含义说明如下：

08 SMSC 地址信息的长度 共 8 个八位字节（包括 91）

91 SMSC 地址格式（TON/NPI）用国际格式号码（在前面加‘+’）

68 31 08 20 05 05 F0 SMSC 地址 8613800250500，补‘F’凑成偶数个（数字倒过来）

11 基本参数（TP—MTI/VFP）发送，TP—VP 用相对格式

00 消息基准值（TP—MR）0

0D 目标地址数字个数，共 13 个十进制数（不包括 91 和‘F’）

91 目标地址格式（TON/NPI）用国际格式号码（在前面加‘+’）

68 31 08 10 83 00 F0 目标地址（TP—DA）8613800138000，补‘F’凑成偶数个

00 协议标识（TP－PID）是普通 GSM 类型，点到点方式

00 用户信息编码方式（TP－DCS）7－bit 编码

00 有效期（TP－VP）5min

06 用户信息长度（TP－UDL）实际长度 6 个字节

C8 32 9B FD 0E 01 用户信息（TP－UD）“Hello!”

系统中，单片机发送短信程序流程图如图 10－4 所示。

短信发送程序设计如下：

```
void send_text ()                                   //发送短信
{
    uchar *send_num;
    uchar *ch_num;
    int i; int j;
    init_LCD ();
    writeString (LCD_send);                         //提示输入电话号码
    send_num=get_call_num ();
      //writeString (uchar *ss)                     //LCD 显示输入的电话号码
      for (i=0; i<9; i++)
         {
        ch_num [i] =send_num [i+1];
        i++;
        }
    for (j=1; j<10; j++)
         {
        ch_num [i] =send_num [i-1];
        j++;
        }
    send_m_byte (" AT+CMGF=0", 9);
    send_m_byte (" AT+CMGS=047", 11);              //at 命令 AT+CMGS=019
     writeString (LCD_SOK);                         //提示发送 完毕
}
```

3. 发送彩信

发送彩信程序流程图如图 10－5 所示。

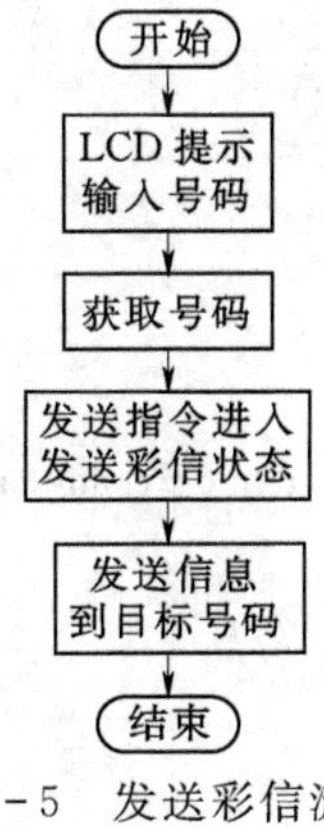

图 10－5　发送彩信流程图

彩信发送子程序如下：

```
void send_pic (void)                                          //彩信发送子程序
{
    uchar *send_p_num;
    init_LCD ();                                              //清屏
    writeString (LCD_send);                                   //提示输入电话号码
    send_p_num=get_call_num ();
    send_m_byte (" AT+CKPD=\" EE\"", 12);                     //确保模块退出其他功能页面，准备发彩信
send_m_byte (" AT^MMSSEND= \" send_p_num\ :", 22); //SEND MMS OK 发送结束提示
}
```

4. 拨打电话

系统可自动拨打电话，拨打电话程序流程图如图 10-6 所示。

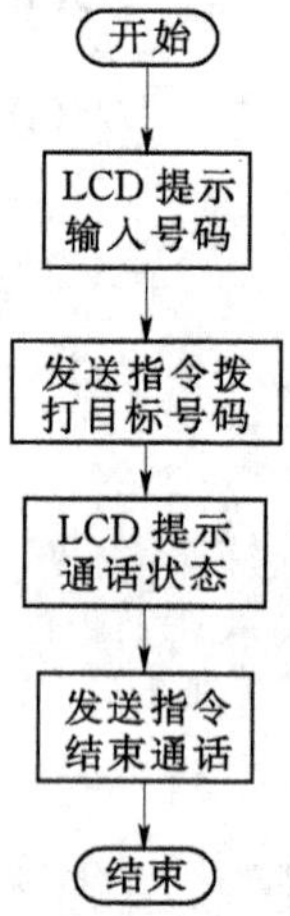

图 10-6 拨打电话程序流程图

拨打电话程序如下：

```
void Make_call (uchar *CALL_NUM)
{
    send_m_byte (" ATD13800138000;", 14);
    send_m_byte (" ATH", 3);                                  //挂断电话
    init_LCD ();                                              //清屏
    writeString (LCD_call);                                   //显示屏提示输入电话号码
    CALL_NUM=get_call_num ();
    send_m_byte (" ATD\" CALL_NUM";", 6+count_num);           //呼叫由键盘输入的电话号码
    writeString (LCD_COK);                                    //提示呼叫中
    CALL_NUM=get_call_num ();                                 // 回到键盘扫描
}
```

5. 串口中断处理

串口中断处理程序流程图如图 10-7 所示。

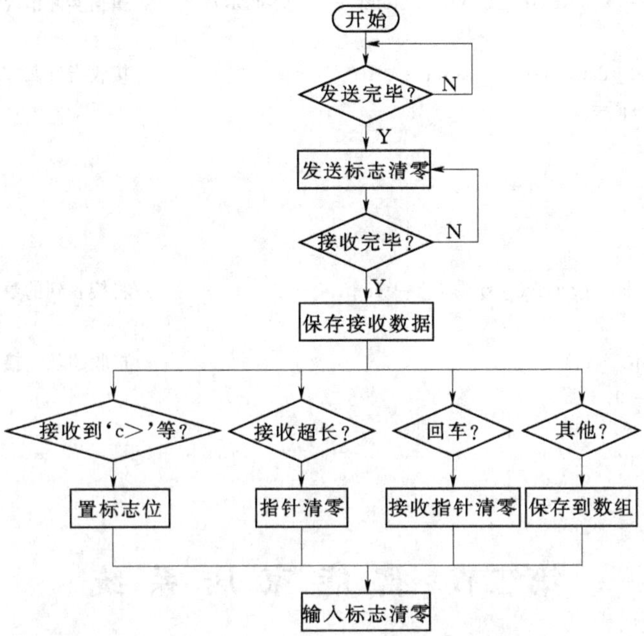

图 10-7　串口中断处理程序流程图

串口中断处理程序设计如下：

```
void commInterrupt (void) interrupt 4
{
    uchar temp;
    if (TI)
    {
        TI=0;
        sending = 0;
    }
    else
    if (RI)                    //接收完毕；RI=1 接收后的数据处理
    {
        temp = SBUF;           //保存接收到的数据
        RI=0;                  //清除接收 标志位 继续接收
        if (temp == 'C')
        {
            receive_C = 1;
        }
        if (temp == '>')
        {
```

```
            receive _ DAYUHAO = 1;                                  //检测是否收到>
        }
        if ( (temp == CHARGE _ LINE) || (temp == ENTER))            //根据实际情况修改
        {
            do _ serial _ data (receive _ sp);                      //接收指针归零，处理接收数据
            receive _ sp = 0;
        }
        else
         {
            _ nop _ ();
            receive _ data [receive _ sp++] =temp;                  //将接收到的数据保存的数组
        }
        if (receive _ sp > 40)                                      //接收超长，接收指针归零
        receive _ sp = 0;
      }
  }
```

第二节　智 能 家 居 系 统

一、系统方案设计

系统功能包括：①多点采集室内有害气体 CH_4、CO_2、VOC 和 CO/烟雾的浓度信息；②无线发射和接收通信；③单片机对室内多点气体浓度信息的处理；④室内主要有害气体浓度及室内外温度的监测显示；⑤负离子发生器的正常空气净化；⑥对流式补偿系统的高效换气；⑦人工控制对流式补偿系统，满足人们额外的排风换气需要；⑧根据室内污染程度对风扇电机的方向控制及速度控制；⑨实现室内检测气体超标的声光报警。系统总体框图如图 10－8 所示。

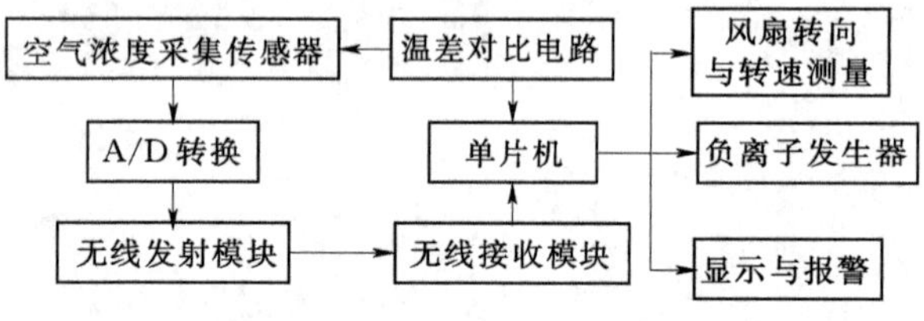

图 10－8　系统总体结构框图

二、单元模块设计

（一）有害气体浓度信息的多点采集及处理

系统主要用于检测室内主要有害气体的浓度，分别是 CO/烟雾传感器、CO_2 传感器、VOC 传感器和甲醛传感器。图 10－9 是传感器的基本测试电路。该传感器需要施加两个电压：加热电压（V_H）和测试电压（V_C）。其中 V_H 用于为传感器提供特定的工作温度。V_C 则是用于测定与传感器串联的负载电阻（R_L）上的电压（V_{RL}）。这种传感器具有轻微的极性，V_C 需用直流电源。在满足传感器电性能要求的前提下，V_C 和 V_H 可以共用同一个电源电路。为更好利用传感器的性能，需要选择恰当的采样 R_L 值，CO_2、甲醛、VOC 和 CO/烟雾传感器采样电阻 R_L 分别为 10K、56K、2K 和 4.7K。

传感器使用前需进行标定，限于篇幅，本节仅对 CO_2 传感器的标定方法和过程进行简单介绍，其他几种传感器的标定详见相关文献。

CO_2 传感器加热电压 V_H 为 5V，测试电压为 9V，电阻 R_L 为 10K。探测范围：0～10000ppm，工作环境：环境温度：－20～＋50℃，湿度：≤95％RH。

1. CO_2 浓度标定

表 10－1 为所使用的 CO_2 传感器说明文档上所提供的标定数据。

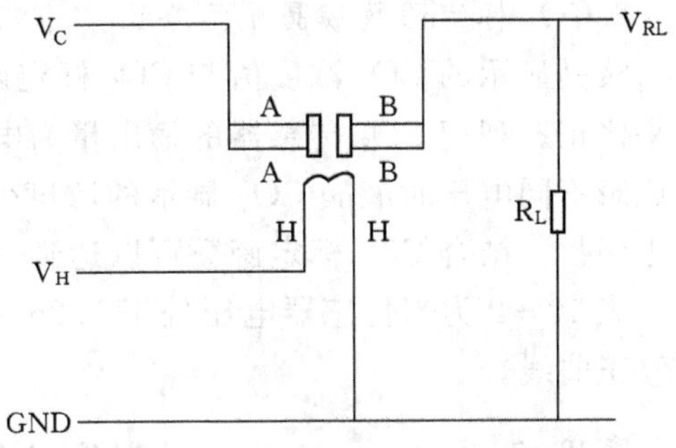

图 10－9　传感器的基本测试电路

表 10－1　　CO_2浓度标定数据

浓度（ppm）	传感器电压（V）	浓度（ppm）	传感器电压（V）
0	0.43	6000	1.59
1000	1.01	7000	1.68
2000	1.15	8000	1.78
3000	1.28	9000	1.87
4000	1.39	10000	1.96
5000	1.48		

CO_2 标定曲线如图 10－10 所示。

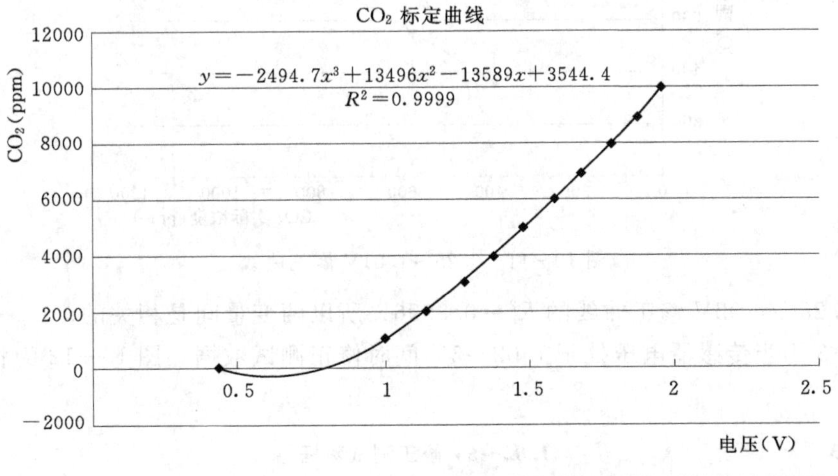

图 10－10　CO_2 标定曲线

根据 CO_2 的浓度 y（ppm）与传感器的电压 x（V）关系进行标定，由数据、标定曲线和实际情况优化可得 CO_2 的标定函数：

（1）当 $x=0\sim0.25$V 时，$y=0$

（2）当 $x=0.25\sim1.02$V 时，$y=-1731.3\times(x-1.01)^2+1000$

（3）当 $x=1.02\sim5$V 时，$y=-2494.7x^3+13496x^2-13589x+3544.4$

2. CO_2 标定函数液晶显示修正

液晶显示的 CO_2 浓度值与 CO_2 标定函数的理论值存在着误差，需要通过试验测试数据来修正。利用 CO_2 传感器的输出量为电压量，在传感器采集电路中加不同的测试电压，并记录不同电压时液晶 CO_2 显示的浓度值。根据实验测试数据画出修正曲线，从而得到修正函数，结合 CO_2 标定函数可以达到一定的修正效果。

表 10－2 为当传感器电压处于 0.25～1.02V 之间时修正测试数据，图 10－11 为相应的修正曲线。

表 10－2　　0.25～1.02V 修正测试数据

传感器电压（V）	CO_2 理论浓度（ppm）	CO_2 实际浓度（ppm）
0.4	356	377
0.5	560	563
0.6	709	716
0.7	834	836
0.8	924	937
0.9	979	985
1	1000	999

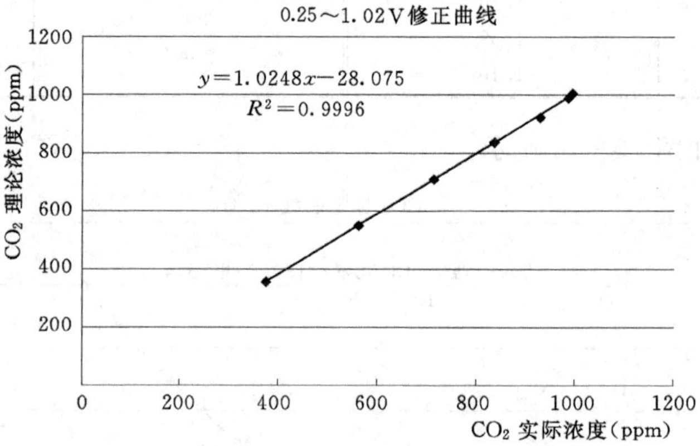

图 10－11　0.25～1.01V 修正曲线

由于 0.25～1.02V 修正曲线的 $R^2=0.9996$，所以两变量间是相关的。

表 10－3 为当传感器电压处于 1.02～5V 间时修正测试数据，图 10－12 为相应的修正曲线。

表 10－3　　1.02～5V 修正测试数据

传感器电压（V）	CO_2 理论浓度（ppm）	CO_2 实际浓度（ppm）
1.2	2361	2449
1.3	3206	3282
1.4	4126	4186
1.5	5107	5344
1.6	6133	6354
1.7	7190	7390
1.8	8062	8430
1.9	9334	9484
2.0	10393	10515

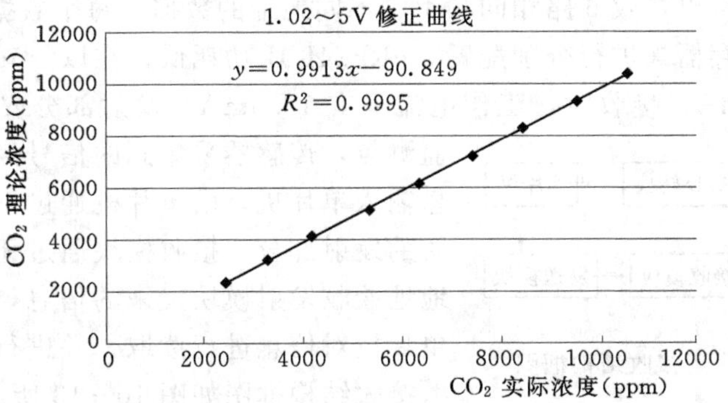

图 10-12　1.02～5V 修正曲线

由于 1.02～5V 修正曲线中 $R^2=0.9995$，所以曲线为线性相关。

最后优化的 CO_2 浓度值液晶显示函数由 CO_2 标定函数和 CO_2 修正函数两部分组成。CO_2 的浓度 y_1(ppm)，CO_2 修正液晶显示浓度 y(ppm)，传感器的采集电压 x(V)

(1) 当 $x=0\sim0.25$V 时，$y=0$

(2) 当 $x=0.25\sim1.02$V 时，$y_1=-1731.3\times(x-1.01)^2+1000$；　$y=1.0248\times y_1-28.075$

(3) 当 $x=1.02\sim5$V 时，$y_1=-2494.7x^3+13496x^2-13589x+3544.4$；$y=0.9913\times y_1-90.849$

3. 测试数据误差分析

表 10-4　　**CO_2 实验数据**

电压(V)	CO_2 (ppm) 理论值	CO_2 (ppm) 测量值	绝对误差(V)	相对误差(%)
0.44	438	438	0	0
0.56	649	647	−2	−0.31
0.64	763	784	21	2.75
0.75	883	887	4	0.45
0.87	966	966	0	0
0.95	994	991	−3	−0.30
1.26	2858	2823	−35	−1.22
1.32	3384	3337	−47	−1.39
1.63	6448	6411	−37	−0.57
1.83	8584	8482	−102	−1.19

误差分析：从表 10-4 可知，CO_2 的相对误差绝对值在 0～3 之间。造成误差的主要因素有：随着电池的电能消耗，AD 转化的参考电压变化；标定函数的误差。

（二）无线发射和接收通信

系统采用 nRF24L01 射频模块，nRF24L01 是一款新型单片射频收发器件，工作于 2.4～2.5GHz ISM 频段。融合了增强型 Shock Burst 技术，输出功率和通信频道可通过程序进行配置。具有自动应答和自动再发射功能和片内自动生成报头和 CRC 校验码。配置为接收模式时，可以接收6路相同频率、不同地址的数据，每个数据通道拥有自己的地址并且可以通过寄存器来进行分别配置。nRF24L01功耗低，在以－6dBm的功率发射时，工作电流也只有9mA；接收时，工作电流只有12.3mA。发射部分安装在各个气体浓度监测点，传感器采集到的信号经过AD转换后将信息输入单片机，由单片机通过SPI接口写入无线模块的发射部分，接收模块通过无线模块的4个通道地址接收发射模块发来的信息，安装在主机模块的单片机对信息进行读取，并进行信息处理。信息发射接收结构框图如图10－13所示。

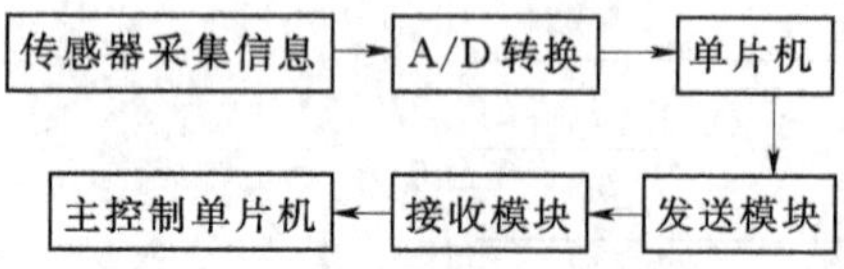

图10－13　信息发射接收结构框图

（三）对流式补偿系统

对流式补偿系统是为快速实现室内换气和实现自然气流而设计的，它由两个风扇及电机驱动电路组成。在空调换气的基础上，对流式补偿系统使用了两个风扇配合进行排气换气工作，一个用于排出室内污染空气；另一个用于引入室外空气。具体的排气和吸气由风扇的转向确定。该系统有冬夏两种模式，通过温度传感器电路来决定模式的选择，根据不同季节室内外温度的不同与室内外大气压力的不同，来进行风扇转向的控制，根据室内主要有害气体浓度的不同，来进行风扇速度的控制，系统的运行使得室内空气的流动顺从大气压力下空气的自然流动方向，形成有组织进风与有组织排风的一个对流式补偿系统，即机械排风与机械进风同时进行。当额外需要室内外气体进行交换时，也可通过按键来控制系统进行工作。通过对流式补偿系统，更有效地进行排气换气，保证室内空气的通风率。

（四）室内和室外的温度采集

室内室外两个温度传感器DS18B20，该类传感器全数字温度转换及输出，最高12位分辨率，精度可达±0.5℃，检测温度范围为－55～＋125℃（－67～＋257℉）。传感器所采集到的温度值后，利用温度差来决定对流式补偿系统的模式选择，即决定风扇的转向选择。当室外温度小于室内温度时，采用冬季模式排风。当室外温度大于室内温度是，采用夏季模式排风。

（五）风扇电机的转向控制和速度控制

该部分主要由两个直流电机和电机驱动芯片L298组成。L298是一款单片集成的高电压、高电流、双路全桥式电机驱动，设计用于连接标准TTL逻辑电平，驱动继电器、线圈等电感性负载。模式的选择决定了电机的转向，排气时顺时针转，吸气时逆时针转。当室内主要有害气体浓度值超标时，主机部分通过对室内外两个温度传感器所采集的温度差信息进行分析，利用电机驱动芯片通过软件编程实现电机转向的选择；通过对气体污染浓度信息的分析，利用PWM调制法调节风扇的速度，实现气体浓度不同时的转速要求（分4个转度档，转度档由超标气体的个数决定）。该部分电路原理图如图10－14所示。

三、软件流程设计

1．主机监控模块软件设计

主机监控程序由传感器数据无线接收子程序，液晶显示子程序，温差比较子程序，传感器数据处理子程序，排风模式选择与风速选择子程序和报警子程序组成。主机监控程序流程图如图 10－15 所示。

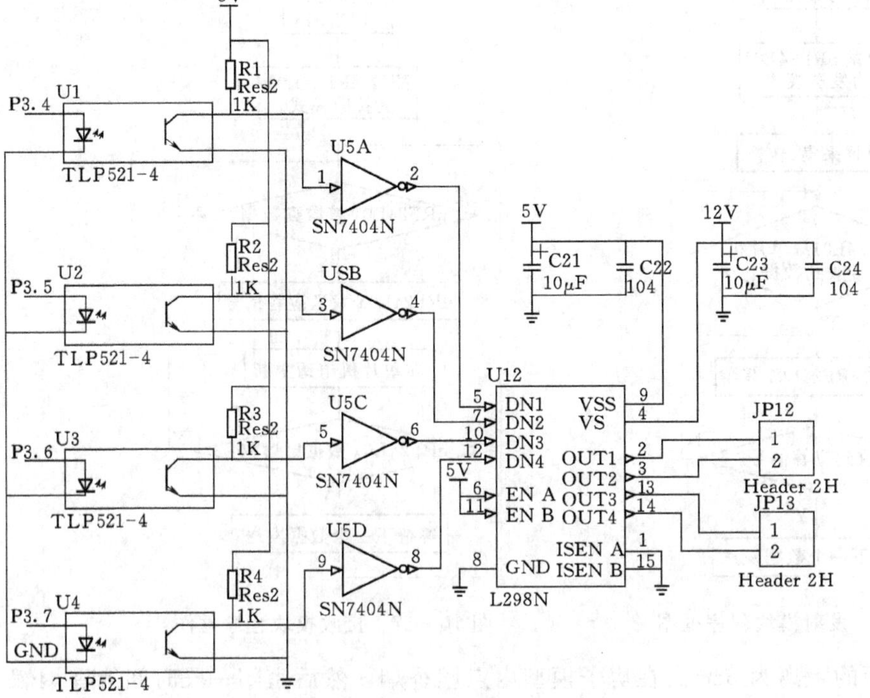

图 10－14　风扇驱动电路原理图

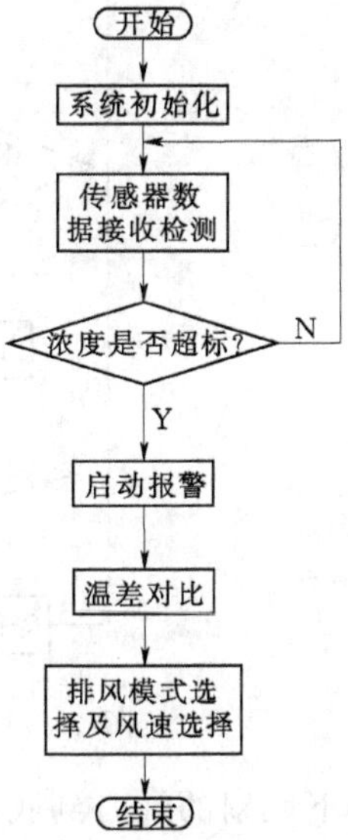

图 10－15　主机监控程序流程图

2. nRF24L01 发送流程设计

系统上电后，单片机对 nRF24L01 模块各寄存器初始化，并设置为发送模式，此时 nRF24L01 等待数据的写入。信息采集并 A/D 转换完成后，由单片机读取后把读取的数据写入 nRF24L01 内。nRF24L01 接收到数据后，返回一个应答信号给单片机，再由单片机启动 nRF24L01 发射。接收到 nRF24L01 接收模块的应答信号后，接收模块数据清零，等待下一个数据的写入。否则，再次发射数据，收到有应答信号或发射次数超过预置次数后放弃这个数据的发射。nRF24L01 发送流程图如图 10.16 所示。

3. nRF24L01 接收流程设计

系统上电后，单片机对 nRF24L01 模块各寄存器初始化，并设置为接收模式，此时 nRF24L01 开始检测空中信号。当接收到信号时，记录这个信号的地址，把数据写入寄存器，并按此地址发射一个应答信号。之后，向单片机申请中断。单片机响应中断后，读取 nRF24L01 内的数据，并清零，等待下一个数据的接收。nRF24L01 接收流程图如图 10－17 所示。

四、对流式补偿系统测试数据与分析

本系统的测试主要是通过密闭房间模型进行测试，房间模型长为 38.5cm，宽为 27cm，高为 40.5cm。两个风扇安装在对立面上，上风扇的轴心到底面的距离为 32.5cm，

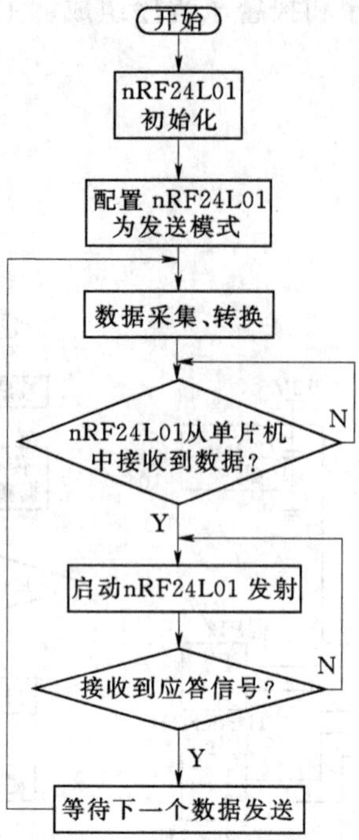

图 10－16　发射模块程序框图

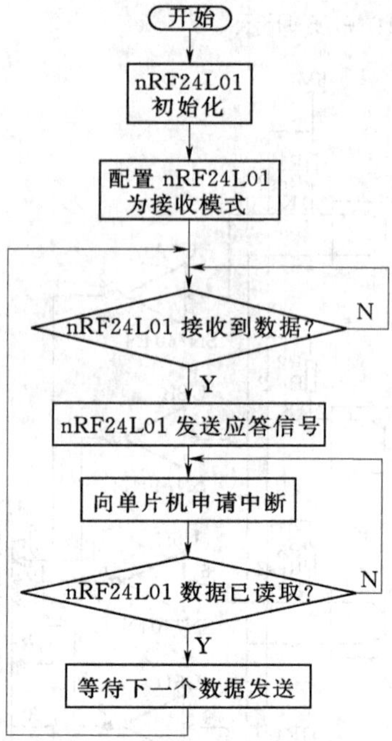

图 10－17　接收模块程序框图

下风扇的轴心到底面的距离为 6cm。在房子模型内点燃香烟，然后密闭一段时间待香烟燃烧完，房子模型内便模拟了一种有害气体 CO/烟雾浓度超标的环境，通过用不同的方式使室内外气体交换，启动整个系统，记下所测数据。

附录 A　MCS－51 指令表

十六进制代码	助 记 符	功　　能	对标志影响				字节数	周期数
			P	OV	AC	CY		
算术运算指令								
28～2F	ADD A,Rn	A＋Rn→A	√	√	√	√	1	1
25 direct	ADD A,direct	A＋(direct)→A	√	√	√	√	2	1
26,27	ADD A,@Ri	A＋(Ri)→A	√	√	√	√	1	1
24 data	ADD A,＃data	A＋data→A	√	√	√	√	2	1
38～3F	ADDC A,Rn	A＋Rn＋CY→A	√	√	√	√	1	1
35 direct	ADDC A,direct	A＋(direct)＋CY→A	√	√	√	√	2	1
36,37	ADDC A,@Ri	A＋(Ri)＋CY→A	√	√	√	√	1	1
34 data	ADDC A,＃data	A＋data＋CY→A	√	√	√	√	2	1
98～9F	SUBB A,Rn	A－Rn－CY→A	√	√	√	√	1	1
95 direct	SUBB A,direct	A－(direct)－CY→A	√	√	√	√	2	1
96,97	SUBB A,@Ri	A－(Ri)→CY→A	√	√	√	√	1	1
94 data	SUBB A,＃data	A－data－CY→A	√	√	√	√	2	1
04	INC A	A＋1→A	√	×	×	×	1	1
08～0F	INC Rn	Rn＋1→Rn	×	×	×	×	1	1
05 direct	INC direct	(direct)＋1→(direct)	×	×	×	×	2	1
06,07	INC @Ri	(Ri)＋1→(Ri)	×	×	×	×	1	1
A3	INC DPTR	DPTR＋1→DPTR	×	×	×	×	1	2
14	DEC A	A－1→A	√	×	×	×	1	1
18～1F	DEC Rn	Rn－1→Rn	×	×	×	×	1	1
15 direct	DEC direct	(direct)－1→(direct)	×	×	×	×	2	1
16,17	DEC @Ri	(Ri)－1→(Ri)	×	×	×	×	1	1
A4	MUL AB	A・B→AB	√	√	×	0	1	4
84	DIV AB	A/B→AB	√	√	×	0	1	4
D4	DA A	对 A 进行十进制调整	√	×	√	√	1	1
逻辑运算指令								
58～5F	ANL A,Rn	A∧Rn→A	√	×	×	×	1	1
55 direct	ANL A,driect	A∧(driect)→A	√	×	×	×	2	1
56,57	ANL A,@Ri	A∧(Ri)→A	√	×	×	×	1	1
54 data	ANL A,＃data	A∧data→A	√	×	×	×	2	1

续表

十六进制代码	助记符	功能	对标志影响				字节数	周期数
			P	OV	AC	CY		
逻辑运算指令								
52 direct	ANL direct A	(direct)∧A→(direct)	×	×	×	×	2	1
53 direct data	ANL direct,#data	(direct)∧data→(direct)	×	×	×	×	3	2
48～4F	ORL A,Rn	A∨Rn→A	√	×	×	×	1	1
45 direct	ORL A,direct	A∨(direct)→A	√	×	×	×	2	1
46,47	ORL A,@Ri	A∨(Ri)→A	√	×	×	×	1	1
44 data	ORL A,#data	A∨data→A	√	×	×	×	2	1
42 direct	ORL direct,A	(direct)∨A→(direct)	×	×	×	×	2	1
43 direct data	ORL direct,#data	(direct)∨data→(direct)	×	×	×	×	3	2
68～6F	XRL A,Rn	A⊕Rn→A	√	×	×	×	1	1
65 direct	XRL A,direct	A⊕(direct)→A	√	×	×	×	2	1
66,67	XRL A,@Ri	A⊕(Ri)→A	√	×	×	×	1	1
64,data	XRL A,#data	A⊕data→A	√	×	×	×	2	1
62direct	XRL direct,A	(direct)⊕A→(direct)	×	×	×	×	2	1
63 direct data	XRL direct,#data	(direct)⊕data→(direct)	×	×	×	×	3	2
E4	CLR A	0→A	√	×	×	×	1	1
F4	CPL A	$\overline{A}$→A	×	×	×	×	1	1
23	RL A	A循环左移一位	×	×	×	×	1	1
33	RLC A	A带进位循环左移一位	√	×	×	√	1	1
03	RR A	A循环右移一位	×	×	×	×	1	1
13	RRC A	A带进位循环右移一位	√	×	×	√	1	1
C4	SWAP A	A半字节交换	×	×	×	×	1	1
数据传送指令								
E8～EF	MOV A,Rn	Rn→A	√	×	×	×	1	1
E5 direct	MOV A,direct	(direct)→A	√	×	×	×	2	1
E6,E7	MOV A,@Ri	(Ri)→A	√	×	×	×	1	1
74 data	MOV A,#data	data→A	√	×	×	×	2	1
F8～FF	MOV Rn,A	A→Rn	×	×	×	×	1	1
A8～AF direct	MOV Rn,direct	(direct)→Rn	×	×	×	×	2	2
78～7F data	MOV Rn,#data	(data)→Rn	×	×	×	×	2	1
F5 direct	MOV direct,A	A→(direct)	×	×	×	×	2	1
88～8F direct	MOV direct,Rn	Rn→(direct)	×	×	×	×	2	2
85 direct2 direct1	MOV direct1,direct2	(direct2)→(direct1)	×	×	×	×	3	2
86,87 direct	MOV direct,@Ri	(Ri)→(direct)	×	×	×	×	2	2
75 direct data	MOV direct,#data	data→(direct)	×	×	×	×	3	2

续表

十六进制代码	助 记 符	功 能	对标志影响				字节数	周期数
			P	OV	AC	CY		
		数据传送指令						
F6,F7	MOV @Ri,A	A→(Ri)	×	×	×	×	1	1
A6,A7 direct	MOV @Ri,direct	(direct)→(Ri)	×	×	×	×	2	2
76,77 data	MOV @Ri,#data	data→(Ri)	×	×	×	×	2	1
90 data 16	MOV DPTR,#data 16	data 16→DPTR	×	×	×	×	3	2
93	MOVC A,@A+DPTR	(A+DPTR)→A	√	×	×	×	1	2
83	MOVC A,@A+PC	PC+1→PC,(A+PC)→A	√	×	×	×	1	2
E2,E3	MOVX A,@Ri	(Ri)→A	√	×	×	×	1	2
E0	MOVX A,@DPTR	(DPTR)→A	√	×	×	×	1	2
F2,F3	MOVX @Ri,A	A→(Ri)	×	×	×	×	1	2
F0	MOVX @DPTR,A	A→(DPTR)	×	×	×	×	1	2
C0 direct	PUSH direct	SP+1→SP,(direct)→(SP)	×	×	×	×	2	2
D0 direct	POP direct	(SP)→(direct),SP-1→SP	×	×	×	×	2	2
C8～CF	XCH A,Rn	A↔Rn	√	×	×	×	1	1
C5 direct	XCH A,direct	A↔(direct)	√	×	×	×	2	1
C6,C7	XCH A,@Ri	A↔(Ri)	√	×	×	×	1	1
D6,D7	XCHD A,@Ri	$A_{0\sim3}$↔$(Ri)_{0\sim3}$	√	×	×	×	1	1
		位操作指令						
C3	CLR C	0→CY	×	×	×	√	1	1
C2 bit	CLR bit	0→bit	×	×	×		2	1
D3	SETB C	1→CY	×	×	×	√	1	1
D2 bit	SETB bit	1→bit	×	×	×		2	
B3	CPL C	$\overline{CY}$→CY	×	×	×	√	1	1
B2 bit	CPL bit	$\overline{bit}$→bit	×	×	×		2	1
82 bit	ANL C,bit	CY∧bit→CY	×	×	×	√	2	2
B0 bit	ANL C,/bit	CY∧$\overline{bit}$→CY	×	×	×	√	2	2
72 bit	ORL C,bit	CY∨bit→CY	×	×	×	√	2	2
A0 bit	ORL C,/bit	CY∧$\overline{bit}$→CY	×	×	×	√	2	2
A2 bit	MOV C,bit	bit→CY	×	×	×	√	2	1
92 bit	MOV bit,C	CY→bit	×	×	×	×	2	2
		控制转移指令						
$a_{10}a_9a_8$ 1 0 0 0 1 $a_7a_6a_5a_4a_3a_2a_1a_0$	ACALL addr11	PC+2→PC,SP+1→SP,PC_L→(SP),SP+1→SP,PC_H→(SP),addr11→$PC_{10\sim0}$	×	×	×	×	2	2
12 addr16	LCALL addr16	PC+3→PC,SP+1→SP,PC_L→(SP),SP+1→SP,PC_H→(SP),addr16→PC	×	×	×	×	3	2

续表

十六进制代码	助记符	功能	对标志影响				字节数	周期数
			P	OV	AC	CY		
控制转移指令								
22	RET	(SP)→PC_H,SP−1→SP, (SP)→PC_L,SP−1→SP, 从子程序返回	×	×	×	×	1	2
32	RET1	(SP)→PC_H,SP−1→SP, (SP)→PC_L,SP−1→SP, 从中断返回	×	×	×	×	1	2
$a_{10}a_9a_8$ 0 0 0 0 1 $a_7a_6a_5a_4a_3a_2a_1a_0$	AJMP addr11	PC+2→PC,addr11→$PC_{10\sim0}$	×	×	×	×	2	2
02 addr 16	LJMP addr16	addr16→PC	×	×	×	×	3	2
80 rel	SJMP rel	PC+2→PC,PC+rel→PC	×	×	×	×	2	2
73	JMP @A+DPTR	A+DPTR→PC	×	×	×	×	1	2
60 rel	JZ rel	PC+2→PC, 若 A=0,PC+rel→PC	×	×	×	×	2	2
70 rel	JNZ rel	PC+2→PC,若 A 不等于 0, 则 PC+rel→PC	×	×	×	×	2	2
40 rel	JC rel	PC+2→PC,若 CY=1, 则 PC+rel→PC	×	×	×	×	2	2
50 rel	JNC rel	PC+2→PC,若 CY=0, 则 PC+rel→PC	×	×	×	×	2	2
20 bit rel	JB bit,rel	PC+3→PC,若 bit=1, 则 PC+rel→PC	×	×	×	×	3	2
30 bit rel	JNB bit,rel	PC+3→PC,若 bit=0, 则 PC+rel→PC	×	×	×	×	3	2
10 bit rel	JBC bit,rel	PC+3→PC,若 bit=1, 则 0→bit,PC+rel→PC					3	2
B5 direct rel	CJNE A,direct,rel	PC+3→PC,若 A 不等于(direct),则 PC+rel→PC, 若 A<(direct),则 1→CY	×	×	×	√	3	2
B4 date rel	CJNE A,#data,rel	PC+3→PC,若 A 不等于 data,则 PC+rel→PC, 若 A 小于 data,则 1→CY	×	×	×	√	3	2
B8～BF data rel	CJNE,Rn,#data,rel	PC+3→PC,若 Rn 不等于 data,则 PC+rel→PC, 若 Rn 小于 data,则 1→CY	×	×	×	√	3	2
B6～B7 data rel	CJNE @Ri,#data,rel	PC+3→PC,若 Ri 不等于 data,则 PC+rel→PC, 若 Ri 小于 data,则 1→CY	×	×	×	√	3	2

续表

十六进制代码	助 记 符	功 能	对标志影响				字节数	周期数
			P	OV	AC	CY		
控制转移指令								
D8～DF rel	DJNZ,Rn,rel	Rn－1→Rn,PC＋2→PC,若Rn不等于0,则PC＋rel→PC	×	×	×	×	2	2
D5 direct rel	DJNZ,direct,rel	PC＋2→PC,(direct)－1→(direct),若(direct)不等于0,则PC＋rel→PC	×	×	×	×	3	2
00	NOP	空操作	×	×	×	×	1	1

附录B 部分单片机仿真器

仿真器就是通过仿真头用软件来代替在目标板上的C51系列芯片，不用反复的烧写，程序代码可实时改变，可以单步运行，指定断点停止等，调试方便。

仿真器内部的P口等硬件资源和C51系列单片机基本是完全兼容的。仿真主控程序被存储在仿真器芯片特殊的指定空间内，仿真主控程序类似电脑的操作系统一样控制仿真器的正确运转。

仿真器和电脑的上位机软件（即KEIL）是通过通信口（USB、并口、串口等）相连，控制指令由KEIL发出，由仿真器内部的仿真主控程序负责执行接收到的数据，并且进行正确的处理，进而驱动相应的硬件工作。这其中也包括把接收到的BIN或者其他格式的可执行文件存放到仿真器芯片内部用来存储可执行程序的存储单元（这个过程和把程序烧写到51芯片里面类似，只是仿真器的擦写是以覆盖形式来做的），这样就实现了类似编程器反复烧写调试的功能，不同的是，通过仿真主控程序可以做到让指定的目标程序做特定的运行，比如单步、指定端点、指定地址的等，并且通过KEIL可以实时观察到单片机内部各个存储单元的状态。在仿真器和电脑联机过程中，一旦强行中断两者的连接关系（例如强行给仿真器手动复位或者拔去联机线等），电脑就会提示联机出现问题。仿真器的这些优势提高了用户调试、修改以及生成最终程序的效率。

下面介绍几种常用的仿真器。

1. 南京WAVE公司（http://www.wave—cn.com）V8系列仿真器

伟福V8系列仿真器使用USB接口，采用Wave/Keil双平台、中/英文可选的集成调试环境，集成了编辑器、编译器、调试器。软硬件调试手段包括逻辑分析仪、跟踪器、逻辑笔、波形发生器、影子存储器、计时器、程序时效分析、数据时效分析、硬件测试仪、事件触发器（硬件调试手段需要软件配合硬件支持），所有类型的单片机集成在一个调试环境下，支持汇编、C、PL/M源程序混合调试，支持软件模拟、项目管理、点屏功能，直接点击屏幕就可以观察变量的值，方便快捷。

主要特点：

（1）可以仿真各种8/16/32位MCU，配置不同的仿真头，可以仿真多种单片机。

（2）最高仿真频率高达50MHz，程控时钟（/L/T/S）用户可以自由地在调试软件中设置自己需要仿真的频率，可选频率范围：20kHz到100MHz，精度：1Hz。

（3）计时器（/L/T/S）统计程序执行的时间。

（4）逻辑分析仪：64通道、64K/通道、100M采样频率。与时间触发器配合，可以捕捉到电路上出现的非常复杂的情况，能帮助用户迅速准确查找到设计中的错误。

（5）波形发生器：8通道、64K/通道、100M采样频率，可以向用户板上注入8路可编程的复杂波形，为用户提供各种数字信号源。

（6）跟踪器：64K深度，最高跟踪速度高达10ns。配合事件触发器，可以进行条件跟踪，以捕捉制定条件下程序执行的轨迹，了解程序动态执行的过程。

(7) 代码覆盖：在运行复杂结构的程序时，可以实时的了解程序的执行情况，可以动态观察指定条件下，代码执行情况行。

(8) 程序时效分析：统计每个函数、每条指令的运行时间及占整个程序运行时间的百分比，为用户提高程序效率、检查程序错误提供帮助。

(9) 数据时效分析：统计每个变量、每个存储单元的访问次数及占整个程序访问次数的百分比，为提高程序效率、检查程序错误提供帮助。

(10) 影子存储器：在用户程序运行时，可以观察外部存储器或外部变量的变化情况，设计师无需停下程序，也能直观、实时的监视外部数据的变化。

(11) 多次条件断点：可以设置极其复杂的地址条件、数据条件、控制信号条件、内部特殊功能寄存器断点、内部寄存器断点、数据范围断点、程序范围断点、外部断点以及他们的任意组合，多次断点最大计数可达65536次。

(12) 多功能逻辑笔：可以观察8路逻辑信号（支持低电压），并且含频率计、记数器(64位）及电压计功能

2. 单片机爱好者网站（http://www.mcufan.com）MF52单片机仿真器

MF52单片机仿真器可在keil C51环境中使用，采用USB接口。

主要特点：

(1) 采用USB接口，无需外接电源和串口。

(2) 支持单步、断点、随时可查看寄存器、变量、IO、内存内容。

(3) 支持夭折功能，全速运行时按STOP按钮即暂停，并可以从停止处继续运行。

(4) 可仿真各种51指令兼容单片机，ATMEL、Winbond、INTEL、SST、ST等。

(5) 不占资源，无限制真实仿真（32个IO、串口、T2可完全单步仿真、包括任意使用P3.0和P3.1口）。

(6) 可以仿真64Kxdata地址空间，全部64KB的16位地址空间。

(7) 完全兼容keilC51 UV2调试环境，可以通过UV2环境进行单步，断点，全速，停止，在线编程，目标代码下载等操作。

(8) 可以使用C51语言或者ASM汇编语言进行调试。

(9) 可以方便地观察变量，包括鼠标取值观察，即鼠标放在某变量上就会立即显示出值。

(10) 有脱机运行用户程序模式，这时仿真机就相当于目标板上烧好的一个芯片，可以更加真实的运行。这种情况下实际上就变了一个下载器，而且下次上电时仍然可以运行上次下载的程序。

(11) 支持目标板最高40MHZ晶振频率。

(12) 联机波特率自适应。

(13) 仿真时监控和用户代码分离，不可能产生不能仿真的软故障。

(14) 可以不用复位仿真机连续下载新目标代码，避免了每次仿真前下载要复位目标板的麻烦。

(15) 可以仿真双DPTR

（16）可以仿真去除 ALE 信号

（17）可以仿真 PCA

（18）可以仿真硬件 SPI（仅 SST 系列）

3. 深圳市科赛科技开发有限公司（http://www.szks.net/）代理的 C51BOX2 单片机仿真器

（1）采用单 USB 接口，无需外接电源。

（2）下载仿真通信速率达 115200bps，这是 KEIL UV2 可支持的最高速率。

（3）不占资源，无限制真实仿真（32 个 IO、串口、T2 可完全单步仿真）

（4）支持 KEIL 最新版软件 V6/V7 以上各版本，兼容 UV2/UV3 编译仿真环境。

（5）支持单步、断点、随时可查看寄存器、变量、IO、内存内容。

（6）可仿真 ATMEL、Winbond、INTEL、SST、ST 等各种 51 指令兼容单片机。

（7）支持 3－40MHz 晶振仿真（晶振可插拔更换，通信速率保持 115200bit/s）。

（8）内部 FLASH 仿真空间增加到 64KB，内置 RAM 增加到 1KB。支持扩展 RAM 64K 仿真。可仿真双 DPTR、ALE 禁止、PCA、SPI 等。

（9）自动编程的等待状态下，如果用户编译生成了新的 HEX 文件，软件会自动调入新代码进行烧录。

（10）批量编程时加入自动序列号功能，可以作为加密、售后管理的用途。

支持读取芯片内容，可转存为 BIN 格式。

参 考 文 献

[1] 李朝青. 单片机原理及接口技术 [M]. 北京：北京航空航天大学出版社，2005.

[2] 张迎新. 单片机原理及应用 [M]. 北京：电子工业出版社，2004.

[3] 王法能. 单片机原理及应用 [M]. 北京：科学出版社，2004.

[4] 陈建铎. 单片机原理与应用 [M]. 北京：科学出版社，2005.

[5] 胡汉才. 单片机原理及其接口技术 [M]. 北京：清华大学出版社，2004.

[6] Matthew Chapman. THE FINAL WORD ON THE 8051 [M]. Matthew Chapman，1994.

[7] 何立民. 单片机高级教程——应用与设计 [M]. 北京：北京航天航空大学出版社，2007.

[8] 林伸茂. 8051 单片机彻底研究入门篇 [M]. 北京：中国电力出版社，2007.

[9] 李学海. 标准 80C51 单片机基础教程——原理篇 [M]. 北京：北京航天航空大学出版社，2006.

[10] 苏凯，刘庆国，陈国平. MCS-5 系列单片机系统原理与设计 [M]. 北京：冶金工业出版社，2003.

[11] 徐爱均，彭秀华. Keil Cx51V7.0 单片机高级语言编程与 μVision2 应用实践 [M]. 北京：电子工业出版社，2004.

[12] 马忠梅，籍顺心，等. 单片机的 C 语音应用程序设计 [M]. 北京：北京航空航天大学出版社，2003.

参考文献

[illegible]